Teubner Studienbücher Chemie

R.B. Jordan
Mechanismen anorganischer
und metallorganischer
Reaktionen

Teubner Studienbücher Chemie

Herausgegeben von

Prof. Dr. rer. nat. Christoph Elschenbroich, Marburg
Prof. Dr. rer. nat. Friedrich Hensel, Marburg
Prof. Dr. phil. Henning Hopf, Braunschweig

Die Studienbücher der Reihe Chemie sollen in Form einzelner Bausteine grundlegende und weiterführende Themen aus allen Gebieten der Chemie umfassen. Sie streben nicht die Breite eines Lehrbuchs oder einer umfangreichen Monographie an, sondern sollen den Studenten der Chemie – aber auch den bereits im Berufsleben stehenden Chemiker – kompetent in aktuelle und sich in rascher Entwicklung befindende Gebiete der Chemie einführen. Die Bücher sind zum Gebrauch neben der Vorlesung, aber auch – da sie häufig auf Vorlesungsmanuskripten beruhen – anstelle von Vorlesungen geeignet. Es wird angestrebt, im Laufe der Zeit alle Bereiche der Chemie in derartigen Lernbüchern vorzustellen. Die Reihe richtet sich auch an Studenten anderer Naturwisschenschaften, die an einer exemplarischen Darstellung der Chemie interessiert sind.

Mechanismen anorganischer und metallorganischer Reaktionen

Von Prof. Robert B. Jordan
University of Alberta, Edmonton

Aus dem Englischen übersetzt von
Dr. rer. nat. Mathias Nowotny, Universität Marburg

B. G. Teubner Stuttgart 1994

Prof. Dr. Robert B. Jordan

Geboren 1939; Studium an der University of Western Ontario; Promotion 1965 an der University of Chicago bei Henry Taube; 1965 Research Associate an der Washington State University; Professor für anorganische Chemie an der University of Alberta in Edmonton

Die Deutsche Bibliothek – CIP-Einheitsaufnahme

Jordan, Robert B.:
Mechanismen anorganischer und metallorganischer Reaktionen
/ von Robert B. Jordan. Aus dem Engl. übers. von Mathias
Nowotny. – Stuttgart : Teubner, 1994
  (Teubner-Studienbücher : Chemie)
  Einheitssacht.: Reaction mechanisms in inorganic and organometallic
  systems <dt.>
  ISBN 978-3-519-03528-2   ISBN 978-3-322-92783-5 (eBook)
  DOI 10.1007/978-3-322-92783-5

Originally published in English under the title
Reaction Mechanisms of Inorganic and Organometallic Systems
Copyright © 1991 by Oxford University Press Inc

Vorwort des Autors

Dieses Buch basiert auf den Notizen zu einer einsemestrigen Vorlesung, die der Autor innerhalb der letzten 20 Jahre für Studenten im Hauptstudium gehalten hat. Der Umfang des hier vorgestellten Materials übersteigt zwar das in einem Semester zu bewältigende Maß beträchtlich, der Aufbau erlaubt es dem Dozenten jedoch andererseits, bestimmte Bereiche weniger ausführlich zu behandeln, ohne dabei in anderen Bereichen einen Verlust an Verständlichkeit zu riskieren. Eine Vertrautheit der Studenten mit den Grundlagen der Kristallfeldtheorie und ihrer Anwendung auf die Elektronenspektroskopie und Energetik sowie mit den Konzepten der metallorganischen Chemie, wie etwa der 18 Valenzelektronen-Regel, der π-Bindung und dem koordinativ ungesättigten Charakter wird hierbei vorausgesetzt. Grundzüge und Terminologie der Kinetik werden in den ersten beiden Kapiteln behandelt, deren Verständnis durch das Basiswissen aus einer physikalisch-chemischen Grundvorlesung sowie durch die Vertrautheit mit elementaren Grundlagen der Differential- und Integralrechnung erleichtert wird.

In den behandelten Stoff sind Entwicklungen bis zum Jahre 1990 eingeflossen; in den Literaturverweisen finden sich neben den Originalzitaten auch Hinweise auf aktuelle Übersichtsartikel. Sicher wird der Studierende durch die Beschäftigung mit diesen Quellen neben weiteren Informationen auch ein Gefühl für die spannenden Entwicklungen dieses Gebietes gewinnen sowie die Fähigkeit zu kritischer Auseinandersetzung mit derartigen Forschungsergebnissen erwerben. Das Buches schließt mit einer Aufgabensammlung, welche die in den einzelnen Abschnitten vorgestellten Aspekte wieder aufgreift.

Das leidige Einheitenproblem wird in diesem Bereich auch weiterhin für Irritationen sorgen. Ein wesentliches Anliegen dieses Buches ist es, den Studierenden mit dem zum Lesen und Verstehen aktueller Forschungsberichte notwendigen Hintergrundwissen auszustatten. Hierzu und für den Vergleich von Ergebnissen muß der Leser stets aufmerksam die von den verschiedenen Autoren verwendeten Einheiten beachten. Als Zeiteinheit der Geschwindigkeitskonstanten hat sich s^{-1} allgemein durchgesetzt und wird hier daher durchgehend verwendet. Anders hingegen die Verhältnisse bei den Energieeinheiten: da sowohl Joule als auch Kalorien allgemein gebräuchlich sind, werden beide Einheiten in diesem Text beibehalten, wobei die Wahl sich weitestgehend nach der in der jeweilig zitierten Quelle verwendeten Einheit richtet. Innerhalb bestimmter Abschnitte des Textes wird jedoch angestrebt, mit nur einer Energieeinheit auszukommen. Im spektroskopischen Bereich dominiert die Einheit cm^{-1}, spektrale Daten werden jedoch auch oft in nm angegeben, und sofern es für das Verständnis des jeweiligen Falles notwendig erscheint, werden Umrechnungsfaktoren zwischen diesen Einheiten sowie Joule und Kalorien angegeben. Bindungslängen werden in der in der Kristallographie gebräuchlichen Einheit Å wie auch in der in theoretischen Berechnungen verwendeten Einheit pm angegeben. Die Formelausdrücke entsprechen der Original- oder der jeweils gebräuchlichsten Form, und die Einheiten der unterschiedlichen Größen werden in jedem Fall erläutert.

VI

Der Autor ist all denen zu Dank verpflichtet, deren Forschungsbemühungen den Kern zu diesem Buch lieferten. Es ist ihm eine Freude, jenen Personen danken zu können, die ihn zu diesem Buch inspirierten: zunächst seinen Eltern, welche in der Anfangsphase für eine anregende Atmosphäre und Ermutigung sorgten; sodann Henry Taube, dessen intellektuelle und experimentelle Anleitung anhaltende Begeisterung für mechanistische Studien sicherstellte. Schließlich und vornehmlich danke ich Anna, die entscheidend zur Abfassung dieses Buches beigetragen hat, indem sie Verständnis für den zeitlichen Einsatz aufbrachte, den Willen, dieses Vorhaben zu beenden, stärkte und durch Kommentare und Kritik wesentlich zur Erstellung des Manuskriptes beitrug.

R. B. J.

Edmonton, Alberta
März 1991

Vorwort des Übersetzers

Die vorgelegte deutsche Fassung des Textes "Reaction Mechanisms of Inorganic and Organometallic Systems" von Robert B. Jordan bietet neben unverzichtbaren Grundlagen vor allem mit einer Vielzahl von Fallbeispielen Einblicke in die Methoden und Fragestellungen der mechanistischen anorganischen Chemie, Auf diese Weise wird etwas von der Faszination vermittelt, die von diesem wichtigen Teilgebiet ausgeht, welches bisher eher als angelsächsische Domäne anzusehen war.

Diese Vorherrschaft äußert sich beispielsweise in der Tatsache, daß für einige Fachbegriffe keine deutsche Entsprechung existiert. Zu erwähnen ist auch, daß an Stelle des Begriffes "Reaktionsgeschwindigkeit" zunehmend der dem Englischen entstammende, hier aber nicht benutzte Terminus "Rate" Verwendung findet.

In dem Bemühen, den ausgefeilten didaktischen Aufbau des Originals keiner Einschränkung zu unterwerfen, richtet sich diese Übersetzung weitestgehend nach der Vorlage; lediglich einige ergänzende Literaturhinweise wurden hinzugefügt.

Der Übersetzer dankt den Dozenten der Philipps-Universität Marburg für zahlreiche Hinweise und die stete Diskussionsbereitschaft sowie Frau Monika Scheld für ihre Hilfe bei der Erstellung des Manuskriptes. Mein besonderer Dank gilt Herrn Prof. Christoph Elschenbroich für die kritische Durchsicht der Rohfassung und zahlreiche Anregungen. Gedankt sei ebenfalls Herrn Dr. Peter Spuhler für die angesichts mehrfacher Terminüberschreitungen bewiesene Geduld.

M. N.

Marburg
August 1994

Inhaltsverzeichnis

1

Allgemeine Grundlagen

In diesem Kapitel wird die grundlegende Terminologie jener Untersuchungsmethoden vorgestellt, die üblicherweise angewandt werden, um Informationen über einen Reaktionsmechanismus zu gewinnen. Weiterführendes Material kann speziellen Lehrbüchern der Physikalischen Chemie entnommen werden.[1,2] Experimentelle Techniken werden in diesem Buch nicht behandelt, derartige Informationen finden sich in einem neueren Übersichtsartikel von Wilkins[3] über die Untersuchung schneller Reaktionen und einem älteren Buch von Caldin.[4] Der interessierte Leser sei ebenfalls auf die Abhandlungen von Bamford und Tipper[5] verwiesen.

1.1 GRUNDLEGENDE TERMINOLOGIE

Wie auch in vielen anderen Bereichen hat sich bei der Untersuchung von Reaktionsmechanismen eine Terminologie entwickelt, deren Kenntnis die Voraussetzung für das Verständnis weiterführender Bücher und Fachartikel auf diesem Gebiet ist. Im folgenden werden einige der grundlegenden Begriffe und Definitionen zusammengefaßt. Viele dieser Begriffe sollten aus dem früheren Studium der Allgemeinen und Physikalischen Chemie bekannt sein, und weitere Grundlagen finden sich in Lehrbüchern, die sich den physikalisch-chemischen Aspekten der Reaktionskinetik widmen.

Geschwindigkeitsgesetz
Das Geschwindigkeitsgesetz stellt die experimentell bestimmte Abhängigkeit der Reaktionsgeschwindigkeit von den Reagenzkonzentrationen dar. Es hat die folgende allgemeine Form:

$$\text{Geschwindigkeit } = k\,[\,A\,]^{m}\,[\,B\,]^{n} \ldots \tag{1.1}$$

wobei der Proportionalitätsfaktor k als Geschwindigkeitskonstante bezeichnet wird. Die Exponenten m und n werden experimentell in kinetischen Studien bestimmt. Es sei an dieser Stelle angemerkt, daß die Exponenten im Geschwindigkeitsgesetz nicht notwendigerweise im Zusammenhang mit den stöchiometrischen Koeffizienten der Bruttoreaktionsgleichung stehen, und daß im Geschwindigkeitsgesetz sogar Spezies auftreten können, die in der Bruttoreaktionsgleichung nicht vorkommen.

   Das Geschwindigkeitsgesetz ist eine wesentliche Quelle mechanistischer Information, da es die Konzentrationen derjenigen Spezies enthält, die notwendig sind, um den Weg von den Edukten zu den Produkten auf dem energetisch niedrigsten Reaktionspfad zu beschreiten. Eine grundlegende Anforderung an einen akzeptablen Reaktionsmechanismus ist daher, daß dieser ein Geschwindigkeitsgesetz voraussagt, welches in Einklang mit dem experimentell bestimmten Gesetz steht.

Ordnung des Geschwindigkeitsgesetzes

Die Ordnung eines Geschwindigkeitsgesetzes ist definiert als die Summe der in diesem Gesetz auftretenden Exponenten. Ist beispielsweise in Gl (1.1) m = 1 und n = -2, so hat das Geschwindigkeitsgesetz eine Gesamtordnung von -1. Mit Ausnahme der einfachsten Fälle ist es jedoch günstiger, die Ordnung in Bezug auf individuelle Reagenzien anzugeben. So ist das Geschwindigkeitsgesetz im obigen Beispiel von erster Ordnung in Bezug auf [A] und invers zweiter Ordnung bezogen auf [B].

Geschwindigkeitskonstante

Die Geschwindigkeitskonstante (k) ist, wie in Gl. (1.1) dargestellt, ein Proportionalitätsfaktor, der die Reaktionsgeschwindigkeit mit den Reagenzkonzentrationen (oder -aktivitäten, -drücken) verknüpft. Die Dimension von k hängt von dem individuellen Geschwindigkeitsgesetz ab und sorgt dafür, daß die Einheit der linken Seite von Gl. (1.1) mit derjenigen der rechten Seite übereinstimmt.

Halbwertszeit

Die Halbwertszeit ($t_{1/2}$) ist die Zeit, in der sich eine Reagenzkonzentration um die Hälfte der insgesamt stattfindenden Konzentrationsänderung ändert. Dieser Begriff dient dazu, eine qualitative Vorstellung des Zeitmaßstabes zu vermitteln und steht in einfachen Fällen in einem quantitativen Zusammenhang mit der Geschwindigkeitskonstante. In komplexen Systemen kann die Halbwertszeit mit dem betrachteten Reagenz variieren, so daß man angeben sollte, auf welche Spezies der $t_{1/2}$-Wert bezogen ist.

Lebensdauer

Die Lebensdauer (τ) einer bestimmten Spezies ist die Konzentration dieser Spezies, dividiert durch die Geschwindigkeit ihres Verbrauches. Dieser Begriff wird allgemein bei sogenannten Lebensdauermethoden (wie der NMR-Spektroskopie) und bei Relaxationsmethoden (wie der Temperatursprungmethode) verwendet.

1.2   ANALYSE VON GESCHWINDIGKEITSDATEN

Im allgemeinen beginnt eine kinetische Untersuchung mit dem Sammeln von zeitabhängigen Konzentrationsdaten eines Eduktes oder Produktes. Wie später gezeigt wird, kann dies auch durch die Bestimmung der zeitlichen Änderung einer konzentrationsabhängigen Variablen wie der Extinktion oder der NMR-Signalintensität erfolgen. Der nächste Schritt ist die Umsetzung der Konzentrations-Zeit-Daten in ein Modell, das die Bestimmung der Geschwindigkeitskonstanten erlaubt.

Der folgende Abschnitt stellt einige integrierte Geschwindigkeitsgesetze für in der anorganischen Kinetik häufig angetroffene Modelle vor. Dies ist im wesentlichen ein mathematisches Problem; ist ein bestimmtes Geschwindigkeitsgesetz als Differentialgleichung gegeben, so muß diese Gleichung auf eine Konzentrationsvariable zurückgeführt und anschließend integriert werden. Die Integration kann über Standardmethoden oder unter Zuhilfenahme von Integraltafeln erfolgen. Viele komplexere Beispiele sind in weiterführenden Lehrbüchern der Kinetik enthalten.

1.2.a Reaktion nullter Ordnung

Eine Reaktion nullter Ordnung ist für anorganische Reaktionen in Lösung ungewöhnlich, wird hier aber im Interesse der Vollständigkeit berücksichtigt. Für die allgemeine Reaktion

$$A \xrightarrow{\quad k \quad} B \tag{1.2}$$

ist das Geschwindigkeitsgesetz nullter Ordnung gegeben durch

$$\frac{d[B]}{dt} = k \tag{1.3}$$

Die Integration über die Grenzen $[B] = [B]_0$ bis $[B]$ und $t = 0$ bis t ergibt

$$[B] - [B]_0 = k\,t \tag{1.4}$$

Somit sollte eine Auftragung von $[B]$ oder $[B] - [B]_0$ gegen t eine Gerade der Steigung k ergeben.

1.2.b Reaktion erster Ordnung im Gleichgewichtsfall

Normalerweise würde an dieser Stelle das einfache System erster Ordnung beschrieben, da es aber als Spezialfall der Gleichgewichtssituation angesehen werden kann, beginnen wir mit dem in Gl. (1.5) beschriebenen komplexeren System

$$A \underset{k_{-1}}{\overset{k_1}{\rightleftharpoons}} B \tag{1.5}$$

Die Geschwindigkeit des Verbrauches von A entspricht der Geschwindigkeit der Bildung von B:

$$-\frac{d[A]}{dt} = \frac{d[B]}{dt} = k_1[A] - k_{-1}[B] \tag{1.6}$$

Um das *integrierte Geschwindigkeitsgesetz* zu erhalten, stellt sich nun das Problem, diese Gleichung in eine Form mit nur einer Konzentrationsvariablen, wahlweise $[A]$ oder $[B]$, zu bringen und anschließend zu integrieren. Die Wahl der zu erhaltenden Variablen richtet sich nach den experimentell bestimmten Meßgrößen. Die Eliminierung einer Konzentrationsvariablen erfolgt unter Berücksichtigung der Stöchiometrie und der Anfangsbedingungen. Üblicherweise liegen sowohl A als auch B zu Beginn in den jeweiligen Konzentration $[A]_0$ und $[B]_0$ vor. Ist die Konzentration zu beliebiger Zeit als $[A]$ und $[B]$, und im Gleichgewichtsfall als $[A]_e$ und $[B]_e$ definiert, so folgt aus dem Massenerhalt

$$[A]_0 + [B]_0 = [A] + [B] = [A]_e + [B]_e \tag{1.7}$$

somit

$$[A] = [A]_0 + [B]_0 - [B] \quad \text{und} \quad [A]_0 = [A]_e + [B]_e - [B]_0 \tag{1.8}$$

und es folgt

$$[A] = [A]_e + [B]_e - [B]_0 + [B]_0 - [B] = [A]_e + [B]_e - [B] \tag{1.9}$$

Nun kann man $[A]$ in Gl. (1.6) durch Gl. (1.9) substituieren und erhält

$$\frac{d[B]}{dt} = k_1\left([A]_e + [B]_e\right) - \left(k_1 + k_{-1}\right)[B] \tag{1.10}$$

Bemerkenswert ist die gleichzeitige Eliminierung der Anfangskonzentrationen.

Da die resultierende Gleichung nur noch die Konzentrationsvariable $[B]$ enthält, ist eine direkte Integration möglich. Es ist jedoch letztlich bequemer, $[A]_e$ durch die Erkenntnis zu eliminieren, daß im Gleichgewichtsfall die Geschwindigkeit der Hinreaktion gleich derjenigen der Rückreaktion sein muß:

$$k_1[A]_e = k_{-1}[B]_e \tag{1.11}$$

Der Ersatz von $k_1[A]_e$ in Gl. (1.10) liefert

$$\frac{d[B]}{dt} = k_{-1}[B]_e + k_1[B]_e - \left(k_1 + k_{-1}\right)[B]$$

$$\tag{1.12}$$

$$= \left(k_1 + k_{-1}\right)\left([B]_e - [B]\right)$$

Nach Umformung und Integration über die Grenzen [B] = $[B]_0$ bis [B] und t = 0 bis t erhält man

$$\ln\left([B]_e - [B]\right) - \ln\left([B]_e - [B]_0\right) = -\left(k_1 + k_{-1}\right)t \qquad (1.13)$$

Somit sollte eine Auftragung von $\ln([B]_e - [B])$ gegen t linear mit einer Steigung $-(k_1 + k_{-1})$ sein. Beachte, daß die kinetische Untersuchung die Summe der Geschwindigkeitskonstanten für die Hin- und Rückreaktion liefert. Ist die Gleichgewichtskonstante (K) bekannt, so können k_1 und k_{-1} berechnet werden, da $K = k_1/k_{-1}$.

Ein äußerst wichtiger praktischer Vorteil des Systems erster Ordnung ist, daß *die Analyse ohne die Kenntnis der Anfangskonzentrationen durchgeführt werden kann*. Somit kann der Beginn der Aufnahme von Konzentrations-Zeit-Daten zu jedem beliebigen, als t = 0 definierten Zeitpunkt erfolgen.

Zur Halbwertszeit der Reaktion, $t = t_{1/2}$, ist $[B] = 1/2\,([B]_e - [B]_0) + [B]_0$, und ein Einsetzen in Gl (1.13) liefert

$$t_{1/2} = \frac{\ln 2}{k_1 + k_{-1}} = \frac{0{,}693}{k_1 + k_{-1}} \qquad (1.14)$$

Dieses verdeutlicht die *Unabhängigkeit der Halbwertszeit von den Anfangskonzentrationen*.

1.2.c Irreversibles System erster Ordnung

Streng genommen gibt es eine irreversible Reaktion überhaupt nicht. Es handelt sich lediglich um ein System, in dem die Geschwindigkeitskonstante der Hinreaktion wesentlich größer als diejenige der Rückreaktion ist. Da $K = k_1/k_{-1}$, entspricht dieser Umstand einer sehr großen Gleichgewichtskonstanten der Reaktion, so daß sich Gl. (1.5) vereinfacht zu

$$A \xrightarrow{\ k_1\ } B \qquad (1.15)$$

Die kinetische Analyse des irreversiblen Systems ist ein Spezialfall des gerade beschriebenen reversiblen Systems, wobei $k_1 \gg k_{-1}$. Der Ausdruck $[B]_e$ wird ersetzt durch $[B]_\infty$, der Endkonzentration von B nach "unendlicher Zeit". Zusätzlich bedingt der Massenerhalt, daß

$$[B]_\infty = [A]_0 + [B]_0 \qquad (1.16)$$

Unter Beachtung von $(k_1 + k_{-1}) = k_1$, da $k_1 \gg k_{-1}$, folgt durch Einsetzen in Gl (1.13)

$$\ln\left([B]_\infty - [B]\right) - \ln\left([B]_\infty - [B]_0\right) = -k_1 t \qquad (1.17)$$

Ein Auftragung von $\ln([B]_\infty - [B])$ gegen t sollte linear mit einer Steigung von $-k_1$ sein.
Zur Halbwertszeit $t_{1/2}$ ist $[B] = 1/2\,([B]_\infty - [B]_0) + [B]_0$, und Einsetzen in Gl. (1.17) liefert

$$t_{1/2} = \frac{\ln 2}{k_1} = \frac{0{,}693}{k_1} \tag{1.18}$$

Eine bekanntere Form des integrierten Geschwindigkeitsgesetzes, ausgedrückt durch A, erhält
man durch Einsetzen von Gl. (1.16) in Gl. (1.17) unter Berücksichtigung von

$$[B] = [B]_0 + [A]_0 - [A] \tag{1.19}$$

Es folgt

$$-\ln[A] + \ln[A]_0 = k_1 t \tag{1.20}$$

oder

$$[A] = [A]_0\, e^{-k_1 t} \tag{1.21}$$

Der gleiche Ausdruck ergibt sich durch direkte Integration von $-d[A]/dt = k_1\,[A]$.

Die Lösung für das irreversible System erster Ordnung hat die gleiche mathematische Form wie
die des reversiblen Falls und die gleichen Vorteile bezüglich der Anfangsbedingungen.

1.2.d System zweiter Ordnung in Gleichgewichtsfall

Dieses System kann beschrieben werden durch

$$A + B \underset{k_{-2}}{\overset{k_2}{\rightleftarrows}} C \tag{1.22}$$

und die Geschwindigkeit der Bildung von C ist gegeben durch

$$\frac{d[C]}{dt} = k_2\,[A][B] - k_{-2}\,[C] \tag{1.23}$$

Zur Vereinfachung der Herleitung kann von der Annahme ausgegangen werden, daß zu Beginn
kein C vorhanden und die Stöchiometrie gleich 1:1:1 ist. Somit bedingt der Massenerhalt am
Anfang

$$[A]_e = [A]_0 - [C] \quad \text{und} \quad [B]_e = [B]_0 - [C] \tag{1.24}$$

und nach Erreichen des Gleichgewichts

$$[A]_e = [A]_0 - [C]_e \quad \text{und} \quad [B]_e = [B]_0 - [C]_e \tag{1.25}$$

Ist die Stöchiometrie nicht gleich 1:1:1, so müssen bei den Massenerhaltsbedingungen und in Gl. (1.23) entsprechende stöchiometrische Koeffizienten verwendet werden.

Durch Einsetzen der Anfangsbedingungen in Gl. (1.23) erhält man eine integrierbare Gleichung, da [C] die einzige Konzentrationsvariable ist. Es erweist sich jedoch als vorteilhaft, vor der Integration k_{-2} aus der Gleichung zu eliminieren, indem man berücksichtigt, daß die Geschwindigkeiten der Hin- und Rückreaktion im Gleichgewichtszustand betragsmäßig übereinstimmen:

$$k_2\left([A]_0 - [C]_e\right)\left([B]_0 - [C]_e\right) = k_{-2}[C]_e \tag{1.26}$$

so daß

$$k_{-2} = \frac{k_2\left([A]_0 - [C]_e\right)\left([B]_0 - [C]_e\right)}{[C]_e} \tag{1.27}$$

Einsetzen in Gl. (1.23) ergibt

$$\frac{d[C]}{dt} = k_2 \frac{\left([C]_e - [C]\right)\left([A]_0[B]_0 - [C]_e[C]\right)}{[C]_e} \tag{1.28}$$

Aus dieser Gleichung folgt nach Umformen und Integration über die Grenzen [C] = 0 bis [C] und t = 0 bis t die folgende Lösung:

$$\ln\left(\frac{[A]_0[B]_0 - [C]_e[C]}{[C]_e\left([C]_e - [C]\right)}\right) + \ln\left(\frac{[C]_e^2}{[A]_0[B]_0}\right) = \left(\frac{\left([A]_0[B]_0 - [C]_e^2\right)k_2}{[C]_e}\right)t \tag{1.29}$$

Wie die rechte Seite von Gl. (1.29) andeutet, sollte eine Auftragung des ersten Terms auf der linken Seite von Gl. (1.29) gegen t linear mit einer mit k_2 verknüpften Steigung sein. Es ist offensichtlich, daß *die Anfangskonzentrationen $[A]_0$ und $[B]_0$ sowie die Endkonzentration $[C]_e$ bekannt sein müssen, um die Analyse durchführen und den Wert von k_2 aus der Steigung bestimmen zu können.* Diese Forderung erschwert die experimentelle Untersuchung beträchtlich.

1.2.e Irreversibles System zweiter Ordnung

Diese Situation erhält man als Spezialfall des reversiblen Systems einfach unter Berücksichtigung der stöchiometrischen Bedingungen. Ist $[A]_0 < [B]_0$, und läuft die Reaktion in Gl. (1.22) nahezu vollständig ab, so ist $[C]_e = [A]_0$, und durch Einsetzen dieser Bedingung in Gl. (1.29) folgt

$$\ln\left(\frac{[B]_0 - [C]}{[A]_0 - [C]}\right) + \ln\left(\frac{[A]_0}{[B]_0}\right) = ([B]_0 - [A]_0)k_2t \qquad (1.30)$$

In diesem Fall müssen die Anfangskonzentrationen beider Edukte bekannt sein, um den ersten Term der linken Seite gegen die Zeit aufzutragen und aus der Steigung k_2 zu bestimmen. Verglichen mit dem reversiblen System zweiter Ordnung sind diese Bedingungen zwar weniger restriktiv, aber dennoch ungünstiger als jene für das System erster Ordnung.

Zur Halbwertszeit dieser Reaktion zweiter Ordnung ist $[C] = [A]_0/2$; Einsetzen in Gl. (1.30) zeigt, daß

$$t_{1/2} = \frac{1}{([B]_0 - [A]_0)k_2} \ln\left(\frac{2[B]_0 - [A]_0}{[B]_0}\right) \qquad (1.31)$$

1.2.f Bedingungen für eine Reaktion pseudo-erster Ordnung

Die Bedingung für eine Reaktion pseudo-erster Ordnung findet breite Anwendung, wird jedoch nur selten in Lehrbüchern erwähnt. Obwohl viele Reaktionen Geschwindigkeitsgesetzen zweiter oder komplexerer Ordnung folgen, möchte der experimentell arbeitende Kinetiker seine Experimente durch Ausnutzung der Vorteile des Geschwindigkeitsgesetzes erster Ordnung optimieren, da dieses die geringsten Anforderungen an die zur Bestimmung einer zuverlässigen Geschwindigkeitskonstante nötigen Randbedingungen stellt. Der Trick besteht darin, die Reaktion in pseudo-erster Ordnung zu führen.

Die *Bedingung für eine Reaktion pseudo-erster Ordnung* ist, daß die Konzentration des Eduktes, anhand derer der Reaktionsverlauf verfolgt wird, wesentlich (> 10 mal) kleiner sein muß als diejenige aller anderen Edukte, so daß die Konzentrationen der letzteren im Reaktionsverlauf als konstant angesehen werden können. In diesem Fall vereinfacht sich das Geschwindigkeitsgesetz gewöhnlich zu einer Form erster Ordnung, und man kann den Vorteil ausnutzen, daß die Anfangskonzentration des Unterschußreagenzes nicht bekannt sein muß.

Unter der Annahme einer Wahl der Anfangsbedingungen dergestalt, daß $[B]_0 \gg [A]_0$, ist in dem voranstehenden Beispiel eines irreversiblen Systems zweiter Ordnung $[B]_0 \gg [C]$. Desweiteren bleibt $[B]$ konstant $= [B]_0$, und die Endkonzentration von C ergibt sich zu

$[C]_\infty = [A]_0$, falls die Reaktion irreversibel ist und eine 1:1-Stöchiometrie besitzt. Einsetzen dieser Bedingungen in Gl. (1.30) liefert

$$\ln\left(\frac{[C]_\infty}{[C]_\infty - [C]}\right) = [B]_0\, k_2 t \tag{1.32}$$

Gemäß dieser Gleichung sollte eine Auftragung von $\ln([C]_\infty - [C])$ gegen t linear mit einer Steigung von $-k_2[B]_0$ verlaufen. Dies entspricht der Form des Geschwindigkeitsgesetzes erster Ordnung, mit dem Unterschied, daß k_1 durch $k_2[B]$ zu ersetzen ist. Die letztere wird häufig als beobachtete oder experimentelle Geschwindigkeitskonstante (k_{beob} oder k_{exp}) bezeichnet. Da $[B]_0$ bekannt ist, ist es möglich, k_2 zu berechnen.

Allgemein ist die Geschwindigkeit des Verbrauches des Eduktes A gegeben durch

$$-\frac{d[A]}{dt} = k[X]^x[Y]^y[Z]^z[A] \tag{1.33}$$

und unter der Bedingung, daß $[X]_0, [Y]_0, [Z]_0 \gg [A]$, folgt

$$-\frac{d[A]}{dt} = k[X]_0^x[Y]_0^y[Z]_0^z[A] = k_{exp}[A] \tag{1.34}$$

so daß das Geschwindigkeitsgesetz eine Form erster Ordnung zeigt.

1.2.g Vergleich der Bedingungen erster und zweiter Ordnung

Es ist hilfreich, die Zeitabhängigkeit der Bildung von C unter den Bedingungen erster und zweiter Ordnung für den Fall gleicher Geschwindigkeitskonstanten und wechselnder Anfangskonzentrationen zu vergleichen.

In Abb. 1.1 ist $[A]_0 = 0,10$ M und $k_2 = 3 \times 10^{-3}$ $M^{-1}s^{-1}$. Die fettgedruckte Kurve zeigt für [C] eine Abhängigkeit pseudo-erster Ordnung für den Fall $[B]_0 = 10 \times [A]_0 = 1,0$ M, so daß $k = [B]_0 k_2 = 3 \times 10^{-3}$ $M^{-1}s^{-1}$. Unter Bedingungen zweiter Ordnung, wie $[B]_0 = 5 \times [A]_0 = 0,5$ M, folgt der zeitliche Verlauf von [C] einem Geschwindigkeitsgesetz zweiter Ordnung und steigt langsamer als im Falle pseudo-erster Ordnung. Steigt $[B]_0$ auf 0,75 M, wird die Kurve zweiter Ordnung derjenigen erster Ordnung ähnlicher, und ist $[B]_0 = 10 \times [A]_0$, sind die beiden Kurven nahezu ununterscheidbar. Das System nähert sich nun der Bedingung pseudo-erster Ordnung; dieses ist die Erklärung für die allgemeine Regel, daß die Bedingung pseudo-erster Ordnung einen mindestens 10fachen Überschuß derjenigen Edukte erfordert, deren Konzentration konstant zu halten ist.

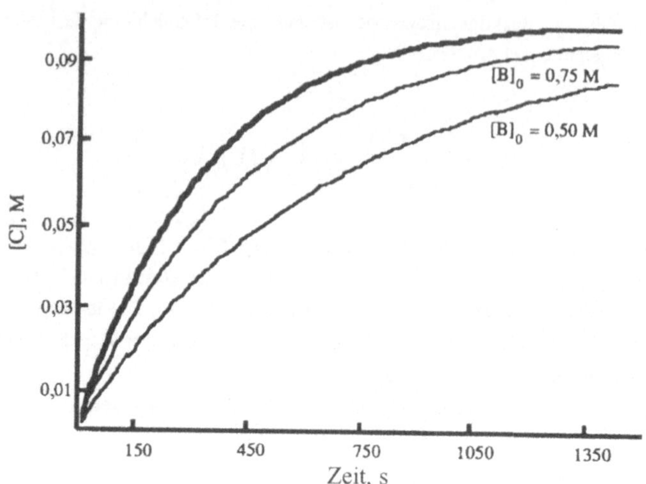

Abbildung 1.1. Die Zeitabhängigkeit von [C] unter Bedingungen erster (——) und unterschiedlicher Bedingungen zweiter Ordnung (——) mit $[A]_0 = 0,10$ M

1.3 KONZENTRATIONSVARIABLEN UND GESCHWINDIGKEITSKONSTANTEN ERSTER ORDNUNG

Die Geschwindigkeitsgesetze wurden zwar in Konzentrationseinheiten hergeleitet, doch in vielen Fällen ist es unpraktisch oder sogar unmöglich, die Zeitabhängigkeit der molaren Konzentration direkt zu bestimmen. Es ist jedoch einfach, bestimmte Eigenschaften zu verfolgen, die bekanntermaßen der molaren Konzentration direkt proportional sind, wie beispielsweise die Extinktion, integrierte NMR- und IR-Signalintensitäten, die Leitfähigkeit oder der Brechungsindex. In solchen Fällen ist das System erster Ordnung in Bezug auf die Ermittlung der Geschwindigkeitskonstanten immer noch analysierbar.

Die folgende Herleitung basiert auf einem irreversiblen System, kann aber leicht auf den allgemeineren reversiblen Fall erweitert werden. Das System ist durch Gl. (1.15), sein integriertes Geschwindigkeitsgesetz durch Gl. (1.21) gegeben. Bezeichnet man die beobachtete Meßgröße als I und die Proportionalitätskonstante zur Konzentration als ε, so gilt zu Anfang

$$I_0 \;=\; \varepsilon_A\,[\,A\,]_0 \tag{1.35}$$

und zum Ende der Reaktion

$$I_\infty \;=\; \varepsilon_B\,[\,B\,]_\infty \;=\; \varepsilon_B\,[\,A\,]_0 \tag{1.36}$$

sowie zu einem beliebigen Zeitpunkt

$$I = \varepsilon_A[A] + \varepsilon_B[B] = \varepsilon_A[A] + \varepsilon_B([A]_0 - [A])$$

$$= (\varepsilon_A - \varepsilon_B)[A] + I_\infty \tag{1.37}$$

Ein Einsetzen von [A] und $[A]_0$ in Ausdrücken von I und I_∞ in Gl. (1.21) ergibt

$$\frac{(I - I_\infty)}{(\varepsilon_A - \varepsilon_B)} = \frac{I_\infty}{\varepsilon_B} e^{-k_1 t} \tag{1.38}$$

so daß

$$\ln(I - I_\infty) = \ln\left(\frac{(\varepsilon_A - \varepsilon_B)I_\infty}{\varepsilon_B}\right) - k_1 t \tag{1.39}$$

Demnach sollte eine Auftragung von ln(I - I_∞) gegen t linear mit einer Steigung von $-k_1$ sein.

Die Kenntnis der Konzentration von A oder eines Wertes von ε ist zur Bestimmung der Geschwindigkeitskonstanten nicht erforderlich, I_∞ muß aber bekannt sein. In manchen Fällen ist eine Bestimmung von I_∞ wegen des Ablaufens von Nebenreaktionen unmöglich oder, weil die Reaktion langsam verläuft, unbequem. In solchen Systemen kann eine nichtlineare Regression möglichst vieler experimenteller Daten erfolgen oder, als klassische Variante, die Guggenheim-Methode angewandt werden, die ausführlicher von Moore und Pearson[1] (Seite 71), Mangelsdorf[6] und Espenson[7] (Seite 25) beschrieben wird.

1.4 KOMPLEXE GESCHWINDIGKEITSGESETZE

Es ist nicht ungewöhnlich, daß ein Geschwindigkeitsgesetz komplizierter als die bisher vorgestellten einfachen Fälle nullter, erster und zweiter Ordnung ist. Allgemein hat ein Geschwindigkeitsgesetz die folgende Form:

$$-\frac{d[A]}{dt} = f([X], [Y], [Z])[A] = k_{exp}[A] \tag{1.40}$$

wobei f([X], [Y], [Z]) eine Funktion der Konzentrationen von X, Y und Z ist.

Einige häufig angetroffene Formen von k_{exp} in anorganischen Systemen sind

$$k_{exp} = k'[X] \qquad\qquad k_{exp} = k' + k''[X]$$

$$\tag{1.41}$$

$$k_{exp} = \frac{k'[X]}{k'' + [Y]} \qquad\qquad k_{exp} = \frac{k'[Y] + k''}{k''' + [Z]}$$

Die Abhängigkeit der Konstanten k_{exp} von [X], [Y] und [Z] kann durch eine Reihe kinetischer Experimente unter Bedingungen pseudo-erster Ordnung bestimmt werden, indem zunächst [X] bei konstantem [Y] und [Z] variiert wird, um die k_{exp}-Abhängigkeit von [X] zu ermitteln, und der Prozeß analog für Y und Z wiederholt wird.

In vielen grundlegenden Überlegungen zu kinetischen Daten wird vorgeschlagen, die Reaktionsordnung bezüglich eines bestimmten Eduktes durch eine Auftragung des Logarithmus' der Geschwindigkeitskonstanten gegen den Logarithmus der Eduktkonzentration zu bestimmen. Dieses Verfahren ist jedoch nur auf einfache Fälle anwendbar, wie etwa das erste Beispiel in Gl. (1.41). Obwohl log-log-Auftragungen auch in den komplexeren Fällen linear erscheinen können, ergeben sie sinnlose gebrochene Reaktionsordnungen und sollten daher vermieden werden. Leider gibt es keine allgemeingültige Methode zur Bestimmung der Reaktionsordnung, aber sofern die Reagenzkonzentrationen über einen hinreichenden Bereich variiert werden, stellt dieses nur selten ein ernstes Problem dar.

1.5   KOMPLEXE KINETISCHE SYSTEME

Bisweilen gehorchen die kinetischen Beobachtungen, selbst unter Bedingungen pseudo-erster Ordnung, nicht dem integrierten Geschwindigkeitsgesetz erster Ordnung. Dies kann auf eine Reihe chemischer Probleme wie Verunreinigungen, eine nichtlineare Analysenmethode oder Niederschlagsbildung hindeuten. Ein komplexeres System mit Neben- und/oder Folgereaktionen, wie in Gl. (1.42) dargestellt, kann jedoch ebenfalls die Ursache sein.

$$A \; \underset{\displaystyle D \rightleftharpoons E \longrightarrow}{\overset{\displaystyle B \rightleftharpoons C \longrightarrow}{}} \qquad\qquad (1.42)$$

Sofern die Bedingungen pseudo-erster Ordnung eingehalten werden, ist es immer möglich, die Differentialgleichungen zur Bestimmung des integrierten Geschwindigkeitsgesetzes zu lösen.[8,9] Die Lösung hat die allgemeine Form

$$[\text{Produkt}] \; = \; M\, e^{-\gamma_1 t} \; + \; N\, e^{-\gamma_2 t} + \ldots \qquad\qquad (1.43)$$

wobei M, N, ... und γ_1, γ_2, ... Konstanten sind, die von den Geschwindigkeitskonstanten der individuellen Schritte abhängen. Die Zahl der Exponentialterme entspricht der Zahl der Schritte im Reaktionsschema. In solchen Systemen wird die Zeitabhängigkeit der Konzentrationsvariablen gewöhnlich über nichtlineare Regression ausgewertet, um die Konstanten zu bestimmen. In der Praxis werden außergewöhnlich gute Daten benötigt, um mehr als zwei γ-Werte zu ermitteln.

Ein häufig auftretendes System wird beschrieben durch

$$A \; \underset{\beta_1}{\overset{k_1}{\rightleftharpoons}} \; B \; \underset{\beta_2}{\overset{k_2}{\rightleftharpoons}} \; C \tag{1.44}$$

Verfolgt man eine Meßgröße I_t, die der Konzentration direkt proportional ist, sagt das integrierte Geschwindigkeitsgesetz für I_t eine Zeitabhängigkeit voraus, die gegeben ist durch

$$I_t = I_\infty + \left(\frac{1}{\gamma_2 - \gamma_1} \right) \times$$

$$\left\{ [k_1(I_B - I_A) - \gamma_2(I_\infty - I_A)]e^{-\gamma_1 t} - [k_1(I_B - I_A) - \gamma_1(I_\infty - I_A)]e^{-\gamma_2 t} \right\} \tag{1.45}$$

wobei I_A und I_B die Werte der Meßgröße I für Spezies A bzw. B, I_∞ den Endwert von I nach "unendlicher Zeit" und γ_1 und γ_2 die scheinbaren Geschwindigkeitskonstanten repräsentieren. Letztere sind mit den spezifischen Geschwindigkeitskonstanten in Gl. (1.44) verknüpft durch

$$\gamma_{1,2} = \frac{k_1 + \beta_1 + k_2 + \beta_2}{2} \pm$$

$$\frac{\sqrt{(k_1 + \beta_1 + k_2 + \beta_2)^2 - 4(k_1 k_2 + k_1 \beta_2 + \beta_1 \beta_2)}}{2} \tag{1.46}$$

Die Form der Gl. (1.45) ist für computergestützte Anpassungsverfahren gebräuchlich, da man gewöhnlich eine Vorstellung über vernünftige Werte von I_A und I_B und einen experimentellen Wert für I_∞ einbringen kann. Die Gleichung für einfachere Schemata, in denen eine oder beide Geschwindigkeitskonstanten der Rückreaktionen gleich Null sind, erhält man durch Nullsetzen der entsprechenden Terme in Gl. (1.46).

Ein etwas einfacheres Beispiel dieses Typs ist ein System, in dem verschiedene Produkte über mehrere parallele Reaktionspfade gebildet werden, wie in Gl (1.47) dargestellt:

$$A \quad \begin{array}{ccc} & \overset{k_1}{\nearrow} & P_1 \\ & \overset{k_2}{\longrightarrow} & P_2 \\ & \underset{k_3}{\searrow} & \\ & & P_3 \end{array} \tag{1.47}$$

Die Geschwindigkeit und das integrierte Geschwindigkeitsgesetz sind gegeben durch

$$-\frac{d[A]}{dt} = (k_1 + k_2 + k_3)[A] \tag{1.48}$$

$$[A] = [A]_0 \, e^{-(k_1 + k_2 + k_3)t} \tag{1.49}$$

Daher liefert die kinetische Analyse $k_{exp} = (k_1 + k_2 + k_3)$, und es ist notwendig, die Produktverteilung am Endpunkt zu bestimmen, um die individuellen Werte k_i ermitteln zu können über

$$[P_i]_\infty = \frac{k_i[A]_0}{k_1 + k_2 + k_3} \tag{1.50}$$

Derartige Systeme werden ausführlich von Espenson[7] (Seite 55 - 56) diskutiert.

1.6 TEMPERATURABHÄNGIGKEIT DER GESCHWINDIGKEITSKONSTANTEN

Um Informationen über die Energetik einer Reaktion zu erhalten, wird die Temperaturabhängigkeit der Geschwindigkeitskonstanten bestimmt. Bei komplexen Geschwindigkeitsgesetzen ist dieses auch mit einer Bestimmung der Konzentrationsabhängigkeit der Geschwindigkeit bei verschiedenen Temperaturen verbunden, um die Temperaturabhängigkeit der verschiedenen zum Geschwindigkeitsgesetz beitragenden Terme zu ermitteln. Sobald die experimentellen Informationen über die spezifischen Geschwindigkeitskonstanten verfügbar sind, werden sie gewöhnlich mit Hilfe eines der folgenden Formalismen ausgewertet.

1.6.a Arrhenius-Gleichung

Arrhenius scheint der Erste gewesen zu sein, der empirisch ermittelte, daß die Temperaturabhängigkeit der Geschwindigkeitskonstanten analog zu derjenigen von Gleichgewichtskonstanten ist, wie durch die folgenden exponentiellen bzw. logarithmischen Gleichungen dargestellt:

$$k = A \, \exp\left(-\frac{E_a}{RT}\right) \tag{1.51}$$

$$\ln k = \ln A - \frac{E_a}{R}\left(\frac{1}{T}\right) \tag{1.52}$$

wobei A als präexponentieller Arrheniusfaktor und E_a als Arrhenius-Aktivierungsenergie bezeichnet wird; R ist die Gaskonstante und T die Temperatur in Kelvin. Die Einheit von A entspricht derjenigen von k, während E_a in cal mol^{-1} oder J mol^{-1}, je nach Wahl der Einheit von R (1,987 cal mol^{-1} oder 8,314 J mol^{-1}K^{-1}), angegeben wird. Die Konstante k wird durch geeignete Experimente bei verschiedenen Temperaturen bestimmt, und eine Auftragung von ln k gegen T^{-1} hat eine Steigung von -E_a/R. Für die Geschwindigkeitskonstante wird generell ein Anstieg mit steigender Temperatur erwartet. Typisch sind E_a-Werte zwischen 10 und 30 kcal mol^{-1}, und, bei einer Geschwindigkeitskonstanten erster Ordnung, eine Größenordnung von A im Bereich von 10^{10} bis 10^{14} s^{-1}.

Die Arrhenius-Gleichung findet noch immer breite Anwendung in bestimmten Bereichen der Kinetik und bei komplizierten Systemen, von denen angenommen wird, daß die gemessene Geschwindigkeitskonstante sich auf komplexe Weise aus den spezifischen Geschwindigkeitskonstanten zusammensetzt.

1.6.b Theorie des aktivierten Komplexes

Diese Theorie wurde ursprünglich für einen einfachen Dissoziationsprozeß in der Gasphase entwickelt und geht von der Annahme aus, daß die Reaktion durch die folgende Sequenz beschrieben werden kann:

$$A\!-\!B \; \underset{}{\overset{K^*}{\rightleftharpoons}} \; \{A\text{-}\text{-}\text{-}B\}^* \; \overset{k_3}{\longrightarrow} \; A + B \qquad (1.53)$$

Aktivierter Komplex
oder Übergangszustand

Die Theorie basiert auf der Vorstellung, daß der aktivierte Komplex oder Übergangszustand zu den Produkten zerfallen wird, wenn die Bindung die thermische Energie kT erhält, und somit eine Schwingungsfrequenz $\mu = k$T/h s^{-1} besitzt (k = Boltzmannkonstante, $1,38 \times 10^{-16}$ erg K^{-1}; h = Planck-Konstante, $6,622 \times 10^{-27}$ erg s), die der Geschwindigkeitskonstanten k_3 gleichgesetzt wird. Weiterhin wird angenommen, daß der aktivierte Komplex sich ständig im Gleichgewicht mit den Edukten befindet, so daß $K^* = [\text{A}\cdots\text{B}]^*/[\text{A-B}]$. Ist K^* eine gewöhnliche Gleichgewichtskonstante, so gilt

$$\frac{d[B]}{dt} = k_3 [A \cdots B]^* = k_3 K^* [A - B] = \frac{kT}{h} K^* [A - B] \qquad (1.54)$$

und

$$\ln K^* = -\frac{\Delta G^{\circ *}}{RT} = -\frac{\Delta H^{\circ *}}{RT} + \frac{\Delta S^{\circ *}}{R} \qquad (1.55)$$

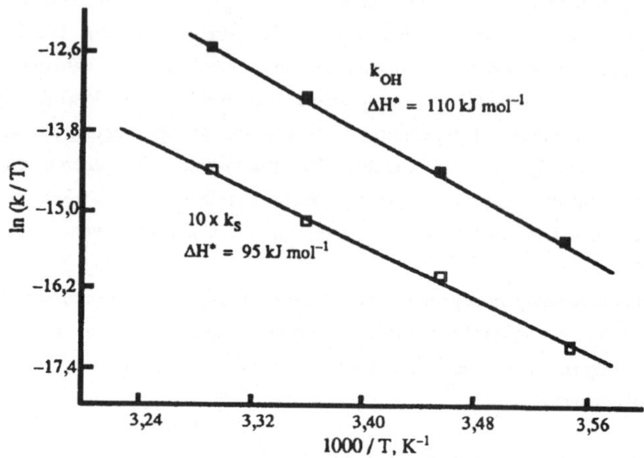

Abb. 1.2. Die Temperaturabhängigkeit der Isomerisierung von $(NH_3)_5Co(ONO)^{2+}$

wobei ΔH^{o*}, ΔS^{o*} und ΔG^{o*} für die Differenzen der molaren Standardenthalpie, -entropie bzw. freien Enthalpie zwischen dem aktivierten Komplex und dem Edukt stehen.

Ein Vergleich des Geschwindigkeitsgesetzes erster Ordnung, $d[B]/dt = k_{exp}\ [A-B]$, mit Gl. (1.54), gefolgt von einem Einsetzen der Gl. (1.55), zeigt, daß

$$k_{exp} = \frac{kT}{h}\ K^* = \frac{kT}{h}\ \exp\left(-\frac{\Delta G^{o*}}{RT} \right) \tag{1.56}$$

Aus diesem Ausdruck resultiert nach Umformen, Erweitern durch Einsetzen von Gl. (1.55) und Logarithmieren

$$\ln\left(\frac{k_{exp}}{T} \right) = \ln\left(\frac{k}{h} \right) - \frac{\Delta H^{o*}}{RT} + \frac{\Delta S^{o*}}{R} \tag{1.57}$$

Daher sollte eine Auftragung von $\ln(k_{exp}/T)$ gegen T^{-1} linear mit einer Steigung von $-\Delta H^{o*}/R$ sein. Der Wert von ΔS^{o*} kann anschließend mit einem bekannten Wert von k_{exp} bei einem bestimmten T berechnet werden:

$$\Delta S^{o*} = 4{,}576\left[\log\left(\frac{k_{exp}}{T} \right) - 10{,}319 \right] + \frac{\Delta H^{o*}}{T}\ \left(cal\ mol^{-1}\ K^{-1} \right) \tag{1.58}$$

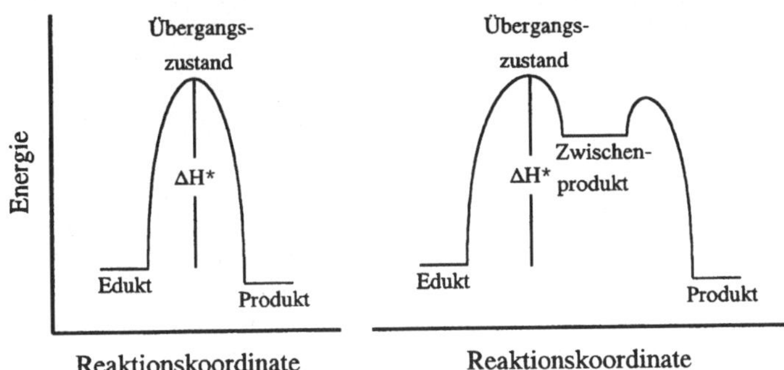

Abb. 1.3. Reaktionskoordinatendiagramme

In der Praxis wird die Kennzeichnung für den Standardzustand gewöhnlich vernachlässigt, und ΔH^* und ΔS^* werden als Aktivierungsenthalpie bzw. -entropie der Reaktion bezeichnet.

ΔH^* und ΔS^* sind über die folgenden Beziehungen mit den Arrheniusparametern verknüpft:

$$\Delta H^* = E_a - RT \quad \text{und} \quad \Delta S^* = 4{,}58\,(\log A - 13{,}2) \tag{1.59}$$

Einige typische Meßwerte[10] für die Temperaturabhängigkeit der Bindungsisomerisierung von $(NH_3)_5Co(ONO)^{2+}$ zu $(NH_3)_5Co(NO_2)^{2+}$ zeigt Abb. 1.2. Das Geschwindigkeitsgesetz für die Reaktion in alkalischer Lösung unter Bedingungen pseudo-erster Ordnung zeigt einen spontanen (k_S) und einen OH^--katalysierten Reaktionsweg (k_{OH}). Der Wert von ΔH^* für den k_{OH}-Pfad ist etwas höher, wie die größere Steigung in Abb. 1.2 anzeigt.

Gewöhnlich werden die Parameter der Theorie des aktivierten Komplexes sogar zur Beschreibung der Temperaturabhängigkeit von k_{exp} für Prozesse in Lösung herangezogen, welche viel komplexer sind als die bei der ursprünglichen Formulierung der Theorie angenommenen. Daher sollten ΔH^* und ΔS^* am besten als experimentelle Parameter behandelt werden, die nützlich zur Berechnung von k_{exp} bei anderen Temperaturen sind und die zu Vergleichen mit anderen eng verwandten Systemen und Prozessen dienen können.

In der Theorie des aktivierten Komplexes werden Reaktionen oft mit Hilfe von "Reaktionskoordinatendiagrammen" beschrieben. Hierbei handelt es sich um Auftragungen der Energie des Systems gegen die "Reaktionskoordinate", die ein Maß für den Grad der Umwandlung des Eduktes zum Produkt ist. Beispiele solcher Diagramme finden sich in Abb. 1.3.

Der *Übergangszustand* (oder der aktivierte Komplex) ist die Spezies am energetisch höchsten Punkt des Reaktionskoordinatendiagramms. Ein *Zwischenprodukt* ist die Spezies, die in einem Minimum des Reaktionskoordinatendiagramms vorliegt. Ist ein Minimum sehr flach ausgebildet, so ist es zweifelhaft, ob ein wirkliches Zwischenprodukt gebildet wird. In der Chemie setzt man für ein Zwischenprodukt eine Lebensdauer von mehr als einigen Schwingungsperioden ($> 10^{-13}$s) voraus, so daß das "Tal" tiefer als die thermische Energie (RT = 600 cal mol^{-1} bei 25˚C) sein sollte.

1.7 DRUCKABHÄNGIGKEIT DER GESCHWINDIGKEITSKONSTANTEN

Es ist möglich, die Geschwindigkeit einer Reaktion bei verschiedenen Drücken zu messen und die Variation von k mit P zu bestimmen. Derartige Messungen wurden in den letzten Jahren bei einer Vielzahl von anorganischen Reaktionen durchgeführt, und die Interpretation der Druckabhängigkeit fügt dem Arsenal der Parameter, die für die mechanistische Deutung zur Verfügung stehen, ein weiteres Werkzeug hinzu.

Die Variation von k mit P wird durch das van't Hoff-Gesetz beschrieben:

$$\left(\frac{\partial \ln K}{\partial P} \right)_T = - \frac{\Delta V^o}{RT} \tag{1.60}$$

wobei ΔV^o die Differenz des partiellen molaren Volumens zwischen den Produkten und Edukten ist. Da $K = k_1/k_{-1}$ ist, erscheint es logisch, die Variation von k_1 mit P auszudrücken durch

$$\left(\frac{\partial \ln k_1}{\partial P} \right)_T = - \frac{\Delta V_1^*}{RT} \tag{1.61}$$

wobei ΔV_1^* als das *Aktivierungsvolumen* des Vorwärtsschrittes definiert und gleich dem partiellen molaren Volumen des Übergangszustandes abzüglich des partiellen molaren Volumens des Eduktes ist. Ist ΔV_1^* druckunabhängig, so ergibt die Integration von Gl. (1.61) bei konstanter Temperatur über die Grenzen P = 0 bis P und $k_1 = (k_1)_0$ bis k_1

$$\ln k_1 = \ln(k_1)_0 - \frac{\Delta V_1^* P}{RT} \tag{1.62}$$

so daß eine Auftragung von $\ln k_1$ gegen P linear mit einer Steigung von $-\Delta V_1^*/RT$ sein sollte. Da in derartigen Studien gewöhnlich Drücke bis zu mehreren Tausend Atmosphären angewandt werden, wird in $\ln (k_1)_0$ der Wert für Normaldruck (1 atm) eingesetzt. Ist die Auftragung nicht linear, wird eine Kompressibilität der Edukte und/oder des Übergangszustandes angenommen und deren Volumina als Funktion des Druckes beschrieben durch

$$\Delta V_1^* = \left(\Delta V_1^* \right)_0 - \Delta \beta^* P \tag{1.63}$$

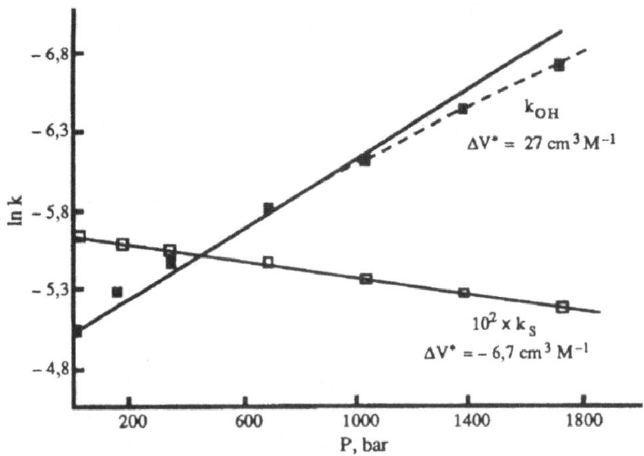

Abbildung 1.4. Die Druckabhängigkeit der Bindungsisomerisierung von $(NH_3)_5Co(ONO)^{2+}$.

wobei $\Delta\beta^*$ die Kompressibilität des Systems repräsentiert. Einsetzen von Gl. (1.63) in Gl. (1.62) mit anschließender Integration über die gleichen Grenzen ergibt dann

$$\ln k_1 = \ln(k_1)_0 - \frac{(\Delta V_1^*)_0\, P}{RT} + \Delta\beta^* \left(\frac{P^2}{2\,RT}\right) \tag{1.64}$$

Die Druckabhängigkeit der Isomerisierung von $(NH_3)_5Co(ONO)^{2+}$ ist in Abbildung 1.4 dargestellt. Die leichte Krümmung der Auftragung für den k_{OH}- Pfad schreiben die Autoren[10] einem Kompressibilitätseffekt mit $\Delta\beta^* = 5$ cm³ kbar⁻¹ mol⁻¹ zu. Der Unterschied zwischen der oberen geraden Linie und der gestrichelten Kurve zeigt das Ausmaß der Abweichung von der Linearität an.

1.8 ABHÄNGIGKEIT DER GESCHWINDIGKEITSKONSTANTEN VON DER IONENSTÄRKE

Bei Ionenreaktionen in Lösung wird die Variation der Aktivitätskoeffizienten mit den Reagenzkonzentrationen bisweilen vernachlässigt oder durch die allgemein übliche Reaktionsführung in Gegenwart eines "Inertelektrolyten", der im Vergleich mit den Edukten im großen Überschuß vorliegt, als konstant gehalten angesehen.

Der kinetische Einfluß der Ionenstärke kann an einer bimolekularen Reaktion des folgenden Typs veranschaulicht werden:

$$A + B \quad \overset{K^*}{\rightleftharpoons} \quad \{A\text{-}\text{-}\text{-}B\}^* \quad \longrightarrow \quad \text{Produkte} \tag{1.65}$$

für die nach der Theorie des aktivierten Komplexes eine Geschwindigkeit von

$$\text{Geschwindigkeit} \; = \; \frac{kT}{h} \, K^* \left(\frac{\gamma_A \gamma_B}{\gamma^*} \right) [A][B] \; = \; k[A][B] \tag{1.66}$$

vorausgesagt wird, wobei γ_A, γ_B und γ^* die jeweiligen Aktivitätskoeffizienten der Edukte und des aktivierten Komplexes sind. Bei unendlicher Verdünnung (Ionenstärke Null) sind die Aktivitätskoeffizienten gleich Eins, und die Geschwindigkeitskonstante ist definiert als k_0. Somit gilt

$$k \; = \; \left(\frac{\gamma_A \gamma_B}{\gamma^*} \right) k_0 \tag{1.67}$$

Die einfachste Verknüpfung zwischen den Aktivitätskoeffizienten (γ_i) und der Ionenstärke μ bietet das Debye-Hückel-Grenzgesetz, das für $\mu < 0{,}01$ M gilt:

$$\log \gamma_i \; = \; - A \, z_i^2 \, \sqrt{\mu} \tag{1.68}$$

wobei A eine lösungsmittelspezifische Konstante (A = 0,509 M$^{-\frac{1}{2}}$ für Wasser bei 25°C) und z_i die Ionenladung ist. Unter Berücksichtigung von $z^* = z_A + z_B$ folgt aus Gl. (1.67) und (1.68) bei der Anwendung dieses Grenzgesetzes

$$\log k \; = \; \log k_0 \; + 2A \, z_A z_B \, \sqrt{\mu} \tag{1.69}$$

so daß eine Auftragung von $\log k$ gegen $\sqrt{\mu}$ linear mit einer Steigung von $2A \, z_A z_B$ sein sollte.

Viele kinetische Studien werden bei Ionenstärken jenseits des Gültigkeitsbereiches des Debye-Hückel-Grenzgesetzes durchgeführt. Das Gesetz wurde von Debye und Hückel unter Berücksichtigung der endlichen Ionengröße erweitert zu Gl (1.70), die für den Bereich $\mu < 0{,}1$ M anwendbar ist:

$$\log k \; = \; \log k_0 \; + \frac{2A \, z_A z_B \, \sqrt{\mu}}{1 + \alpha \, B \sqrt{\mu}} \tag{1.70}$$

wobei α der mittlere effektive Durchmesser der Ionen und B eine lösungsmittelabhängige Konstante ist (B = 0,328 $\text{Å}^{-1}\text{M}^{-\frac{1}{2}}$ für Wasser bei 25°C). Tabellierte α-Werte für verschiedene Ionen in Wasser finden sich bei Klotz.[11] Für höhere Ionenstärken wurden empirische Gleichungen entwickelt, wie beispielsweise die Davies-Gleichung[12], die für $\mu \leq 0,5$ M anwendbar ist.

Die Ionenstärkenabhängigkeit von k ist im wesentlichen eine Eigenschaft des Geschwindigkeitsgesetzes. Deshalb bietet die Ionenstärkenabhängigkeit nur selten neue mechanistische Informationen, solange das komplette Geschwindigkeitsgesetz nicht entschlüsselt ist. Diese Gleichungen dienen häufiger dazu, Geschwindigkeitskonstanten, die bei verschiedenen Ionenstärken bestimmt wurden, für einen direkten Vergleich zu "korrigieren". Ionenstärkeneinflüsse wurden auch dazu verwendet, die Ladung an den aktiven Stellen großer Biomoleküle zu bestimmen, aber hierzu war eine umfangreiche Modifikation der Theorie vonnöten,[13] da die Größe der Biomoleküle grundsätzliche Voraussetzungen der Debye-Hücke-Theorie verletzt.

1.9 DIFFUSIONSKONTROLLIERTE GESCHWINDIGKEITSKONSTANTEN

Die Obergrenze einer Geschwindigkeitskonstanten ist durch die Geschwindigkeit gegeben, mit der die Edukte zueinander diffundieren können. Diese Grenze kann bedeutsam sein, falls ein bestimmter Mechanismus eine Geschwindigkeitskonstante jenseits der diffusionskontrollierten Grenze benötigen würde; in diesem Fall kann der betreffende Mechanismus als unrealistisch ausgeschlossen werden. Weiterhin ist von bestimmten Reaktionsklassen bekannt, daß sie an oder nahe an der diffusionskontrollierten Geschwindigkeitsgrenze verlaufen; und diese Information kann nützlich zur Konstruktion und Analyse mechanistischer Modelle sein.

Diffundieren zwei Edukte der Radien r_A und r_B zueinander, um bei einem Wechselwirkungsabstand von $(r_A + r_B)$ zu reagieren, so sagt eine aus der Brownschen Molekularbewegung entwickelte Theorie voraus, daß die diffusionskontrollierte Geschwindigkeitskonstante zweiter Ordnung gegeben ist durch

$$k_{\text{diff}} = \frac{4\pi N (D_A + D_B)(r_A + r_B)}{1000} \left(\frac{U}{\exp(U) - 1} \right) \tag{1.71}$$

wobei

$$U = \frac{z_A z_B\, e^2}{4\pi\varepsilon_0 \varepsilon (r_A + r_B)\, kT} \tag{1.72}$$

D_A und D_B sind die Diffusionskoeffizienten für A bzw. B, z_A und z_B die jeweiligen Ladungen, N ist die Avogadro-Zahl, k die Boltzmann-Konstante ($1,38 \times 10^{-23}$ J K^{-1}), e die Elektronenladung

$(1,6 \times 10^{-19}$ C), ε die Dielektrizitätskonstante des Lösungsmittels und $4\,\pi\,\varepsilon_0 = 1{,}11 \times 10^{-10}$. Ist eine oder sind beide Spezies ungeladen, so ist U = 0 und der rechte Klammerterm der Gl. (1.71) gleich Eins.

Die Diffusionskoeffizienten können mittels der Stokes-Einstein-Gleichung, D $= kT/6\pi\eta r$ abgeschätzt werden, wobei $k = 1{,}38 \times 10^{-16}$ erg K^{-1} und η die Lösungsmittelviskosität ist, so daß

$$k_{\mathrm{diff}} = \frac{2\,\mathrm{RT}\,(r_A + r_B)^2}{3000\,\eta\,\ r_A r_B}\left(\frac{U}{\exp(U) - 1}\right) \tag{1.73}$$

wobei r in cm, η in poise und R $= 8{,}31 \times 10^7$ erg mol^{-1}K^{-1} einzusetzen ist. Diese Gleichung zeigt, daß k_{diff} relativ unabhängig von der Größe der reagierenden Teilchen sein wird, solange $r_A \approx r_B$, und die Größenordnung von k_{diff} wird der Lösungsmittelviskosität umgekehrt proportional sein. Die Temperaturabhängigkeit von k_{diff} wird im wesentlich von derjenigen der Lösungsmittelviskosität bestimmt, so daß typische Aktivierungsenergien für diffusionskontrollierte Prozesse in gängigen Lösungsmitteln im Bereich von 1 bis 3 kcal mol^{-1} liegen.

Man kann aus Gl. (1.73) ohne Kenntnis der Diffusionskoeffizienten Werte für k_{diff} abschätzen. Ausgehend von der Annahme $r_A = r_B$ und von geladenen Produkten in Wasser ($\eta = 0{,}00894$ poise; $\varepsilon = 78{,}3$) sind in Tabelle 1.1 einige Werte für verschiedene Eduktgrößen aufgeführt. Aus diesen Daten wird ersichtlich, daß für diffusionskontrollierte Geschwindigkeitskonstanten in Wasser ein Bereich von 10^9 bis 10^{10} M^{-1}s^{-1} zu erwarten ist.

Im Falle einer unimolekularen Dissoziationsreaktion, wie der Bildung von A + B aus A—B, wird die Geschwindigkeit durch die Diffusion der Produkte aus dem Solvenskäfig bestimmt. Die Theorie sagt eine durch Gl. (1.74) gegebene Grenze für die Geschwindigkeitskonstante der Dissoziation voraus, die durch die Anwendung der Stokes-Einstein-Gleichung weiter vereinfacht werden kann.

Tabelle 1.1. Abgeschätzte diffusionskontrollierte Geschwindigkeitskonstanten in Wasser (25°C)

$r_A = 5$ (Å) $z_A \times z_B$	$r_B = 2{,}0$ (Å)	$r_B = 5{,}0$ (Å) k_{diff} (M^{-1}s^{-1})	$r_B = 8{,}0$ (Å)
-2	$9{,}15 \times 10^9$	$7{,}44 \times 10^9$	$7{,}85 \times 10^9$
-1	$9{,}10 \times 10^9$	$7{,}42 \times 10^9$	$7{,}83 \times 10^9$
0	$9{,}05 \times 10^9$	$7{,}39 \times 10^9$	$7{,}81 \times 10^9$
+1	$9{,}01 \times 10^9$	$7{,}36 \times 10^9$	$7{,}78 \times 10^9$
+2	$8{,}96 \times 10^9$	$7{,}34 \times 10^9$	$7{,}76 \times 10^9$

$$k_{diff} = \frac{3(D_A + D_B)}{(r_A + r_B)^2}\left(\frac{U}{1 - \exp(-U)}\right)$$ (1.74)

Die vorausgesagten unimolekularen Geschwindigkeitskonstanten der Dissoziation sind von gleicher Größenordnung wie die bimolekularen Konstanten in Tab. 1.1.

Die wichtigste allgemeine Reaktionsklasse mit diffusionskontrollierter Geschwindigkeit in Wasser ist die Protonierung einer Base durch H_3O^+ und die Deprotonierung einer Säure durch OH^-, wie in den folgenden Reaktionsgleichungen dargestellt (Angegebene Geschwindigkeitskonstanten in $M^{-1}s^{-1}$ bei 25°C):

$$B: + H_3O^+ \quad \xrightleftharpoons{k \sim 4 \times 10^{10}} \quad B:H^+ + H_2O$$ (1.75)

$$A:H + OH^- \quad \xrightleftharpoons{k \sim 1 \times 10^{10}} \quad A:^- + H_2O$$ (1.76)

Diese Ergebnisse entstammen der Pionierarbeit von Eigen und Mitarbeitern.[14]

Die Geschwindigkeitskonstanten der Rückreaktionen können aus den Gleichgewichtskonstanten berechnet werden, die für eine Vielzahl solcher Säuren und Basen bekannt sind. Es ist wichtig, auf die wesentlich kleinere Größenordnung der rückwärtigen Geschwindigkeitskonstanten hinzuweisen: so ist beispielsweise Trimethylamin mit einer Geschwindigkeitskonstante der Protonierung von 6×10^{10} $M^{-1}s^{-1}$ eine starke Base, die Aciditätskonstante K_a des Trimethylammoniumions beträgt aber $1{,}6 \times 10^{-10}$ M, so daß sich für die Rückreaktion (Deprotonierung durch Wasser) $k = (6 \times 10^{10})(1{,}6 \times 10^{-10}) \approx 10$ s^{-1} ergibt.

Die wichtigsten Ausnahmen der voranstehenden Verallgemeinerungen stellen sogenannte CH-azide Verbindungen wie Nitromethan oder Acetylaceton dar, deren Geschwindigkeitskonstanten in der Regel viel kleiner und von der Art der Säure abhängig sind. Als Ursache für diese langsameren Reaktionen werden die zur Bildung der konjugierten Base nötigen Bindungsumlagerungen am Kohlenstoff angesehen. Das gleiche Hemmnis gilt für die Deprotonierung von metallorganischen Hydriden.

Literatur

1. Basolo, F.; Pearson, R.G. *Mechanisms of Inorganic Reactions*, 2. Aufl.; Wiley & Sons: New York, 1967; Moore, J.W.; Pearson, R.G. *Kinetics and Mechanism*, 3. Aufl.; Wiley-Interscience: New York, 1980; Laidler, K.J. *Chemical Kinetics*, 3. Aufl.; Harper & Row: New York, 1987.

2. Wilkins, R.G. *Kinetics and Mechanism of Reactions of Transition Metal Complexes*, 2. Aufl.; VCH: Weinheim, 1991; Tobe, M.L. *Reaktionsmechanismen der Anorganischen Chemie*; VCH: Weinheim, 1976.

3.   Wilkins, R.G. *Adv. Inorg. Bioinorg. Mech.* **1983**, *2*, 139.

4.   Caldin, E.F. *Fast Reactions in Solution*; Wiley & Sons: New York, 1964.

5.   *Comprehensive Chemical Kinetics*; Bamford, C.H.; Tipper, C.F.H., Herausg.; Elsevier: Amsterdam, 1969; Vol. 1, 2.

6.   Mangelsdorf, P.C. *J. Appl. Phys.* **1959**, *30*, 443.

7.   Espenson, J.E. *Chemical Kinetics and Reaction Mechanisms*; McGraw-Hill: New York, 1981.

8.   Rodiguin, N.M.; Rodiguina, E.N. *Consecutive Chemical Reactions*, ins Englische übersetzt von R.F. Schneider; Van Nostrand: Princeton, New York, 1969.

9.   Capellos, C.; Bielski, B.H. *Kinetic Systems*; McGraw-Hill: New York, 1972.

10.   Jackson, W.G.; Lawrance, G.A.; Lay, P.A.; Sargeson, A.M. *Inorg. Chem.* **1980**, *19*, 904.

11.   Klotz, I. *Chemical Thermodynamics*; Prentice-Hall: New York, 1950; S. 330-331.

12.   Davies, C.W. *Prog. React. Kin.* **1961**, *1*, 129.

13.   Rosenberg, R.C.; Wherland, S.; Holwerda, R.A.; Gray, H.B. *J. Am. Chem. Soc.* **1976**, *98*, 6364.

14.   Eigen, M. *Angew. Chem.* **1963**, *75*, 489.

Die beste Übersicht neuer Arbeiten auf dem Gebiet der Mechanismen anorganischer und metallorganischer Reaktionen findet sich in *Specialist Periodical Reports "Inorganic Reaction Mechanisms"*; The Royal Society of Chemistry: London; Vol. 1, 1971 - ...

2

Geschwindigkeitsgesetz und Mechanismus

Nach der Bestimmung des experimentellen Geschwindigkeitsgesetzes erfolgt als nächster Schritt die Formulierung eines hiermit in Einklang stehenden Mechanismus´. Das Geschwindigkeitsgesetz kann den Mechanismus nicht eindeutig definieren, schränkt aber die Möglichkeiten ein. Der vorgeschlagene Mechanismus erlaubt Voraussagen über Reaktivitätstrends und führt somit zu anderen Experimenten, die zur Überprüfung des Vorschlags durchgeführt werden können.

Die Aufstellung des Geschwindigkeitsgesetzes für einen möglichen Mechanismus kann, abgesehen von den einfachsten Fällen, eine schwierige Aufgabe sein. Der folgende Abschnitt beschreibt einige der Annahmen und Tricks, die hierfür verwendet werden können. Weiterführende Abhandlungen bieten Standardlehrbücher der Kinetik.[1-3]

2.1 NÄHERUNG DES STATIONÄREN ZUSTANDES

Ein Mechanismus beinhaltet oft das Auftreten einer instabilen Zwischenstufe mit möglicherweise definierter Struktur, und ein allgemeiner Mechanismus kann die Form

$$A \underset{k_2}{\overset{k_1}{\rightleftharpoons}} \{B\} \underset{k_4}{\overset{k_3}{\rightleftharpoons}} C \tag{2.1}$$

annehmen, wobei B eine instabile und daher reaktive Zwischenstufe ist. In der Näherung des stationären Zustandes wird angenommen, daß dieses Zwischenprodukt ebenso schnell verbraucht wie gebildet wird.

$$\text{Geschwindigkeit der Bildung von B} = \text{Geschwindigkeit des Verbrauches von B} \tag{2.2}$$

so daß

$$k_1[A] + k_4[C] = k_2[B] + k_3[B] \tag{2.3}$$

Man kann Gl. (2.3) nach [B] auflösen und erhält als Funktion der Edukt- und Produktkonzentrationen ([A] und [C])

$$[B] = \frac{k_1[A] + k_4[C]}{k_2 + k_3} \tag{2.4}$$

Die Gesamtkonzentration der Reagenzien kann als [T] definiert werden und bleibt konstant. Da B eine reaktive Zwischenstufe ist, wird dessen Konzentration relativ zu [A] + [C] immer klein sein, so daß

$$[T] = [A] + [B] + [C] \approx [A] + [C] \tag{2.5}$$

Die Substitution von [C] in Gl. (2.4) erlaubt es, [B] zu bestimmen:

$$[B] = \frac{k_1[A] + k_4[T] - k_4[A]}{k_2 + k_3} \tag{2.6}$$

Die Geschwindigkeit des Verbrauches von [A] ist wie folgt gegeben (Beachte, daß der Mechanismus nur Schritte erster oder pseudo-erster Ordnung vorsieht):

$$-\frac{d[A]}{dt} = k_1[A] - k_2[B] = \frac{(k_2k_4 + k_1k_3)[A] - k_2k_4[T]}{k_2 + k_3} \tag{2.7}$$

wobei der Ausdruck des stationären Zustandes für [B] benutzt wurde, um [B] aus der Differentialgleichung zu eliminieren; man erhält so eine integrierbare Form, da [A] die einzige Konzentrationsvariable ist. Statt die Integration an dieser Stelle durchzuführen, ist es jedoch sinnvoller, die (endgültigen) Gleichgewichtskonzentrationen $[A]_e$ und $[C]_e$ durch

$$[T] = [A]_e + [C]_e \tag{2.8}$$

und

$$K_e = \frac{[C]_e}{[A]_e} = \frac{k_1 \, k_3}{k_2 \, k_4} \tag{2.9}$$

einzuführen. Einsetzen von $[C]_e$ aus Gl. (2.9) in Gl. (2.8) und anschließendes Umformen ergibt

$$k_2k_4[T] = (k_1k_3 + k_2k_4)[A]_e \tag{2.10}$$

Einsetzen von [T] aus Gl. (2.10) in Gl. (2.7) führt zu

$$-\frac{d[A]}{dt} = \frac{(k_2k_4 + k_1k_3)}{(k_2 + k_3)}([A] - [A]_e) \tag{2.11}$$

welches das mathematische Äquivalent zum Geschwindigkeitsgesetz erster Ordnung ist und direkt integriert werden kann zu

$$-\ln([A]_e - [A]) + \ln([A]_e - [A]_0) = k_{exp}t \tag{2.12}$$

mit

$$k_{exp} = \frac{(k_2 k_4 + k_1 k_3)}{(k_2 + k_3)} \qquad (2.13)$$

Beachte, daß die rechte Seite von Gl (2.13) dem Koeffizienten von [A] in Gl. (2.7) entspricht, und daß es nicht wirklich notwendig war, den Weg über die Gleichgewichtsbedingungen zu nehmen, um den Ausdruck für k_{exp} zu finden. Es gilt in jedem Fall, daß, sobald eine integrierbare Gleichung mit nur einer Konzentrationsvariablen in Form der ersten Ordnung vorliegt, der Koeffizient dieser Konzentrationsvariablen den Ausdruck für das k_{exp} bilden wird.

Eine Grenzform von Gl. (2.13), der man oft begegnet, geht von der Annahme $k_2 \gg k_3$ aus. In diesem Fall ist k_{exp} gegeben durch

$$k_{exp} = \left(\frac{k_1}{k_2}\right) k_3 + k_4 = K_{12} k_3 + k_4 \qquad (2.14)$$

Die Näherung des stationären Zustandes kann auf Systeme mit beliebiger Zahl reaktiver Zwischenstufen angewandt werden. King und Altman[4] haben eine allgemeine Herleitung für k_{exp} von Systemen im stationären Zustand vorgestellt, die sehr nützlich für die Behandlung komplexer Reaktionsnetzwerke ist.

2.2   ANNAHME EINES VORGELAGERTEN GLEICHGEWICHTS

Die Behandlung des vorgelagerten Gleichgewichts basiert auf der Vorstellung, daß die Edukte an einem sich schnell einstellenden Gleichgewicht teilnehmen, das im Verlauf der Reaktion ständig bestehen bleibt, dargestellt durch

$$A \underset{\longleftarrow}{\overset{K_{12}}{\longrightarrow}} B \overset{k_3}{\longrightarrow} C \qquad (2.15)$$

wobei B keine reaktive Zwischenstufe ist, aber beispielsweise die konjugierte Base zu A, ein Strukturisomer von A oder ein Ionenpaar sein kann. Die Spezies B kann in signifikanten stöchiometrischen Konzentrationen vorliegen. Die Gesamtkonzentration der Edukte kann als [R] definiert werden, wobei

$$[R] = [A] + [B] \qquad (2.16)$$

Da $[T] = [A] + [B] + [C]$, folgt, daß

$$[R] = [T] - [C] \qquad (2.17)$$

In der Regel wird [R], nicht aber [A] oder [B] bekannt sein, sofern K_{12} unbekannt ist.

Die Bildungsgeschwindigkeit von C ist einfach zu beschreiben durch

$$\frac{d[C]}{dt} = k_3[B] \tag{2.18}$$

und das eigentliche Problem ist, [B] durch [C] auszudrücken, damit eine integrierbare Gleichung erhalten wird. Um einen Ausdruck für die Konzentration eines der am Gleichgewicht beteiligten Partner ([B]), ausgedrückt durch die Gesamtkonzentration der am Gleichgewicht beteiligten Spezies ([R]), zu gewinnen, kann man einen Trick anwenden. Da $K_{12} = [B]/[A]$ ist, folgt

$$\frac{1}{K_{12}} + 1 = \frac{[A] + [B]}{[B]} = \frac{[R]}{[B]} \tag{2.19}$$

Umformen und Einsetzen von [R] aus Gl. (2.17) in Gl. (2.19) ergibt

$$[B] = \frac{[R]K_{12}}{(K_{12} + 1)} = \frac{([T] - [C])K_{12}}{(K_{12} + 1)} \tag{2.20}$$

Durch Einsetzen von [B] in Gl. (2.18) folgt eine Gleichung mit [C] als der einzigen Konzentrationsvariablen:

$$\frac{d[C]}{dt} = \frac{k_3K_{12}}{(K_{12} + 1)}([T] - [C]) \tag{2.21}$$

so daß

$$k_{exp} = \frac{k_3K_{12}}{(K_{12} + 1)} \tag{2.22}$$

Der Ausdruck für k_{exp} kann mit demjenigen verglichen werden, der aus der Näherung des stationären Zustandes unter der Bedingung $k_2 \gg k_3$ hergeleitet wurde. Das k_4 fehlt in dem gegenwärtigen Beispiel, da wir ein irreversibles Modell angenommen haben, aber davon abgesehen stimmen die Modelle des stationären Zustandes und des schnellen Gleichgewichtes überein, sofern $K_{12} \ll 1$ (in diesem Fall ist die Konzentration von B klein).

Die obige Diskussion kann den falschen Eindruck erwecken, daß B sich wie ein besonders stabiles Zwischenprodukt auf den Reaktionspfad von A nach C verhält. Eine etwas andere Sichtweise besteht darin, B als Ausgangsverbindung und A als eine unreaktive Form von B zu betrachten. Dieses Szenario wird durch das gleiche Geschwindigkeitsgesetz wie jenes in Gl. (2.21) beschrieben. *Die wichtige allgemeine Erkenntnis ist, daß alle schnellen Gleichgewichte, an denen Edukte beteiligt sind, in das Geschwindigkeitsgesetz eingehen, selbst wenn die betreffenden Spezies nicht am Netto-Reaktionspfad teilnehmen.*

2.3   PRINZIP DES DETAILLIERTEN GLEICHGEWICHTES

Das Prinzip des detaillierten Gleichgewichtes (engl. detailed balancing) besagt, daß für ein System im Gleichgewicht die Geschwindigkeiten der Hin- und Rückreaktion sowohl für jeden Einzelschritt als auch für die Gesamtreaktion gleich sind. Dieser Satz ermöglicht bei der Anwendung auf einfache Systeme, eine Geschwindigkeitskonstante durch die anderen und die Gleichgewichtskonstante auszudrücken. Für die Reaktion

$$A + B \underset{k_r}{\overset{k_h}{\rightleftharpoons}} C + D \tag{2.23}$$

gilt $K_e = k_h/k_r$, so daß $k_r = k_h/K_e$. In cyclischen Systemen ist eine weniger offensichtliche Konsequenz, daß das Produkt der Geschwindigkeitskonstanten eines geschlossenen Umlaufes in einer Richtung gleich demjenigen der Gegenrichtung ist.

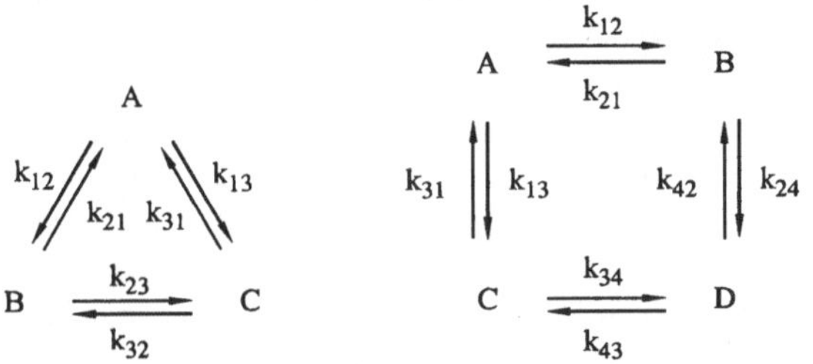

$$
\begin{array}{cc}
\begin{array}{c}
A \\
{}^{k_{12}}\diagup\diagup \; \diagdown\diagdown{}^{k_{13}} \\
{}_{k_{21}} \quad {}_{k_{31}} \\
B \xrightleftharpoons[k_{32}]{k_{23}} C
\end{array}
&
\begin{array}{c}
A \xrightleftharpoons[k_{21}]{k_{12}} B \\
k_{31}\updownarrow k_{13} \qquad k_{42}\updownarrow k_{24} \\
C \xrightleftharpoons[k_{43}]{k_{34}} D
\end{array}
\end{array}
\tag{2.24}
$$

Für das Dreikomponentensystem gilt $k_{12}k_{23}k_{31} = k_{13}k_{32}k_{21}$, so daß von den sechs Geschwindigkeitskonstanten nur fünf bekannt sein müssen, um das System zu definieren. Auf analoge Weise erhält man für das Vierkomponentensystem $k_{13}k_{34}k_{42}k_{21} = k_{12}k_{24}k_{43}k_{31}$.

2.4   PRINZIP DER MIKROSKOPISCHEN REVERSIBILITÄT

Der Mechanismus einer Rückreaktion muß dem Mechanismus der Hinreaktion unter gleichen Bedingungen entsprechen. Diese Forderung ergibt sich aus dem Satz, daß *der energetisch niedrigste Reaktionspfad in einer Richtung gleich demjenigen der Gegenrichtung sein muß*. Die Zwischenprodukte und Übergangszustände müssen für beide Richtungen gleich sein. Eine sich hieraus ergebende Konsequenz ist, daß ein Katalysator neben der Hinreaktion auch die Rückreaktion katalysiert.

Die richtige Anwendung der Prinzipien der mikroskopischen Reversibilität und des detaillierten Gleichgewichtes kann für die mechanistische Aufklärung hilfreich sein, wie das neuere Beispiel der Diskussion des CO-Austausches in $Mn(CO)_5X$-Systemen zeigt: Johnson und Mitarbeiter[5] behaupteten ursprünglich, daß alle CO-Liganden mit vergleichbarer Geschwindigkeit ausgetauscht werden und schlugen den Mechanismus in Schema 2.1 vor.

Schema 2.1

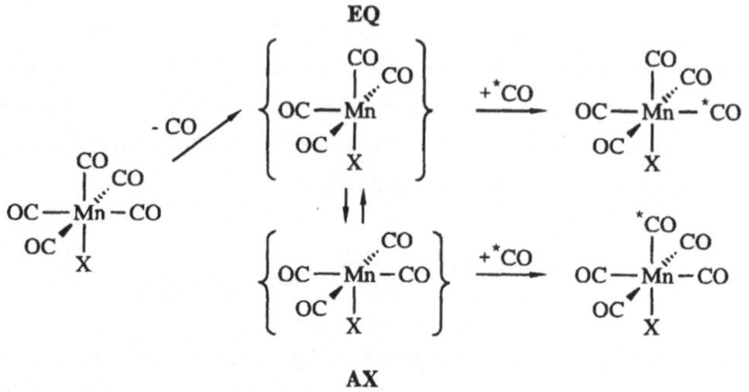

$$\text{EQ}$$

$$\text{AX}$$

Brown[6] zeigte auf, daß dieser Mechanismus das Prinzip der mikroskopischen Reversibilität verletzt, da, falls die Dissoziation eines cisständigen CO kinetisch bevorzugt ist, die Addition eines CO in der *cis*-Position ebenfalls begünstigt sein sollte.

Mit Hilfe der Infrarotspektroskopie erwiesen spätere Arbeiten,[7] daß der *cis*-CO-Austausch schneller verläuft. Jackson[8] warf ein, daß die neuere Analyse das Prinzip des detaillierten Gleichgewichtes verletze, aber diese Kritik erwuchs aus einer falschen Erweiterung[9] der Argumentation von Brown durch Espenson.[10] Eine detaillierte Analyse von Jackson, die eine anfängliche Dissoziation sowohl des *cis*- als auch des *trans*-CO-Liganden berücksichtigt, zeigt, daß das Verhältnis der *cis*- und *trans*-Produkte zeitunabhängig ist, falls die Zwischenprodukte in einem schnellen Gleichgewicht stehen. Andernfalls variiert das Produktverhältnis mit der Zeit, mit Ausnahme des Falles einer Übereinstimmung der beiden Dissoziationsgeschwindigkeiten.

Literatur

1. Moore, J.P.; Pearson, R.G. *Kinetics and Mechanism*, 3. Aufl., Wiley-Interscience: New York, 1980; Wilkins, R.G. *Kinetics and Mechanism of Reactions of Transition Metal Complexes*, 2. Aufl.; VCH: Weinheim, 1991; Tobe, M.L. *Reaktionsmechanismen der Anorganischen Chemie*; VCH: Weinheim, 1976.

2. Laidler, K.J. *Chemical Kinetics*, 3. Aufl., Harper & Row: New York, 1987.

3. Espenson, J.E. *Chemical Kinetics and Reaction Mechanisms*; McGraw-Hill: New York, 1981.

4. King. E.L.; Altman, C. *J. Phys. Chem.* **1956**, *60*, 1375.

5. Johnson, B.F.G.; Lewis, J.; Miller, J.R.; Robinson, B.H.; Robinson, P.W.; Wojcicki, A. *J. Chem. Soc.* A **1968**, 522.

6. Brown, T.L. *Inorg. Chem.* **1968**, *7*, 2873.

7. Atwood, J.T.; Brown, T.L. *J. Am. Chem. Soc.* **1975**, *97*, 3380.

8. Jackson, W.G. *Inorg. Chem.* **1987**, *26*, 3004.

9. Brown, T.L. *Inorg. Chem.* **1989**, *28*, 3229.

10. Espenson, J.H. *Chemical Kinetics and Reaction Mechanisms*; McGraw-Hill: New York, 1981; S. 128-131.

3

Ligandensubstitutionsreaktionen

Bei einer Ligandensubstitutionsreaktion werden ein oder mehrere der an ein Metallion koordinierten Liganden durch andere Liganden ersetzt. In vielerlei Hinsicht können alle anorganischen Reaktionen entweder als Substitutions- oder als Redoxreaktionen klassifiziert werden, so daß Substitutionsreaktionen einen bedeutenden Typ anorganischer Prozesse darstellen. Es folgen einige Beispiele für Sustitutionsreaktionen:

$$Fe(OH_2)_6^{3+} + SCN^- \rightleftharpoons (H_2O)_5Fe-SCN^{2+} + H_2O$$

$$Ni(OH_2)_6^{2+} + en \rightleftharpoons \left(\begin{array}{c} \end{array} \right)^{2+} + 2\,H_2O \qquad (3.1)$$

$$Cr(CO)_6 + P(C_6H_5)_3 \longrightarrow \quad + CO$$

3.1 OPERATIVE METHODE DER KLASSIFIZIERUNG VON SUBSTITUTIONSMECHANISMEN

Ein solcher Ansatz wurde erstmals 1965 in einer Monographie von Langford und Gray[1] dargelegt. Er stellt den Versuch dar, Reaktionsmechanismen anhand der Informationen, die diverse kinetische Studien bieten, zu klassifizieren, und zeigt auf, was ausgehend von Experimentalbefunden über den Mechanismus ausgesagt werden kann. Der Mechanismus wird hierbei durch zwei Eigenschaften klassifiziert, nämlich durch seinen stöchiometrischen und seinen intimen Charakter.

Stöchiometrischer Mechanismus

Basierend auf dem kinetischen Verhalten eines Systems kann der stöchiometrische Mechanismus in folgende Klassen unterteilt werden:

1. *Dissoziativ* (**D**): Ein Zwischenprodukt geringerer Koordinationszahl als der des Eduktes ist nachweisbar.

2. *Assoziativ* (**A**): Ein Zwischenprodukt höherer Koordinationszahl als der des Eduktes ist nachweisbar.

3. *Austausch {Interchange}* (**I**): Ein Zwischenprodukt ist nicht nachweisbar.

Intimer Mechanismus

Der intime Mechanismus kann über eine Reihe von Experimenten aufgestellt werden, in denen die Eigenschaften der Reaktanden auf systematische Weise verändert werden. Man klassifiziert wie folgt:

1. *Dissoziative Aktivierung* (**d**): die Reaktionsgeschwindigkeit reagiert empfindlicher auf eine Variation der austretenden Gruppe.

2. *Assoziative Aktivierung* (**a**): Die Reaktionsgeschwindigkeit reagiert empfindlicher auf eine Variation der eintretenden Gruppe.

Diese Terminologie hat die Klassifizierung nach S_N1, S_N2, etc. weitgehend ersetzt, die immer noch in der Physikalischen Organischen Chemie verwendet wird. Die Terminologien korrelieren wie folgt:

Dissoziativ [**D** $\equiv$ S_N1 (Grenzfall)]: Es existieren eindeutige Beweise für ein Zwischenprodukt geringerer Koordinationszahl. Die Bindung zwischen dem Metall und der austretenden Gruppe ist im Übergangszustand vollständig gebrochen, ohne daß eine neue Bindung zur eintretenden Gruppe geknüpft wird.

Dissoziativer Austausch [I_d $\equiv$ S_N1]: Es existiert kein eindeutiger Hinweis auf ein Zwischenprodukt. Im Übergangszustand ist die Bindung zur austretenden Gruppe weitgehend gebrochen, die bindende Wechselwirkung zur eintretenden Gruppe aber nur schwach ausgeprägt. Die Reaktionsgeschwindigkeit hängt stärker von der Natur der austretenden Gruppe ab.

Assoziativer Austausch [I_a $\equiv$ S_N2]: Es existiert kein eindeutiger Hinweis auf ein Zwischenprodukt. Im Übergangszustand ist die Bindung zur austretenden Gruppe etwas geschwächt, die Bindung zur eintretenden Gruppe dagegen deutlich ausgeprägt. Die Reaktionsgeschwindigkeit hängt stärker von der Natur der eintretenden Gruppe ab.

Assoziativ [**A** $\equiv$ S_N2 (Grenzfall)]: Es existieren eindeutige Beweise für ein Zwischenprodukt höherer Koordinationszahl. Die Bindung zu eintretenden Gruppe ist im Übergangszustand weitgehend ausgebildet, während die Bindung zur austretenden Gruppen nur wenig geschwächt ist.

Das wesentliche Ziel der kinetischen und mechanistischen Untersuchung einer Substitutionsreaktion ist deren Klassifizierung als **D**, I_d, I_a oder **A**.

3.2 OPERATIVE PROBEN FÜR DEN STÖCHIOMETRISCHEN MECHANISMUS

Gemäß der ursprünglichen Definition sollte es möglich sein, auf der Basis der Untersuchung eines einzelnen Systems diesem einen stöchiometrischen Mechanismus zuzuordnen. In der Praxis wurde dies auf die Betrachtung des Systems von Komplexen erweitert, die jeweils von einem bestimmten Metallion gebildet werden.

3.2.a Geschwindigkeitsgesetz für den dissoziativen Mechanismus

Der dissoziative Mechanismus kann durch die folgende Reaktionssequenz beschrieben werden:

$$R-X \underset{k_2}{\overset{k_1}{\rightleftharpoons}} \{R\} + X \xrightarrow[Y]{k_3} R-Y \tag{3.2}$$

wobei X und Y die aus- bzw. eintretenden Gruppen sind und $\{R\}$ das Zwischenprodukt mit verringerter Koordinationszahl ist.

Für den Grenzfall des dissoziativen Mechanismus′ kann die Größe k_{exp} von der bekannten Lösung im System $A = B = C$ mit einem stationären Zustand für B $\{$Gl. (2.13) mit $k_4 = 0\}$ abgeleitet werden. Falls $[X]$ und $[Y] \gg [RX]$, ist k_{exp} gegeben durch

$$k_{exp} = \frac{k_1 k_3 [Y]}{k_2 [X] + k_3 [Y]} = \frac{k_1 [Y]}{\dfrac{k_2}{k_3} [X] + [Y]} \tag{3.3}$$

Soll dieses Geschwindigkeitsgesetz ein aufschlußreiches Kriterium für den **D**-Mechanismus bilden, so ist es notwendig, die Bedingungen derart zu wählen, daß $k_2[X] \approx k_3[Y]$. Dann sollte, wenn beispielsweise $[X]$ konstantgehalten und $[Y]$ in einer Reihe von Experimenten variiert wird, das k_{exp} sich auf die in Abb. 3.1 dargestellte Weise mit $[Y]$ ändern. Diese Art der Abhängigkeit wird oft als "Sättigungsverhalten" bezeichnet, und k_{exp} nähert sich einem Grenzwert von k_1, wenn $k_3[Y] \gg k_2[X]$. Gl. (3.3) kann umgeformt werden zu

$$\left(k_{exp}\right)^{-1} = \frac{k_2}{k_1 k_3} \left(\frac{[X]}{[Y]}\right) + \frac{1}{k_1} \tag{3.4}$$

Demnach sollte eine Auftragung von $(k_{exp})^{-1}$ gegen $[X]/[Y]$ linear sein, so daß k_1 und k_2/k_3 bestimmt werden können. Als weitere Bedingungen für einen **D**-Mechanismus sollten bei einer Variation der Eintrittsgruppe (Y) alle Untersuchungen denselben k_1-Wert ergeben.

3.2.b Das Problem der Ionenpaarbildung (Präassoziation)

Die Zuverlässigkeit der beschriebenen Probe auf einen **D**-Mechanismus beruht auf der Annahme, daß es keine andere Reaktionssequenz gibt, die durch das gleiche Geschwindigkeitsgesetz beschrieben wird. Leider ist dieses *nicht* der Fall.

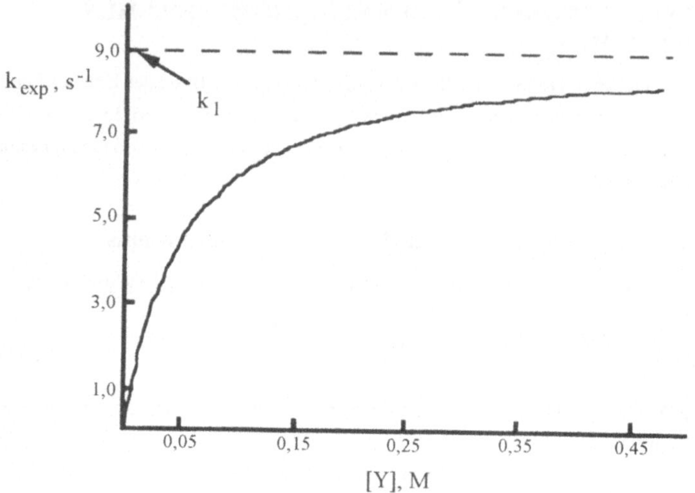

Abbildung 3.1. Vorausgesagte Änderung von k_{exp} in Abhängigkeit von [Y] für einen **D**-Mechanismus mit $k_1 = 9\ s^{-1}$ und $k_2[X]/k_3 = 0,1$ M.

Viele Metallionenkomplexe sind positiv geladen, und viele gängige Eintrittsgruppen sind Anionen. Solche entgegengesetzt geladenen Spezies können assoziierte Komplexe bilden, die gemeinhin als Ionenpaare bezeichnet werden. Das Phänomen der Präassoziation ist nicht auf Ionen beschränkt, sondern kann auch für polare Spezies in unpolaren Lösungsmitteln, als Folge von Dipol-Dipol-Wechselwirkungen und Wasserstoffbrückenbindungen, bedeutsam sein.

Der allgemeine Prozeß kann durch die folgende Reaktionssequenz beschrieben werden:

$$R{-}X + Y \xrightleftharpoons{\quad K_i \quad} (R{-}X\bullet Y) \xrightarrow{\quad k_3 \quad} R{-}Y + X \qquad (3.5)$$

wobei (R-X $\bullet$ Y) der Ionenpaar- oder Präassoziationskomplex ist, der in einem schnellen vorgelagerten Gleichgewicht mit einer Gleichgewichtskonstanten K_i gebildet wird. Das Geschwindigkeitsgesetz für diese Art von System wurde zuvor in Gl. (2.2) hergeleitet. Falls [Y] >> [RX], ist die Geschwindigkeitskonstante pseudo-erster Ordnung gegeben durch

$$k_{exp} = \frac{k_3 K_i [Y]}{K_i [Y] + 1} \qquad (3.6)$$

Diese Gleichung sagt die gleich Art von Abhängigkeit des k_{exp} von [Y] wie jene aus dem **D**-Mechanismus voraus, wenn [X] in Gl. (3.3) konstant ist. Letzteres ist oft dann der Fall, wenn X gleichzeitig das Lösungsmittel darstellt.

Tabelle 3.1. Berechnete Bildungskonstanten für Ionenpaare (a $= 5 \times 10^{-8}$ cm, T $= 298$ K)

Ionenstärke $z_1 z_2$	H_2O ($\varepsilon = 78,5$)			CH_3 ($\varepsilon = 32$)		CH_2Cl_2 ($\varepsilon = 9,1$)
	0,01	0,10	1,0	0,01	0,10	0,001
-1	1,08	0,81	0,54	5,1	2,2	$1,3 \times 10^3$
-2	3,67	2,07	0,93	83	15	$5,2 \times 10^6$
-3	12,5	5,3	1,6	1400	104	$2,1 \times 10^{10}$
-4	42,7	13,6	2,7			
-5	146	34,7	4,7			
-6	497	88,9	8,1			

Eigen[2] und Fuoss[3] entwickelten für Ionenpaare eine Gleichung zur Abschätzung von k_i auf der Grundlage der Debye-Hückel-Theorie und einem Modell starrer Kugeln für die Ionen. Sie ist gegeben durch

$$K_i = \frac{4 \pi N a^3}{3000} \exp\left(-\frac{U}{kT} \right) \tag{3.7}$$

wobei

$$U = \frac{z_1 z_2 e^2}{\varepsilon} \left(\frac{1}{a(1 + \kappa a)} \right) \quad \text{und} \quad k = \sqrt{\frac{8 \pi N e^2 \mu}{1000 \varepsilon kT}}$$

N ist die Avogadrozahl ($6,022 \times 10^{23}$), a der Abstand der dichtesten Annäherung der Ionen (cm), e die Elektronenladung ($4,803 \times 10^{10}$ esu), k die Boltzmann-Konstante ($1,38 \times 10^{16}$ erg K^{-1}), ε die Dielektrizitätskonstante des Lösungsmittel, μ die Ionenstärke, und z_1, z_2 sind die Ionenladungen. Einige berechnete K_i-Werte finden sich in Tabelle 3.1. Die Erfahrung zeigt, daß diese berechneten Werte, bezogen auf die wenigen experimentellen Daten, von vernünftiger Größenordnung sind. Eine wichtige Erkenntnis ist, daß die Werte von $K_i[Y]$ bei üblichen Ionenladungen und reellen Konzentrationen von Y leicht die Größenordnung von Eins annehmen können.

3.2.c Studien zur Konkurrenz um das Zwischenprodukt

In diesen Untersuchungen wird die Voraussage eines **D**-Mechanismus überprüft, daß ein bestimmtes Metallzentrum unabhängig von der Austrittsgruppe das gleiche Zwischenprodukt bilden sollte. Beispielsweise könnte man die Solvolyse von $(NH_3)_5CoCl^{2+}$ und $(NH_3)_5CoONO_2^{2+}$ in Wasser, mit den Abgangsgruppen Cl^- und NO_3^-, in Gegenwart eines zugefügten Nucleophils Y untersuchen. Die Existenz eines gemeinsamen Zwischenproduktes $\{(NH_3)_5Co^{3+}\}$ würde sich in einer identischen Produktverteilung äußern. Diese Schlußfolgerung gewinnt durch die Untersuchung einer Vielzahl unterschiedlicher Abgangsgruppen an Zuverlässigkeit.

Das Prinzip der Methode wird durch die folgende Sequenz beschrieben:

$$R-X \longrightarrow \{R\} + X \begin{cases} \xrightarrow[k_w]{H_2O} R-OH_2 \\ \\ \xrightarrow[k_y]{Y} R-Y \end{cases} \qquad (3.8)$$

Das Produktverhältnis [RY]/[ROH$_2$] kann folgendermaßen berechnet werden:

$$\frac{d[RY]}{dt} = k_y[R][Y] \quad \text{und} \quad \frac{d[ROH_2]}{dt} = k_w[R][H_2O] \qquad (3.9)$$

$$\frac{d[RY]}{d[ROH_2]} = \frac{k_y}{k_w}\frac{[Y]}{[H_2O]} = \frac{k_y[Y]}{k_w'}$$

Integration und Umformung liefert

$$\frac{[RY]}{[ROH_2][Y]} = \frac{k_y}{k_w'} \qquad (3.10)$$

Verläuft die Reaktion nach einem **D**-Mechanismus, so sollte der Quotient auf der linken Seite für verschiedene Y-Konzentrationen und unterschiedliche Abgangsgruppen konstant sein.

Eine ähnliche Analyse kann durchgeführt werden, wenn der Produktkomplex aus unterschiedlichen Struktur- oder Stereoisomeren besteht. In diesem Fall sollte das resultierende Isomerenverhältnis unabhängig von der Abgangsgruppe sein.

3.2.d Konstanz der thermodynamischen Eigenschaften des Zwischenproduktes

Bei dieser Methode versucht man zu belegen, daß die thermodynamischen Parameter des Zwischenproduktes konstant und unabhängig von der Abgangsgruppe sind, um hierüber die eigenständige Existenz des Zwischenproduktes zu beweisen. Die folgende Herleitung erfolgt unter Bezug auf die Enthalpie, kann aber ebenso mit der freien Enthalpie, der Entropie, dem partiellen Molvolumen etc. durchgeführt werden. Der energetische Verlauf der Reaktion ist in Abb. 3.2 dargestellt. Aus diesem Diagramm wird ersichtlich, daß

$$\Delta H^* - \Delta H_{stab} = \Delta H_f^o(R) + \Delta H_f^o(X) - \Delta H_f^o(RX) \qquad (3.11)$$

Für die Gesamtreaktion RX + Y → RY + X beträgt die Enthalpieänderung

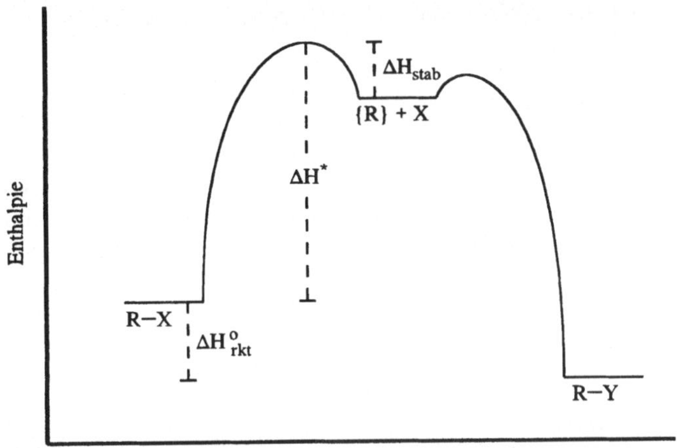

Abbildung. 3.2. Reaktionskoordinatendiagramm für einen **D**-Mechanismus

$$\Delta H^o_{rkt} = \Delta H^o_f(RY) + \Delta H^o_f(X) - \Delta H^o_f(RX) - \Delta H^o_f(Y) \qquad (3.12)$$

Die Gleichungen (3.11) und (3.12) lassen sich unter Eliminierung von $\Delta H^o_f(RX)$ und $\Delta H^o_f(X)$ kombinieren, und man erhält

$$\Delta H^o_f(R) = \Delta H^* - \Delta H_{stab} - \Delta H^o_{rkt} + \Delta H^o_f(RY) - \Delta H^o_f(Y) \qquad (3.13)$$

Wird eine Reihe von Abgangsgruppen unter Verwendung des gleichen Y (z. B. Y = Lösungsmittel) untersucht, so ist

$$\Delta H^o_f(R) = \Delta H^* - \Delta H_{stab} - \Delta H^o_{rkt} + Konstante \qquad (3.14)$$

Diese Gleichung ist wegen ΔH_{stab} nicht wirklich unabhängig von X, aber da dieser Term als klein angenommen wird, folgt

$$\Delta H^* - \Delta H^o_{rkt} \approx \Delta H^o_f(R) - Konstante \qquad (3.15)$$

Für einen **D**-Mechanismus wird daher erwartet, daß $\Delta H^* - \Delta H^o_{rkt}$ bei Variation von X und gleichbleibendem Y eine Konstante ist.

3.3 BEISPIELE FÜR DIE PRÜFUNG AUF EINEN DISSOZIATIVEN MECHANISMUS

3.3.a Dissoziatives Geschwindigkeitsgesetz

Das erste Beispiel eines echten **D**-Geschwindigkeitsgesetzes wurde von Wilmarth und Mitarbeitern[4,5] mitgeteilt. Diese Autoren untersuchten die Anation (Ersatz eines OH_2-Liganden durch ein Anion) von $Co(CN)_5(OH_2)^{2-}$ in Wasser, unter der Annahme, daß die negative Komplexladung eine Ionenpaarbildung verhindern und somit einen **D**-Mechanismus begünstigen sollte. Ihre Beobachtungen standen in Übereinstimmung mit dem folgenden Mechanismus:

$$Co(CN)_5OH_2{}^{2-} \underset{k_2}{\overset{k_1}{\rightleftharpoons}} \{Co(CN)_5{}^{2-}\} + H_2O$$

$$\{Co(CN)_5{}^{2-}\} + Y^- \underset{k_4}{\overset{k_3}{\rightleftharpoons}} Co(CN)_5Y^{3-} \tag{3.16}$$

In Analogie zu Gl. (2.13) erhält man die vorausgesagte Geschwindigkeitskonstante pseudo-erster Ordnung in Form von

$$k_{exp} = \frac{k_1 k_3 [Y] + k_2 [H_2O] k_4}{k_2 [H_2O] + k_3 [Y]} = \frac{k_1 k_3 [Y] + k_2' k_4}{k_2' + k_3 [Y]} \tag{3.17}$$

Der k_4-Wert konnte unabhängig in einer Untersuchung der Aquotisierungsgeschwindigkeit von $Co(CN)_5Y^{3-}$ mit $[Y] \approx 0$ bestimmt werden, da in diesem Fall $k_{exp} = k_4$. Wird k_4 auf beiden Seiten des Ausdrucks für k_{exp} abgezogen und der Kehrwert gebildet, erhält man Gl. (3.18), die voraussagt, daß eine Auftragung von $(k_{exp} - k_4)^{-1}$ gegen $[Y]^{-1}$ linear sein sollte, was die Berechnung von k_1 und k_2/k_3 erlaubt:

$$\left(k_{exp} - k_4\right)^{-1} = \left(k_1 - k_4\right)^{-1} + \frac{k_2'}{k_3}\left(k_1 - k_4\right)^{-1}[Y]^{-1} \tag{3.18}$$

Die Meßwerte von Wilmarth und Mitarbeitern entsprachen diesem Geschwindigkeitsgesetz, und es wurden für eine Reihe von Y, wie beispielsweise Br^-, NH_3, I^-, SCN^- und N_3^-, konstante k_1-Werte erhalten. Beachtenswert ist, daß für den Fall $Y = H_2O$ das $k_{exp} = k_1$ ist, so daß die Untersuchung der Wasseraustauschgeschwindigkeit ein weiteres Kriterium bietet.

Unglücklicherweise wurde alle hier beschriebenen Ergebnisse durch neuere Untersuchungen in ernste Zweifel gezogen. Burnett und Gilfillian[6] und anschließend Haim[7] stellten fest, daß das Geschwindigkeitsgesetz für den Fall $Y = N_3^-$ eine einfache Abhängigkeit erster Ordnung von $[N_3^-]$ zeigt. Haims Beobachtungen deuten an, daß die früheren Ergebnisse möglicherweise durch die Gegenwart von $(NC)_5CoO_2Co(CN)_5{}^{6-}$ verfälscht wurden, was in den neueren Untersuchungen durch eine modifizierte Darstellungsmethode vermieden wurde. Dagegen wurden die ursprünglichen Beobachtungen bezüglich SCN^- in einer neueren Arbeit[8] bestätigt.

Tabelle 3.2. k_3/k_2-Werte für Systeme mit auf einem **D**-Mechanismus basierenden Geschwindigkeitsgesetz

Eintritts-Gruppe	$Rh(Cl)_5(OH_2)^{2-}$ in Wasser	Eintritts-Gruppe	$(L)Cr(TPP)Cl$ in Toluol
H_2O	1,0	Pyridin	1,0
I^-	0,018	$P(Ph)_3$	0,0017
Br^-	0,016	$P(C_2H_4CN)_3$	0,0085
Cl^-	0,021	$P(OPr)_3$	0,075
SCN^-	0,079	N-Methylimidazol	1,7
NO_2^-	0,10		
N_3^-	0,14		

Die Wasseraustauschgeschwindigkeit von $Co(CN)_3(OH_2)^{2-}$ wurde kürzlich von Swaddle und Mitarbeitern[9] bestimmt, die bei 25°C ein $k_{Aust} = 5,8 \times 10^{-4}$ s^{-1} fanden, mit $\Delta H^* = 90,2$ kJ mol^{-1} und $\Delta S^* = -4$ J mol^{-1}K^{-1}. Damit kann für 40°C ein Wert von $k_{Aust} = 3,5 \times 10^{-3}$s^{-1} vorausgesagt werden, während experimentell Werte von $k_1 = 2 \times 10^{-3}$ s^{-1} (Haim) bzw. 6×10^{-4} s^{-1} (Burnett)[10] bestimmt wurden.

Der gegenwärtige Erkenntnisstand besagt für dieses System, daß es möglicherweise einen dissoziativen Austauschmechanismus (I_d) besitzt, und daß trotz der abstoßenden Ladungswechselwirkung eine gewisse Präassoziation zwischen dem Metallkomplex und der Eintrittsgruppe besteht.

Es gibt jedoch noch andere Systeme, für die das Geschwindigkeitsgesetz auf einen dissoziativen Mechanismus hindeutet. Einige Beispiele sind $RhCl_5(OH_2)^{2-}$,[11] $(en)_2Co(SO_3)(OH_2)^+$,[12] Bis(dimethylglyoximato)cobalt(III)-Komplexe[13] und Tetraphenylporphyrinchrom(III)chlorid $\{LCr(TPP)Cl\}$.[14] Von Interesse sind die k_3/k_2-Werte dieser Systeme, da sie die relative Reaktivität der Eintritts- zur Austrittsgruppe repräsentieren. Derartige Informationen könnten für die Einordnung in eine allgemeine Skala der Nucleophile relevant sein, wie später gezeigt wird. Einige Werte sind in Tabelle 3.2 aufgeführt.

3.3.b Studien zur Konkurrenz um ein dissoziatives Zwischenprodukt

Die wichtigste einschränkende Voraussetzung für diese Studien ist eine ausreichende Stabilität der Produkte, damit deren Mengenverhältnis genau bestimmt werden kann. Aufgrund ihrer Stabilität und der umfangreichen Dokumentation ihrer Eigenschaften stellen Kobalt(III)amminkomplexe die günstigsten Systeme für diese Studien dar.

Frühe Arbeiten beschäftigen sich mit der OH$^-$-katalysierten Hydrolyse von Kobalt(III)amminkomplexen, für die es Hinweise auf einen Reaktionsverlauf über einen dissoziativen Mechanismus mit konjugierter Base (S_N1CB nach alter Terminologie) gab, wie in Schema 3.1 gezeigt.

Schema 3.1

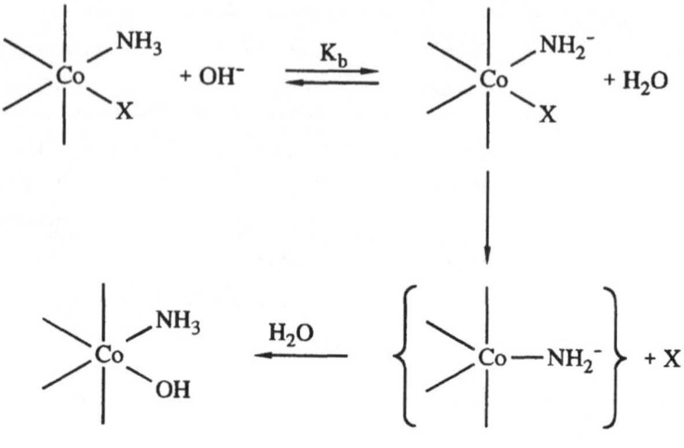

$$[(en)_2Co(NH_3)X] + OH^- \underset{}{\overset{K_b}{\rightleftharpoons}} [(en)_2Co(NH_2^-)X] + H_2O$$

$$[(en)_2Co(NH_3)(OH)] \xleftarrow{H_2O} \left\{ [(en)_2Co-NH_2^-] \right\} + X$$

Dissoziative
Zwischenstufe

Eine Analyse früherer Ergebnisse der Hydrolyse von cis- und trans-Isomeren der Komplexe $(en)_2Co(Y)(X)$ von Sargeson und Jordan [15] zeigte, daß bei gleichem Y der prozentuelle Anteil des cis- und trans-Isomers im Produkt $(en)_2Co(Y)(OH)$ ziemlich konstant ist. Eine weiterführende Studie von Buckingham et al.[16] an Stereoisomeren von cis-$(en)_2Co(NH_3)(X)$ ist in Tabelle 3.3 zusammengefaßt. Das Verhältnis von cis- zu trans-Produkt ist nahezu konstant, aber der prozentuelle Retentionsanteil ist bei neutralen Abgangsgruppen deutlich größer. Dies wird durch die Vorstellung erklärt, daß anionische Abgangsgruppen länger innerhalb des Solvenskäfigs um das "Zwischenprodukt" verbleiben und einen Eintritt an der zuvor von ihnen besetzten Position behindern, so daß der Retentionsanteil sinkt. In der gleichen Untersuchung wurde durch Einsatz des Azidions als konkurrierendem Liganden gezeigt, daß neutrale Abgangsgruppen einen um 5 % höheren $(en)_2Co(NH_3)(N_3)^{2+}$-Anteil als anionische Abgangsgruppen liefern. Die vorstehende Erklärung kann auch zur Begründung dieses Sachverhaltes dienen.

Tabelle 3.3. Produktverteilung der Reaktion cis-$(en)_2Co(NH_3)X + OH^-$

Abgangsgruppe	% trans	% cis	% Retention	% Racemat
Cl^-	22	78	48	30
NO_3^-	23	77	47	30
Br^-	22	78	44	34
$(H_3C)_2SO$	23	77	52	25
$(H_3CO)_3PO$	23	77	54	23

Den gegenwärtigen Stand dieser und verwandter Arbeiten haben kürzlich Jackson et al.[17] zusammengefaßt, und die früheren Beobachtungen wurden von Buckingham und Mitarbeitern[18] überprüft und erweitert. Scheinbar wird ein Zwischenprodukt gebildet, welches aber sehr reaktiv ist und bevorzugt mit seiner unmittelbaren Umgebung reagiert, statt das stöchiometrische Verhältnis der verschiedenen Spezies in der Lösung wahrzunehmen. Das Zwischenprodukt kann weder vollkommen unabhängig von seiner Herkunft noch von dem "inerten" ionischen Medium sein, da es reagiert, während sich die Abgangsgruppe noch in unmittelbarer Umgebung befindet, und da die Produkte im wesentlichen die ionische Atmosphäre um den Reaktanden widerspiegeln. Dennoch übt die Abgangsgruppe keinen dramatischen Einfluß auf das Reaktivitätsmuster des Zwischenproduktes aus.

Basolo und Pearson[19] vermuteten eine Stabilisierung des $\{(NH_3)_4Co(NH_2)^{2+}\}$-Zwischenproduktes durch eine π-Rückbindung vom NH_2^--Liganden, wie in der folgenden Struktur dargestellt:

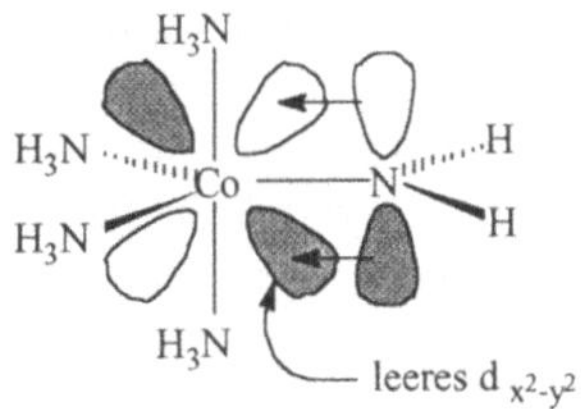

Die Ergebnisse einer Konkurrenzstudie der Hydrolyse in saurer wässriger Lösung (Aquotisierung) deuten auf einen stärkeren Einfluß der Abgangsgruppe als jene der basenkatalysierten Hydrolyse. Die Untersuchungen schließen auch Reaktionen ein, die dem Zweck der schnellen Erzeugung von Zwischenprodukten geringerer Koordinationszahl dienen, sogenannte induzierte Aquotisierungen. Es folgen einige Beispiele typischer induzierter Reaktionen:

$$(NH_3)_5Co-Cl^2 + Hg^{2+} \longrightarrow \{(NH_3)_5Co^{3+}\} + HgCl^+ \quad \xrightarrow[Z]{H_2O}$$

$$(NH_3)_5Co-N_3^2 + NO^+ \longrightarrow \{(NH_3)_5Co^{3+}\} + N_2 + N_2O \quad \xrightarrow[Z]{H_2O}$$

$$\text{(3.19)}$$

Diese Zwischenprodukte unterscheiden sich von demjenigen des konjugierte-Basen-Mechanismus durch den Ersatz eines NH_2-Liganden durch NH_3. Das $\{(NH_3)_5Co^{3+}\}$-Zwischenprodukt scheint reaktiver als dessen konjugierte Base zu sein und zeigt deshalb eine stärkere Abhängigkeit des Konkurrenzproduktverhältnisses von der Abgangsgruppe. Die induzierte Aquotisierung von $(NH_3)_5CoN_3^{2+}$ mit NO^+ führt in Gegenwart von NCS^- zu einem $((NH_3)_5Co(NCS)^{2+}$-Anteil von

12 %, während in einer analogen spontanen Aquotisierung mit der Abgangsgruppe Trimethyl-phosphat 4,6 % $(NH_3)_5Co(NCS)^{2+}$ gebildet werden. Dennoch ist das Bindungsisomerenverhältnis der Produkte mit etwa 60 % $(NH_3)_5Co-NCS^{2+}$ und 40 % $(NH_3)_5Co-SCN^{2+}$ nahezu gleich. Der Status des $\{(NH_3)_5Co^{3+}\}$-Zwischenproduktes ist immer noch Gegenstand kontroverser Diskussionen, wie in einem neueren Artikel von Jackson und Dutton[20] über die Produktverteilung der Reaktion des Azidkomplexes mit NO^+ ausführlich dargelegt wird.

3.3.c Konstanz der thermodynamischen Parameter

Wie zuvor angeführt, kann man für einen **D**-Mechanismus erwarten, daß

$$\Delta H^* - \Delta H^o_{rkt} = \Delta H^o_f(R) - \Delta H^o_f(RY) + \Delta H^o_f(Y) \tag{3.20}$$

House und Powell[21] analysierten Enthalpiedaten der Aquotisierungsreaktion

$$(NH_3)_5Co-X + OH_2 \longrightarrow (NH_3)_5Co-OH_2{}^{3+} + X \tag{3.21}$$

und fanden, daß $\Delta H^* - \Delta H^o_{rkt}$ (kcal mol^{-1}) sich mit der Variation von X änderte, von 22,2 für $SO_4{}^{2-}$ über ~ 25 für Cl^-, Br^- und $NO_3{}^-$ bis hin zu 27 für H_2O. Diese Änderung wurde als Beweis gegen einen einfachen **D**-Mechanismus gewertet. Andererseits beträgt die analoge Enthalpiedifferenz für die Reaktion

$$(NH_3)_5Co-X + OH^- \longrightarrow (NH_3)_5Co-OH^{2+} + X \tag{3.22}$$

für die gleiche Reihe von Liganden $32,4 \pm 0,5$ kcal mol^{-1}. Dies ist nahezu konstant und unabhängig von der Abgangsgruppe und spricht deshalb für einen **D**-Mechanismus.

Die Bestimmung der Aktiverungsvolumina (ΔV^*) dieser Reaktionen führte zu ähnlichen Schlußfolgerungen.[22,23] Die Analyse ist jedoch als Folge von Elektrostriktionseffekten des Lösungsmittels komplexer als ursprünglich angenommen.

3.4 OPERATIVE PRÜFUNG AUF EINEN ASSOZIATIVEN MECHANISMUS

3.4.a Geschwindigkeitsgesetz für den assoziativen Mechanismus

Wird der Mechanismus durch das Schema

$$R-X + Y \underset{k_2}{\overset{k_1}{\rightleftharpoons}} \left\{ R \begin{matrix} \diagup Y \\ \diagdown X \end{matrix} \right\} \xrightarrow{k_3} R-Y + X \tag{3.23}$$

repräsentiert, wird ein stationärer Zustand für das Zwischenprodukt angenommen und ist $[Y] \gg [RX]$, so gilt

$$k_{exp} = \frac{k_1 k_3 [Y]}{k_2 + k_3} = \text{Konstante}[Y] \qquad (3.24)$$

Die Geschwindigkeit sollte bezüglich [Y] immer erster Ordnung sein, und das Geschwindigkeitsgesetz enthält keine eindeutigen Informationen darüber, ob ein A-Mechanismus wirkt.

Eine eher unwahrscheinliche, aber denkbare Möglichkeit ist, daß das Zwischenprodukt in einem schnellen Vorgleichgewicht gebildet wird, wie nachfolgendend dargestellt:

$$R{-}X + Y \; \overset{K_{12}}{\rightleftharpoons} \; \left\{ R\!\!\begin{array}{c} {}^{\diagup Y} \\ {}_{\diagdown X} \end{array} \right\} \; \overset{k_3}{\longrightarrow} \; R{-}Y + X \qquad (3.25)$$

wobei für den Fall [Y] >> [RX] gilt

$$k_{exp} = \frac{k_3 K_{12} [Y]}{K_{12} [Y] + 1} \qquad (3.26)$$

Dieser Ausdruck hat die gleiche Form wie diejenigen aus dem dissoziativen und dem Ionenpaar-Geschwindigkeitsgesetz. Er kann von letzteren durch einen Vergleich des Wertes von K_{12} mit dem Erwartungswert für K_i unterschieden werden. Zusätzlich sollten sich die spektroskopischen Eigenschaften des Zwischenproduktes deutlich von denjenigen des Eduktes unterscheiden, während die Unterschiede bei einem Ionenpaar nur gering sind, da bei diesem keine Bindungen geknüpft oder gebrochen wurden. Der k_3-Wert sollte von der Art der Eintrittsgruppe abhängen und kann auf diese Weise von seinem mathematischen Äquivalent k_1 im dissoziativen Geschwindigkeitsgesetz unterschieden werden.

3.4.b Beispiele für assoziative Geschwindigkeitsgesetze

Beispiele für ein vollkommen assoziatives Geschwindigkeitsgesetz sind selten, da das "Zwischenprodukt" ziemlich stabil sein muß, damit $K_{12}[Y] = 1$. Koordinativ ungesättigte Systeme sollten am ehesten geeignet sein, diese Bedingung zu erfüllen.

Ein mögliches Beispiel wurde von Cattalini et al.[24] mit der folgenden Reaktion vorgestellt:

$$(3.27)$$

Die Dienkomponente in diesem Beispiel ist Cyclooctadien. Die Geschwindigkeit ist bezüglich [Rh-Komplex] erster Ordnung und unabhängig von [Amin], die Geschwindigkeitskonstante ändert sich mit der Natur des Amins, und es findet beim Mischen der Reaktanden eine schnelle Änderung der spektralen Eigenschaften statt. Falls K_{12}[Amin] $\gg$ 1, ist $k_{exp} = k_3$ und sollte von der Art des Amins abhängen. Die gefundenen k_{exp}-Werte zwischen $1{,}58 \times 10^{-2}$ s^{-1} für 3-Cyanopyridin und $4{,}57 \times 10^{-2}$ s^{-1} für n-Butylamin (in Aceton bei 25°C) zeigen keine starke Variation.

Ein anderes mögliches Beispiel findet sich in einer Arbeit von Toma und Malin[25] in Form der Reaktion

$$(H_3N)_5Ru-OH_2{}^{2+} + N\!\!\diagup\!\!\diagdown\!\!N^+\text{-}CH_3$$

$$\Big((NH_3)_5Ru-N\!\!\diagup\!\!\diagdown\!\!N^+\text{-}CH_3 \Big)^{3+} + H_2O \tag{3.28}$$

Die Abhängigkeit der Größe k_{exp} von der Konzentration des Methylpyrazinium-Ions ist mit einem assoziativen Geschwindigkeitsgesetz zu vereinbaren. Die Autoren argumentieren, daß dies infolge der gleichen Ladungen der Reaktanden nicht auf eine Ionenpaarbildung zurückgeführt werden kann. Sie vermuten für das Zwischenprodukt einen Charge-Transfer-Komplex, der durch eine Übertragung von t_{2g}-Elektronen des Ru(II) in leere π^*-Orbitale der eintretenden Gruppe entsteht. Dennoch bleibt umstritten, ob dieser als ein Zwischenprodukt höherer Koordinationszahl angesehen werden kann.

Spezies mit erhöhter Koordinationszahl wurden von Maresca et al[26] in Form der Produkte aus der Reaktion von Zeise's Salz mit Bishydrazonen isoliert und strukturell charakterisiert, wie in Gl. (3.29) dargestellt. Diese fünffach koordinierten Produkte spalten in einem Prozeß erster Ordnung langsam Ethylen ab.

$$\tag{3.29}$$

Tobe und Mitarbeiter[27] erbrachten den Beweis, daß Reaktion (3.30) über ein stabiles Zwischenprodukt verläuft, das aus der dargestellten fünffach koordinierten Spezies oder einem seiner Strukturisomere bestehen kann.

$$Pd(dien)(py)^{2+} + Cl^- \; \underset{k_{-1}}{\overset{k_1}{\rightleftharpoons}} \; \left(\begin{array}{c} Cl \cdots Pd - N \\ py \end{array} \right)^+$$

$$\left(Cl - Pd - N \right)^+ + py \tag{3.30}$$

Das Zwischenprodukt bildet sich angemessen schnell, wobei die Geschwindigkeit in erster Ordnung von [Cl$^-$] abhängt ($k_1 = 9{,}3 \times 10^{-2}$ s^{-1}, $k_{-1} = 2{,}5 \times 10^{-2}$s^{-1}; in 1 M NaClO$_4$ bei 25°C), aber zu langsam, um als Ionenpaar angesehen zu werden. Das ^{1}H-NMR-Spektrum zeigt, daß im Zwischenprodukt weder eine Pyridinabspaltung noch eine Ringöffnung des dien-Chelats stattgefunden hat.

3.5 OPERATIVE PROBEN FÜR DEN INTIMEN MECHANISMUS

Die Proben auf den intimen Mechanismus einer allgemeinen Reaktion wie (3.31), für die keine Hinweise auf ein Zwischenprodukt vorliegen, befassen sich mit der Empfindlichkeit der Geschwindigkeitskonstanten gegenüber den chemischen Eigenschaften der ein- und austretenden Gruppen

$$R-X + Y \longrightarrow R-Y + X \tag{3.31}$$

Eine assoziative Aktivierung erfordert eine höhere Empfindlichkeit gegenüber den Eigenschaften der Eintrittsgruppe Y, eine dissoziative Aktivierung dagegen eine stärkere Abhängigkeit vom Charakter der Abgangsgruppe X.

Es erscheint einfach, diese Effekte zu überprüfen, aber die Beurteilung des Grades der Empfindlichkeit gegenüber der Variation von X und Y ist immer eine etwas subjektive Entscheidung. So muß beispielsweise im assoziativen Fall die Geschwindigkeitskonstante eine gewisse Abhängigkeit von X zeigen, da X im Übergangszustand immer noch anwesend ist, aber die Variation muß bei Wechsel von Y größer sein. Ein weiteres Problem ist, das X oder Y oftmals das Lösungsmittel darstellen, welches nicht ohne eine bedeutende Störung des ganzen Systems gewechselt werden kann. Ebenso ist es notwendig, zu gewährleisten, daß die Eigenschaftsänderungen bei Wechsel von X oder Y nicht so gering ausfallen, daß sich die Wechselwirkung mit "R" im

Übergangszustand nur unmerklich verändern würde. So würde beispielsweise ein Wechsel von Cl^- zu Br^- vermutlich bei beiden Aktivierungstypen keine deutliche Änderung der Geschwindigkeitskonstanten bewirken. Um solche Schwierigkeiten zu umgehen, sind Skalen der Nucleophilie für die verschiedenen Liganden äußerst zweckmäßig. Man geht davon aus, daß ein besseres Nucleophil eine stärkere Bindung zu "R" ausbildet, so daß man zur Überprüfung des Aktivierungstyps Eintritts- oder Abgangsgruppen mit deutlich verschiedener Nucleophilie wählen sollte.

3.5.a Anorganische Skalen der Nucleophilie

Die Nucleophilie wird durch eine Reihe von Faktoren geprägt:

1. *Basizität gegenüber H^+*: Maß hierfür sind die gängigen pK_b-Werte der Liganden, und diese scheinen der Nucleophilie gegenüber vielen Metallzentren zu entsprechen.
2. *Polarisierbarkeit:* ein stärker polarisierbarer Ligand sollte ein besserer Elektronendonator und damit ein besseres Nucleophil sein.
3. *Oxidierbarkeit*: ein leichter oxidierbarer Ligand gibt bereitwilliger Elektronen ab und wird daher als besseres Nucleophil angesehen. Diese Größe wird durch Standardreduktionspotentiale oder polarographische Halbstufenpotentiale beschrieben.
4. *Solvatationsenergie*: Ein Ligand, der in einem bestimmten Lösungsmittel besser solvatisiert wird, sollte in diesem Lösungsmittel ein schlechteres Nucleophil darstellen, da zur Bildung eines Metallkomplexes eine Änderung der Solvatation stattfinden muß.
5. *Metall des reaktiven Zentrums*: dieser Faktor begrenzt ganz entscheidend die Allgemeingültigkeit anorganischer Skalen der Nucleophilie, verglichen mit jenen der organischen Chemie.

3.5.a.i n_{Pt}-Skala

Die n_{Pt}-Skala ist eine kinetische Skala, basierend auf der Reaktion

$$\textit{trans-}(py)_2Pt(Cl)_2 + Y \xrightarrow{\text{Methanol}} \textit{trans-}(py)_2Pt(Cl)(Y) + Cl^- \qquad (3.32)$$

mit der Definition

$$n_{Pt} = \log\left(\frac{k_Y}{k_{\text{Methanol}}}\right) \qquad (3.33)$$

Einige typische n_{Pt}-Werte[28] sind: Cl^- (3,04); NH_3 (3,07); N_3^- (3,58); I^- (5,46); CN^- (7,14); PPh_3 (8,93). Offensichtlich sollte man zur Untersuchung der Eintrittsgruppeneffekte in der Pt(II)-Chemie nicht Cl^- und NH_3 als Testnucleophile wählen, da ihre Nucleophilie nahezu identisch ist und man keinen deutlichen Effekt der ein- oder austretenden Gruppe feststellen würde. Diese Skala erlaubt klare Aussagen in der Pt(II)-Chemie, ist bei anderen Metallen aber bestenfalls ein qualitatives Maß, und bei Übergangsmetallionen der ersten Reihe nicht einmal das.

3.5.a.ii Methyl-Quecksilber(II)-Skala

Die Methyl-Quecksilber(II)-Skala basiert auf der Gleichgewichtskonstanten der Reaktion[29]

$$H_3C\!-\!Hg\!-\!Y^+ + H_2O \overset{K}{\rightleftharpoons} H_3C\!-\!Hg\!-\!OH_2^+ + Y \qquad (3.34)$$

und die Nucleophilie wird als proportional zu $-\log(K) = pK$ angenommen. Die pK-Werte korrelieren gut mit der n_{Pt}-Skala und haben einen vergleichbaren Geltungsbereich.

3.5.a.iii Edwards-Skala

Edwards[30] nahm an, daß eine Skala der kinetischen Nucleophilie für ein bestimmtes Metall auf einer Kombination der vorher erwähnten Faktoren basieren könnte, beschrieben durch die Gleichung

$$\log\left(\frac{k_Y}{k_{Solvens}}\right) = \alpha\left(-E^\circ(Y_2)\right) + \beta\left(pK_a + 1{,}74\right) \qquad (3.35)$$

wobei $E^\circ(Y_2)$ das Reduktionspotential der Reaktion $Y_2 + 2\,e^- \rightarrow 2\,Y^-$ in Wasser ist. Diese Skala wird oft erwähnt, ist aber mangels bekannter $E^\circ(Y_2)$-Werte anderer Liganden nur für Halogenide und Pseudohalogenide zu verwenden.

3.5.a.iv Gutmann-Donorzahl

Diese Skala basiert auf der Enthalpieänderung bei der Reaktion einer Lewis-Base mit $SbCl_5$.[31] Definitonsgemäß ist die Donorzahl $DN = \Delta H^\circ_{rkt}$ (kcal mol^{-1}). Je größer die DN, desto stärker ist die Basizität und damit auch die Nucleophilie. Die Skala wurde um eine entsprechende Akzeptorzahl AN erweitert.

Diese Skala wird oft im Zusammenhang mit thermodynamischen Argumenten zitiert. Sie wurde wegen der Vernachlässigung von Solvenseffekten und Nebenreaktionen, die zu ΔH°_{rkt} beitragen, und wegen der Tatsache, daß eine Skala auf der Grundlage nur eines Parameters niemals ausreichend sein kann, kritisiert. Neuere Messungen[32] mit der Säure BF_3 liefern einige Vergleichswerte, aber auch Kritikpunkte zur ursprünglichen Donorzahl-Skala. Donorzahlen einiger gängiger Lösungsmittel sind in Tabelle 3.4 aufgeführt.

Tabelle 3.4. Donorzahlen gängiger Lösungsmittel

Base	DN	Base	DN
Nitromethan	2,7	Diethylether	19,2
Acetonitril	14,1	Methanol	20
Dioxan	14,8	Dimethylformamid	24
Aceton	17	Dimethylsulfoxid	29,8
Wasser	18	Pyridin	33

3.5.a.v Wasserstoffbrückenbindungs-Skala

Die Fähigkeit eines Lösungsmittels zur Ausbildung von Wasserstoffbrückenbindungen zu einem bestimmten Donor kann mit verschiedenen Techniken verfolgt werden, und diese Eigenschaft wurde als Maß für die Solvensbasizität vorgeschlagen. Die Zwei-Parameter-Skala (β und ξ)[33] von Kamlet und Taft deckt einen weiten Lösungsmittelbereich ab und wurde in der Praxis mit anderen Skalen verglichen. Der Parameter ξ wurde nachträglich zur Korrektur von Kovalenzeffekten eingeführt, die von der Art des Akzeptoratoms abhängen. Taft und Mitarbeiter[34] führten einen Aziditätsparameter (α_2) der Wasserstoffbrückenbindung ein, der, ergänzt durch einen Basizitätsparameter (β_2), einen weiten Bereich derartiger Säure-Base-Gleichgewichte korreliert.

Eine thermochemische Skala der Wasserstoffbrückenbindungsbasizität wurde auf der Grundlage der Lösungswärmeunterschiede ($\delta\Delta H^o$) von Pyrrol, N-Methylpyrrol, Benzol und Toluol[35] vorgeschlagen, die, abgesehen von Dioxan und insbesondere Triethylamin, gut mit dem β-Parameter von Kamlet und Taft korreliert. Die thermochemischen Ergebnisse bieten auch einen Wert für Wasser, der in anderen Skalen oft fehlt.

Einige Ergebnisse dieser Skalen sind in Tabelle 3.5 aufgeführt. Es wurde nie der Anspruch erhoben, daß diese Skalen ein Maß für die Basizität gegenüber einem Metall darstellen, aber auf der Suche nach einem solchem Maß ist man oft gezwungen, Umwege zu gehen.

Tabelle 3.5. Maße für die Wasserstoffbindungsbasizität

Solvens (Base)	$\delta\,\Delta H^o(\mathrm{kJ\ mol^{-1}})$	β	$(\beta_{\mathrm{ber}})^a$
Tetrachlorkohlenstoff	1,80		(-0,09)
Benzol	5,67	0,10	(0,11)
Wasser	7,46		(0,20)
Nitromethan	8,82	0,25	(0,27)
Benzonitril	10,28	0,37	(0,35)
Acetonitril	10,32	0,35	(0,35)
Methanol	12,93	0,43	(0,48)
Dioxan	13,15	0,37	(0,49)
Tetrahydrofuran	15,17	0,55	(0,60)
Pyridin	16,22	0,64	(0,65)
N,N-Dimethylformamid	16,61	0,69	(0,67)
Dimethylsulfoxid	17,99	0,74	(0,74)
Hexamethylphosphorsäuretriamid	23,56	1,05	(1,03)
Triethylamin	24,11	0,71	(1,05)

^{a} berechnet über eine lineare Korrelation von $\delta\Delta H^o$ mit β von Catalán J., Gómez J., Couto A., Laynez J. *J. Am. Chem. Soc.* **1990**, *112*, 1678.

Tabelle 3.6.   E- und C-Werte $(kcal\ mol^{-1})^{1/2}$ für repräsentative Säuren und Basen

Säure	E_A	C_A	Base	E_B	C_B
I_2	1,0	1,0	NH_3	1,36	3,46
$SbCl_2$	7,38	5,13	$N(CH_3)_3$	0,81	11,15
$B(CH_3)_3$	6,14	1,70	$O=S(CH_3)_2$	1,34	2,85
$Al(CH_3)_3$	12,5	2,04	$O=C(CH_3)_2$	0,99	2,33
$Ga(CH_3)_3$	12,6	0,59	$O=P(CH_3)_3$	1,03	5,99
$Cu(hfac)_2$	3,46	1,36	$P(CH_3)_3$	0,84	6,55

3.5.a.vi   E- und C-Skala von Drago

Die Dragosche E- und C-Skala[36] beruht auf der Enthalpieänderung bei der Wechselwirkung einer Lewis-Säure (A) mit einer Lewis-Base (B). Jede Säure und Base wird durch zwei Parameter, E_A und C_A für Säuren und E_B und C_B für Basen, charakterisiert, und die Enthalpieänderung der Reaktion A + B → (A:B) ist gegeben durch

$$\Delta H^o_{rkt} = E_A E_B + C_A C_B \tag{3.36}$$

Der Sinn dieser Skala liegt in ihrer Fähigkeit, sehr große Zahlen und Reaktionsenthalpiebereiche zu korrelieren.

Drago schlug vor, den C-Parameter auf den kovalenten und den E-Parameter auf den ionischen Anteil der Wechselwirkung zu beziehen. Daher sollte sich eine starke Base, deren Wechselwirkung mit einer Säure einen hohen ionischen Anteil besitzt, durch ein großes E_B und möglicherweise kleines C_B auszeichnen. Diese Vorstellung ist für die Auswahl geeigneter Nucleophile für mechanistische Studien potentiell nützlich, fand aber keine breite Anwendung. Eine neuere Anwendung findet sich im Bereich der heterogenen Adsorption und Katalyse.[37] Einige Werte für E und C sind in Tabelle 3.6 aufgeführt.

3.5.a.vii   Theorie der harten und weichen Säuren und Basen

Diese Terminologie wurde zuerst von Pearson[38] vorgeschlagen, und ihr Grundgedanke ist verwandt mit der früheren Einteilung von Metallionen in (a- und b-) Klassen durch Ahrland et al.[39] Säuren und Basen wurden von Pearson qualitativ in die Klassen "weich", "hart", oder "Grenzfall" eingeteilt. Die Wechselwirkung weicher Säuren und Basen stand unter dem Verdacht, im wesentlichen kovalenter Natur, diejenige harter Säuren und Basen, hauptsächlich ionischer Natur zu sein. Die Faustregel lautet: "*Harte Säuren wechselwirken am stärksten mit harten Basen, weiche Säuren wechselwirken am stärksten mit weichen Basen*". Der wichtigste Kritikpunkt an dieser Skala besteht darin, daß sie rein qualitativ ist. In mechanistischen Studien ist es unangebracht, eine weiche Base mit einer harten Säure zu kombinieren, da deren Wechselwirkung inhärent schwach wäre; ein Kriterium zur Auswahl einer zur Prüfung auf einen I_a- oder I_d-Mechanismus geeigneten Reihe von Nucleophilen wird hier jedoch nicht gegeben.

Vor kurzem versuchte Pearson[40], eine qualitative Skala der Härte und Weichheit auf der Grundlage von Ionisierungspotentialen (I) und Elektronenaffinitäten (A) einzuführen. Die absolute Härte ist definiert als $\eta = (I - A)/2$, die Weichheit als $\sigma = 1/\eta$, und die absolute Elektronegativität ergibt sich aus Mulliken's Definition $\chi = (I + A)/2$. Es wird angenommen, daß die Stärke der Wechselwirkung zwischen einer Lewis-Säure (1) und Base (2) vom fraktionellen Elektronentransfer, gegeben durch $\Delta N = (\chi_1 - \chi_2)/2 (\eta_1 + \eta_2)$, abhängt. Diese Ergebnisse sind zu neu, um eingehend überprüft worden zu sein; es kann lediglich angemerkt werden, daß diese quantitative Skala mit den Vorstellungen des praktischen Chemikers allgemein übereinstimmt. Pearson stellte eine umfangreiche Liste von Härtewerten zusammen, der einige Beispiele in Tabelle 3.7 entnommen sind.

Die folgende Auswahl gibt eine allgemeine Vorstellung über die Arten harter und weicher Säuren und Basen:

Harte Säuren:	H^+, Li^+, Mg^{2+}, Cr^{3+}, Co^{3+}, Fe^{3+}
Weiche Säuren:	Cu^+, Ag^+, Pd^{2+}, Pt^{2+}, Hg^{2+}, Tl^{3+}
Grenzfälle:	Mn^{2+}, Fe^{2+}, Zn^{2+}, Pb^{2+}
Harte Basen:	F^-, Cl^- H_2O, NH_3, OH^-, $H_3CCO_2^-$
Weiche Basen:	I^-, CO, $P(C_6H_5)_3$, C_2H_4, H_5C_2SH
Grenzfälle:	N_3^-, C_5H_5N, NO_2^-, Br^-, SO_3^{2-}

Tabelle 3.7.   Werte der absoluten Elektronegativität (χ) und Härte (η) (eV)

Säure	χ	η	Base	χ	η
Ca^{2+}	31,39	19,52	F^-	10,41	7,01
Cr^{2+}	23,73	7,23	Cl^-	8,31	4,70
Mn^{2+}	24,66	9,02	Br^-	7,60	4,24
Fe^{2+}	23,42	7,24	I^-	6,76	3,70
Co^{2+}	25,28	8,22	OH^-	7,50	5,67
Zn^{2+}	28,84	10,88	H_2O	3,1	9,5
Fe^{3+}	42,73	12,08	NH_3	2,6	8,2
Ru^{3+}	39,2	10,7	$N(CH_3)_3$	1,5	6,3
Os^{3+}	35,2	7,5	C_5H_5N	4,4	5,0
Co^{3+}	42,4	8,9	CH_3CN	4,7	7,5
Cr^{3+}	40,0	9,1	$(CH_3)_2O$	2,0	8,0
Pd^{2+}	26,18	6,75	$(CH_3)_3P$	2,8	5,9
Pt^{2+}	27,2	8,0	$(CH_3)_2NCHO$	3,4	5,8

3.5.a.viii Zusammenfassung

Keine dieser Skalen wurde von den anorganischen Chemikern als allgemeingültig akzeptiert, und trotz der Vielgestaltigkeit der potentiellen Liganden bleibt die Herausforderung bestehen, eine wirklich allgemeingültige Skala aufzustellen. Bisher weist keine Skala eine ähnlich breite Anwendbarkeit auf, wie sie etwa die Hammett- und Taft-Parameter in der organischen Chemie gefunden haben. Innerhalb bestimmter Bereiche und Anwendungsgebiete wird die eine dieser Skalen vornehmlich deshalb häufiger als die anderen verwendet, weil sie sich als erfolgreicher in der Korrelation von Informationen erweist.

Es hat sich erwiesen, daß zur Korrelation von Solvensbasizitäten generell eine Zwei-Parameter-Skala notwendig ist.[41,42] Die Bedingungen, unter denen eine Ein-Parameter-Korrelation auszureichen scheint, wurden von Drago[43] diskutiert, und die Korrelationen zwischen verschiedenen Basizitätsskalen wurden von Maria et al.[44] analysiert.

In mechanistischen Studien ist es üblich, auf qualitative Informationen bezüglich des jeweiligen metallischen oder nichtmetallischen Zentrums zurückzugreifen. Nachdem man mit bestimmten Verbindungsarten gearbeitet hat, entwickelt sich meist eine Vorstellung darüber, was gute, weniger gute und schlechte Nucleophile sind. Manchmal zeigt sich hierbei eine Korrelation mit einer der Basizitätsskalen.

3.5.b Lineare freie Enthalpie - Beziehungen (LFEB)

Die Beziehung zwischen der Gleichgewichts- und den Geschwindigkeitskonstanten einer einfachen Reaktion kann für mechanistische Zwecke ausgenutzt werden. Da $K_e = k_h/k_r$, ist

$$\log(k_h) = \log(K_e) + \log(k_r) \tag{3.37}$$

Variiert man bei einer dissoziativ aktivierten Reaktion die Abgangsgruppe X, während die eintretende Gruppe Y konstant gehalten wird, sollte k_r konstant sein, so daß eine Auftragung von $\log(k_h)$ gegen $\log(K_e)$ linear mit einer Steigung von +1 sein sollte. Zur Probe auf eine assoziative Aktivierung kann man die gegenteilige Untersuchung und Auftragung ausführen.

Diese Art der Analyse wurde auf die Aquotisierung von $(NH_3)_5Co^{III}-X$-Komplexen[45, 46] mit der Folgerung angewandt, daß ein I_d-Mechanismus vorliegt. Für $(NH_3)_5Cr^{III}-X$ und $(H_2O)_5Cr^{III}-X$ deutet die LFEB auf einen I_a-Mechanismus hin.[47]

Protonentransferreaktionen bilden eine wichtige Reaktionsklasse, die allgemein die LFEB erfüllt. Obwohl nicht direkt mit den Ligandensubstitutionsprozessen verwandt, sind Protonentransferschritte oft mit sich schnell einstellenden Gleichgewichten verknüpft und werden gewöhnlich dementsprechend behandelt:

$$HB + H_2O \; \underset{k_r}{\overset{k_h}{\rightleftharpoons}} \; B^- + H_3O^+ \tag{3.38}$$

$$HB + OH^- \; \underset{k_r}{\overset{k_h}{\rightleftharpoons}} \; B^- + H_2O \tag{3.39}$$

In Reaktionen wie (3.38) liegt k_r ziemlich konstant bei der auf S. 22 erwähnten diffusionskontrollierten Grenze von ~ 5×10^{10} M^{-1} s^{-1}. Dies gilt nur dann nicht, wenn HB und B$^-$ deutliche Struktur- und Bindungsunterschiede zeigen. Ist die Dissoziationskonstante der Säure (K_a) bekannt, so ist $k_h \approx 5 \times 10^{10} \times K_a$. Zu beachten ist, daß im Falle eines kleinen K_a-Wertes (z. B. 10^{-10} M) das k_h recht unbedeutend und somit die Annahme eines schnellen Gleichgewichtes ungültig sein kann. Die gleiche Überlegung gilt für Reaktionen wie (3.39), bei der $k_h \approx 2 \times 10^{10}$ $M^{-1}s^{-1}$ ist.

3.5.c Einfluß der Reagenzladung

Es ist oft möglich, durch eine Variation unbeteiligter Liganden (sogenannte "Zuschauerliganden") die Nettoladung eines Metallkomplexes zu verändern (z.B.: $PtCl_4^{2-}$, $Pt(NH_3)Cl_3^-$, $Pt(NH_3)_2Cl_2$, usw.). Die Änderung der Geschwindigkeitskonstanten für die Substitution mit der Ladung scheint eine eindeutige Unterscheidung zwischen assoziativer und dissoziativer Aktivierung zu ermöglichen. Eine steigende positive Ladung auf dem Metallkomplex sollte die Bindung zum eintretenden Nucleophil begünstigen und damit die Geschwindigkeit eines I_a-Prozesses steigern, während für einen I_d-Prozeß das Gegenteil erwartet wird.

Leider muß zur Änderung der Ladung auch die Natur der Liganden verändert werden, und eine Interpretation dieser Art von Untersuchung kann schwierig sein. Für die oben genannten Pt(II)-Komplexe gibt es zwar auch andere Hinweise auf einen I_a-Mechanismus, aber die Unterschiede der Hydrolysegeschwindigkeiten sind nur klein.[48] Man kann anführen, daß die steigende positive Ladung die Bindung zur eintretenden Gruppe verstärkt, gleiches aber auch für die Abgangsgruppe gilt, so daß sich beide Effekte nahezu aufheben.

3.5.d Solvenseffekte

In organischen Systemen wird ein Anstieg der Reaktionsgeschwindigkeit bei steigender Dielektrizitätskonstante des Lösungsmittels mit der Bildung eines elektrisch polaren Übergangszustandes assoziiert. Die Verhältnisse in anorganischen Systemen sind oft dadurch vielgestaltiger, daß sowohl der Komplex als auch die Ein- und Austrittsgruppe geladen sein können, und daß sowohl die Desolvatation der Edukte als auch die Solvatation des Übergangszustandes berücksichtigt werden müssen. Die Dielektrizitätskonstante des Lösungsmittel hat außerdem wesentlichen Einfluß auf die Ionenpaarbildung und kann so die Reaktivität beeinflussen. Eine weitere Komplikation besteht in der Möglichkeit, daß das Solvens einen potentiellen Liganden, und damit einen Teil des Reaktionssystems, darstellen kann, statt nur als Reaktionsmedium zu fungieren. Daher kann der Effekt der Solvensvariation auf die Reaktionsgeschwindigkeit kein allgemein gültiges Kriterium für den Mechanismus sein. Gängiger ist es, solche Beobachtungen zur Beurteilung von Solvenseffekten einzusetzen, wenn der Mechanismus als bekannt gilt, um über diese Variation verschiedene theoretische Modelle prüfen.

In einem später diskutierten System setzen Was und Bergmann[49] eine Reihe methylsubstituierter Tetrahydrofurane mit als konstant angesehener Dielektrizitätskonstante ein, um die Einbeziehung eines koordinierten Solvensmoleküls in das nach der Liganddissoziation gebildete "Zwischenprodukt" zu untersuchen. In einer mehr mit dem organisch-chemischen

Anwendungsbereich verknüpften Studie versuchten Rerek und Basolo[50], durch eine Variation des Lösungsmittels zwischen den folgenden Rhodium-Zwischenprodukten zu unterscheiden.

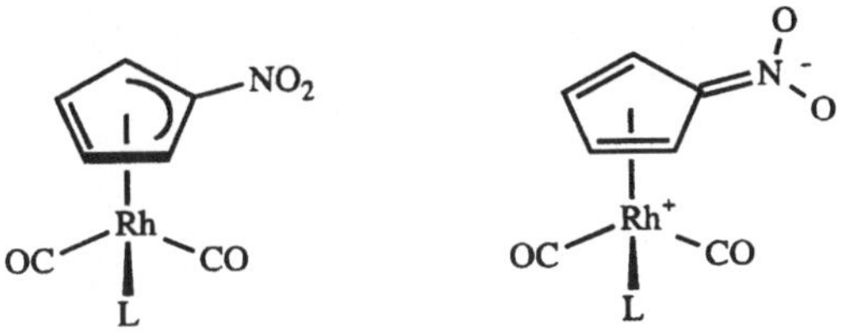

$$Rh^0 \qquad\qquad Rh^{\pm}$$

Das "$Rh^{\pm}$"-Zwischenprodukt ist deutlich polarer und sollte durch Lösungsmittel mit höheren Dielektrizitätskonstanten begünstigt werden. Die Beobachtungen sind in Tab. 3.8 aufgeführt. Auf der Basis eines Vergleiches der Geschwindigkeitskonstanten in THF und Methanol bevorzugen die Autoren das "$Rh^{\pm}$"-Zwischenprodukt. Werden die Daten jedoch wie in Tabelle 3.8 dargestellt, kann man auch argumentieren, daß die Solventien in der linken Spalte eine inverse ε-Abhängigkeit von k zeigen und somit "Rh^0" begünstigen, während die Reaktion in den Solventien der rechten Spalte möglicherweise über ein solvens-koordiniertes Zwischenprodukt verlaufen, wobei Methanol den am stärksten koordinierten Liganden darstellt.

3.5.e Sterische Effekte

Die Unterschiede im sterischen Anspruch von Zuschauerliganden scheinen ein klares Unterscheidungskriterium zwischen dem I_d- und dem I_a-Mechanismus zu bieten. Ein steigender sterischen Anspruch dieser Liganden sollte durch eine Abstoßung des dissoziierenden Liganden und eine Verringerung der sterischen Spannung einen I_d-Mechanismus fördern. Außerdem sollte die Bindung zur eintretenden Gruppe, und damit ein I_a-Mechanismus, erschwert werden. Dies ist möglicherweise die erfolgversprechendste Methode zur Unterscheidung dieser Mechanismen, allerdings bestehen auch hier einige Schwierigkeiten.

Tabelle 3.8. Änderung der Geschwindigkeitskonstanten (25°C) mit der Solvens-Dielektrizitäts-konstanten bei der Reaktion von $(\eta^x\text{-}C_5H_4NO_2)Rh(CO)_2$ mit PPh_3

Solvens	ε	$k\ (M^{-1}s^{-1})$	Solvens	ε	$k\ (M^{-1}s^{-1})$
Hexan	1,88	4,44	Dichlormethan	8,93	2,81
Cyclohexan	2,02	3,92	Methanol	32,7	10,4
Toluol	2,38	1,26	Acetonitril	38,8	9,58
Tetrahydrofuran	7,58	0,963			

Tabelle 3.9. Geschwindigkeitskonstanten (25°C) und Aktivierungsparameter der Aquotisierung von Ammin- und Methylamin-Komplexen von Kobalt(III) und Chrom(III)

	$10^6 \times k$ (s^{-1})	ΔH^* (kJ mol^{-1})	ΔS^* (J mol^{-1}K^{-1})	ΔV^* (cm^3 mol^{-1})
$Co(NH_3)_5Cl^{2+}$	1,72	93	-44	-2,1
$Co(NH_2CH_3)_5Cl^{2+}$	39,6	95	-10	~0
$Cr(NH_3)_5Cl^{2+}$	8,70	93	-29	-1,0
$Cr(NH_2CH_3)_5Cl^{2+}$	0,26	110	-2	~0

Parris und Wallace[51] untersuchten die Aquotisierung von $M(NH_3)_5Cl^{2+}$ und $M(NH_2CH_3)_5Cl^{2+}$ mit M = Co, Cr; die kinetischen Ergebnisse dieser und nachfolgender Arbeiten sind in Tabelle 3.9 zusammengefaßt. Die ursprüngliche Interpretation dieser Ergebnisse war, daß die Einführung der CH_3-Gruppen k im Falle von Co(III) vergrößert, was in Einklang mit einem I_d-Mechanismus steht, während der gegenteilige Effekt bei Cr(III) beobachtet wird, wie für einen I_a-Mechanismus dieses Metallzentrums zu erwarten ist. Diese Ansicht wurde bis vor kurzem beibehalten und bildete die Grundlage für die Interpretation vieler anderer Studien an diesen beiden Metallionen. Die im Laufe der Zeit angesammelten Strukturinformationen wurden kürzlich von Lay[52] analysiert. Abbildung 3.3 zeigt einige Strukturbeispiele.

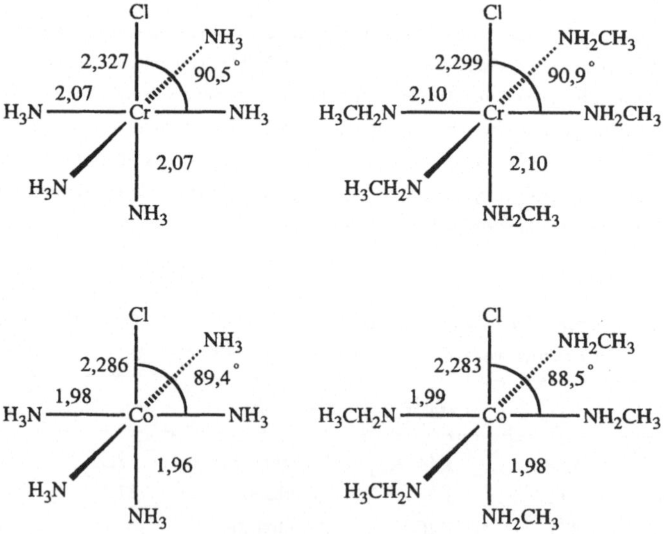

Abbildung. 3.3. Strukturparameter von Kobalt(III)- und Chrom(III)ammin-Komplexen

Tabelle 3.10. Geschwindigkeitskonstanten für den Ersatz des Chloro-liganden durch Pyridin in $(Et_3P)_2Pt(R)Cl$

R	$k(M^{-1}s^{-1})$	
	trans (25°C)	cis (0°C)
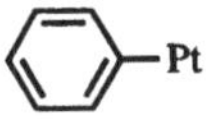 (Phenyl)–Pt	$1{,}2 \times 10^{-4}$	8×10^{-2}
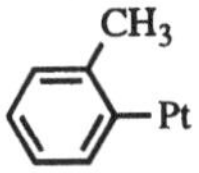 (o-Tolyl, CH₃)–Pt	$1{,}7 \times 10^{-5}$	2×10^{-4}
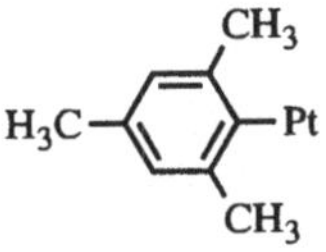 (Mesityl, H₃C–, CH₃, CH₃)–Pt	$3{,}4 \times 10^{-6}$	1×10^{-6} (25°C)

Zwei strukturelle Besonderheiten sind zu beachten: Zum einen sind alle Bindungslängen im Falle von Co(III) kürzer als bei Cr(III); diese recht allgemeingültige Eigenschaft trug zu der Begründung bei, warum die Mechanismen dieser beiden Metalle sich unterscheiden. Zum anderen ist die M–Cl-Bindung bei $Cr(NH_2CH_3)_5Cl^{2+}$ tatsächlich 0,03 Å kürzer als bei $Cr(NH_3)_5Cl^{2+}$, was das Gegenteil des aus sterischen Gründen Erwarteten ist. Nach Lay's Interpretation der strukturellen und kinetischen Fakten reagieren beide Systeme nach einem gemeinsamen I_d-Mechanismus. Verglichen mit dem NH_3-Komplex reagiert $Cr(NH_2CH_3)_5Cl^{2+}$ infolge der kürzeren und wahrscheinlich stärkeren C–Cl-Bindung langsamer. Tatsächlich gibt es in beiden Systemen nur geringe Hinweise auf sterische Spannungen, und die nahe 90° liegenden Bindungswinkel bestärken diesen Eindruck. Der Komplex $Co(NH_2CH_3)_5Cl^{2+}$ ist reaktiver, weil die Aktivierungsentropie ΔS^* um 34 J mol^{-1}K^{-1} positiver ist, und nicht, weil der Term ΔH^* kleiner ist, wie für den Fall einer schwächeren Co–Cl-Bindung in $Co(NH_2CH_3)_5Cl^{2+}$ zu erwarten gewesen wäre. Lay schlug als Begründung für den Entropieunterschied eine weniger effektive Solvatation des Methylamin-Komplexes vor. In der Untersuchung von sterischen Effekten gilt es daher sicherzustellen, daß die erwarteten Effekte auch auf die Reaktanden im Grundzustand wirken.

Eine etwas andere Anwendung finden sterische Effekte bei der von Basolo et al.[53] unter Variation der Gruppen R studierten Reaktion (3.40), deren Ergebnisse in Tab. 3.10 aufgeführt sind.

$$(Et_3P)_2Pt(R)(Cl) + py \xrightarrow{\text{EtOH}} (Et_3P)_2Pt(R)(py)^+ + Cl^- \qquad (3.40)$$

Schema 3.2

Bei beiden Isomeren steht der Trend in Einklang mit einer assoziativen Aktivierung dieser planar-quadratischen Pt(II)-Komplexe. Der stärkere Effekt im Falle des cis-Isomers kann durch ein trigonal-bipyramidales Zwischenprodukt erklärt werden, in dem die Eintritts- (Y) und Abgangsgruppe (X), um die Bedingung der mikroskopischen Reversibilität zu erfüllen, äquivalente Positionen in der trigonalen Ebene besetzen, wie in Schema 3.2 dargestellt. Die axiale R-Gruppe im Übergangszustand des cis-Isomers übt einen höheren sterischen Anspruch aus als jene in der äquatorialen Position des trans-Isomers.

3.5.f Der Kegelwinkel als Maß für die Ligandengröße

Das Problem bei der Interpretation der "sterischen" Effekte in den Ammin- und Methylaminkomplexen von Chrom(III) und Kobalt(III) hätte vermieden werden können, wenn es eine Methode zur Abschätzung der Ligandengröße gegeben hätte, die eine Aussage darüber erlaubt, ob sterische Effekte in einem bestimmten System wirklich von Bedeutung sind.

Die einzige systematische Bemühung auf diesem Gebiet geht auf die Arbeit von Tolman[54] über Phosphan- und Phosphitliganden zurück. Tolman definierte für eine Anzahl von Phosphanen (PR$_3$) einen *Kegelwinkel* auf der Grundlage des folgenden Diagramms, wobei die Größe der Substituenten R über die van der Waals-Radien in Kalottenmodellen abgeschätzt wird. Einige Kegelwinkelwerte sind in Tabelle 3.11 aufgeführt.

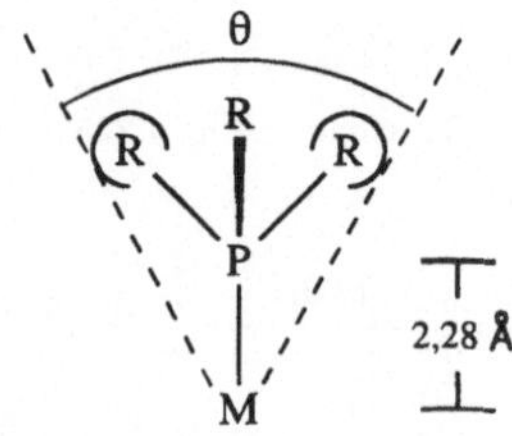

Tabelle 3.11. Kegelwinkel und pK_a-Werte repräsentativer Phosphor(III)verbindungen[a]

Ligand	Kegelwinkel	pK_a
$P(OMe)_3$	107[b]	2,6
PMe_3	118	8,65
$P(Ph)Me_2$	122	6,5
PCl_3	124	
$P(OPh)_3$	128	-2,0
PEt_3	132	8,69
$P(Ph)_2Me$	136	4,57
$P(Ph)_3$	145	2,73
$P(CH_2Ph)_3$	165	(6,0)
$P(C_6H_4p\text{-}Me)_3$	171	
$P(C_6H_4o\text{-}Me)_3$	194	3,08

[a] Rahman, Md. M.; Liu, H.Y.; Prock, A.; Giering, W.P. *Organometallics* **1987**, *6*, 650.
[b] Vergl. auch: Stahl, L.; Ernst, R.D. J. Am. Chem. Soc. 1987, 109, 5673.

Bei unsymmetrischer Substitution (PRR'R") wird der Kegelwinkel berechnet über

$$\theta = \frac{2}{3} \sum_{i=1}^{3} \frac{\theta_i}{2} \tag{3.41}$$

In der Originaldefinition wurde ein aus der Ni(0)-Chemie stammender M–P-Abstand gewählt und die sterische Größe der Liganden mit den Gleichgewichtskonstanten der folgenden Reaktion korreliert:

$$Ni(L)_4 \underset{\longleftarrow}{\overset{K}{\longrightarrow}} Ni(L)_3 + L \tag{3.42}$$

Seit ihrer Einführung stellten diese Kegelwinkel oftmals die Basis für die Korrelation von Reaktivität und sterischen Effekten dar. Die Originaldefinition wurde von de Santa et al.[55] kritisiert und überprüft, während Giering und Mitarbeiter[56] die Korrelation auch auf elektronische Effekte ausdehnten. Es gab bisher nur wenige Bemühungen, die Definition über P-Donorliganden hinaus zu erweitern, und die mögliche Variation mit der M-P-Bindungslänge wurde nur selten berücksichtigt.

Die Analyse von Gierig betont die Tatsache, daß die sterischen Effekte unterhalb einer bestimmten Kegelwinkel-Schwelle minimal sein sollten. Bedeutsam werden diese erst, wenn die Summe der Kegelwinkel zweier benachbarter Liganden einen Kontakt derselben verursacht.

3.5.g Aktivierungsvolumina ΔV^*

Diese Meßgröße wurde schon in Verbindung mit den **D**- und **A**-Mechanismen diskutiert, und die Erwartungen in Bezug auf $\mathbf{I_d}$ und $\mathbf{I_a}$ sind qualitativ vergleichbar. Für den $\mathbf{I_d}$-Mechanismus wird ein positives Aktivierungsvolumen ΔV^* vorausgesagt, da die Abgangsgruppe in die Lösung freigesetzt wird, während die bindende Wechselwirkung zum eintretenden Liganden noch gering ist. Auf der anderen Seite wird ΔV^* bei einem $\mathbf{I_a}$-Mechanismus negativ sein, da die eintretende Gruppe aus der Lösung eingefangen wird, während die Abgangsgruppe immer noch an das Metallzentrum koordiniert ist. In großen Teilen der Literatur wird der Eindruck erweckt, daß diese mechanistische Unterscheidung auf den Vorzeichen (+ oder -) von ΔV^* beruht. Es erscheint korrekter, zu sagen, daß in einer Gruppe verwandter Reaktionen diejenigen mit dem positiveren ΔV^* eher dissoziativ, diejenigen mit dem negativeren ΔV^* eher assoziativ aktiviert werden. Die ΔV^*-Werte der folgenden Austauschreaktion mit M = Cr, Co, Rh[57] und M = Pt[58] sind in Tabelle 3.12 gegeben.

$$L_nM(OH_2) + H_2O^* \; \rightleftarrows \; L_nM(^*OH_2) + H_2O \tag{3.43}$$

Die einfachste Erklärung für diese Daten ist, daß der intime Mechanismus in der Reihe von $(NH_3)_5Co^{3+}$ bis $(NH_3)_5Cr^{3+}$ steigende Bindungsanteile zum eintretenden H_2O beinhaltet, was aber *nicht* notwendigerweise besagt, daß für ersteres $\mathbf{I_a}$ und für letzteres $\mathbf{I_d}$ gilt. Es gibt viele andere Hinweise darauf, daß Substitutionen an Pt(II) nach einem $\mathbf{I_a}$-Mechanismus verlaufen, die Wasseraustauschreaktion könnte jedoch einen geringeren als den üblichen Grad an Bindungsbildung aufweisen, da Pt(II) eine weiche Säure und H_2O eine harte Base ist. Es wäre von großem Wert, den ΔV^*-Wert für einen bestimmten Mechanismus voraussagen zu können, dies erweist sich aber infolge von Solvens-Elektrostriktionseffekten als schwierig. Das Solvens wird mit steigender Ladungsdichte auf dem Edukt dichter an dieses heranrücken oder sich bei sinkender Ladungsdichte weiter entfernen, und dieser Faktor ist nur sehr schwer quantitativ zu erfassen. Anwendungen des ΔV^* werden später im Abschnitt 3.7.a.iii dieses Kapitels und in einem neueren Übersichtsartikel[59] diskutiert.

Tabelle 3.12. Aktivierungsvolumina ΔV^* und -entropien ΔS^* einiger Wasseraustauschreaktionen

L_nM	$\Delta V^*(cm^3\ mol^{-1})$	$\Delta S^*\ (J\ mol^{-1}K^{-1})$
$(NH_3)_5Co^{3+}$	+1,2	28
$(NH_3)_5Rh^{3+}$	-4,1	3
$(NH_3)_5Cr^{3+}$	-5,8	0
$(H_2O)_5Cr^{3+}$	-9,3	16
$(H_2O)_3Pt^{2+}$	-4,6	-9

3.5.h Aktivierungsentropien ΔS^*

Allgemein ist zu erwarten, daß ein I_d-Mechanismus ein positiveres ΔS^* als ein I_a-Mechanismus besitzen wird, da die Unordnung in einem I_d-Übergangszustand steigt und in einem I_a-Übergangszustand sinkt. Dieses Kriterium ist mit Vorsicht und ausschließlich für den Vergleich ähnlicher Reaktionstypen zu verwenden. Ein Grund für diese Vorsicht ist der experimentelle Fehler von ΔS^*, der typischerweise ± 8 bis 12 J mol^{-1}K^{-1} beträgt. Ferner sollte ΔV^* als mechanistisches Kriterium infolge der genaueren Bestimmbarkeit und unseres besseren intuitiven Verständnisses der Volumenänderung gegenüber ΔS^* im Vorteil ist. Es gibt einige Hinweise auf eine Korrelation zwischen ΔS^* und ΔV^*,[60] die den mechanistischen Wert von genauen ΔS^*-Werten steigern könnten. Man erkennt einige Anzeichen für eine solche Korrelation in der Reihe der Systeme mit $L_n = (NH_3)_5$ in Tabelle 3.12; die $(H_2O)_n$-Systeme zeigen jedoch, möglicherweise wegen der üblichen Fehlerquelle der Solvatationsunterschiede, eine Abweichung. Ein Vorteil von ΔS^* gegenüber ΔV^* liegt in der betragsmäßig wesentlich größeren Änderung, die das Problem der experimentellen Unsicherheit teilweise ausgleicht.

3.6 EINIGE SPEZIELLE EFFEKTE

3.6.a Mechanismus der internen konjugierten Base

Der Mechanismus der internen konjugierten Base wurde schon im Zusammenhang mit den Konkurrenzstudien für den **D**-Mechanismus (Schema 3.1) behandelt. In seiner ursprünglichen Form beschrieb er die Reaktion des Hydroxidions mit Kobalt(III)amminkomplexen. Diese nimmt eine Sonderstellung in der Geschichte der mechanistischen anorganischen Chemie ein, da sie in den sechziger Jahren der Gegenstand einer langen Kontroverse zwischen Ingold, Nyholm und Tobe auf der einen Seite und Basolo und Pearson auf der anderen Seite war. Diese Kontroverse regte zu vielen kinetischen Studien an und verursachte gleichzeitig nützliche Seitensprünge in die Gebiete der Synthese, Spektroskopie und Theorie. Ingold und seine Kollegen glaubten, daß die Reaktion eine einfache bimolekulare Substitution (S_N2) der Abgangsgruppe durch das Hydroxid sei, während Basolo und Pearson stattdessen den ursprünglich von Garrick[61] vorgeschlagenen S_N1CB (DCB)-Mechanismus bevorzugten.

Rückblickend hat der DCB-Mechanismus jede bisher angewandte Probe bestanden und ist der heute allgemein akzeptierte Mechanismus derartiger Reaktionen. Die zu diesem Schluß führenden Ergebnisse sind in verschiedenen Artikeln zusammengefaßt.[62-64]

Der DCB-Mechanismus hat eine weit über seine wirklichen Stellenwert hinausgehende Aufmerksamkeit gefunden, obgleich er selbst bei Amminkomplexen anderer Metall^{3+}-Ionen nur von geringer kinetischer Bedeutung ist. Für den Fall des dreiwertigen Kobalts kann seine Gültigkeit mit der geringen Größe des low-spin-Co(III)-Ions und dessen Fähigkeit, das dissoziative Zwischenprodukt über π-Bindungen zu stabilisieren, begründet werden. Dennoch gilt allgemein, daß sich die konjugierten Basen hydratisierter Metallionen durch höhere Reaktivität in Substitutionsreaktionen auszeichnen:

$$M(OH_2)_n^{z+} \; \rightleftharpoons \; M(OH_2)_{n-1}(OH)^{(z-1)+} + H^+ \qquad (3.44)$$

reaktivere Form

3.6.b Der trans-Effekt

Der wichtige Einfluß des trans zur Abgangsgruppe stehenden Liganden auf die Geschwindigkeit einer Substitutionsreaktion ist wohlbekannt. Dieser wurde am sorgfältigsten in der Pt(II)-Chemie dokumentiert, für die folgende Reihenfolge der trans-Labilisierung festgestellt wurde:

$$CN^-, CO > R_3P, H^-, (H_2N)_2CS > CH_3^- > NCS^- > I^- > Cl^- > OH^-$$

Bei den Ursachen des trans-Effektes kann zwischen thermodynamischen und kinetischen Faktoren unterschieden werden. Der thermodynamische Faktor bezieht sich auf die Schwächung der Bindung zur Abgangsgruppe in Grundzustand des Eduktes, während der kinetische Faktor die Stabilisierung des Übergangszustandes durch den trans-Liganden beschreibt.

3.6.b.i Der thermodynamische trans-Effekt

Strukturelle Befunde zu diesem Effekt wurden von Appleton et al.[65] zusammengefaßt. Die Bindungslängenänderungen sind gewöhnlich nicht dramatisch. Beispielsweise ist die Pt–Cl-Bindung in *cis*-Pt(PR$_3$)$_2$Cl$_2$ um 0,08 Å länger als in *trans*-Pt(PR$_3$)$_2$Cl$_2$, obwohl PR$_3$ einer der am stärksten trans-labilisierenden Liganden ist. H$^-$ verursacht dagegen Bindungslängenaufweitungen zwischen 0,15 und 0,20 Å.[66] Indirekte Beweise für den thermodynamischen trans-Effekt wurden ursprünglich von Chatt et al.[67] über die N–H-Streckschwingungsfrequenzen in T–Pt–NHR$_2$-Systemen erhalten. Auch C–O-Streckschwingungsfrequenzen und NMR-chemische Verschiebungen wurden zur Überprüfung dieses Effektes herangezogen.

Schon sehr früh wurde erkannt, daß die Begründung der Stellung der Liganden in der trans-Effekt-Reihe der Einbeziehung sowohl von σ- als auch von π-Bindungseffekten bedarf. Diese Effekte wirken im Grundzustand über die mit der Abgangsgruppe (X) und dem trans-Liganden (T) geteilten Metallorbitale, wie im folgenden Diagramm dargestellt:

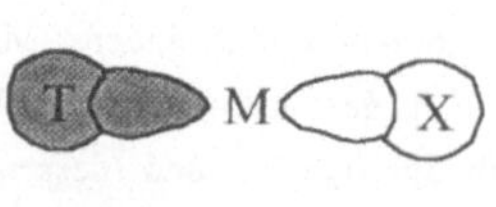
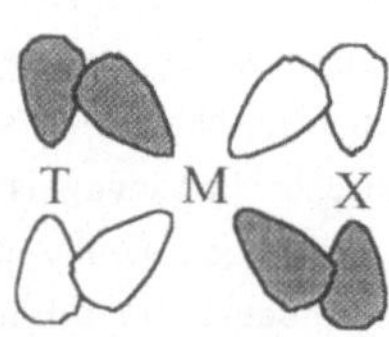

σ-bindende Orbitale   π-bindende Orbitale

Sowohl T als auch X geben Elektronendichte in das leere Metall-σ-Orbital. Ist T ein stärkerer σ-Donor als X, so wird die σ-Bindung M–X geschwächt. Die trans-Effekte von H^- und CH_3^- werden direkt auf diesen Umstand zurückgeführt.

Als Metall-π-Orbital fungiert ein besetztes d_{xy}-, d_{xz}- oder d_{yz}-Orbital, und aus einem solchen Orbital wird Elektronendichte in leere Orbitale der Liganden T und X übertragen. Bei diesen leeren Orbitalen kann es sich beispielsweise im Fall von CO und CN^- um antibindende π^*-Orbitale, im Falle von Phosphor-Donorliganden um d-Orbitale oder um antibindende $\sigma^*(P–R)$-Orbitale handeln. Diese "Rückbindung" stärkt die Metall-Ligand-Bindung, und im Falle einer besseren π-Akzeptorfähigkeit von T (π-Säure) wird dessen Bindung zu M auf Kosten der M–X-Bindung gestärkt. Dieser Effekt erklärt die Stellung von CO und PR_3 in der trans-Effekt-Reihe, da diese beiden Liganden typische gute π-Säuren sind.

In einer klassischen NMR-Studie zur Trennung der σ- und π-Effekte untersuchte Parshall[68] die chemischen Verschiebungen $\delta(^{19}F)$ für eine Reihe von T-Liganden in den folgenden Komplextypen:

meta   para

Die ^{19}F-Verschiebung im meta-Isomer sollte nur vom σ-Effekt beeinflußt werden, während die Verschiebung im para-Isomer sowohl gegenüber σ- als auch π-Effekten empfindlich ist. Ähnliche NMR-Methoden wurden auf eine Reihe anderer Systeme angewandt. Die Ergebnisse dieser Studien sprechen generell für die Wirkung beider Effekte, wobei die Größenordnungen mit den Erwartungen für die verschiedenen T-Ligandtypen in Einklang stehen. Die Schwierigkeit besteht darin, daß diese Beobachtungen nicht einfach in ein direktes Maß für den Grad an durch den trans-Liganden verursachter Bindungsschwächung umgesetzt werden können. Sichere Voraussagen zur Kinetik lassen sich daher nicht treffen.

3.6.b.ii Der kinetische trans-Effekt

Man nimmt an, daß die Wirkung des kinetischen trans-Effektes auf einer stärkeren Bindung zwischen M und T im Übergangszustand beruht. Der Effekt kann bildhaft erklärt werden, doch hat es hierzu auch Versuche zu einer mehr quantitativen quantenchemischen Berechnung gegeben.[69,70] Die Beiträge wurden in σ- und π-Effekte aufgeteilt.

In den meisten Erklärungen wurden planar-quadratische Pt(II)-Komplexe als Modellsubstanzen gewählt, weil der Effekt an diesen Systemen am besten dokumentiert ist und ein I_a-Mechanismus zutrifft. Als Übergangszustand wird eine trigonale Bipyramide angenommen:

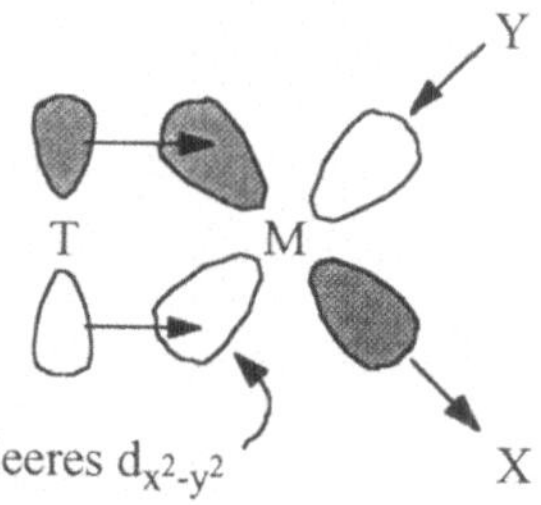

$$(3.45)$$

Im Übergangszustand teilt der T-Ligand nicht länger σ- oder π-Orbitale mit X, so daß der T-Ligand seine Bindung zu M verstärken kann, wenn es sich um einen guten σ-Donor oder π-Akzeptor handelt. Somit wird auf gewisse Weise der Bindungsverlust zu X ausgeglichen. Zusätzlich erhält das leere Orbital $d_{x^2-y^2}$ an Pt(II) im Übergangszustand π-Symmetrie und kann, wie im folgenden Diagramm dargestellt, π-Elektronen von T aufnehmen, falls T π-Donorfähigkeit besitzt:

3.6.c Der cis-Effekt

Der Effekt der/des cis-Liganden auf die Substitutionsgeschwindigkeiten wurde besonders in der Chemie oktaedrischer metallorganischer Komplexe beobachtet. Im allgemeinen ist der Effekt kleiner als der trans-Effekt. Die Reihenfolge der cis-Labilisierung verschiedener Liganden ist

$$NO_3^- > CH_3CO_2^- > Cl^-,\ Br^- > Py > I^- > PR_3 > CO,\ H^-$$

Diese Reihenfolge ist derjenigen des trans-Effektes fast exakt entgegengesetzt. Der Reaktionsmechanismus unterscheidet sich ebenfalls dadurch, daß die als Beispiel dienenden Systeme eine I_d-Charakteristik zeigen. Die Hinweise auf einen Effekt im Grundzustand sind erwartungsgemäß recht begrenzt, da die cis-Liganden nur ein Orbital ($d_{x^2-y^2}$) von geringerer Bedeutung in ihrer σ-Bindung teilen. Der Effekt wird gewöhnlich der Stabilisierung des I_d-Übergangszustandes durch eine stärkere Bindung zum cis-Liganden zugeschrieben. Davy und Hall[71] behandelten den cis-Effekt in $Mn(CO)_5L^-$- und $Cr(CO)_5L$-Systemen in einer theoretischen Arbeit. Gemäß dieses Ansatzes ist als entscheidender Aspekt die π-Donorfähigkeit des cis-Liganden zu betrachten, was mit der Reihung der Liganden in Einklang steht.

Man sollte sich in Erinnerung rufen, daß in Molekülen des Typs

$$\begin{array}{ccc} & CO & \\ & | & CO \\ OC\!\!-\!\!\!\!&M&\!\!\!\!-\!\!L \\ OC & | & \\ & CO & \end{array}$$

ein leichterer Austausch oder Ersatz der cis-Liganden als des trans-Liganden beobachtet wird. Dieser Unterschied der relativen Geschwindigkeiten könnte, zumindest teilweise, einem *trans-stabilisierenden* Einfluß der L-Gruppe zugeschrieben werden.

3.6.d Reaktionen ohne Metall-Ligand-Bindungsbruch

Einige Reaktionen von Metallkomplexen, die scheinbar mit einer Substitution verbunden sind, verlaufen tatsächlich ohne den Bruch einer Bindung zum Metall. Die in Gl. (3.46) dargestellte ^{18}O-Markierungsstudie[72] zeigt, daß die Co$-$O-Bindung erhalten bleibt, obwohl die saure Hydrolyse des Carbonato-Komplexes wie eine gewöhnliche Aquotisierung erscheint:

$$(NH_3)_5Co(^{18}OH_2)^{2+} + CO_2 \rightleftharpoons \left((NH_3)_5Co-^{18}O\!\!-\!\!\overset{\underset{||}{O}}{C}-OH \right)^{2+}$$

$$\updownarrow$$

$$(NH_3)_5Co(^{18}OCO_2)^+ + H^+ \tag{3.46}$$

Posey und Taube[73] entdeckten, daß in Carbonato-Chelatkomplexen anfänglich eine Ringöffnung unter Co$-$O-Bindungsbruch stattfindet, gefolgt von einem CO$_2$-Verlust unter O$-$C-Bindungsbruch:

$$\left((NH_3)_4Co\!\!\overset{O}{\underset{O}{\diagup\!\!\diagdown}}\!\!C\!\!=\!\!O \right)^+ \xrightarrow{H_3{}^{18}O^+} \left((NH_3)_4Co\!\!\overset{^{18}OH_2}{\underset{OCO_2H}{\diagup\!\!\diagdown}} \right)^{2+}$$

$$\left((NH_3)_4Co\!\!\overset{^{18}OH_2}{\underset{OH}{\diagup\!\!\diagdown}} \right)^{2+} + CO_2 \tag{3.47}$$

Das beträchtliche Interesse an der Reaktion dieser Carbonatokomplexe erklärt sich durch ihre möglich Bedeutung für die Wirkung der Carboanhydrase.[74]

Untersuchungen von Harris und Mitarbeitern[75] deuten an, daß Schwefeldioxid auf eine mit CO_2 vergleichbare Weise reagiert, wie das Beispiel in Gl. (3.48) zeigt. Das Primärprodukt ist der O-gebundene Sulfito-Komplex, der unter Bindungsisomerisierung in die S-gebundene Form übergehen oder Co(III) zu Co(II) reduzieren kann.

$$(NH_3)_5Co(^{18}OH_2)^{2+} + SO_2 \longrightarrow \left((NH_3)_5Co-^{18}O{\underset{\underset{O}{\|}}{\diagdown}}S-OH \right)^{2+} \tag{3.48}$$

In dieser Weise reagieren die Komplexe aliphatischer Amine; die Bis(phenanthrolin)- und Bis(bipyridyl)-Komplexe des Co(III) reagieren jedoch auch mit HSO_3^- und SO_3^{2-}.[76]

Die Reaktionen mit salpetriger Säure beschreiten einen komplizierteren Weg, beschrieben durch

$$2\,HNO_2 \; \rightleftharpoons \; N_2O_3 + H_2O \; \rightleftharpoons \; NO^+ + NO_2^- \tag{3.49}$$

$$(NH_3)_5Co-OH^{2+} + NO^+ \longrightarrow (NH_3)_5Co-O-NO^{2+} + H^+ \tag{3.50}$$

Murmann und Taube[77] stellten fest, daß das im Edukt an das Kobalt(III) gebundene Sauerstoffatom auch im Produkt enthalten ist, und es wurde lange vermutet, dieses individuelle Sauerstoffatom bliebe an Kobalt(III) gebunden. Eine neuere Arbeit von Jackson et al.[78] zeigt jedoch, daß der ursprünglich an das Kobalt(III) gebundene Sauerstoff im Produkt statistisch über die beiden möglichen Positionen verteilt ist.

Die Beispiele in Gl. (3.46) und (3.48) können als intermolekularer nucleophiler Angriff eines koordinierten OH^- an ein Elektrophil betrachtet werden. Der gleiche Prozeß kann auch intramolekular verlaufen, wie der Fall der von Andrade und Taube[79] untersuchten Oxalat-Chelatringöffnung zeigt, deren Isotopenmarkierungs-Ergebnisse zusammengefaßt werden durch

$$\left((en)_2Co{\overset{O-C=O}{\underset{O-C=O}{\diagup\diagdown}}} \right)^+ + {}^{18}OH^- \; \rightleftharpoons \; \left((en)_2Co{\overset{O-C\overset{O}{\|}}{\underset{OH\;\;{}^{18}O}{\diagup\diagdown}}}C-O^- \right) \tag{3.51}$$

Die mikroskopische Reversibilität fordert, daß der Ringschlußprozeß über einen C–O-Bindungsbruch verlaufen muß. Bei Estern[80] wird ein vergleichbarer intramolekularer Ringschluß unter Erhalt der Co–O-Bindung beobachtet, wie in Gl. (3.52) gezeigt:

$$\left[(en)_2Co \begin{array}{c} H_2N-CH_2 \\ \diagdown \quad \diagup \\ OH \quad C-OR \\ \| \\ O \end{array} \right]^{2+} \longrightarrow \left[(en)_2Co \begin{array}{c} H_2N \diagdown CH_2 \\ \diagup \quad \diagup \\ O-C \\ \| \\ O \end{array} \right]^{2+} + ROH \qquad (3.52)$$

Säuremide von α-Aminocarbonsäuren[81] zeigen ein komplizierteres Verhalten, indem sie, wie in Gl. (3.53) dargestellt, vor und nach einer Hydrolyse der Säureamidfunktion chelatisierend wirken können. Die Produktverteilung ist dabei von den Substituenten des Amids abhängig.[82] In saurer Lösung findet keine allgemeine Säure- oder Basenkatalyse statt, so daß der geschwindigkeitsbestimmende Schritt der Angriff eines koordinierten Wassermoleküls am Carbonylkohlenstoff sein muß, gefolgt von einer schnellen NH_2R-Eliminierung. In alkalischer Lösung liegt eine allgemeine Basenkatalyse vor, die als schneller Angriff von koordiniertem OH^-, gefolgt von der geschwindigkeitsbestimmenden Deprotonierung des C–OH im cyclischen Zwischenprodukt, interpretiert wird.

$$\left[(en)_2Co \begin{array}{c} H_2N-CH_2 \\ \diagdown \quad \diagup \\ OH \quad C-NHR \\ \| \\ O \end{array} \right]^{2+} \Big\langle \begin{array}{l} \left[(en)_2Co \begin{array}{c} H_2N \diagdown CH_2 \\ \diagup \quad \diagup \\ O-C \\ \| \\ O \end{array} \right]^{2+} + NH_2R \\[3em] \left[(en)_2Co \begin{array}{c} H_2N \diagdown CH_2 \\ \diagup \quad \diagup \\ O=C \diagdown NHR \end{array} \right]^{3+} + OH^- \end{array} \qquad (3.53)$$

Bifunktionelle Basen, wie HPO_4^{2-}, HCO_3^- und $HAsO_4^{2-}$, stellen besonders gute Katalysatoren für die Amidhydrolyse dar. Dies wurde der Fähigkeit solcher Basen zur gleichzeitigen Entfernung des C–OH-Protons und Protonierung der NHR-Abgangsgruppe zugeschrieben, wie in Gl. (3.54) gezeigt:

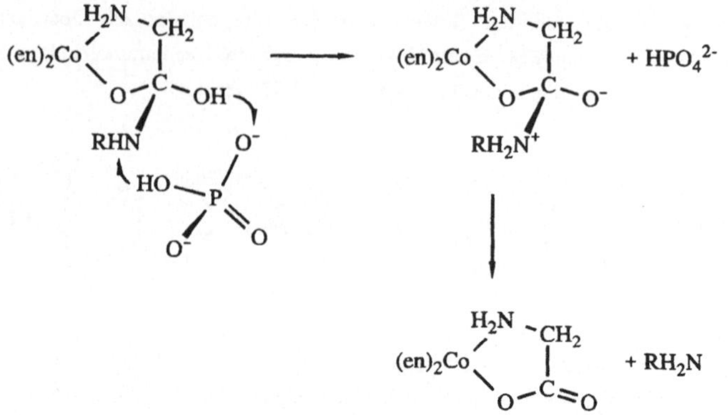

$$(3.54)$$

Der Chelatringschluß des Glycins wurde mittels kinetischer Verfolgung sowie Isotopensubstitution ausführlich studiert;[83] entsprechende Ergebnisse sind in Schema 3.3 zusammengefaßt (k, s^{-1}, bei 25°C). Die Reaktion verläuft unter Erhalt der Co–O-Bindung, und es ist bemerkenswert, daß koordiniertes Wasser in diesem intramolekularen Prozeß ein aktives Nucleophil darstellt. Die sauren Reaktionswege (k_1 und k_2) zeigen eine allgemeine Säurekatalyse, die von den Autoren als Hinweis auf einen geschwindigkeitsbestimmenden Schritt der H_2O-Eliminierung von dem tetraedrischen Kohlenstoffatom eines cyclischen Zwischenproduktes gewertet wird.

Schema 3.3

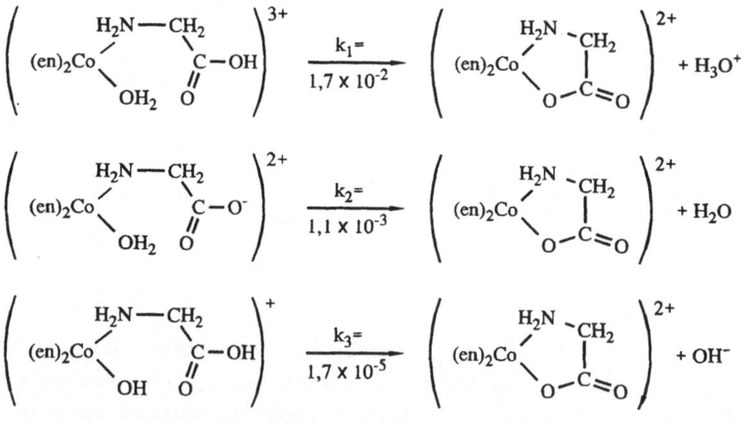

In anderen Fällen kann die Koordination an ein Metall einen Liganden für einen nucleophilen Angriff aktivieren. Die folgenden Gleichungen geben Beispiele[84-87] für derartige Prozesse, die bei den freien Liganden generell viel langsamer verlaufen oder gar nicht zu beobachten sind:

$$(NH_3)_5Co-N\equiv C-CH_3{}^{3+} \xrightarrow{+\ OH^-} \left((NH_3)_5Co-N\begin{smallmatrix}H\\ \\ C-CH_3\\ \| \\ O\end{smallmatrix}\right)^{2+} \qquad (3.55)$$

$$(NH_3)_5Co-N\equiv C-N(CH_3)_2{}^{3+} \xrightarrow{+\ OH^-} \left((NH_3)_5Co-N\begin{smallmatrix}H\\ \\ C-N(CH_3)_2\\ \| \\ O\end{smallmatrix}\right)^{2+} \qquad (3.56)$$

$$(NH_3)_5Co-N\equiv C-CH_3{}^{3+} \xrightarrow{+\ N_3{}^-} \left((NH_3)_5Co-N\underset{H_3C}{\overset{N=N}{\underset{C=N}{}}}\right)^{2+} \qquad (3.57)$$

In der folgenden Reaktion findet ebenfalls eine Chelatringöffnung statt, wobei tn für Trimethylendiamin und RO^- für *p*-Nitrophenolat steht. Der chelatisierende Phosphorsäureester wird etwa 10^9 mal schneller hydrolysiert als der freie Ester, und diese Beschleunigung wird sowohl dem Abbau von Ring-Spannung im Zwischenprodukt mit fünffach koordiniertem Phosphor als auch dem induktiven Effekt der $(tn)_2Co^{3+}$-Gruppierung zugeschrieben.

$$\left((tn)_2Co\overset{O}{\underset{O}{\diamond}}P\overset{O}{\underset{OR}{\diamond}}\right)^+ \longrightarrow (tn)_2Co\overset{O}{\underset{O}{\diamond}}P\overset{O}{\underset{O^-}{\diamond}} + ROH \qquad (3.58)$$

Auch chelatisierende Aminosäureester werden aktiviert[88], so daß diese Reaktion zur Synthese von Peptiden genutzt werden kann, wie in Gl. (3.59) gezeigt. Kürzlich erschien eine Übersicht über dieses Gebiet.[89]

$$\left((en)_2Co\underset{O=C-O}{\overset{H_2N-CH-R}{}}\overset{}{\underset{CH_3}{}}\right)^{3+} + NH_2CHR'CO_2R'' \longrightarrow \left((en)_2Co\underset{O=C-NH}{\overset{H_2N-CH-R}{}}\overset{}{\underset{R''O_2CR'HC}{}}\right)^{3+} + CH_3OH \qquad (3.59)$$

3.7 ABHÄNGIGKEIT DER SUBSTITUTIONSGESCHWINDIGKEIT VOM METALLION

Die Variation der Geschwindigkeit von Substitutionsreaktionen mit verschiedenen Metallionen wird seit vielen Jahren intensiv untersucht. Bereits auf qualitativem Niveau sind derartige Information für Synthesezwecke und zur Überprüfung der Gleichgewichtslage sehr nützlich. Sie bieten Hinweise auf die für einen bestimmten präparativen Prozeß nötigen Bedingungen oder darauf, wie lange die Gleichgewichtseinstellung bei einem bestimmten System dauert. Der weite Geschwindigkeitsbereich der Reaktionen von Übergangsmetallionen ist von grundsätzlichem Interesse, sowohl um die relativen Geschwindigkeiten zu begründen, als auch um derartige Deutungen auf mögliche Reaktionsmechanismen anzuwenden.

3.7.a Austauschgeschwindigkeiten des Lösungsmittels Wasser

Seit den Pionierarbeiten von Plane und Hunt[90] und von Swift und Connick[91] war der H_2O-Austausch eine der am häufigsten untersuchten Reaktionen von Übergangsmetallkomplexen. Verwendet wurde hierbei entweder $^{18}OH_2$ oder $^{17}OH_2$:

$$L_nM(OH_2) + {}^*OH_2 \rightleftharpoons L_nM({}^*OH_2) + H_2O \tag{3.60}$$

Die Ergebnisse dieser Studien sind in Tabelle 3.13 dargestellt, und kürzlich wurde dieses Gebiet von Merbach[92] zusammengefaßt und diskutiert. Ergebnisse der NMR-Untersuchungen aus dem Zeitraum vor ~1970 sollten mit Vorsicht betrachtet werden; die meisten der früheren Arbeiten wurde mit modernen Instrumenten und Analysemethoden wiederholt.

Ein bemerkenswerter Aspekt der Daten in Tabelle 3.13 ist der weite Bereich der Geschwindigkeitskonstanten: für M^{2+}-Ionen variiert k von 4×10^{-4} s^{-1} für Pd(II) bis $> 10^7$ s^{-1} für Cu(II) und Zn(II); bei den Hexaaqua-M^{3+}-Ionen variiert k von 3×10^{-6} s^{-1} für Cr(III) bis 1×10^5 s^{-1} für Ti(III).

3.7.a.i Die Labil, Inert-Einstufung nach Taube

Taube[93] unternahm den ersten Versuch einer Erklärung der Substitutionslabilität dieser Metallionen; hierzu klassifizierte er sie qualitativ auf der Basis ihrer Reaktivität.

Labile Metallionen reagieren praktisch bereits im Moment der Mischung von Metall- und Ligandlösungen, d.h. zumeist innerhalb weniger Sekunden. *Inerte Metallionen* benötigen zum vollständigen Ablauf ihrer Substitutionsreaktion zumindest einige Minuten. Diese sehr pragmatische Einteilung spiegelt den methodischen Stand von 1952 wieder, sie ermöglicht aber eine nützliche praxisorientierte Klassifizierung, und diese Terminologie hat sich zur qualitativen Beschreibung der Reaktivität eines Metallions bis heute gehalten.

Taube bot eine theoretische Deutung für die qualitativen Reaktivitätsunterschiede an. Die ursprüngliche Erklärung war auf der Grundlage von Paulings Valenzbindungs-Theorie verfaßt, die gleichen Argumente können aber auch in der Sprache der Kristallfeldtheorie oktaedrischer

Tabelle 3.13. Geschwindigkeitskonstanten (25°C) und Aktivierungsparameter für den H_2O-Austausch

$L_nM(OH)_2$	k (s^{-1})	ΔH^* $(kJ\ mol^{-1})$	ΔS^* $(J\ mol^{-1}\ K^{-1})$	ΔV^* $(cm^3\ mol^{-1})$	Ref.
$Ti(OH_2)_6^{3+}$	$1,8 \times 10^5$	43,4	1,2	-12,1	[a]
$V(OH_2)_6^{2+}$	$8,7 \times 10^1$	61,8	-0,4	-4,1	[b]
$V(OH_2)_6^{3+}$	$5,0 \times 10^2$	49,4	-27,8	-8,9	[c]
$Cr(OH_2)_6^{2+}$	$>10^8$				[d]
$Cr(OH_2)_6^{3+}$	$2,4 \times 10^{-6}$	108,6	11,6	-9,6	[e]
$Cr(OH_2)_5OH^{2+}$	$1,8 \times 10^{-4}$	111	55,6	2,7	[e]
$Mn(OH_2)_6^{2+}$	$2,1 \times 10^7$	32,9	5,7	-5,4	[f]
$Fe(OH_2)_6^{2+}$	$4,4 \times 10^6$	41,4	21,2	3,8	[f]
$Fe(OH_2)_6^{3+}$	$1,6 \times 10^2$	63,9	12,1	-5,4	[g]
$Fe(OH_2)_5OH^{2+}$	$1,2 \times 10^5$	42,4	5,3	7,0	[g]
$Co(OH_2)_6^{2+}$	$3,2 \times 10^6$	46,9	37,2	6,1	[f]
$Ni(OH_2)_6^{2+}$	$3,2 \times 10^4$	56,9	32,0	7,2	[f]
$Cu(OH_2)_6^{2+}$	$>10^7$				[d]
$Zn(OH_2)_6^{2+}$	$>10^7$				[d]
$Ru(OH_2)_6^{2+}$	$1,8 \times 10^{-2}$	87,4	16,1	-0,4	[l]
$Ru(OH_2)_6^{3+}$	$3,5 \times 10^{-6}$	89,8	-48,3	-8,3	[l]
$Ru(OH_2)_5OH^{2+}$	$5,9 \times 10^{-4}$	95,8	14,9	0,9	[l]
$Pt(OH_2)_4^{2+}$	$3,9 \times 10^{-4}$	89,7	-9	-4,6	[k]
$Pd(OH_2)_4^{2+}$	$5,6 \times 10^{-2}$	49,5	-26	-2,2	[k]
$Cr(NH_3)_5OH_2^{3+}$	$5,2 \times 10^{-5}$	97	0	-5,8	[h]
$Co(NH_3)_5OH_2^{3+}$	$5,7 \times 10^{-6}$	111	28	1,2	[i]
$Rh(NH_3)_5OH_2^{3+}$	$8,4 \times 10^{-6}$	103	3	-4,1	[h]
$Ir(NH_3)_5OH_2^{3+}$	$6,1 \times 10^{-8}$	118	11	-3,2	[j]

[a] Hugi, A.D.; Helm, L.; Merbach, A.E. *Inorg. Chem.* **1987**, *26*, 1763.
[b] Ducommun, Y.; Zbinden, D.; Merbach, A.E. *Helv. Chim. Acta* **1982**, *65*, 1385.
[c] Hugi, A.D.; Helm, L.; Merbach, A.E. *Helv. Chim. Acta* **1985**, *68*, 508.
[d] Abgeschätzt aus verschiedenen kinetischen Studien.
[e] Xu, F.-C.; Krouse, H.R. Swaddle, T.W. *Inorg. Chem.* **1985**, *24*, 267.
[f] Ducommun, Y.; Newman, K.E.; Merbach, A.E. *Inorg. Chem.* **1980**, *19*, 3696.
[g] Grant, M; Jordan, R.B. *Inorg. Chem.* **1981**, *20*, 55; Swaddle, T.W. Merbach, A.E. *Inorg. Chem.* **1981**, *20*, 4212.
[h] Swaddle, T.W.; Stranks, D.R. *J. Am. Chem. Soc.* **1972**, *94*, 8357.
[i] Hunt, H.R.; Taube, H. *J. Am. Chem. Soc.* **1958**, *80*, 2642.
[j] Tong, S.B.; Swaddle, T.W. *Inorg. Chem.* **1974**, *13*, 1538.
[k] Helm, L.; Elding, L.I.; Merbach, A.E. *Inorg. Chem.* **1985**, *24*, 1719.
[l] Rapaport, I.; Helm, L.; Merbach, A.E.; Bernhard, P.; Ludi, A. *Inorg. Chem.* **1988**, *27*, 873.

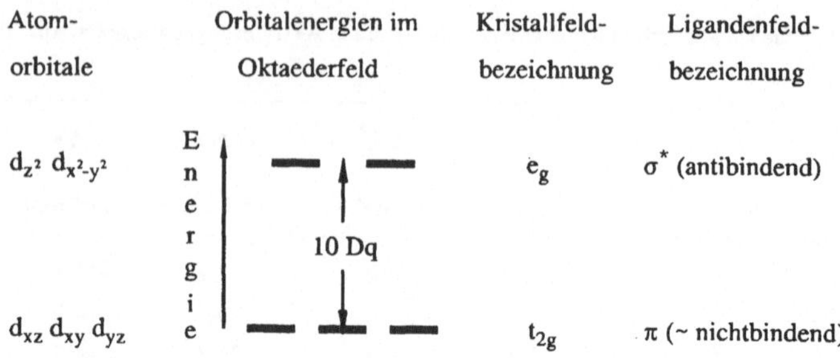

Abbildung 3.4. Energien und Bezeichnungen der d-Orbitale in einem oktaedrischen Komplex

Komplexe ausgedrückt werden. Die Terminologie wird in Abbildung 3.4 definiert. *Labile Komplexionen* besitzen entweder ein unbesetztes, energetisch tiefliegendes t_{2g}-Orbital oder mindestens ein Elektron in einem energetisch hochliegenden e_g-Orbital. Somit können eintretende Gruppen ein leeres t_{2g}-Orbital in einem **A**- oder $\mathbf{I_a}$-Übergangszustand nutzen, während die Besetzung eines e_g-Orbitals die Bindung zu den Liganden im Grundzustand schwächt und einen **D**- oder $\mathbf{I_d}$-Mechanismus begünstigt. *Inerte Komplexionen* besitzen mindestens ein Elektron in jedem t_{2g}-Orbital, aber kein Elektron in einem e_g-Orbital.

Diese Vorstellung stimmt mit der Inertheit sowohl von oktaedrischen Chrom(III)-$\{t_{2g}{}^3\}$, low-spin Kobalt(III)-, Eisen(II)-$\{t_{2g}{}^5\}$ und Eisen(III)-$\{t_{2g}{}^5\}$ Komplexen als auch der Komplexe von Übergangsmetallen der zweiten und dritten Reihe mit mehr als zwei d-Elektronen überein, die generell low-spin konfiguriert sind. Sie bietet ebenfalls eine Erklärung für die Tatsache, daß Vanadium(III)$\{t_{2g}{}^2\}$ labiler als Vanadium(II)$\{t_{2g}{}^3\}$ ist, während Chrom(III)$\{t_{2g}{}^3\}$ inert und Chrom(II)$\{t_{2g}{}^3 eg^1\}$ labil ist.

Die Voraussagen dieser Theorie sind zwar qualitativ korrekt, können aber nicht den weiten Reaktivitätsbereich, besonders der labilen Systeme, erklären. Warum ist beispielsweise der Wasseraustausch von Nickel(II) 10^2 mal langsamer als derjenige von Kobalt(II) und mehr als 10^4 mal langsamer als derjenige von Kupfer(II)?

3.7.a.ii Anwendungen der Kristallfeldtheorie

Die Kristallfeldtheorie wurde erstmalig in einem Lehrbuch von Basolo und Pearson[94] als Erklärungsversuch für die feineren Details der Reaktivitätsunterschiede zwischen verschiedenen Metallionen eingesetzt.

Hierzu wurden für verschiedene idealisierte Geometrien möglicher Übergangszustände von Substitutionsreaktionen die Energien der d-Valenzorbitale berechnet. In den Rechnungen wird ein reines Kristallfeldmodell (ohne kovalente Wechselwirkungen) angenommen, wobei gleiche Bindungslängen und ein gleicher Kristallfeldparameter (Dq) wie im Grundzustand des Metallkomplexes angenommen werden. Die Bindungswinkel der verschiedenen Zwischenpro-

Tabelle 3.14. d-Orbitalenergien in Dq-Einheiten

Struktur	$d_{x^2-y^2}$	d_{z^2}	d_{xy}	d_{xz}	d_{yz}
Oktaeder	6,00	6,00	-4,00	-4,00	-4,00
Trigonale Bipyramide (T.P.)	-0,82	7,07	-0,82	-2,72	-2,72
Quadratische Pyramide (Q.P.)	9,14	0,86	-0,86	-4,58	-4,57
Pentagonale Bipyramide (P.P.)	2,82	4,93	2,82	-5,28	-5,28
Überdachtes Oktaeder (Ü.O.)	8,79	1,39	-1,51	-2,60	-6,08
Quadratisch planar	12,28	-4,28	2,28	-5,14	-5,14

duktsgeometrien sind idealisiert. Für den Grundzustand und die Zwischenprodukte wurden die Kristallfeldstabilisierungsenergien (KFSE) berechnet, und deren Differenz wurde als *Kristallfeldaktivierungsenergie* (KFAE) definiert. Die Reaktivitätsunterschiede wurden auf die Differenzen dieses elektronischen Faktors bei verschiedenen d-Elektronenzahlen zurückgeführt.

Tabelle 3.14 zeigt die d-Orbitalenergien in Dq-Einheiten. Von diesen Orbitalenergien ausgehend, kann man die KFAE für jeden der möglichen Übergangszustände berechnen und damit die Reihenfolge der Reaktivitäten verschiedener Metallionen und den jeweils günstigsten Übergangszustand (denjenigen mit der niedrigsten KFAE) voraussagen. Tabelle 3.15 zeigt die Ergebnisse der Berechnungen für quadratisch-pyramidale und überdacht-oktaedrische Zwischenstufen.

Demnach ist ein überdachtes Oktaeder der günstigere Übergangszustand für (d^1, d^6)- und (d^3, d^8)-Konfigurationen, während eine pentagonale Bipyramide mit einer KFAE von -2,56 Dq die günstigste Geometrie für (d^2, d^7)-Konfigurationen darstellt. Tabelle 3.16 faßt die Voraussagen und Ergebnisse für die Metall(II)-Ionen der ersten Übergangsreihe zusammen. Die Theorie sagt korrekt voraus, daß Nickel(II) und Vanadium(II) die kleinsten, Chrom(II) und Kupfer(II) dagegen die größten Austauschgeschwindigkeiten zeigen. Die nächstlabilen Komplexe

Tabelle 3.15. Kristallfeldaktivierungsenergien für zwei Übergangszustände mit high-spin-Konfiguration

	KFSE			KFAE	
Zahl der Elektronen	Oktaeder	Q.P.	Ü.O.	Q.P.	Ü.O.
0, 5, 10	0,0	0,0	0,0	0,0	0,0
1, 6	4,00	4,57	6,08	-0,57	-2,08
2, 7	8,00	9,14	8,68	-1,14	-0,68
3, 8	12,00	10,00	10,20	2,00	1,80
4, 9	6,00	9,14	8,79	-3,14	-2,79

Tabelle 3.16. H_2O-Austauschgeschwindigkeiten ($25°C$), Aktiverungsparameter und vorausgesagte Kristallfeldaktivierungsenergien für Übergangsmetallionen der ersten Reihe

	KFAE	k (s^{-1})	ΔH^* (kJ mol^{-1})	ΔS^* (J mol^{-1} K^{-1})	ΔV^* (cm^3 mol^{-1})
$V(OH_2)_6^{2+}$	d^3	1,80 (Ü.O.)	87	61,8	-0,4	-4,1
$Cr(OH_2)_6^{2+}$	d^4	-3,14 (Q.P.)	$>10^8$			
$Mn(OH_2)_6^{2+}$	d^5	0,0	$2,1\times10^7$	32,9	5,7	-5,4
$Fe(OH_2)_6^{2+}$	d^6	-2,08 (Ü.O.)	$4,4\times10^6$	41,4	21,2	3,8
$Co(OH_2)_6^{2+}$	d^7	-2,56 (P.P.)	$3,2\times10^6$	46,9	37,2	6,1
$Ni(OH_2)_6^{2+}$	d^8	1,80 (Ü.O.)	$3,2\times10^4$	56,9	32,0	7,2
$Cu(OH_2)_6^{2+}$	d^9	-3,14 (Q.P.)	$>10^7$			
$Zn(OH_2)_6^{2+}$	d^{10}	0,0	$>10^7$			

sollten diejenigen von Kobalt(II) und Eisen(II) sein, diese sind aber tatsächlich weniger labil als Mangan(II) und vermutlich Zink(II).

Die Voraussage der Absolut- und Relativwerte der Aktivierungsenergien ist weniger erfolgreich. So besitzt beispielsweise $Ni(OH_2)_6^{2+}$ ein Dq von 850 cm^{-1} (10 kJ mol^{-1}) und $V(OH_2)_6^{2+}$ ein Dq von 1240 cm^{-1} (14,8 kJ mol^{-1}), so daß sich als ΔH^*-Werte 18 bzw. 26,6 kJ mol^{-1} ergeben. Für Abweichungen von den experimentellen Werten könnten Solvatationseffekte verantwortlich sein. Die vorausgesagte ΔH^*-Differenz von 8,6 kJ mol^{-1} ist größer als der experimentell gefundene Wert von 5,1 kJ mol^{-1}; man muß allerdings einen experimentellen Fehler von $\pm$ 2 kJ mol^{-1} berücksichtigen. Die größeren ΔH^*-Werte der Metall(III)-Ionen können den Dq-Unterschieden zugeschrieben werden. Im Falle von Chrom(III) beträgt der Dq-Wert 2000 cm^{-1} = 23,8 kJ mol^{-1}, so daß sich für ΔH^* ein Wert von 42,7 kJ mol ergibt. Die Differenz zwischen diesem Wert und demjenigen von Nickel(II) beträgt in der Voraussage 24,7 kJ mol^{-1}, verglichen mit einem beobachteten Wert von 53,1 kJ mol^{-1}. Wiederum sollten Solvatationsunterschiede, verursacht durch die unterschiedlichen Ladungen, diese Diskrepanz erklären.

Der allgemeine Eindruck ist, daß der Kristallfeldansatz einen für das Verständnis der Reaktivitätsunterschiede wichtigen Aspekt aufgezeigt hat. Damit ist zwar noch nicht alles gesagt, es wäre allerdings zuviel verlangt, zu erwarten, daß eine einfache Näherung der von Basolo und Pearson verwendeten Form fähig sein sollte, kleine Unterschiede oder bevorzugte Geometrien von Übergangszuständen zu erfassen.

Es hat Versuche zur Verfeinerung der Theorie gegeben. So ließ Breitschwerdt[95] eine Änderung der effektiven Ladung auf dem Metall mit der Ligandenzahl zu, so daß Dq zwischen Grund- und Übergangszustand variierte, und für die äquatorialen Liganden einer pentagonalen Bipyramide wurde das Dq relativ zu den axialen Liganden um 40 % vermindert. Es ergab sich, daß bei allen Metall(II)-Ionen der stabilste Übergangszustand eine quadratische Pyramide ist und alle KFAE's positiv sind, wie in Tabelle 3.17 gezeigt.

Tabelle 3.17. Modifizierte Kristallfeldaktivierungsenergien für
die quadratisch pyramidale Geometrie nach Breitschwerdt[95]

d-Elektronenzahl	KFAE (Q.P.)
0, 5	2,80 Dq
1, 6	2,87 Dq
2, 7	3,65 Dq
3, 8	4,80 Dq
4, 9	1,06 Dq

Spees et al.[96] schlugen ein stärker parametrisiertes Ligandenfeldmodell vor und berücksichtigten die Möglichkeit eines Wechsels der Spinkonfiguration im "Zwischenprodukt". Dennoch scheint diese Näherung die Wasseraustauschreaktionen nicht genauer zu beschreiben als die früheren Versionen.

3.7.a.iii Andere theoretische Ansätze

Burdett[97] setzte das angular overlap-Modell zur Deutung der Reaktivität von Aquokomplexen ein. Hierbei handelt es sich im wesentlichen um eine Extended-Hückel-Molekülorbitalnäherung. Die Änderung der Bindungsenergie zwischen dem oktaedrischen Grundzustand und einem quadratisch pyramidalen Übergangszustand wird in Einheiten des Austauschintegrals (β) und Überlappungsintegrals (S) berechnet. Zusätzlich wird angenommen, daß βS^2 innerhalb der Übergangsreihe mit der Ordnungszahl ansteigt. Der Verlust an Bindungsenergie beträgt für die Konfigurationen d^0 bis d^3 2 βS, für d^4 bis d^8 1 βS^2 und ist für d^9 und d^{10} gleich Null. Damit wird die abrupte Reaktivitätsänderung erklärt, die man zwischen d^3 und d^4 sowie zwischen d^8 und d^9 beobachtet, weitere quantitative Voraussagen sind aber nicht möglich, und andere Übergangszustände werden nicht berücksichtigt. Das angular overlap-Modell wurde von Mønsted[98] auf die Aquotisierungsreaktionen von $(H_2O)_5Cr^{III}X$- und $(NH_3)_5Cr^{III}X$-Komplexen mit dem Ergebnis angewandt, daß ein überdacht-oktaedrischer I_a-Übergangszustand begünstigt ist.

Ein anspruchsvolleres quantenmechanisches Modell wurde von Rode et al.[99] zur Berechnung der Hydratationsenergien dieser Metallionen verwendet, wobei die Effekte von zwei Hydratationsschalen jenseits der ersten Koordinationssphäre berücksichtigt wurden. Die berechnete Stabilisierungsenergie pro Wassermolekül in der ersten Koordinationsphäre, $\Delta E(I)$, korreliert recht gut mit den Wasseraustauschgeschwindigkeiten [d.h. mit $\Delta G^*(25°C)$], die absoluten Energien unterscheiden sich jedoch um einen Faktor von etwa Sieben. Zur Erklärung dieser Diskrepanz schlagen Rode et al. eine synchrone Bewegung der ein- und austretenden Gruppen zwischen der ersten und zweiten Koordinationssphäre vor, so daß gleichzeitig sowohl Bindungsbildung als auch Bindungsbruch stattfinden. Dies wird in Gl. (3.61) berücksichtigt, wobei $\Delta E(II)$ die Stabilisierungsenergie für ein Wassermolekül der zweiten Koordinationssphäre und κ ein anzupassender Parameter ist, der von dem Ausmaß der Bewegung zwischen den beiden Solvensschalen abhängt:

Tabelle 3.18. Parameter der Solvatationsenergie aus Gl. (3.61) in kJ mol^{-1}

Metallion	$\Delta E(I)$	$\Delta E(II)$	κ	ΔG^*_{ber}	ΔG^*_{beob}	ΔH^*_{beob}
Fe^{2+}	291	87	0,87	36,8	38,7	41,4
Co^{2+}	313	94	0,87	41,0	40,4	46,9
Ni^{2+}	324	90	0,90	48,6	48,3	56,9

$$\Delta G^* = \kappa \left[\Delta E(I) + \Delta E(II) \right] - \Delta E(I) \tag{3.61}$$

Die Parameter für drei Übergangsmetall(II)-Ionen sind in Tabelle 3.18 aufgeführt. Die Zahlen illustrieren den unvermeidlichen Nachteil dieser Art von Berechnungen, die Differenz zweier sehr großer Zahlen unsicherer Größe zur Bestimmung des für die kinetische Interpretation relevanten Parameters zu verwenden. Die voranstehende Rechnung sollte anstelle von ΔG^* eigentlich ΔH^* ergeben; Rode et al. argumentieren jedoch, daß der Fehler aufgrund geringer ΔS^*-Differenzen nur klein sei; dies trifft aber nur bedingt zu. Natürlich könnte der einstellbare Parameter κ zur Anpassung der ΔH^*-Werte dienen.

Connick und Alder[100] wandten Molecular Modeling-Verfahren bei dem Versuch an, die Natur dieses Austauschprozesses zu verstehen, eine Methode, deren Anwendungsmöglichkeiten mit steigender Verbreitung und Verfeinerung zukünftig stark zunehmen dürfte.

Es fällt auf, daß die ΔV^*-Werte für Reaktionen der Metall(II)-Ionen der ersten Übergangsreihe mit steigender Ordnungszahl positiver werden. Merbach schlug vor, daß dies einen Trend vom Typ $\mathbf{I_a}$ für $V(OH_2)_6^{2+}$ zum Typ $\mathbf{I_d}$ für $Ni(OH_2)_6^{2+}$ darstellt, verursacht durch die sinkende Größe der Ionenradien. Die ΔV^*-Werte der $M(OH_2)_5(OH)^{2+}$-Ionen sind stärker positiv als jene der korrespondierenden $M(OH_2)_6^{3+}$-Ionen [M = Cr(III), Fe(III) und Ru(III)], was darauf hindeutet, daß erstere Spezies einen stärker dissoziativen Charakter zeigt. Swaddle verwies darauf, daß die partiellen Molvolumen der $M(OH_2)^{2+}$-Ionen über die Beziehung

$$\overline{V}^o_{abs} = 2,523 \times 10^{-6} \left(r_M + \Delta r \right) - 18,07 \, n - \frac{417,5 \, z}{\left(r_M + \Delta r \right)} \tag{3.62}$$

berechnet werden können, wobei $\overline{V}^o_{abs}$ das absolute Volumen relativ zu $\overline{V}^o_{abs}(H^+) = $ -5,4 cm^3 mol^{-1}, r_M der Ionenradius des Metallions (pm), Δr der empirisch bestimmte scheinbare Radius des koordinierten Wassermoleküls ist, und der Wert 18,07 für das partielle Molvolumen des Wassers steht; der letzte Term berücksichtigt die Elektrostriktion des Lösungsmittels um das geladene Ion. Swaddle[101] verwandte diese Gleichung, mit entsprechend angepaßten r- und n-Werten, zur Abschätzung der Grenzwerte $\Delta V^* \approx 13$ cm^3 mol^{-1} für einen **D**-Mechanismus und $\Delta V^* \approx -13$ cm^3 mol^{-1} für einen **A**-Mechanismus. Somit sollte $Ti(OH_2)_6^{3+}$ nach einem Mechanismus reagieren, der nahe am **A**-Grenzfall liegt.

3.7.b Lösungsmittelaustausch in nichtwäßrigen Medien

Obwohl Wasser das meistverwandte Lösungsmittel darstellt, wurden viele Untersuchungen in anderen Solventien, wie Acetonitril, Dimethylsulfoxid und N,N-Dimethylformamid, durchgeführt. Wünschenswert ist eine Vertiefung des Verständnisses von Einflüssen wie der Ligandengröße, der Basizität etc. auf die Solvensaustauschgeschwindigkeit. Die Hauptschwierigkeit besteht darin, daß das Lösungsmittel und der auszutauschende Ligand gleichzeitig gewechselt werden, so daß die individuellen Einflüsse auf die Austauschgeschwindigkeiten nur schwer zu trennen sind. Tabelle 3.19 zeigt einige repräsentative Ergebnisse.

Allgemein wird das in Wasser zu beobachtende Reaktivitätsmuster in anderen Solventien beibehalten. Nickel(II) zeigt durchweg deutlich kleinere Geschwindigkeitskonstanten des Austausches und höhere ΔV^*-Werte als die anderen M(II)-Ionen. Ebenso bleibt die Tendenz der Änderung von ΔV^* mit der Ordnungszahl erhalten.

Tabelle 3.19. Nichtwäßrige Solvensaustausch-Geschwindigkeitskonstanten (25°C), Aktivierungsenthalpien, -entropien und -volumina[a]

Metall	Solvens	k (s^{-1})	ΔH^* $(kJ\ mol^{-1})$	ΔS^* $(J\ mol^{-1}\ K^{-1})$	ΔV^* $(cm^3\ mol^{-1})$
Cr^{2+} [b]	CH_3OH	$1{,}2 \times 10^8$	31,6	16,6	
Mn^{2+}	CH_3OH	$3{,}7 \times 10^5$	25,9	-50,2	-5,0
Fe^{2+}	CH_3OH	$5{,}0 \times 10^4$	50,2	12,6	0,4
Co^{2+}	CH_3OH	$1{,}8 \times 10^4$	57,7	30,1	8,9
Ni^{2+}	CH_3OH	$1{,}0 \times 10^3$	66,1	33,5	11,4
Cu^{2+}	CH_3OH	$3{,}1 \times 10^7$	17,2	-44,0	8,3
Mn^{2+}	CH_3CN	$1{,}4 \times 10^7$	29,6	-8,9	-7,0
Fe^{2+}	CH_3CN	$6{,}6 \times 10^5$	41,4	5,5	3,0
Co^{2+}	CH_3CN	$3{,}4 \times 10^5$	49,5	27,1	9,9
Ni^{2+}	CH_3CN	$3{,}1 \times 10^3$	60,8	25,8	7,3
Co^{2+}	NH_3	$5{,}0 \times 10^7$	45,8	31,2	
Ni^{2+}	NH_3	$7{,}0 \times 10^4$	57,3	40,2	5,9
Mn^{2+}	$(CH_3)_2NCHO$	$2{,}2 \times 10^6$	34,6	-7,4	2,4
Fe^{2+}	$(CH_3)_2NCHO$	$9{,}7 \times 10^5$	43,0	13,8	8,5
Co^{2+}	$(CH_3)_2NCHO$	$3{,}9 \times 10^5$	56,9	52,7	6,7
Ni^{2+}	$(CH_3)_2NCHO$	$3{,}8 \times 10^3$	62,8	33,5	9,1
Fe^{3+}	$(CH_3)_2NCHO$	$6{,}1 \times 10^1$	42,3	12,1	-5,4
Cr^{3+}	$(CH_3)_2NCHO$	$3{,}3 \times 10^{-7}$	97,1	-43.5	-6,3

[a] Originalzitate in: Merbach, A.E. *Pure Appl. Chem.* **1982**, *54*, 1479; Ibid. **1987**, *59*, 161; Rusnak, L. L.; Yang, E. S.; Jordan, R. B. *Inorg. Chem.* **1978**, *17*, 1810.
[b] Li, C.; Jordan, R. B. *Inorg. Chem.* **1987**, *26*, 3855.

Einige Besonderheiten der Aktivierungsparameter stehen nicht in Einklang mit der üblichen Deutung entsprechender Daten für das Lösungsmittel Wasser. So ist beispielsweise die Reihenfolge der Dq-Werte für die verschiedenen Solventien NH_3 > CH_3CN > DMF > H_2O, CH_3OH. Wären Kristallfeldeffekte die entscheidenden Faktoren für die ΔH^*-Werte, so sollte man erwarten können, daß die ΔH^*-Reihenfolge der Dq-Abstufung der Lösungsmittel entspricht. Tatsächlich folgen die ΔH^*-Werte von Nickel(II) aber der Reihenfolge CH_3OH > DMF > CH_3CN $\approx$ NH_3 > H_2O.

Außerdem sind die ΔV^*-Werte für ein gegebenes Metallion nahezu invariant gegenüber einem Wechsel des Lösungsmittels. Gilt für Nickel(II), wie allgemein angenommen, ein I_d-Mechanismus, wäre zu erwarten, daß der ΔV^*-Wert mit der Größe der Austrittsgruppe (= Solvensmolekül) einhergeht, wie eine einfache Erweiterung der Gl. (3.62) von Wasser auf andere Solventien nahelegt. Der Wert von ΔV^* für DMF ist jedoch nur um 2 cm^3 mol^{-1} größer als der Wert für Wasser, obwohl die jeweiligen partiellen Molvolumina dieser Solventien 115,4 und 18 cm^3 mol^{-1} betragen.

Allgemein werden diese Ergebnisse dahingehend interpretiert, daß in den unterschiedlichen Lösungsmitteln spezifische Solvatationseffekte wirken, die von keinem der einfachen Modelle berücksichtigt werden. Bisher ist die Einsicht jedoch nicht sehr verbreitet, daß dieser Umstand die Bedeutung all jener mehr oder weniger stark vereinfachenden Erklärungsversuche herabsetzt, die zur Interpretation der Ergebnisse dieser Methode herangezogen werden.

Von Jordan und Mitarbeitern[102] wurde eine Korrelation der ΔH^*-Werte über die Gl. (3.63) vorgeschlagen, die einen Kristallfeldparameter (a_M) und einen Solvensparameter (b_S) beinhaltet. Letzterer Parameter ist bei einem bestimmten Solvens für Metall(II)-Ionen eine Konstante, während der erstere vom Metallion abhängt.

$$\Delta H^* = a_M g_M (Dq_{Ni}) + b_S = c_M (Dq_{Ni}) + b_S \tag{3.63}$$

Tabelle 3.20. Korrelation der ΔH^*-Werte (kcal mol^{-1}) für den Solvensaustausch^a

Solvens	Dq	b_S	Ni(II)	Co(II)	Fe(II)	Mn(II)
NH_3	3,10	1,63	11,0(14,8)^b	11,2(11,9)	(10,4)	8,0(7,3)
CH_3CN	3,03	1,52	15,0(14,4)	11,4(11,5)	9,7(10,1)	7,3(7,0)
DMF	2,50	4,64	15,0(15,3)	13,6(12,9)	11,7(11,7)	8,9(9,1)
H_2O	2,46	3,58	14,4(14,1)	11,9(11,7)	7,7(10,5)^b	7,9(8,0)
CH_3OH	2,43	5,44	15,8(15,8)	13,8(13.5)	12,0(12,3)	6,2(9,8)^b
DMSO	2,25	4,12	13,0(13,7)	12,2(11,6)	11,3(10,5)	7,4(8,2)
c_M			4,26	3,31	2,82	1,80
a_M			4,26	3,16	2,51	1,88

^{a} Werte in Klammern werden durch die Korrelation vorausgesagt
^{b} Diese Werte wurden bei der Bestimmung der Korrelationsparameter nicht berücksichtigt.

Werte für g_M erhält man aus spektroskopischen Daten, die das Verhältnis zwischen den allgemein verfügbaren Dq-Werten von Nickel(II) und jenen der anderen Metallionen liefern. Die Ergebnisse dieser Korrelation aus dem Jahre 1978 zeigt Tabelle 3.20.

In der Folgezeit wurde eine Anzahl experimenteller Werte neu bestimmt, und die gegenwärtig besten Werte sind: Ni(II)-NH_3, 13,7; Co(II)-CH_3CN, 11,7; Fe(II)-CH_3CN, 9,9; Fe(II)-H_2O, 9,9. Diese neueren Werte erfüllen die Voraussagen der Korrelation oder zeigen zumindest eine bessere Übereinstimmung. Bisher wurde nicht überprüft, ob der Mn(II)-CH_3OH-Wert fehlerhaft ist. Obwohl diese Korrelation einen gewissen Aussagewert zu besitzen scheint, wurde bisher kein Bezug des b_S-Wertes zu irgend einer Solvenseigenschaft gefunden.

3.8 LIGANDENSUBSTITUTION AN LABILEN ÜBERGANGSMETALLKOMPLEXEN

Mit Ausnahme von Cr(III), low-spin Co(III), Fe(II) und Fe(III) sind alle gängigen Komplexe der zwei- und dreiwertigen Metallionen der ersten Übergangsreihe labil. Auf diesen labilen Ionen basieren viele Komplexe von allgemeiner chemischer und biochemischer Bedeutung. Dies ermunterte zu vielen Studien bezüglich Kinetik und Gleichgewichtslage von Reaktionen der allgemeinen Form

$$M(Solvens)_6^{n+} + L^{z-} \rightleftharpoons M(Solvens)_5(L)^{(n-z)+} + Solvens \qquad (3.64)$$

Die Mehrzahl dieser Arbeiten wurde in Wasser durchgeführt, aber auch die Zahl der Studien in nichtwäßrigen Solventien nimmt ständig zu. Die Ergebnisse werden in zahlreichen Übersichtsartikeln vorgestellt.[103]

3.8.a Allgemeine Reaktivitätstrends

Die Geschwindigkeitskonstanten der Substitutionsreaktionen sind normalerweise von gleicher Größenordnung wie diejenigen des Solvensaustausches. Dies bedeutet, daß diese Reaktionen bei üblichen Konzentrationen in der Regel Halbwertszeiten im Bereich von Microsekunden bis Sekunden aufweisen. Daher werden als experimentelle Techniken die stopped-flow- und verschiedene von Eigen[104] eingeführte Relaxationsmethoden (z. B. Temperatursprung, Drucksprung) eingesetzt. Die Labilität dieser Systeme bedingt, daß die auf Produktanalysen basierenden Konkurrenzstudien zur Gewinnung mechanistischer Informationen hier nicht angewandt werden können. Vielmehr beruhen die mechanistischen Folgerungen dieser Studien primär auf der Bewertung von Eintrittsgruppeneinflüssen. Da ein Solvensmolekül die Abgangsgruppe darstellt, kann diese nicht systematisch variiert werden, ohne die Solvatationsenergie der betreffenden Spezies deutlich zu verändern.

Die Reaktionen von Ni(II) verlaufen langsamer als diejenigen der anderen M(II)-Ionen dieser Gruppe. Da die Geschwindigkeiten dieses Ions in den Bereich der stopped-flow-Techniken fallen,

Tabelle 3.21. Geschwindigkeitskonstanten (25°C) einiger Substitutionsreaktionen an $Ni(OH_2)_6^{2+}$

Eintrittsgruppe (L)	pK_a	$k\ (M^{-1}s^{-1})$
$H_3CPO_4^{2-}$	~2	$2,9 \times 10^5$
F^-	~3	$8,0 \times 10^3$
NH_3	9,2	$4,5 \times 10^3$
NH_2CH_3	10	$1,3 \times 10^3$
$NH_2(CH_2)N(CH_3)_3^+$	7	$4,0 \times 10^2$

wurde Ni(II) am intensivsten studiert. Die kinetischen Ergebnisse der Substitutionen an $Ni(OH_2)_6^{2+}$ wurden von Wilkins[105] zusammenfaßt. Tabelle 3.21 zeigt einige repräsentative Ergebnisse. Aus diesen Daten gewinnt man zunächst den Eindruck einer deutlichen Abhängigkeit der Geschwindigkeitskonstanten von der Eintrittsgruppe, was auf einen I_a-Mechanismus hindeutet. Es besteht jedoch keine Korrelation mit der durch den pK_a-Wert des eintretenden Liganden angezeigten Nucleophilie von L. Bei der Analyse einer umfangreichen Reihe von Ergebnissen dieser Art erkannten Wilkins und Eigen[106], daß die scheinbare Geschwindigkeit stark mit der Ladung auf L korreliert ist. Innerhalb gewisser Grenzen betragen die Geschwindigkeitskonstanten $\sim 3 \times 10^5$ für L^{2-}, $\sim 1 \times 10^4$ für L^{-1}, $\sim 3 \times 10^3$ für L^0 und $\sim 500\ M^{-1}s^{-1}$ für L^{1+}. Diese Beobachtungen führten Wilkins und Eigen zur Formulierung des inzwischen klassischen Mechanismus' dieses Systems, der als *dissoziativer Ionenpaar-Mechanismus* oder Eigen-Wilkins Mechanismus bekannt ist und in Schema 3.4 vorgestellt wird.

Schema 3.4

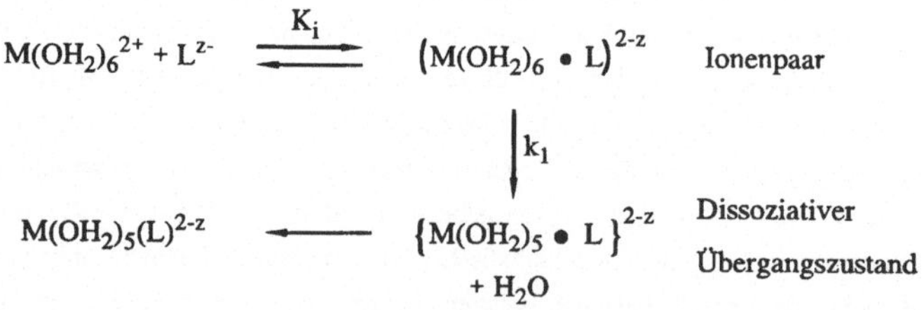

$$M(OH_2)_6^{2+} + L^{z-} \underset{}{\overset{K_i}{\rightleftharpoons}} \left(M(OH_2)_6 \bullet L\right)^{2-z} \quad \text{Ionenpaar}$$

$$\Big\downarrow k_1$$

$$M(OH_2)_5(L)^{2-z} \longleftarrow \left\{M(OH_2)_5 \bullet L\right\}^{2-z} + H_2O \quad \begin{array}{l}\text{Dissoziativer} \\ \text{Übergangszustand}\end{array}$$

Das Geschwindigkeitsgesetz für dieses System mit einem schnellen vorgelagerten Gleichgewicht wurde schon früher hergeleitet. Um die Bildung höherer Komplexe wie $M(OH_2)_4L_2$ zu vermeiden, werden diese Studien gewöhnlich unter der Bedingung $[M] \gg [L]$ durchgeführt. Die experimentelle Geschwindigkeitskonstante pseudo-erster Ordnung ist daher gegeben durch

$$k_{exp} = \frac{k_1 K_i}{1 + K_i \left[M(OH_2)_6^{2+} \right]}$$ (3.65)

Der auf Seite 35 diskutierte theoretische Ausdruck für k wurde u.a. zur Analyse dieses Systems (Schema 3.4) hergeleitet. Ist L neutral oder einfach negativ, wird für K_i ein Wert ≤ 1 vorausgesagt, und da in den meisten Studien $[M]_{total} \approx 10^{-2}$ M, ist $K_i[M(OH_2)_6^{2+}] \ll 1$. Unter diesen Bedingungen vereinfacht sich Gl. (3.65) zu

$$k_{exp} = k_1 K_i$$ (3.66)

Da K_i von der Ladung auf L abhängt, erklärt dieser Ausdruck die k_{exp}-Abhängigkeit von der Ladung der Eintrittsgruppe. In vielen Deutungen von Experimentalbefunden wird k_{exp} durch einen berechneten Wert von K_i dividiert, um k_1 zu erhalten, und anschließend wird dieses k_1 mit der Geschwindigkeitskonstante des Solvensaustausches verglichen, welcher ebenfalls als dissoziativ aktiviert angesehen wird. In vielen Fällen funktioniert diese Analyse gut. Da K_i in der Größenordnung von Eins liegt, zeigt der Wert von k_{exp} allgemein eine große Ähnlichkeit mit dem Wert für den Solvensaustausch.

Bei Mn(II), Fe(II) und Co(II) zeigt diese Art der Analyse ein Fehlen von Eintrittsgruppeneinflüssen an, so daß scheinbar ein I_d-Mechanismus vorliegt. Dennoch werteten Merbach und Mitarbeiter[107] die Änderungen von ΔV^* als Hinweis auf einen mechanistischen Trend innerhalb der ersten Übergangsreihe von I_a für V(II) zu I_d für Ni(II).

Tabelle 3.22. Geschwindigkeitskonstanten (15°C) der Substitutionsreaktionen von $Ti(OH_2)_6^{3+}$

Eintrittsgruppe	pK_a	$k_{exp}(M^{-1}s^{-1})$
$ClCH_2CO_2H$		$6,7 \times 10^2$
CH_3CO_2H		$9,7 \times 10^2$
H_2O	-1,74	$8,6 \times 10^3$
NCS^- [a]	-1,84	$8,0 \times 10^3$
$HO_2CCO_2^-$	1,23	$3,9 \times 10^5$
$Cl_2CHCO_2^-$	1,25	$1,1 \times 10^5$
$HO_2CCH_2CO_2^-$	2,43	$4,2 \times 10^5$
$ClCH_2CO_2^-$	2,46	$2,1 \times 10^5$
$HO_2CCH(CH_3)CO_2^-$	2,62	$3,2 \times 10^5$
$CH_3CO_2^-$	4,47	$1,8 \times 10^6$

[a] bei 8 - 9°C; Diebler, H. *Z. Phys. Chem.* **1969**, *68*, 64

Tabelle 3.23. Geschwindigkeitskonstanten k (25°C) der Substitutionsreaktionen von $V(OH_2)_6^{3+}$

Eintrittsgruppe	$k\ (M^{-1}s^{-1})$
$HC_2O_4^-$	$1,3 \times 10^3$
SCN^-	$1,1 \times 10^2$
Br^-	≤ 10
Cl^-	≤ 3
HN_3	$0,4$
H_2O	$5,0 \times 10^2 (s^{-1})$

Das klarste Beispiel für einen aus Eintrittsgruppen abgeleiteten $\mathbf{I_a}$-Mechanismus basiert auf den Ergebnissen der Untersuchung von $Ti(OH_2)_6^{3+}$ durch Diebler und Mitarbeiter [108], die in Tabelle 3.22 aufgeführt sind. Diese Ergebnisse korrelieren nicht einfach mit der Ladung der Eintrittsgruppe, sondern gehen mit der über die pK_a-Werte ausgedrückten Nucleophilie einher. Zwar scheinen diese Reaktionen über ein Ionenpaar verlaufen, der geschwindigkeitsbestimmende Schritt zeigt jedoch eine für einen $\mathbf{I_a}$-Mechanismus erwartete Eintrittsgruppenabhängigkeit. Merbach[109] schlug auf der Grundlage des ΔV^*-Wertes für den Wasseraustausch einen $\mathbf{A}$-Mechanismus vor.

Seit der Voraussage von Taube, daß ein d^2-System eine mit einem $\mathbf{A}$-Mechanismus verknüpfte Labilität zeigen sollte, wurden Substitutionsreaktionen an Vanadium(III) immer wieder intensiv studiert. Leider erweisen sich diese Untersuchungen als schwierig, da $V(OH_2)_6^{3+}$ bereitwillig durch Luftsauerstoff oder das Gegenion ClO_4^- oxidiert wird. Die von Patel und Diebler[110] zusammengefaßten Ergebnisse verschiedener Studien sind in Tabelle 3.23 aufgeführt. Diese Geschwindigkeitskonstanten variieren stark mit der Eintrittsgruppe und zeigen nicht die für einen dissoziativen Ionenpaarmechanismus erwartete Korrelation mit der Ladung. Zusammen mit den negativen ΔS^*- und ΔV^*-Werten für den Wasseraustausch werden diese Beobachtungen als Beweis für einen $\mathbf{I_a}$-Mechanismus gewertet, was Taubes Voraussage bestätigt.

3.8.b Substitution an Eisen(III) und die "Mehrdeutigkeit des Protons"

Trotz seiner Häufigkeit und allgemeinen Bedeutung war $Fe(OH_2)_6^{3+}$ das letzte der luftstabilen Metallionen der ersten Übergangsreihe, für das die Wasseraustauschgeschwindigkeit bestimmt wurde. Die Schwierigkeit liegt in der Neigung von $Fe(OH_2)_6^{3+}$, in verdünnter wäßriger Säure zu hydrolysieren und zu kondensieren, wobei $Fe(OH_2)_5(OH)^{2+}$ und $(H_2O)_4Fe(OH_2)Fe(OH_2)_4^{4+}$ als jeweils dominierende Spezies gebildet werden. Es wurden zahlreiche kinetische Studien der Substitution an $Fe(OH_2)_6^{3+}$ durchgeführt, deren Interpretation erwies sich aber wegen der bis 1981 unbekannten Wasseraustauschgeschwindigkeit und infolge der später diskutierten "Mehrdeutigkeit des Protons" als schwierig.

Für ein typisches System, in dem die Eintrittsgruppe Protonenazidität besitzt, und in dem die Eisen(III)-Konzentration zur Vermeidung der Bildung hydrolysierter Dimere sehr niedrig ist, werden die schnellen Gleichgewichte der Edukte beschrieben durch

$$Fe(OH_2)_6^{3+} \xrightleftharpoons{K_m} (H_2O)_5Fe(OH)^{2+} + H^+$$

$$HL \xrightleftharpoons{K_a} L^- + H^+$$

$$(3.67)$$

mit dem Wert $K_m = 1{,}6 \times 10^{-3}$ M (25°C). In der folgenden Herleitung bleiben die Ladungen des Eisens und der Ligandenspezies unberücksichtigt. Die gesamte Eisen(III)-Konzentration auf der Eduktseite ist gegeben durch

$$[Fe]_{tot} = [FeOH_2] + [FeOH] \tag{3.68}$$

Aus den Gln. (3.67) und (3.68) können die folgenden Gleichungen für die Konzentration der Eisen(III)-Spezies, ausgedrückt durch $[Fe]_{tot}$, leicht abgeleitet werden.

$$[FeOH_2] = \frac{[H^+]}{K_m[H^+]}[Fe]_{tot} \quad und \quad [FeOH] = \frac{K_m}{K_m + [H^+]}[Fe]_{tot} \tag{3.69}$$

Da die Gesamtkonzentration der Eintrittsgruppen gegeben ist durch

$$[L]_{tot} = [HL] + [L] \tag{3.70}$$

folgt für die Konzentrationen der Ligandspezies, ausgedrückt durch $[L]_{tot}$, auf analoge Weise

$$[HL] = \frac{[H^+]}{K_a + [H^+]}[L]_{tot} \quad und \quad [L] = \frac{K_a}{K_a + [H^+]}[L_{tot}] \tag{3.71}$$

Als mögliche Substitutionsreaktionen in diesem System kommen in Frage

$$Fe(OH)^{2+} + L \xrightarrow{k_1}$$

$$Fe(OH)^{2+} + HL \xrightarrow{k_2}$$

$$Fe(OH_2)^{3+} + L \xrightarrow{k_3}$$

$$Fe(OH_2)^{3+} + HL \xrightarrow{k_4}$$

$$(3.72)$$

Die Bildungsgeschwindigkeit des Produktes (P) ist durch Gl. (3.73) gegeben, so daß ein Einsetzen der Gln. (3.68 bis 3.71) in Gl. (3.73) zu Gl. (3.74) führt:

$$\frac{d[P]}{dt} = (k_1[L] + k_2[HL])[FeOH] + (k_3[L] + k_4[HL])[FeOH_2] \quad (3.73)$$

$$= \left(\frac{k_1K_mK_a + (k_2K_m + k_3K_a)[H^+] + k_4[H^+]^2}{(K_m + [H^+])(K_a + [H^+])} \right)[Fe]_{tot}[L]_{tot} \quad (3.74)$$

Diese kann vereinfacht werden zu

$$\frac{d[P]}{dt} = k_{exp}[Fe]_{tot}[L]_{tot} \quad (3.75)$$

In Gl. (3.75) wurde angenommen, daß die experimentellen Bedingungen derart gewählt wurden, daß $[H^+]$ für einen bestimmten kinetischen Ablauf konstant ist. Die vollständige experimentelle Untersuchung erfordert eine Bestimmung von k_{exp} bei verschiedenen pH-Werten und eine Anpassung der Ergebnisse an die von Gl. (3.74) vorausgesagte $[H^+]$-Abhängigkeit von k_{exp}.

In den meisten derartigen Studien ist $[H^+] \gg K_m$ (= 1,6 × 10^{-3} M), so daß in Abhängigkeit der Säurestärke von HL zwei Grenzbedingungen für k_{exp} unterschieden werden können.

1. *Stark saure Liganden:* $K_a \gg [H^+]$ und

$$k_{exp} = \frac{k_1K_m}{[H^+]} + \frac{k_2K_m}{K_a} + k_3 + \frac{k_4[H^+]}{K_a} \quad (3.76)$$

2. *Schwach saure Liganden:* $[H^+] \gg K_a$ und

$$k_{exp} = \frac{k_1K_mK_a}{[H^+]^2} + \frac{k_2K_m}{[H^+]} + \frac{k_3K_a}{[H^+]} + k_4 \quad (3.77)$$

Die "*Mehrdeutigkeit des Protons*" bezieht sich auf den Umstand, daß die $[H^+]$-Abhängigkeit von k_{exp} keine Separierung des K_2K_m/K_a von k_3 im ersten Fall, oder des k_2K_m von k_3K_a im zweiten Fall, erlaubt. Dieses resultiert aus der Tatsache, daß die Übergangszustände Fe(OH)•HL und Fe(OH₂)•L ein azides Proton an unterschiedlichen Positionen besitzen. *Die Kinetik erlaubt nur Aussagen zur Zusammensetzung des Übergangszustandes, nicht zu dessen Struktur.*

Die experimentelle Geschwindigkeitskonstante pseudo-erster Ordnung nahezu aller Substitutionsreaktionen an hydratisiertem Eisen(III) hat die allgemeine Form

$$k_{exp} = k' + k''[H^+]^{-1} \quad (3.78)$$

Abgesehen vom Problem des "mehrdeutigen Protons" ist eine spezifische Zuordnung von k' und k" durch den Vergleich mit den theoretischen Ausdrücken für den jeweiligen Fall möglich.

1. *Ligandanionen starker Säuren*: ($K_a \gg [H^+]$). Ein Vergleich der Gln. (3.76) und (3.78) zeigt, daß k" = $k_1 K_m$, und daß k_1 berechnet werden kann, da K_m bekannt ist. Dagegen ist k' = $k_3 + k_2 K_m/K_a$ und kann, mit Ausnahme von Ligandanionen sehr starker Säuren, wie Cl^- und Br^- ($K_a \approx 10^8$), nicht eindeutig bestimmt werden. Bei diesen Ionen kann der zweite Term wegen des großen K_a-Wertes vernachlässigt werden, selbst wenn k_2 an der diffusionskontrollierten Grenze von $\sim 10^{10}\,M^{-1}s^{-1}$ liegt.

2. *Ligandanionen schwacher Säuren*: ($[H^+] \gg K_a$). Aus den Gln. (3.77) und (3.78) folgt k' = k_4 und k" = $k_2 K_m + k_3 K_a$. Ist K_a sehr klein (d. h. $< 10^{-10}M$), ist es, wiederum mit der Begründung, daß k_3 andernfalls jenseits des diffusionskontrollierten Grenzwertes liegen müßte, möglich, den $k_3 K_a$-Term zu eliminieren.

Die übliche Vorgehensweise auf diesem Gebiet war es, in uneindeutigen Fällen k_2 und k_3 zu berechnen, und anschließend k_1 mit k_2, sowie entsprechend k_4 mit k_3, unter der Annahme zu vergleichen, daß diese bei einem dissoziativen Mechanismus ähnlich sein sollten. Bevor die Wasseraustauschgeschwindigkeiten bekannt waren, führte diese Vorgehensweise zu sehr

Tabelle 3.24. Geschwindigkeitskonstanten[a] (25°C) von Substitutionsreaktionen am (Hexaqua)Fe(III)-Kation

Eintritts-gruppe	k ($M^{-1}s^{-1}$)	
	$(H_2O)_5Fe(OH)^{2+}$	$Fe(OH_2)_6^{3+}$
SO_4.	$1,1 \times 10^5$	$2,3 \times 10^3$
Cl^-	$5,5 \times 10^3$	$4,8$
Br^-	$2,8 \times 10^3$	$1,6$
NCS^-	$5,1 \times 10^3$	$9,0 \times 10^1$
$Cl_3CCO_2^-$	$7,8 \times 10^3$	$6,3 \times 10^1$
$Cl_2HCCO_2^-$	$1,9 \times 10^4$	$1,2 \times 10^2$
$ClH_2CCO_2^-$	$4,1 \times 10^4$	$1,5 \times 10^3$
H_3CCO_2H	$\leq 2,8 \times 10^3$	$2,7 \times 10^1$
C_6H_5OH	$1,5 \times 10^3$	
$C_{10}H_{12}(=O)(OH)^b$	$6,3 \times 10^3$	$2,2 \times 10^1$
$H_3CC(O)NH(OH)$	$2,0 \times 10^3$	$1,2$
H_2O (in s^{-1})	$1,2 \times 10^5$	$1,6 \times 10^2$

[a] Daten aus: Grant, M.; Jordan, R.B. *Inorg. Chem* **1981**, *20*, 55, mit den darin enthaltenen Originalzitaten.

[b] 4-Isopropyltropolon, Ishihara, K.; Funahashi, S.; Tanaka, M. *Inorg. Chem.* **1983**, *22*, 194.

zweifelhaften mechanistischen Schlußfolgerungen.[111,112] Die gegenwärtige Deutung schreibt $Fe(OH_2)_6^{3+}$ einen I_a-Mechanismus zu {wie Ti(III) und V(III)}, $(H_2O)_5Fe(OH)^{2+}$ dagegen einen I_d-Mechanismus. Einige der zu diesem Schluß führenden kinetischen Daten sind in Tabelle 3.24 aufgeführt. Im Falle des 4-Isopropyltropolons (Hipt) basiert die k_3-Zuordnung darauf, daß die alternative Zuordnung zu k_2 ($FeOH^{2+} + H_2ipt^+$) zu einem Wert für k_2 führen würde, der größer als k_1 ($FeOH^{2+} + Hipt$) wäre, was mit dem zu erwartenden Ladungseffekt nicht zu vereinbaren ist.

3.9   KINETIK DER CHELATBILDUNG

Komplexe mit zweizähnigen, dreizähnigen, etc. Liganden sind weit verbreitet. Sie sind insbesondere aufgrund ihrer erhöhten Stabilität, oft als der "Chelateffekt" bezeichnet, von Bedeutung. Derartige Liganden besitzen zwei oder mehr potentielle Donoratome, die im Molekül durch zwei, drei oder vier andere Atome voneinander getrennt sind. Einige gängige Beispiele sind Oxalat, Glycinat, Salicylat, Ethylendiamin, Acetylacetonat, 2,2'-Bipyridyl und Ethylendiamintetraacetat.

3.9.a Der geschwindigkeitsbestimmende Schritt

Die Bildung dieser Komplexe aus einem solvatisierten Metallion verläuft bei einem zweizähnigen Chelatliganden unter Verdrängung zweier Solvensmoleküle. Man kann den Prozeß als vollständig konzertiert verlaufend, d. h. unter simultaner Verdrängung, oder als schrittweise erfolgend betrachten. Der konzertierte Prozeß erscheint höchst unwahrscheinlich und wird gewöhnlich nicht als mechanistische Möglichkeit in Erwägung gezogen. Die individuellen Schritte, die gewöhnlich im schrittweisen Prozeß berücksichtigt werden, sind im Schema 3.5 am Beispiel des Glycinats dargestellt.

Schema 3.5

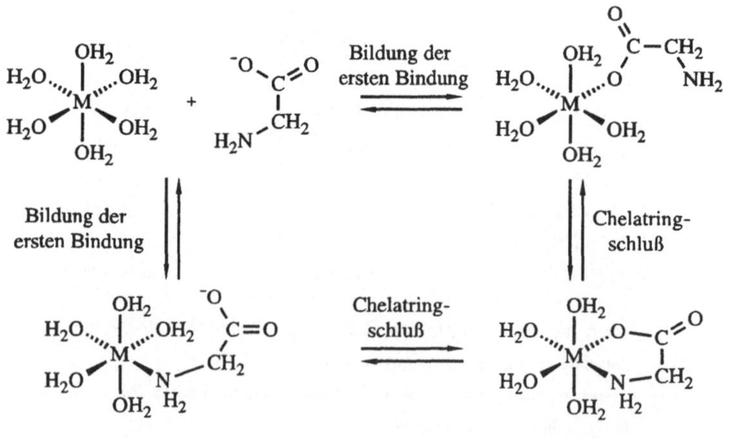

Dieses Schema veranschaulicht zwei mechanistische Komplikationen, die bei Chelatbildungs-reaktionen auftreten können. Zum einen existieren zwei potentiell geschwindigkeitsbestimmende Schritte: entweder die *Bildung der ersten Bindung* oder der *Chelatringschluß*. Zum anderen stellt sich bei unsymmetrischen Chelatliganden wie Glycinat die Frage, welche Donorgruppe zuerst koordiniert. Letzteres gilt nicht für symmetrische Chelatliganden wie Oxalat oder Ethylendiamin.

Etwa bis 1970 wurde allgemein angenommen, daß der Schritt des Chelatringschlusses relativ zur Bildung der ersten Bindung sehr schnell verläuft. Die Begründung dieser Annahme war, daß das freie Ende des Chelatliganden in der einzähnigen Zwischenstufe eine sehr hohe effektive Konzentration in der Nachbarschaft des Metallions erzeugen würde, so daß der Ringschluß schnell erfolgen sollte. Es gibt dennoch eine zunehmende Anzahl von Hinweisen darauf, daß Substitu-tionsreaktionen an zweiwertigen Metallionen der ersten Übergangsreihe einen deutlich dissoziativen Charakter zeigen, und der dissoziative Ionenpaar-Mechanismus wird heute allgemein akzeptiert. Ist der Mechanismus dissoziativ, so stellt der Bruch der $M-OH_2$-Bindung den geschwindigkeitsbestimmenden Schritt dar, und die effektive Konzentration der Eintrittsgruppe kann nicht größer als diejenige im Ionenpaar sein. Die Vorstellung, daß die Bildung der ersten Bindung stets geschwindigkeitsbestimmend ist, wird immer noch von einigen Seiten aufrechterhalten, möglicherweise deshalb, weil die experimentellen Geschwindigkeitskonstanten der Chelatbildung für ein gegebenes Metallion oft derjenigen der Komplexbildung mit einzähnigen Liganden ähneln.

Für eine vernünftige Beurteilung der kinetischen Situation ist eine Analyse des theoretischen Geschwindigkeitsgesetzes eines solchen Systems erforderlich. Die folgende Analyse ist durch die Annahme eines symmetrischen zweizähnigen Chelatliganden und eines irreversiblen Ringschlusses etwas vereinfacht. Ein vollständige Fassung findet man bei Letter und Jordan.[113] Diese Reaktionen werden gewöhnlich in verdünnten Säuren (pH 5 - 7) durchgeführt, so daß eine Protonierung der Eintrittsgruppe im Schema 3.6 berücksichtigt wird, während andererseits Ladungen und koordinierte Solvensmoleküle vernachlässigt werden.

Schema 3.6

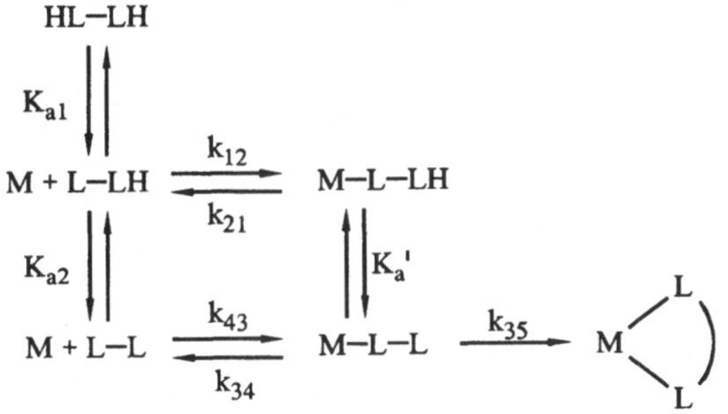

Wird für die einzähnigen Zwischenstufen (M–L–LH und M–L–L) ein stationärer Zustand angenommen, und werden die üblichen Bedingungen pseudo-erster Ordnung ($[M] >> [L]_{tot}$ und $[H^+]$ = konst.) eingehalten, so ist die Geschwindigkeitskonstante pseudo-erster Ordnung für $K_{a1} >> [H^+]$ durch Gl. (3.79) gegeben:

$$k_{exp} = \frac{\left(\dfrac{k_{12}\left[H^+ \right] + k_{43}K_{a2}}{K_{a2} + \left[H^+ \right]} \right) k_{35}K'_a}{k_{21}\left[H^+ \right] + K'_a \left(k_{34} + k_{35} \right)} [M] \qquad (3.79)$$

Durch Umformen erhält man Gl. (3.80) in der typischen, zur Auswertung der Daten über eine Auftragung der linken Seite gegen $[H^+]$ geeigneten Form:

$$\frac{k_{exp}}{[M]} \left(\frac{K_{a2} + \left[H^+ \right]}{\left[H^+ \right]} \right) = \frac{\left(k_{12} + k_{43}K_{a2}\left[H^+ \right]^{-1} \right) k_{35}K'_a}{k_{21}\left[H^+ \right] + K'_a \left(k_{34} + k_{35} \right)} \qquad (3.80)$$

Diese Auftragung ist, wie etwa in der beispielhaften Studie von Wilkins und Mitarbeitern,[114] linear. Traditionell wird dies dadurch erklärt, daß $K_a'k_{35} >> k_{21} [H^+]$ und $k_{35} >> k_{34}$, so daß Gl. (3.80) sich zu Gl. (3.81) vereinfacht. Diese erlaubt die Bestimmung von k_{12} aus dem Achsenabschnitt sowie von $k_{43}K_{a2}$ aus der Steigung:

$$\frac{k_{exp}}{[M]} \left(\frac{K_{a2} + \left[H^+ \right]}{\left[H^+ \right]} \right) = k_{12} + k_{43}K_{a2}\left[H^+ \right]^{-1} \qquad (3.81)$$

Dieses Geschwindigkeitsgesetz steht in Einklang mit den Beobachtungen, es gibt aber zumindest ein erwähnenswertes Problem: Bei Aminosäuren, wie Glycin ($HO_2CCH_2NH_2$), ist k_{12} immer gleich Null (d.h. man erhält bei der Auftragung keinen nennenswerten Ordinatenabschnitt). Dies deutet darauf hin, daß das Zwitterion ($^-O_2CCH_2NH_3^+$) unreaktiv ist. Dieser bemerkenswerte Reaktivitätsmangel wurde stets einer intramolekularen Wasserstoffbrückenbindung zwischen der Amino- und der Carboxylatgruppe zugeschrieben. Monoprotoniertes Ethylendiamin ($H_2NCH_2CH_2NH_3^+$) ist jedoch reaktiv, obwohl die Ladung ungünstiger und die Ausbildung einer Wasserstoffbrücke wahrscheinlicher ist.

Diese und andere Probleme veranlaßten Letter und Jordan dazu, die Annahmen zur Vereinfachung des vollständigen Geschwindigkeitsgesetzes zu überdenken. Ist die Annahme berechtigt, daß $K_a'k_{35} >> k_{21} [H^+]$ ist? Verwendet man das System Nickel(II)-Glycin für die

Analyse, so kann der k_{21}-Wert aus dem korrespondierenden Acetatsystem zu $k_{21} \approx 10^4 \text{ s}^{-1}$ abgeschätzt werden, und der Aciditätskonstanten K_a von $((NH_3)_5Co-O_2CCH_2NH_3)^{3+}$ kann entnommen werden, daß $K_a' \approx 3 \times 10^{-10}$ M beträgt. Somit erfordert die Bedingung, daß bei pH 6 $K_a'k_{35} \gg k_{21}[H^+]$ ist, ein k_{35} von 10^8 s^{-1}. Der Wasseraustausch an Nickel(II) weist jedoch ein $k = 3 \times 10^4 \text{ s}^{-1}$ auf, und alle verfügbaren Hinweise deuten auf einen I_d-Mechanismus der Substitution an Ni(II). Damit setzen die obigen Bedingungen eine Labilisierung des Wassers in der einzähnigen Zwischenstufe um den Faktor 10^4 voraus, was ein bisher beispielloser Effekt wäre.

Nimmt man andererseits an, daß $k_{21}[H^+] \gg K_a'K_{35}$ ist, so kann der Nenner des vollständigen Geschwindigkeitsgesetzes unter Anwendung des Prinzips des detaillierten Gleichgewichtes, welches besagt, daß $K_a'(k_{12}/k_{21}) = K_{a2}(k_{43}/k_{34})$ ist, umgeformt werden zu

$$ k_{21}\left[H^+\right] + \left(k_{34} + k_{35}\right)K_a' = \frac{k_{21}\left[H^+\right]}{k_{12}}\left(k_{12} + \frac{k_{43}K_{a2}k_{35}}{k_{34}\left[H^+\right]} \right) \qquad (3.82) $$

In Kombination mit obiger Annahme $k_{21}[H^+] \gg K_a'K_{35}$ zeigt ein Vergleich der rechten und linken Seite von Gl. (3.82), daß $k_{12} \gg k_{43}K_{a2}k_{35}/k_{34}[H^+]$ sein muß. Unter der Annahme $k_{35} \gg k_{34}$ ist damit $k_{12} \gg k_{43}K_{a2}/[H^+]$ und die umgeformte Version von Gl. (3.79) vereinfacht sich zu

$$ \frac{k_{exp}}{[M]}\left(\frac{k_{a2} + \left[H^+\right]}{\left[H^+\right]} \right) = \frac{k_{12}k_{35}K_a'}{k_{21}\left[H^+\right]} = \frac{k_{43}k_{35}K_{a2}}{k_{34}\left[H^+\right]} \qquad (3.83) $$

Diese Gleichung steht in Einklang mit den experimentellen Beobachtungen: Ein Achsenabschnitt von Null ist erforderlich, impliziert jedoch nicht, daß k_{12} gleich Null ist. Dieses Geschwindigkeitsgesetz erfüllt die Bedingung einer Bildung der einzähnigen Spezies in einem schnellen vorgelagerten Gleichgewicht (k_{43}/k_{34}), gefolgt von einem *geschwindigkeitsbestimmenden Chelatringschluß*. Die ursprünglich k_{43} zugeschriebenen Werte entsprechen tatsächlich $k_{43}k_{35}/k_{34}$. Da diese den bei Systemen einzähniger Liganden gefundenen Geschwindigkeitskonstanten betragsmäßig ähneln, scheint das Verhältnis k_{35}/k_{34} in der Größenordnung von Eins zu liegen.

Ungewöhnlich große experimentelle Geschwindigkeitskonstanten ($\sim 10^7 \text{ M}^{-1}\text{s}^{-1}$), ursprünglich k_{43}, nun aber $k_{43}k_{35}/k_{34}$ zugeordnet, sind bei Reaktionen von Polyaminen, wie Ethylendiamin, zu beobachten. Zur Erklärung wurde der Mechanismus einer internen konjugierten Base (ICB) vorgeschlagen,[115] in dem das freie Amin eine Wasserstoffbrücke zu einem koordinierten Wassermolekül ausbildet und diesem, wie in Gl. (3.84) gezeigt, einen gewissen Hydroxidcharakter verleiht. Im Rahmen der ICB-Voraussagen wird angenommen, daß dies eine Substitutionslabilisierung der übrigen Wassermoleküle bewirkt. Merkwürdigerweise ist eine solche

Geschwindigkeitserhöhung bei Aminosäuren oder bei 2-(Methylamino)pyridin nicht zu beobachten.

$$
\begin{array}{ccc}
\text{(Struktur mit H-Brücke unten)} & \xrightarrow{\text{Bildung der H-Brücke}} & \text{(Struktur mit ausgebildeter H-Brücke)}
\end{array}
\tag{3.84}
$$

In einer neueren Analyse der Reaktion von Ethylendiamin mit Nickel(II)[116] ergab sich, daß $k_{43}k_{35}/k_{34} = 7,2 \times 10^6\,M^{-1}s^{-1}$. Man kann aus der Kinetik der Ethylaminreaktion abschätzen, daß $k_{43} \approx 900\,M^{-1}s^{-1}$ und $k_{34} \approx 15\,s^{-1}$, so daß sich für $k_{35} \approx 1,2 \times 10^5\,s^{-1}$ ergibt. Dieser Wert ist etwa fünfmal größer als die Geschwindigkeitskonstante des Wasseraustausches von $Ni(OH_2)_6{}^{2+}$; Hunt und Mitarbeiter[117] stellten jedoch fest, daß $(H_2O)_5Ni(NH_3)^{2+}$ eine Wasseraustauschgeschwindigkeitskonstante von $2,5 \times 10^5\,s^{-1}$ besitzt. Es ist zu erwarten, daß der Wasseraustausch des einzähnigen Ethylendiaminkomplexes dem des NH_3-Komplexes ähnelt. Somit zeigt Ethylendiamin keine relativ zu einzähnigen Modellen abweichende Reaktivität. Die hohe Reaktivität der Polyamine ist also auf den Einfluß nicht direkt reagierender Liganden zurückzuführen, da Amine die Wasserabspaltungsgeschwindigkeit von Ni(II) deutlich erhöhen. Arbeiten von Hunt et al. ergaben auch, daß ein koordiniertes Pyridin oder Carboxylat keinen stark labilisierenden Effekt an Ni(II) zeigt. Dies erklärt die normale Reaktivität der Aminosäuren und Aminopyridine.

Moore und Mitarbeiter[118] verwendeten die stopped-flow NMR-Methode, um die Geschwindigkeit der Bildung der ersten Bindung und des Chelatringschlusses bei der Reaktion von $Al(DMSO)_6{}^{3+}$ mit 2,2'-Bipyridin- und 2,2':6',2''-Terpyridin in Nitromethan zu messen. Die Geschwindigkeitskonstante der Bildung der ersten Bindung (ca. $2 \times 10^3\,M^{-1}s^{-1}$ bei 25°C) ist viel größer als die DMSO-Austauschgeschwindigkeit ($5,3 \times 10^{-2}\,s^{-1}$ bei 25°C), was vermutlich auf die starke Präassoziation der Edukte zurückzuführen ist. Die Geschwindigkeitskonstante des Chelatringschlusses (ca. $10^{-2}\,s^{-1}$) ist kleiner als diejenige des Solvensaustausches, da möglicherweise die Drehung des zweiten Pyridinringes in eine für die Chelatbildung geeignete Konformation sterisch gehindert ist. In der gleichen Untersuchung zeigte sich, daß die Reaktion mit 1,10-Phenanthrolin in einem einstufigen Prozeß zum Chelat verläuft. Dies ist möglicherweise darauf zurückzuführen, daß der ankondensierte aromatische Ring des Phenanthrolins die beiden Stickstoff-Donoratome in die für die Chelatbildung günstigste Position zwingt.

3.9.b Der Chelateffekt in der Kinetik

Es wurde oft beobachtet, daß die Bildungskonstante eines Chelatkomplexes wie $(H_2O)_4Ni(en)^{2+}$ ($k_h = 5 \times 10^7\,M^{-1}$) bedeutend größer als diejenige des einzähnigen Analogons, in diesem Fall $(H_2O)_4Ni(NH_3)_2{}^{2+}$ ($k_h = 1,5 \times 10^5\,M^{-2}$), ist. Zur Erklärung dieses Effektes dienten verschiedene Ansätze, die beispielsweise Unterschiede in der Entropieänderung aufgrund der unterschiedlichen Anzahl der beteiligten Partikel und/oder eine sehr große Geschwindigkeitskonstante des Ringschlusses aufgrund lokaler Konzentrationseffekte betonen.

Es ist aufschlußreich, den Chelatbildungsprozeß aus dem Blickwinkel einer kinetischen Analyse der individuellen Schritte in Gl. (3.85) zu betrachten:

$$M + L-L \underset{k_{34}}{\overset{k_{43}}{\rightleftharpoons}} M-L-L \underset{k_{53}}{\overset{k_{35}}{\rightleftharpoons}} M\big\langle\!\!\begin{smallmatrix} L \\ \\ L \end{smallmatrix} \qquad (3.85)$$

Im vorhergehenden Abschnitt ergab die Analyse für das Ethylendiamin-System bei 25°C $k_{43} \approx 900\ M^{-1}s^{-1}$, $k_{34} \approx 15\ s^{-1}$, sowie, aus direkten Messungen der Dissoziationskinetik, $k_{53} \approx 0{,}14\ s^{-1}$. Dieser k_{53}-Wert der Chelatringöffnung ist unerwartet klein, da man vom mechanistischen Standpunkt aus für k_{53} eine Zunahme relativ zu k_{34} erwarten würde, die in etwa proportional zu k_{35}/k_{43} ist. k_{53} ist jedoch viel kleiner als k_{34}. Zu einem ähnlichen Schluß gelangt man im Falle des Glycins, für das die Geschwindigkeitskonstanten bei 25°C in Schema 3.7 gegeben sind.

Schema 3.7

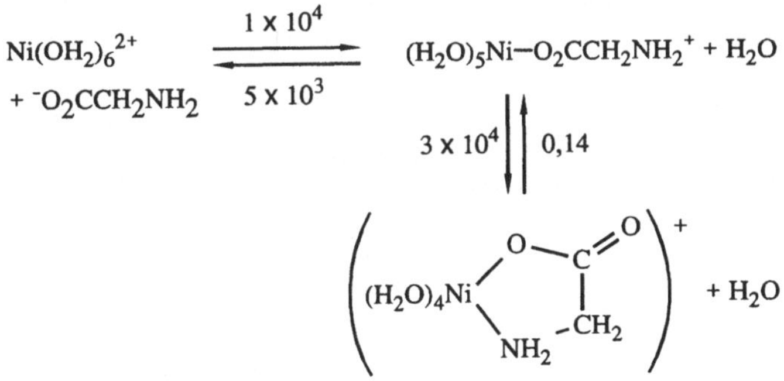

$$Ni(OH_2)_6^{2+} + {}^-O_2CCH_2NH_2 \underset{5 \times 10^3}{\overset{1 \times 10^4}{\rightleftharpoons}} (H_2O)_5Ni-O_2CCH_2NH_2^+ + H_2O$$

$$\Big\updownarrow\ {\scriptstyle 3 \times 10^4}\ \Big|\ {\scriptstyle 0{,}14}$$

$$\left((H_2O)_4Ni\overset{\displaystyle O}{\underset{\displaystyle NH_2}{\big\langle\!\!\!\begin{smallmatrix} O-C^{\diagdown O} \\ \,| \\ -CH_2 \end{smallmatrix}}} \right)^+ + H_2O$$

Vor einiger Zeit wurde festgestellt, daß das Ausmaß des Chelateffektes mit steigender Chelatringgröße abnimmt.[119] Beispielsweise betragen die jeweiligen Bildungskonstanten der Aquanickel(II)-Komplexe von Ethylendiamin und Trimethylendiamin (1,3-Diaminopropan) $2{,}5 \times 10^7$ und $2 \times 10^6\ M^{-1}$. Obwohl Trimethylendiamin gegenüber dem Proton eine stärkere Base als Ethylendiamin ist, zeigt der Komplex mit dem sechsgliedrigen Chelatring eine etwa 10fach kleinere Bildungskonstante. Dieser Effekt wird gewöhnlich einer kleineren Geschwindigkeitskonstanten des Chelatringschlusses (k_{35}) für den längeren Chelatarm im einzähnig gebundenen

Zwischenprodukt zugeschrieben. Die voranstehende Analyse deutet jedoch an, daß der Effekt die Folge einer größeren Geschwindigkeitskonstanten der Ringöffnung (k_{53}) des größeren Chelatringes sein könnte.

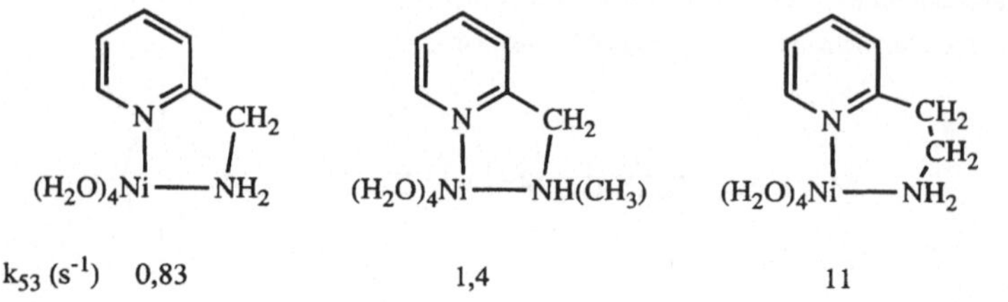

$$k_{53}\ (s^{-1})\qquad 0{,}83 \qquad\qquad\qquad 1{,}4 \qquad\qquad\qquad 11$$

Abbildung 3.5. Geschwindigkeitskonstanten der Chelatringöffnung für $(H_2O)_4Ni(amino-pyridin)^{2+}$

Einige Hinweise hierauf finden sich bei Aminopyridinkomplexen,[120, 121] wie in Abbildung 3.5 dargestellt. Die Geschwindigkeitskonstante der Ringöffnung des sechsgliedrigen Chelatringes ist etwa 10 mal größer als diejenigen der fünfgliedrigen Ringe. Eine Methylgruppe am koordinierten Amin hat einen bescheideneren Einfluß, der einer sterischen Beschleunigung des dissoziativen Prozesses zugeschrieben werden könnte.

Hieraus ist zu schließen, daß die Chelatringöffnung (k_{53}) *ein unerwartet langsamer Prozess ist.* Dieser Umstand ist für die hohe Bildungskonstante der Chelatkomplexe verantwortlich, da

$$K_f \;=\; \frac{k_{43}k_{35}}{k_{34}k_{53}} \tag{3.86}$$

Frühere Erklärungen gingen davon aus, daß k_{35} ungewöhnlich groß ist. Ironischerweise fand k_{53} deshalb so wenig Beachtung, weil sich kinetische Studien auf diesem Gebiet auf Eintrittsgruppen-effekte konzentrierten.

Literatur

1. Langford, C.H.; Gray, H.B. *Ligand Substitution Processes*; Benjamin Inc.: New York, 1966; Tobe, M.L. *Substitution Reactions* In *Comprehensive Coordination Chemistry*; Wilkinson, G.; Gillard, R.D.; McCleverty, J.A., Hrgb.; Pergamon: Oxford, 1987; Kapitel 7.1.

2. Eigen, M. *Z. Electrochem.* **1960**, *64*, 115.

3. Fuoss, R.M. *J. Am. Chem. Soc.* **1958**, *80*, 5059.

4. Haim, A.; Wilmarth, W.K. *Inorg. Chem.* **1962**, *1*, 573, 583.

5. Haim, A.; Grassi, R.J.; Wilmarth, W.K. *Adv. Chem. Ser.* **1965**, *49*, 31.

6.   Burnett, M.G.; Gilifillian, W.M. *J. Chem. Soc., Dalton Trans.* **1981**, 1578.

7.   Haim, A. *Inorg. Chem.* **1982**, *21*, 2887.

8.   Abou-El-Wafa, M.H.M.; Burnett, M.G.; McCullagh, J.F. *J. Chem. Soc., Dalton Trans.* **1987**, und darin angegebene Zitate.

9.   Bradley, S.M.; Doine, H.; Krouse, H.R.; Sisley, M.J.; Swaddle, T.W. *Aust. J. Chem.* **1988**, *41*, 1323.

10. Abou-El-Wafa, M.H.M.; Burnett, M.G.; McCullagh, J.F. *J. Chem. Soc., Dalton Trans.* **1986**, 2083.

11. Robb, D.; Steyn, M.M. De V.; Kruger, H., *Inorg. Chim Acta*, **1969**, *3*, 383.

12. Stranks, D.R.; Yandell, J.K. *Inorg. Chem.* **1970**, *9*, 751.

13. Seibles, L.; Deutsch, E.D. *Inorg. Chem.* **1977**, *16*, 2273.

14. O'Brien, P.; Sweigart, D.A. *Inorg. Chem.* **1982**, *21*, 2094.

15. Sargeson, A.M.; Jordan, R.B. *Inorg. Chem.* **1965**, *4*, 431.

16. Buckingham, D.A.; Clark, C.R.; Lewis, T.W. *Inorg. Chem.* **1979**, *18*, 1985.

17. Jackson, W.G.; McGregor, B.C.; Jurisson, S.S. *Inorg. Chem.* **1987**, *26*, 1286; Jackson, W.G.; Hookey, C.N. *Inorg. Chem.* **1984**, *23*, 668, 2728.

18. Brasch, N.E.; Buckingham, D.A.; Clark, C.R.; Finnie, K.S. *Inorg. Chem.* **1989**, *28*, 4567.

19. Basolo, F.; Pearson, R.G. *Mechanisms of Inorganic Reactions*, 2. Aufl., Wiley & Sons: New York, 1967.

20. Jackson, W.G.; Dutton, B.H. *Inorg. Chem.* **1989**, *28*, 525.

21. House, D.A.; Powell, H.K.J. *Inorg. Chem.* **1971**, *10*, 1583.

22. Lawrance, G.A. *Inorg. Chem.* **1982**, *21*, 3687.

23. Curtis, N.J.; Lawrance, G.A.; van Eldik, R. *Inorg. Chem.* **1989**, *28*, 329.

24. Cattalini, L.; Ugo, R.; Orio, A. *J. Am. Chem. Soc.* **1968**, *90*, 4800.

25. Toma, H.; Malin, J.M. *J. Am. Chem. Soc.* **1972**, *94*, 4039.

26. Maresca, L.; Natile, G.; Calligaris, M.; Delise, P.; Randaccio, L. *J. Chem. Soc., Dalton Trans.* **1976**, 2386.

27. Canovese, L.; Cattalini, L.; Uguagliati, P.; Tobe, M.L. *J. Chem. Soc., Dalton Trans.* **1990**, 867.

28. Pearson, R.G.; Sobel, H.; Songstad, J. *J. Am. Chem. Soc.* **1968**, *90*, 319.

29. Schwarzenbach, G.; Shellenberg, M. *Helv. Chim. Acta* **1965**, *48*, 28.

30. Edwards, J.O. *J. Am. Chem. Soc.* **1954**, *76*, 1540.

31. Mayer, U.; Guttmann, V. *Adv. Inorg. Chem. Radiochem.*, **1975**, *17*, 189; Gutmann, V. *Electrochim Acta* **1976**, *21*, 661.

32. Maria, P.-C.; Gal, J.-F. *J. Phys. Chem.* **1985**, *89*, 1296.

33. Kamlet, M.J.; Gal, J.-F.; Maria, P.-C.; Taft, R.W. *J. Chem. Soc., Perkin Trans. 2* **1985**, 1583.

34. Abraham, M.H.; Grellier, P.L.; Prior, D.V.; Taft, R.W.; Morris, J.J.; Taylor, P.J.; Laurence, C.; Berthelot, M.; Doherty, R.M.; Kamlet, M.J.; Aboud, J.-L. M.; Sraidi, K.; Guihéneuf, G. *J. Am. Chem. Soc.* **1988**, *110*, 8534.

35. Catalán, J.; Gómez, J.; Couto, A.; Laynez, J. *J. Am. Chem. Soc.* **1990**, *112*, 1678.

36. Drago, R.S. *Coord. Chem. Rev.* **1980**, *33,* 251; Drago, R.S.; Wong, N.; Bilgrien, C.; Vogel, G.C. *Inorg. Chem.* **1987**, *26*, 9.

37. Lim, Y.Y.; Drago, R.S.; Babich, M.W.; Wong, N.; Doan, P.E. *J. Am. Chem. Soc.* **1987**, *109,* 169.

38. Pearson, R.G. *J. Chem. Educ.* **1968**, *45*, 643.

39. Arhland, S.; Chatt, J.; Davies, N.R. *Quart. Rev. Chem. Soc.*, **1958**, *12*, 265.

40. Pearson, R. G. *Inorg. Chem.* **1988**, *27*, 734.

41. Doan, P.E.; Drago, R.S. *J. Am. Chem. Soc.* **1984**, *106*, 2772.

42. Kamlet, M.J.; Gal, J.-F.; Maria, P.-C.; Taft, R.W. *J. Chem. Soc., Perkin Trans. 2* **1985**, 1583.

43. Drago, R.S. *Inorg. Chem.* **1990**, *29*, 1379.

44. Maria, P.-C.; Gal. J.-F.; Francheschi, J.; Fargin, E. *J. Am. Chem. Soc.* **1987**, *109*, 483.

45. Langford, C.H. *Inorg. Chem.* **1965**, *4*, 265.

46. Haim, A. *Inorg. Chem.* **1970**, *9*, 426.

47. Swaddle, T.W.; Gustalla, G. *Inorg. Chem.* **1968**, *7*, 1915.

48. Tucker, M.A.; Colvin, C.B.; Martin, D.S., Jr. *Inorg. Chem.* **1964**, *3*, 1373.

49. Wax, M.J.; Bergmann, R.G. *J. Am. Chem. Soc.* **1981**, *103*, 7028.

50. Rerek, M.E.; Basolo, F. *J. Am. Chem. Soc.* **1984**, *106*, 5908.

51. Parris, M.; Wallace, W.J. *Can. J. Chem.* **1969**, *7*, 2257.

52. Lay, P.A. *Inorg. Chem.* **1987**, *26*, 2144.

53. Basolo, F.; Chatt, J.; Gray, H.B.; Pearson, R.G.; Shaw, B.L. *J. Chem. Soc.* **1961**, 2207.

54. Tolman, C.A. *Chem. Rev.* **1977**, *77*, 313.

55. DeSanto, J.T.; Mosbo, J.A.; Storhoff, B.N.; Bock, P.L.; Bloss, R.E. *Inorg. Chem.* **1980**, *19*, 3086.

56. Rahman, Md. M.; Liu, H.Y.; Prock, A.; Giering, W.P. *Organometallics*, **1987**, *6*, 650.

57. Swaddle, T.W.; Stranks, D.R. *J. Am. Chem. Soc.* **1972**, *94*, 8357.

58. Helm, L.; Elding, L.I.; Merbach, A.E. *Inorg. Chem.* **1985**, *24*, 1719.

59. van Eldik, R.; Asano, T.; Le Noble, W.J. *Chem. Rev.* **1989**, *89*, 549.

60. Twigg, M.V. *Inorg. Chim. Acta* **1977**, *24*, L84.

61. Garrick, F.J. *Nature* **1937**, *139*, 507.

62. Tobe, M.L.; *Acc. Chem. Res.* **1970**, *3*, 377; *Adv. Inorg. Bioinorg. Mech.* **1983**, *2*, 1.

63. Sargeson, A.M. *Pure Appl. Chem.* **1973**, *33*, 527.

64. Buckingham, D.A.; Clark, C.R.; Lewis, T.W. *Inorg. Chem.* **1979**, *18*, 2041.

65. Appleton, T.G.; Clark, H.C.; Manzer, L.E. *Coord. Chem. Rev.* **1973**, *10*, 335.

66. Coyle, B.A.; Ibers, J. A. *Inorg. Chem.* **1972**, *11*, 1105.

67. Chatt, J.; Duncanson, L.; Shaw, B.; Venanzi, L. *Disc. Faraday Soc.* **1958**, *26*, 131; Adams, D.M.; Chatt, J.; Shaw, B. *J. Chem. Soc.* **1960**, 2047.

68. Parshall, G.W. *J. Am. Chem. Soc.* **1966**, *88*, 704.

69. Zumdahl, S.S.; Drago, R.S. *J. Am. Chem. Soc.* **1970**, *90*, 6669.

70. Armstrong, D.R.; Fortune, R.; Perkins, P.G. *Inorg. Chim. Acta* **1974**, *9*, 9.

71. Davy, R.D.; Hall, M.B. *Inorg. Chem.* **1989**, *28*, 3524.

72. Hunt, J.P.; Rutenberg, A.C.; Taube, H. *J. Am. Chem. Soc.* **1952**, *74*, 268.

73. Posey, F.A.; Taube, H. *J. Am. Chem. Soc.* **1953**, *75*, 4099.

74. Palmer, D.A.; van Eldik, R. *Chem. Rev.* **1983**, *83*, 561.

75. Van Eldik, R.; Harris, G.M. *Inorg. Chem.* **1980**, *19*, 880; Dasgupta, T.P.; Harris, G.M. *Inorg. Chem.* **1984**, *23*, 4398.

76. Joshi, V.K.; van Eldik, R.; Harris, G.M. *Inorg. Chem.* **1986**, *25*, 2229.

77. Murmann, R.K.; Taube, H. *J. Am. Chem. Soc.* **1956**, *78*, 4886.

78. Jackson, W.G.; Lawrance, G.A.; Lay, P.A.; Sargeson, A.M. *Inorg. Chem.* **1980**, *19*, 904.

79. Andrade, C.; Taube, H. *J. Am. Chem. Soc.* **1964**, *86*, 1328.

80. Buckingham, D.A.; Foster, D.M.; Sargeson, A.M. *J. Am. Chem. Soc.* **1969**, *91*, 4102.

81. Buckingham, D.A.; Keene, F.R.; Sargeson, A.M. *J. Am. Chem. Soc.* **1974**, *96*, 4981.

82. Buckingham, D.A. In *Biological Aspects of Inorganic Chemistry*; Addison, A.W.; Cullen, W.R.; Dolphin, D.; James, B.R.; Herausg.; Wiley Interscience: New York, 1977; S. 141 - 196.

83. Boreham, C.J.; Buckingham, D.A.; Francis, D.J.; Sargeson, A.M.; Warner, L.G. *J. Am. Chem. Soc.* **1981**, *103*, 1975.

84. Pinnel, D.; Wright, G.B.; Jordan, R.B. *J. Am. Chem. Soc.* **1972**, *94*, 6104; Buckingham, D.A.; Keene, F.R.; Sargeson, A.M. *J. Am. Chem. Soc.* **1973**, *95*, 5649.

85. Dixon, N.E.; Fairlie, D.P.; Jackson, W.G.; Sargeson, A.M. *Inorg. Chem.* **1983**, *22*, 4038.

86. Ellis, W.R., Jr.; Purcell, W.L. *Inorg. Chem.* **1982**, *21*, 834.

87. Anderson, B.; Milburn, R.M.; MacB. Harrowfield, J.; Robertson, G.B.; Sargeson, A.M. *J. Am. Chem. Soc.* **1977**, *98*, 2652.

88. Clark, C.R.; Tasker, R.F.; Buckingham, D.A.; Knighton, D.R.; Harding, D.R.K.; Hancock, W.S. *J. Am. Chem. Soc.* **1981**, *103*, 7023.

89. Sutton, P.A.; Buckingham, D.A. *Acc. Chem. Res.* **1987**, *20*, 357.

90. Plane, R.A.; Hunt, J.P. *J. Am. Chem. Soc.* **1954**, *76*, 5960; Ibid. **1957**, *79*, 3343.

91. Swift, T.J.; Connick, R.E. *J. Chem. Phys.* **1962**, *37*, 307.

92. Merbach, A.E. *Pure Appl. Chem.* **1982**, *54*, 1479; Ibid. **1987**, *59*, 161.

93. Taube, H. *Chem. Rev.* **1952**, *50*, 69.

94. Basolo, F.; Pearson, R.G. *Mechanisms of Inorganic Reactions*, 2. Aufl.; Wiley & Sons: New York, 1967, S. 65 -80.

95. Breitschwerdt, K. *Ber. Bunsenges. Phys. Chem.* **1968**, *72*, 1046.

96. Spees, S.T. Jr.; Perumareddi, J.R.; Adamson, A.W. *J. Am. Chem. Soc.* **1968**, *90*, 6626.

97. Burdett, J.K. *Adv. Inorg. Chem. Radiochem.* **1978**, *21*, 113.

98. Mønsted, O. *Acta Chem. Scand.* **1978**, *A32*, 297.

99. Rode, B.M.; Reihnegger, G.J.; Fujiwara, S. *J. Chem. Soc., Faraday Trans. 2* **1980**, *76*, 1268.

100. Connick, R.E.; Alder, B.J. *J. Phys. Chem.* **1983**, *87*, 2764.

101. Swaddle, T.W. *Inorg. Chem.* **1983**, *22*, 2663.

102. Rusnak, L.L.; Yang, E.S.; Jordan, R.B. *Inorg. Chem.* **1978**, *17*, 1810.

103. Eigen, M.; Wilkins, R.G. *Adv. Chem. Ser.* **1965**, *49*, 55; Kustin, K.; Swinehart, J. *Prog. Inorg. Chem.* **1970**, *13*, 107; Hewkin, D.J.; Prince, R.H. *Coord. Chem. Rev.* **1970**, *5*, 45; Swaddle, T.W. *Adv. Inorg. Bioinorg. Mech.* **1983**, *2*, 96; Hoffmann, H. *Pure Appl. Chem.*, **1975**, *41*, 327; Coetzee, J.F. in *Solute-Solvent Interactions*, Coetzee, J.F.; Ritchie, C.D., Herausg.; Marcel Dekker: New York, 1976; Vol. 2, S. 331 - 418.

104. Wilkins, R.G. *Adv. Inorg. Bioinorg. Mech.* **1983**, *2*, 139; Eigen, M. *Pure Appl. Chem.* **1963**, *6*, 7.

105. Wilkins, R.G. *Acc. Chem. Res.* **1970**, *3*, 407.

106. Wilkins, R.G.; Eigen, M. *Adv. Chem. Ser.* **1965**, *49*, 55.

107. Meyer, F.K.; Newman, K.E.; Merbach, A.E. *J. Am. Chem. Soc.* **1979**, *101*, 5588; Ducommun, Y.; Newman, K.E.; Merbach, A.E. *J. Am. Chem. Soc.* **1980**, *19*, 3696.

108. Chaudhuri, P.; Diebler, H. *J. Chem. Soc., Dalton Trans.* **1986**, 1693 und dort zitierte Literatur.

109. Hugi, A.D.; Helm, L.; Merbach, A.E. *Inorg. Chem.* **1987**, *26*, 1763.

110. Patel, R.C.; Diebler, H. *Ber. Bunsenges. Phys. Chem.* **1972**, *76*, 1035.

111. Fogg, P.G.T.; Hall, R.J. *J. Chem. Soc. A* **1971**, 1365.

112. Monzyk, B.; Crumblis, A.L. *J. Am. Chem. Soc.* **1979**, *101*, 6203.

113. Letter, J.E., Jr.; Jordan, R.B. *J. Am. Chem. Soc.* **1975**, *97*, 2381.

114. Cassatt, J.C.; Johnson, W.A.; Smith, L.M.; Wilkins, R.G. *J. Am. Chem. Soc.* **1972**, *94*, 8399.

115. Rorabacher, D.B. *Inorg. Chem.* **1966**, *5*, 1891.

116. Jordan, R.B. *Inorg. Chem.* **1976**, *15*, 748.

117. Desai, A.G.; Dodgen, H.W.; Hunt, J.P. *J. Am. Chem. Soc.* **1969**, *91*, 5001; Ibid. **1970**, *92*, 798.

118. Brown, A.J.; Howarth, O.W.; Moore, P.; Parr, W.J.E. *J. Chem. Soc., Dalton Trans.* **1978**, 1776.

119. Martell, A.E.; Smith, R.M. *Critical Stability Constants*; Plenum: New York, 1977; Vol. 2.

120. Hubbard, C.D.; Palaitis, W. *J. Coord. Chem.* **1979**, *9*, 107.

121. Jordan, R.B. *J. Coord. Chem.* **1980**, *10*, 239.

4

Stereochemische Umwandlungen

Die kinetischen und mechanistischen Aspekte sterischen Wandels sind stark vom jeweiligen System abhängig. Dies verhindert, zumindest auf dem gegenwärtigen Erkenntnisstand, eine allgemeingültige Behandlung und Deutung. Verschiedene Aspekte dieses Bereiches wurden bereits in allgemeinen Übersichtsartikeln zusammengefaßt.[1-5]

4.1   ARTEN DER LIGANDUMLAGERUNG

Liganden, die an ein Metall gebunden sind, können einer Reihe von strukturellen Veränderungen unterliegen, ohne daß hierbei ein Bruch der Metall-Ligand-Bindung stattfindet. Derartige Prozesse werden in den folgenden Abschnitten behandelt.

4.1.a Konformativer Wechsel

Viele Chelatliganden bilden Konformere, die ineinander überführbar sind. Beispielsweise werden die Konformere des koordinierten Ethylendiamins durch eine Rotation um die Kohlenstoff-Kohlenstoff-Bindung ineinander umgewandelt:

$$\text{(4.1)}$$

Die Protonen H_a und H_a' unterscheiden sich magnetisch von H_b und H_b', so daß ihr Austausch NMR-spektroskopisch untersucht werden kann. In einfachen Systemen scheint dieser Austausch sehr schnell zu verlaufen ($k > 10^6$ s^{-1}). Besteht jedoch eine gewisse Hinderung (z. B. durch Methylsubstituenten), oder sind die koordinierten Atome Teil eines größeren Chelatsystems, so verläuft die Umwandlung langsam genug, um NMR-spektroskopisch verfolgt werden zu können.[6]

4.1.b Änderung der Koordinationsgeometrie

Verschiedene Nickel(II)-Komplexe, wie beispielsweise diejenigen mit den unten abgebildeten Liganden, liegen als Gleichgewichtsgemische von paramagnetischen *tetraedrischen* und diamagnetischen *quadratisch-planaren* Isomeren vor.

Aminotroponiminat   Salicylaldiminat   β-Ketoaminat

Die tetraedrisch-planar-Umwandlungen verlaufen schnell (k $\approx$ 10^4 - 10^6 s^{-1}, ΔH^* $\approx$ 10 kcal mol^{-1}, ΔS^* $\approx$ 0). Als Mechanismus der Umwandlung wird eine intramolekulare Umlagerung ohne Metall-Ligand-Bindungsbruch angenommen.[7]

Umwandlungen zwischen *oktaedrischen* und *planar-quadratischen* Geometrien wurden ebenfalls beobachtet. Wiederum finden sich die meisten Beispiele unter den Nickel(II)-Komplexen, wobei die Systeme aus einem vierfach koordinierten Liganden in der äquatorialen Ebene und zwei Solvensmolekülen an den übrigen Oktaederpositionen bestehen, wie in Gl. (4.2) gezeigt:

$$\text{(Ni)} + 2\,\text{Sol} \rightleftharpoons \text{(Ni)(Sol)}_2 \tag{4.2}$$

Diese Umwandlungen verlaufen ziemlich schnell und wurden über Laser-Temperatursprung-Methoden verfolgt.[8]

Eine *Tetraeder-Oktaeder*-Umwandlung wurde an einem Kobalt(II)-Komplex[9] untersucht, wie in Gl. (4.3) dargestellt:

$$\text{py}_4\text{Co(Cl)}_2 \rightleftharpoons \text{Co(py)}_3(\text{Cl})_2 + \text{py} \rightleftharpoons \text{Co(py)}_2(\text{Cl})_2 + \text{py} \tag{4.3}$$

Die Ergebnisse wurden auf der Basis eines fünffach koordinierten Zwischenproduktes interpretiert, und die Reaktion verläuft schnell, wie für das labile Kobalt(II)(d^7)Ion zu erwarten war.

4.1.c Bindungsisomerie

Die Bindungsisomerie wurde an inerten Metallionen studiert; sie ist prinzipiell bei jedem Metall möglich, an das ein Ligand koordiniert ist, welcher mehr als eine Atomsorte mit freiem Elektronenpaar aufweist. Die folgenden Gleichungen zeigen einige typische Beispiele:[10,11]

$$M-O\overset{\displaystyle O}{\underset{\displaystyle N}{\diagup}} \quad\rightleftharpoons\quad M-N\overset{\displaystyle O}{\underset{\displaystyle O}{\diagup}}$$

(Nitrito)   (Nitro)

$$M-N=C=S \quad\rightleftharpoons\quad M-S-C\equiv N$$

(Isothiocyanato)   (Thiocyanato)

$$\tag{4.4}$$

$$M-N\equiv C \quad\rightleftharpoons\quad M-C\equiv N$$

(Isocyano)   (Cyano)

Bei inerten oktaedrischen Komplexen scheinen diese Reaktionen intramolekular zu verlaufen. Dies kann durch eine Reaktionsführung in Gegenwart von unkomplexiertem isotopenmarkierten Liganden demonstriert werden. So erfolgt beispielsweise die Umlagerung von $(NH_3)_5Co(SCN)^{2+}$ in Wasser in Gegenwart von $^{15}NCS^-$ ohne Einbau von $^{15}NCS^-$ in das Produkt $(NH_3)_5Co(NCS)^{2+}$. Es ist unsicher, ob die Umlagerung über einen Metall-Ligand-Bindungsbruch, gefolgt von einer Rotation des Liganden und erneuten Bindungsknüpfung oder, wie in Gl. (4.5) dargestellt, unter Verschiebung längs der Ligandachse[12] verläuft:

$$\left[(H_3N)_5Co-S\diagdown{}_{C\equiv N}\right]^{2+} \longrightarrow \left\{(H_3N)_5Co\cdots\overset{S}{\underset{N}{C}}\right\}^{2+} \longrightarrow (H_3N)_5Co-NCS^{2+} \tag{4.5}$$

Für $(Et_4dien)PdSCN^+$ wurde eine intermolekulare Umlagerung nachgewiesen, wobei die Reaktion möglicherweise über eine solvenskoordinierte Zwischenstufe verläuft, die unter Wiederanlagerung des Anions zum isomerisierten Produkt reagiert.[13]

Daten der Bindungsisomerisierung von $(NH_3)_5Co(ONO)^{2+}$ in Wasser wurden in Kapitel 1 aufgeführt. Es wurde gezeigt,[14] daß die Reaktionsgeschwindigkeit eine deutliche Solvensabhängigkeit aufweist, die unter Berücksichtigung der Lewisbasizität, -acidität und der Polarität des Lösungsmittels interpretiert wurde.

4.2 UMWANDLUNG VON OPTISCHEN UND GEOMETRISCHEN ISOMEREN

Die Umwandlung von geometrischen Isomeren (cis, trans, fac, mer) und die Racemisierung von optischen Isomeren (λ, Δ) kann nach zwei allgemeinen Mechanismen verlaufen, der *Liganddissoziation* oder der *intramolekularen Umlagerung*.

4.2.a Dissoziative Mechanismen

Ist der Komplex ein oktaedrisches bis-Chelat-System, $(AA)_2M(X)_2$, so sind zwei trigonal bipyramidale Zwischenstufen möglich, wie in Schema 4.1 dargestellt.

Schema 4.1

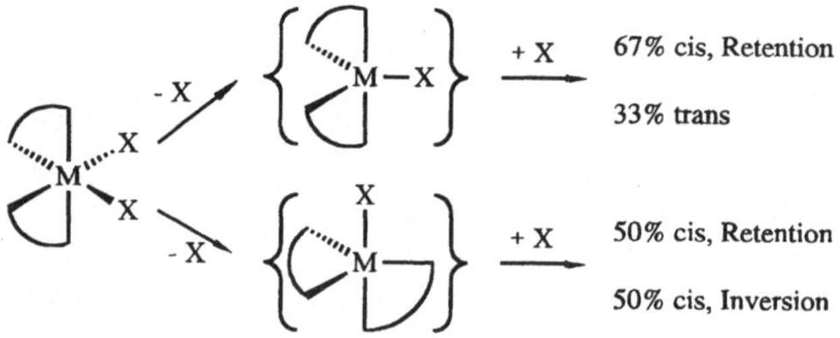

- X   + X   67% cis, Retention

33% trans

- X   + X   50% cis, Retention

50% cis, Inversion

Die Produktverteilungen in Schema 4.1 basieren auf der Annahme eines statistischen Angriffs entlang den Kanten der trigonalen Ebene der Zwischenstufe. Da die untere Zwischenstufe eine Spiegelebene besitzt, muß sie zu einer Racemisierung führen. Ähnliche Zwischenstufen ergeben sich bei tris-Chelatkomplexen, wenn ein Ende eines Chelatliganden dissoziiert. Dies wird als *unilaterale Dissoziation* bezeichnet und ist tatsächlich ein intramolekularer Prozeß.

4.2.b Mechanismen intramolekularer Umlagerungen

Diese Mechanismen werden am Beispiel der tris-Chelatkomplexe des Typs $M(AA)_3$ veranschaulicht, können aber leicht auf andere Systeme übertragen werden. Die beiden häufigsten Umlagerungen beinhalten eine Rotation einer trigonalen Fläche des Oktaeders um 120° relativ zur gegenüberliegenden trigonalen Fläche. Der sogenannte *Bailar-Twist*, eine *trigonale Verdrillungsumlagerung* entspricht der Rotation um eine echte C_3-Achse, wie in Abbildung 4.1 dargestellt, während die *rhombische* oder *Ray-Dutt-Biegeumlagerung* die Rotation um eine fiktive C_3-Achse beinhaltet (Abbildung 4.2).

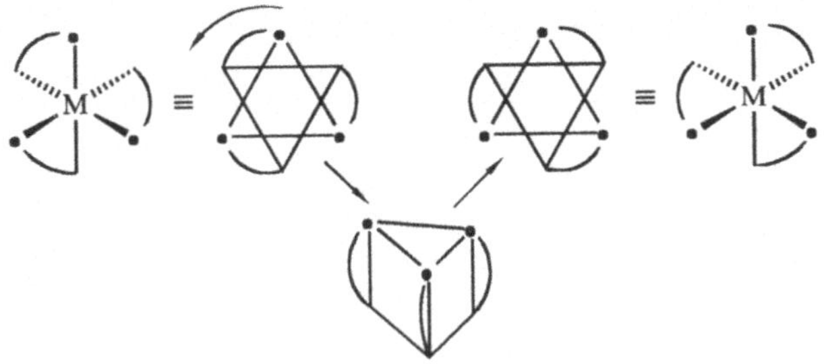

Abbildung 4.1. Bailar-Twist (Trigonale Verdrillung) eines $M(AA)_3$-Komplexes

Die Unterscheidung zwischen dissoziativem und intramolekularem Mechanismus beruht gewöhnlich auf einem Vergleich der Geschwindigkeiten für die Liganddissoziation (Austausch oder Solvolyse) und für die Racemisierung. Sind die Geschwindigkeiten vergleichbar, wird ein dissoziativer Mechanismus angenommen, während im Falle einer deutlich schnelleren Racemisierung ein intramolekularer Mechanismus wirken sollte.

Damrauter und Milburn[15] studierten am Tris(oxalato)Rh(III)-Ion in Wasser die Kinetik der Racemisierung, der Aquotisierung und des Austausches der Oxalatsauerstoffe gegen $^{18}OH_2$. Racemisierung und Aquotisierung zeigen säureabhängige Geschwindigkeitskonstanten pseudo-erster Ordnung, gegeben durch

$$k_{exp} = k_2 \left[H^+ \right] + k_3 \left[H^+ \right]^2 \tag{4.6}$$

Der Sauerstoffaustausch verläuft in erster Ordnung bezüglich $[H^+]$, und die inneren, koordinierten Sauerstoffatome werden viel langsamer als die äußeren Sauerstoffatome ausgetauscht. Die kinetischen Ergebnisse sind in Tabelle 4.1 zusammengefaßt.

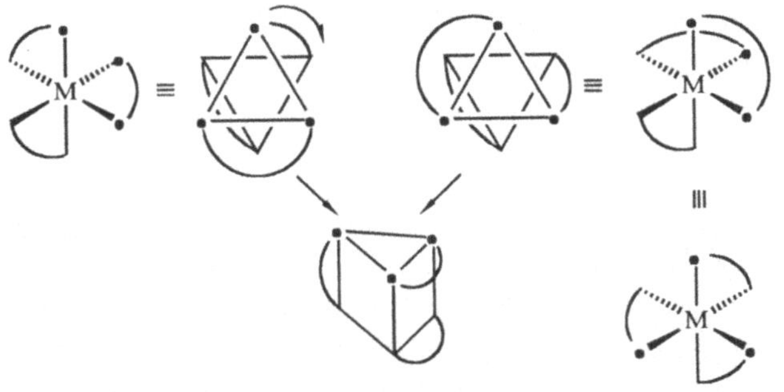

Abbildung 4.2. Rhombische oder Ray-Dutt-Biegeumlagerung eines $M(AA)_3$-Komplexes.

Tabelle 4.1. Geschwindigkeitskonstanten (50°C) und Aktivierungsparameter für den Sauerstoffaustausch, die Racemisierung und die Aquotisierung von $Rh(C_2O_4)_3^{3-}$ in 0,54 M $NaClO_4/HClO_4$

Reaktion	k_2 ($M^{-1}s^{-1}$)	k_3 ($M^{-2}s^{-1}$)	ΔH^* (kcal mol^{-1})	ΔS^* (cal mol^{-1} K^{-1})
Äußerer O-Austauch	$1{,}1 \times 10^{-3}$		16,9	-20,0
Innerer O-Austausch[a]	$3{,}6 \times 10^{-5}$		23,5	-6,4
Racemisierung[a]	$2{,}0 \times 10^{-5}$		23,0	-9,1
		$1{,}1 \times 10^{-4}$	27,9	+9,6
Aquotisierung[a]	$5{,}6 \times 10^{-7}$		25,6	-8,1
		$5{,}9 \times 10^{-6}$	25,7	-3,1

[a] Werte neu berechnet mit den Daten von Damrauer, L.; Milburn, R.M. *J. Am. Chem. Soc.* **1971**, *93*, 6481.

Damrauter und Milburn wiesen auf die Ähnlichkeit der kinetischen k_2-Parameter des Austausches der inneren Sauerstoffatome und der Racemisierung hin und schlugen vor, daß beide Prozesse über eine gemeinsame Zwischenstufe verlaufen, die durch die säurekatalysierte Dissoziation eines Oxalatendes gebildet wird. Die Kristallstruktur von $K_3[Rh(C_2O_4)_3] \cdot 4{,}5\ H_2O$[16] zeigt, daß die O–Rh–O-Winkel etwa 87° betragen. Damit erscheint es wahrscheinlicher, daß Racemisierung und Austausch der inneren Sauerstoffatome über eine quadratisch pyramidale Zwischenstufe verlaufen als über eine symmetrische trigonale Bipyramide (Schema 4.1), die einen O–Rh–O-Winkel von 120° erfordern würde. Bemerkenswerterweise gleicht die Kinetik des Austausches der äußeren Sauerstoffatome derjenigen von Oxalsäure,[17] für die $\Delta H^* = 15{,}1$ kcal mol^{-1}, $\Delta S^* = -22{,}7$ cal mol^{-1}K^{-1} und k (50°C) = 4×10^{-3} s^{-1} gefunden wurde. Palmer und Kelm[18] bestimmten für die k_3-dominierte Aquotisierung von $Rh(C_2O_4)_3^{3-}$ bei pH 1 ein ΔV^* von -6,3 cm^3 mol^{-1}.

Tris(oxalato)chrom(III) ist viel reaktiver als sein Rhodium(III)-Analoges. Odell et al.[19] weisen darauf hin, daß unter gleichen Bedingungen alle Sauerstoffaustauschprozesse mit gleicher Geschwindigkeit erfolgen (k = $1{,}26 \times 10^{-3}$ s^{-1}; 1,0 M $HClO_4$; 25°C) und die Racemisierung etwa 10 mal schneller verläuft (k = $1{,}38 \times 10^{-2}$ s^{-1}). Die Autoren schließen daraus, daß Ringöffnung und Ringschluß viel schneller als der Sauerstoffaustausch sein müssen; letzterer ist 2,4 mal schneller als jener der freien Oxalsäure bei 25°C. Die Strukturen von Chrom(III)oxalat-Komplexen[20] zeigen O–Cr–O-Winkel von ~ 83°, so daß wiederum eine quadratische pyramidale Zwischenstufe wahrscheinlich erscheint. Lawrance und Stranks[21] bestimmten für die Racemisierung von $Cr(ox)_3^{3-}$ in 0,05 M HCl einen stark negativen Wert von $\Delta V^* = -16{,}3$ cm^3 mol^{-1}. Sie führen dies auf die Solvens-Elektrostriktion um die $-CO_2^-$-Gruppe im einseitig dissoziierten Übergangszustand zurück. Lawrance und Stranks meinen, daß ihre Ergebnisse für eine [H$^+$]-unabhängige Reaktion gelten, der [H$^+$]-katalysierte Pfad jedoch die Kinetik unterhalb von pH 3 dominiert. Für $Cr(phen)_2(ox)^+$ und $Cr(bpy)_2(ox)^+$ betragen die jeweiligen ΔV^*-Werte

Tabelle 4.2. Aktivierungsparameter der Racemisierung und Aquotisierung einiger Tris-(*o*-phenanthrolin)-Komplexe

Komplex	Reaktion	ΔH^* (kJ mol^{-1})	ΔS^* (J mol^{-1}K^{-1})	ΔV^* (cm^3 mol^{-1})
$Fe(phen)_3^{2+}$	Racemisierung	118 ($\pm$3)	89 ($\pm$8)	15,6 ($\pm$ 0,3)
	Aquotisierung	135 ($\pm$2)	117 ($\pm$8)	15,4 ($\pm$ 0,3)
$Ni(phen)_3^{2+}$	Racemisierung	105 ($\pm$1)	12 ($\pm$1)	-1,5 ($\pm$ 0,3)
	Aquotisierung	102 ($\pm$2)	3 ($\pm$6)	-1,2 ($\pm$ 0,2)
$Cr(phen)_3^{3+}$	Racemisierung	94 ($\pm$4)	-56 ($\pm$3)	3,3 ($\pm$ 0,3)

-1,5 und -1,0 cm^3 mol^{-1}, weshalb von Lawrance und Stranks ein intramolekularer Verdrillungsmechanismus vorgeschlagen wird.

Die Racemisierung von Tris(N,N'-dimethylethylendiamin)nickel(II) scheint über eine intramolekulare Verdrillung zu verlaufen, da ein Bindungsbruch auch zum meso-Isomer führen sollte, was jedoch nicht beobachtet wird. Die kinetische Ähnlichkeit dieser Reaktion mit der Racemisierung von $Ni(en)_3^{2+}$ [22] deuten im letzteren Fall ebenfalls auf einen intramolekularen Mechanismus hin. Auf der anderen Seite zeigen die Tris(bipyridyl)- und Tris(o-phenanthrolin)-Komplexe von Ni(II)[23] und Fe(II)[24] sehr ähnliche Racemisierungs-, Ligandenaustausch- und Aquotisierungsgeschwindigkeiten, so daß für diese ein dissoziativer Mechanismus angenommen wird. Es erscheint überraschend, daß diese starren Chelatliganden den dissoziativen Weg wählen, während die flexibleren aliphatischen Diamine über intramolekulare Rotation racemisieren. Man sollte sich aber vergegenwärtigen, daß die aliphatischen Amine viel stärkere Basen als die aromatischen Amine sind, so daß erstere stärkere Bindungen zum Metall ausbilden können, was die Dissoziation erschwert.

Ein Vergleich der aus der Arbeit von Lawrance und Stranks[25] stammenden Aktivierungsvolumina in Tabelle 4.2 bietet einige weitere Einblicke. Die Autoren vermuten bei Ni(II) und Cr(III) aufgrund der kleinen ΔV^*-Werte einen intramolekularen Verdrillungsmechanismus. Zur Erklärung des größeren ΔV^*-Wertes für den Fe(II)-Komplex nehmen sie eine die intramolekulare Verdrillung begleitende Änderung des Spinzustandes an (d.h. das System wechselt von low-spin d^6 im Grundzustand zu high-spin d^6 im Übergangszustand). Dieser Wechsel verursacht eine Aufweitung der Metall-Ligand-Bindungen.

Derartige Spingleichgewichte wurden an Eisen(II)-Komplexen der nachfolgend abgebildeten Liganden studiert. Für $(papth)_2Fe(II)$ wurde der Wert $\Delta V^* = 11$ cm^3 mol^{-1} bestimmt;[26] die Kinetik ergab in Richtung von low-spin zu high-spin die Werte $k = 1,7 \times 10^7$ s^{-1} (25°C), $\Delta H^* = 31,7$ kJ mol^{-1} und $\Delta S^* = 0,37$ J mol^{-1}K^{-1}. Ähnliche kinetische Parameter wurden auch bei den pyimH- und ppa-Eisen(II)-Chelatkomplexen gefunden,[27] die ΔV^*-Werte im Bereich von 2 bis 9 cm^3 mol^{-1} mit deutlicher Lösungsmittelabhängigkeit aufweisen.

papth   pyimH   ppa

Es gab verschiedene Ansätze zur Entwicklung eines theoretischen Rahmens zur Beschreibung geometrischer Isomerisierungen und Racemisierungen. Vanquickenborne und Pierloot[28] verwandten die Ligandenfeldtheorie zur Berechnung der elektronischen Energien jener Zwischenprodukte, die für den dissoziativen und den Bailar-Twist-Mechanismus in low-spin d^6-Systemen vermutet werden.

Die d-Orbitalenergiediagramme für den Bailar-Twist aus der Analyse von Vanquickenborne und Pierloot sind in Abbildung 4.3 dargestellt: Die σ-und π-Werte sind ein Maß für die σ- und π-Donorstärke der Liganden (z.B. für en: σ = 94,3 kJ mol^{-1}, π = 0; für H_2O: σ = 78,5 kJ mol^{-1}, π = 12,85 kJ mol^{-1}). Diese Systeme sollen gemäß der Voraussage einen Spinzustandswechsel durchlaufen, der zu einem stabileren Übergangszustand führt. Zur Berechnung von ΔH^* muß man die Faktoren der Elektronenabstoßung und -delokalisation über die Racah-Parameter (B und C) der Ligandenfeldtheorie berücksichtigen. Das Diagramm zeigt für das d^6-System eine Änderung von 6 σ - 8 π bei der Bildung des Übergangszustandes und ein ΔH^* von 6 σ - 8 π - 5B - 8C an. Im Falle von Co(III) ist B = 7,14 kJ mol^{-1} und C = 44 kJ mol^{-1}, und bei Co(en)$_3^{3+}$ beträgt das ΔH^* $\approx$ 180 kJ mol^{-1}. Sauerstoffdonor-Ligandsysteme, die kleinere σ-Werte und π-Werte > 0 aufweisen, sollten sich bereitwilliger verdrillen als Stickstoffdonor-Systeme.

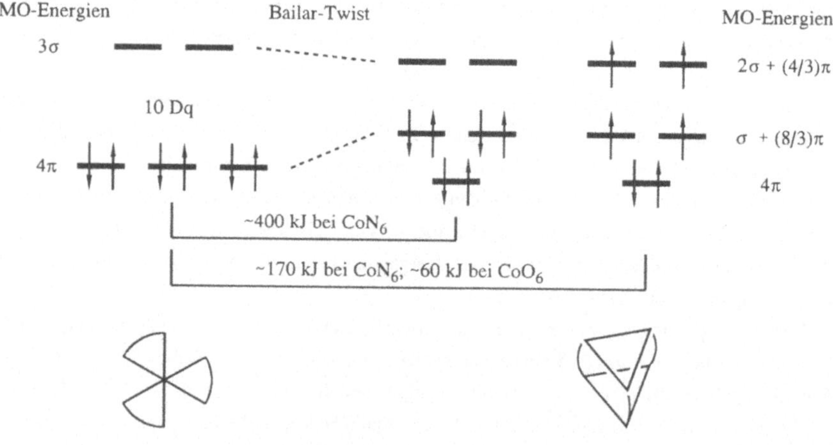

Abbildung 4.3. Metall-d-Orbitalenergien der Bailar-Twist-Umlagerung

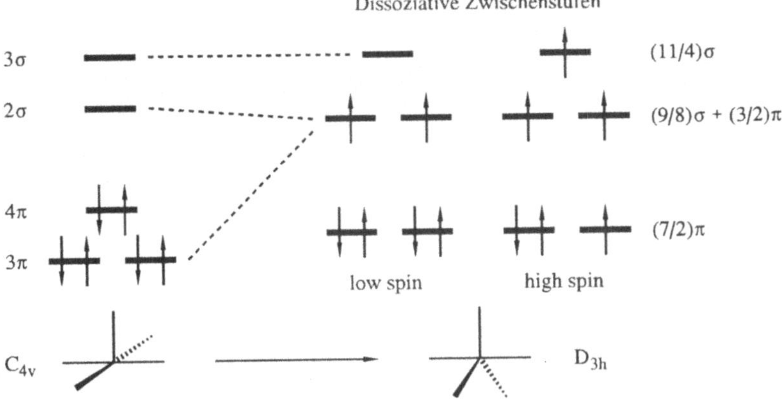

Abbildung 4.4. Metall-d-Orbitalenergien für den dissoziativen Umlagerungsmechanismus

Für den dissoziativen Mechanismus wurde angenommen, daß zunächst eine quadratische Pyramide (C_{4v}) gebildet wird, die sich zu einer trigonalen Bipyramide (D_{3h}) umlagert, falls eine stereochemische Änderung zu beobachten ist. Abbildung 4.4 zeigt die Orbitalenergien. Die Theorie sagt wiederum eine Änderung des Spinzustandes in der D_{3h}-Zwischenstufe voraus. Wie zuvor zeigt das Diagramm für den high-spin-Übergangszustand eine Änderung um 5 σ - 6,5 π an, und das ΔH^* von $Co(en)_3{}^{3+}$ beträgt 5 σ - 6,5 π -5 B - 8C ≈ 85 kJ mol⁻¹. Ein Vergleich der ΔG^*-Werte der beiden Mechanismen sagt für die Umlagerung einen dissoziativen Mechanismus mit einem high-spin-Übergangszustand voraus.

Die Theorie wurde auf $Co(en)_2(A)(X)$-Systeme erweitert,[29] infolge der unterschiedlichen Ligandenarten sind die Ergebnisse aber undurchsichtiger. Vanquickenborne schloß, daß in diesen Systemen der bestimmende Faktor ~ (σ_A- 2 π_A) ist, so daß A-Liganden mit erhöhter π-Donorfähigkeit die Energiebarriere von C_{3v} nach D_{3h} erniedrigen und somit in einem dissoziativen Mechanismus eine erhöhte stereochemische Änderung bewirken sollen. Diese Voraussage steht in Einklang mit der Beobachtung, daß A-Liganden wie CN⁻ oder NH_3 unter Retention aquotisiert werden, während andererseits eine deutliche Konfigurationsänderung (~ 30 %) stattfindet, falls A ein Cl⁻ oder OH⁻ ist. Die Theorie von Vanquickenborne sagt einen mit der Temperatur steigenden Umlagerungsanteil voraus, dieser Aspekt wurde aber bisher nicht experimentell überprüft.

Für die an der Untersuchung von Racemisierungen Interessierten war die Notwendigkeit der Trennung optischer Isomere immer ein wesentliches Problem. Durch die Verwendung chiraler Chelatkomplexe und die Untersuchung des Systems mit Hilfe der NMR-Spektroskopie ist es jedoch möglich, dieses Problem zu umgehen. Ein Beispiel ist der in Abbildung 4.5 gezeigte Diisobutyrylmethanid-Ligand, dessen enantiotope CH_3-Gruppen bei der Koordination an ein

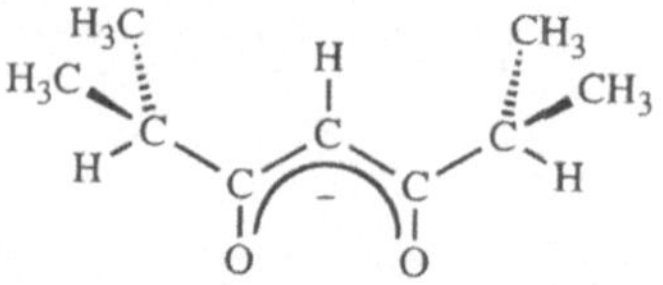
H3C
H3C
H
C
H
C
C
C
O
O
CH3
CH3
C
H

Abbildung 4.5. Der Diisobutyrylmethanid-Ligand mit enantiotopen CH_3-Gruppen

chirales Metallzentrum, wie in Abbildung 4.6 dargestellt, diastereotop, und damit NMR-spektroskopisch unterscheidbar werden. Wenn in einem tris-Chelatkomplex dieses Typs eine Inversion stattfindet, werden die beiden CH_3-Gruppen ausgetauscht, und dieses wird als ein Zusammenfallen der beiden NMR-Signale registriert, sobald der Austausch auf der NMR-Zeitskala schnell wird (tatsächlich bewirkt die H-H-Kopplung ein Zusammenfallen von vier zu zwei Signalen). Der Prozeß ist in Abbildung 4.6 für nur eine Isopropylgruppe dargestellt, wobei die CH_3-Gruppen mit a und b bezeichnet sind. Das gleiche Prinzip kann auf die Methylenprotonen eines $-CH_2CH_3$-Substituenten am Chelatring angewandt werden.

4.2.c Umlagerungen in Komplexen mit unsymmetrischen Chelatliganden

Es gibt eine große Anzahl unsymmetrischer Chelatliganden, wie etwa die folgenden Beispiele:

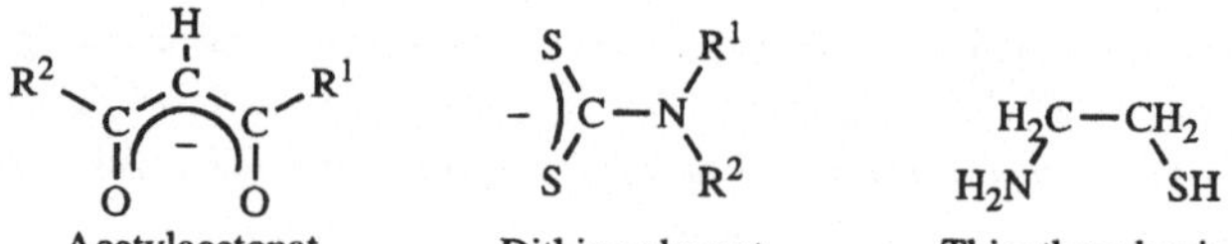
Acetylacetonat
Dithiocarbamat
Thioethanolamin

Diese Liganden besitzen die zusätzliche Eigenschaft, sowohl geometrische Isomere (wie nachfolgend gezeigt) als auch optische Isomere zu bilden.

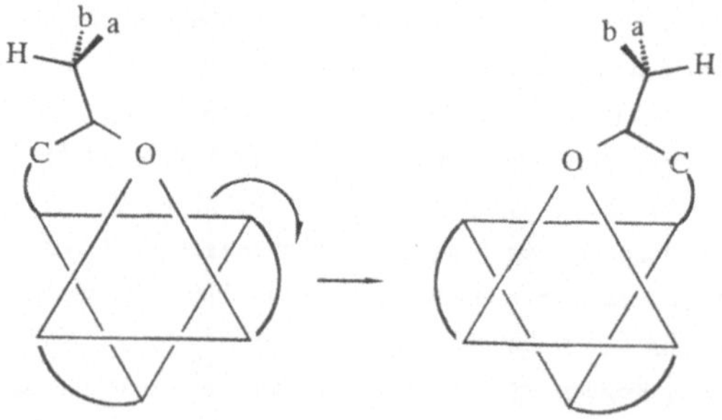
b a
H
C
O
b a
H
O
C

Abbildung 4.6. Austausch zweier Methylgruppen a und b durch einen Bailar-Twist.

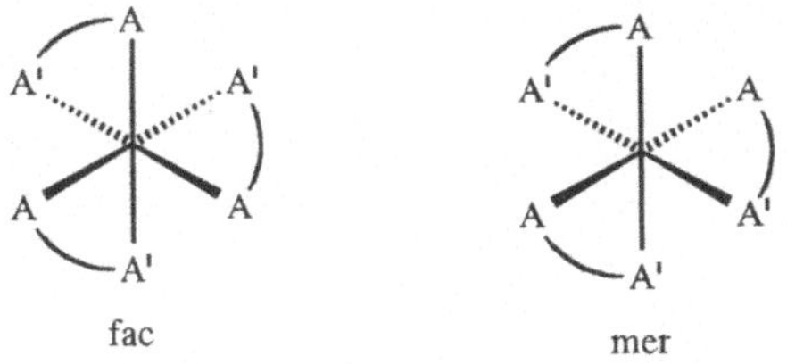

Die fac- und mer-Isomere bilden jeweils optische Isomere; daher können in einem System sowohl die Racemisierung als auch die geometrische Isomerisierung untersucht werden. Dies kann dazu dienen, bestimmte Umlagerungsprozesse auszuschließen. Beispielsweise bewirkt der trigonale Twist eine Inversion ohne geometrische Isomerisierung, die rhombische Biegeumlagerung bewirkt hingegen beides, wie in Abbildung 4.7 dargestellt. Weitere Resultate verschiedener denkbarer **D**-Übergangszustände werden von Wilkins[30] angegeben, wie u.a. die folgenden Beispiele:

Axial substituierte trigonale Bipyramide → Isomerisierung + Inversion

Äquatorial substituierte trigonale Bipyramide → Isomerisierung + Inversion

Quadratische Pyramide → teilweise Isomerisierung + teilweise Inversion

Anstelle dieses mechanistischen Ansatzes kann eine reine Permutationsanalyse durchgeführt werden. Diese Möglichkeit wird von Holm[31], und ausführlicher von Musher[32] und Eaton et al.[33] beschrieben. Auch gründliche NMR-Studien führen oftmals zu nicht schlüssigen mechanistischen Folgerungen. Was die Umlagerungsergebnisse betrifft, gestaltet sich der Bailar-Twist am restriktivsten. Dieser Mechanismus wurde für die in Abbildung 4.8 gezeigten Al(III)-, Ga(III)- und

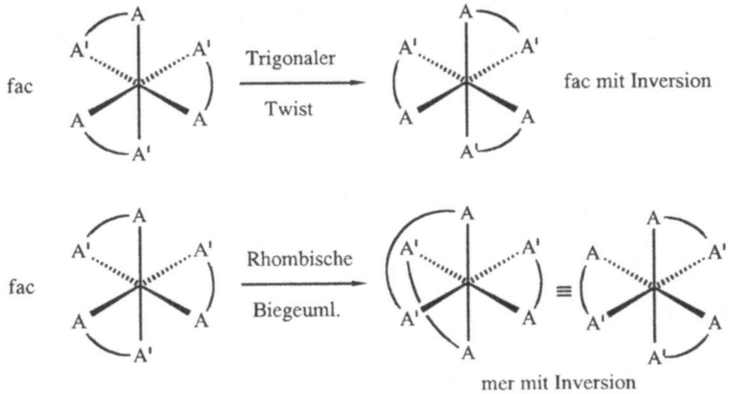

Abbildung 4.7. Die Produkte der trigonalen Twist- und der rhombischen Biegeumlagerung eines unsymmetrischen tris-Chelatkomplexes.

Abbildung 4.8. Al(III)-, Ga(III)- und Co(III)-Komplexe, die sich über einen Bailar-Twist umlagern und einen Verdrillungswinkel $\varnothing$ aufweisen.

Co(III)-Komplexe nachgewiesen. In diesen Systemen könnte der (trigonale) Bailar-Twist durch die Verzerrung des Grundzustandes in Richtung des trigonalen Übergangszustandes begünstigt werden, die eine Folge des kleinen "Biß"-Abstandes (2,5 Å) des Liganden ist.[34] Diese Verzerrung wird durch den Verdrillungswinkel ($\varnothing$ in Abbildung 4.8) angezeigt, der im Oktaeder 60°, im trigonalen Übergangszustand dagegen 0° beträgt.

Verschiedene Eisen(IV), Eisen(III)- und Ruthenium(III)-dithiocarbamat-Komplexe scheinen sich ebenfalls über einen trigonalen Verdrillungsmechanismus umzulagern.[35] Glücklicherweise verlaufen diese Umlagerungen über einen einzigen Prozeß, der eindeutig NMR-spektroskopisch nachgewiesen werden kann, da er eine Inversion ohne fac-mer-Isomerisierungen bewirkt.

Die strukturellen Eigenschaften, die ein Bailar-Twist gegenüber der Ray-Dutt-Biegeumlagerung begünstigen können, sind von Rodger und Johnson[36] diskutiert worden. Die Näherung dieser Autoren berücksichtigt den Bißabstand des Liganden (b) und den Kontaktabstand (*l*) der koordinierenden Atome, dargestellt durch harte Kugeln, und führt zu einer Begünstigung des Bailar-Twists, wenn b wesentlich kleiner als *l* ist. Diese Näherung vernachlässigt Spannungsunterschiede im Chelatgerüst. Eine Übersicht über die relevanten Strukturdaten dieser Systeme wurde von Keppert[37] erstellt.

4.3 STEREOCHEMISCHE UMWANDLUNGEN IN FÜNFFACH KOORDINIERTEN SYSTEMEN

Die meisten Anstrengungen auf dem Gebiet der fünffach koordinierten Spezies wurden an trigonal bipyramidalen Komplexen wie PF_5 und $Fe(CO)_5$ erbracht. Der Austausch erfolgt zwischen den axialen (a) und äquatorialen (e) Positionen der folgenden Struktur:

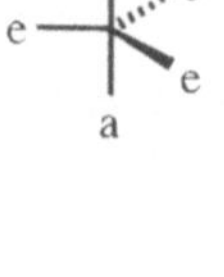

Die axial-äquatorial-Umwandlung ist bei ML_5-Systemen gewöhnlich sehr rasch, eine Reihe von $M(P(OR))_5$-Komplexen zeigt jedoch Geschwindigkeiten, die über die NMR-Zeitskala erfaßbar sind. Meakin und Jesson[38] fanden hier ΔH^*-Werte von 8 bis 12 kcal mol^{-1} und wiesen nach, daß der Prozeß einen simultanen Austausch von zwei axialen und zwei äquatorialen Liganden erfordert. Diese Beobachtung steht mit dem von Berry[39] vorgeschlagenen *Pseudorotations-Mechanismus* in Einklang, der in Schema 4.2 dargestellt ist. Die ursprünglich äquatorialen Liganden e' und e" werden zu axialen, während die anfänglich axialen a und a' zu äquatorialen Liganden werden. Das Produkt scheint relativ zum Edukt um 90° gedreht worden zu sein. Man beachte, daß der Übergangszustand einer quadratischen Pyramide ähnelt.

Schema 4.2

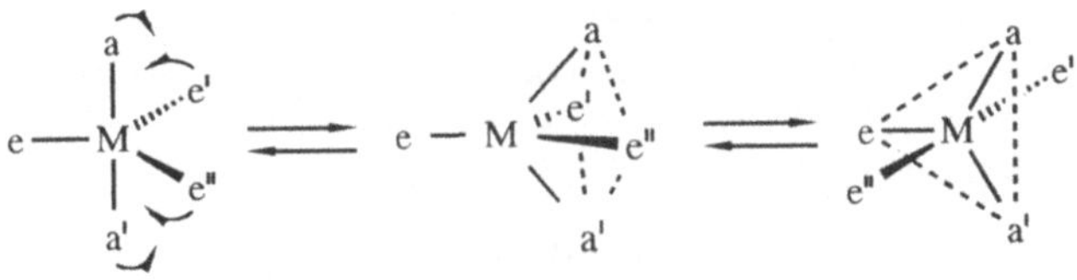

Ugi et al.[40] schlugen eine als *"turnstyle"-Mechanismus* bezeichnete Variante vor, die in Gleichung (4.7) beschrieben wird. Da dieser Prozeß ebenfalls im Einklang mit den Beobachtungen steht, kann experimentell nicht zwischen den beiden Mechanismen unterschieden werden. Theoretische Argumente geben dem Pseudorotationsmechanismus den Vorzug, da dieser den niedrigsten energetischen Pfad für die Umwandlung bietet.[41]

$$(4.7)$$

Im Falle einiger Übergangsmetallhydride des Typs HMP_4 ist die Grundzustandsstruktur eine verzerrte trigonale Bipyramide; sie kann durch eine tetraedrische Anordnung der P-Liganden um das Metall veranschaulicht werden, in der das H-Atom eine der Tetraederflächen überdacht. Für solche Hydride wurde ein *tetraedrischer Sprungmechanismus*[42] vorgeschlagen, in dem das H-Atom sich von einer Tetraederfläche zu einer Kante, und von dort zu einer anderen Fläche bewegt, wie in Schema 4.3 gezeigt. Dieser Mechanismus steht mit den NMR-Beobachtungen in Einklang. Werden das H- und das gegenüberliegende P-Atom als axial angesehen, wandelt dieser Prozeß bei jedem Durchlauf den axialen P-Substituenten in einen äquatorialen um, und hierbei handelt es sich nicht um ein permutatives Äquivalent zum Pseudorotationsprozeß.

Schema 4.3

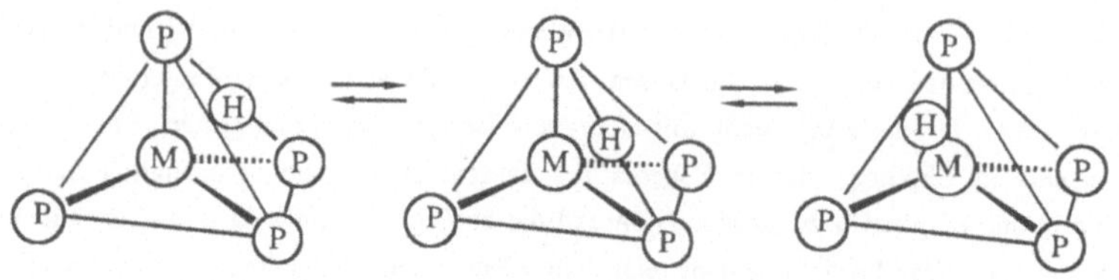

4.4 FLUKTUIERENDE METALLORGANISCHE VERBINDUNGEN

Die bisher diskutierten Mechanismen der geometrischen und optischen Isomerisierung gelten auch für metallorganische Verbindungen, diese weisen jedoch einige zusätzliche ungewöhnliche Umlagerungsprozesse auf. Übersichten über diesen Bereich wurden kürzlich von Mann[43,44] gegeben.

4.4.a Eisenpentacarbonyl

Eisenpentacarbonyl ist ein trigonal bipyramidaler ML_5-Komplex, dessen Umlagerungsmechanismen bereits besprochen wurden; aufgrund der ihm zuteilgewordenen Aufmerksamkeit verdient er aber eine besondere Erwähnung. Bisher erwies sich der äquatorial-axial-Austausch bis hinab zu T = -120°C als zu schnell, um über ^{13}C-NMR verfolgt werden zu können.[45, 46] Die wesentliche Voraussetzung für eine Beobachtbarkeit des Austauschprozesses ist eine deutliche Differenz zwischen den chemischen Verschiebungen der äquatorialen und axialen ^{13}C-Kerne; diese wurde von Mahnke et al.[47] in Frage gestellt. Eine Festkörper-NMR-Studie[48] bis hinab zu 100 K deutete auf ein fluktuierendes Verhalten mit einer Energiebarriere um ~ 1 kcal. Neuere Festkörper-^{13}C-NMR-Ergebnisse[49] zeigen eine Verschiebungsdifferenz von 182 Hz bei 22,53 MHz und eine Austauschgeschwindigkeit von $< 10^2$ s^{-1} bei -38°C an. Eine Untersuchung[50] des polarisierten Ultraviolettspektrums in einer CO-Matrix bei 20 K erweist, daß die Umwandlung bei dieser Temperatur langsam erfolgt.

4.4.b Fluktuierende cyclische Liganden

Der Ausdruck "*ring whizzers*" wurde von Cotton geprägt, um das zuerst von Bennett et al.[51] an der Verbindung $Fe(CO)_2(\eta^5\text{-}C_5H_5)(\eta^1\text{-}C_5H_5)$ mit folgender Struktur quantitativ untersuchte Phänomen zu beschreiben:

Das ^{1}H-NMR-Spektrum dieser Verbindung besitzt bei 30°C in CS_2 nur zwei Signale, von denen eines typisch für die η^5-C_5H_5-Protonen ist, während das andere allen fünf η^1-C_5H_5-Protonen zuzuordnen ist. Wäre letzteres statisch, so sollte es die zwei Signalsätze der H_a- und H_b-Protonen und zusätzlich das Signal des ipso-Protons zeigen. Bei -100°C werden die für die H_a- und H_b-Protonen erwarteten Signalsätze (einschließlich der Kopplungsmuster) aufgelöst. Zusätzlich wurde bei einer Temperaturerhöhung über -100°C beobachtet, daß das Tieffeldsignal schneller als das Signal bei hohem Feld kollabiert.

Diese Beobachtungen sind mit einer Bewegung des Fe-Atoms um den C_5H_5-Ring oder, je nach Standpunkt, einer Bewegung des Ringes um das Fe-Atom zu vereinbaren. Der Mechanismus könnte aus einer Folge von 1,2- oder 1,3-Verschiebungen des Fe-Atoms um den η^1-C_5H_5-Liganden bestehen. Wäre die Verschiebung ein statistischer Prozeß, so sollten alle Signale zur gleichen Zeit kollabieren. Die beiden Verschiebungsmechanismen sind in Schema 4.4 dargestellt, in dem, ausgehend von der Mitte, nach links eine 1,3-Verschiebung, nach rechts eine 1,2-Verschiebung erfolgt. Die Änderung der magnetischen Umgebung der ursprünglichen Protonen ist in Schema 4.4 für beide Verschiebungsarten skizziert. Bei der 1,2-Verschiebung werden die Protonen B und B', bei der 1,3-Verschiebung dagegen A und A' magnetisch äquivalent. Daher wäre der Mechanismus eine 1,2-Verschiebung, wenn die B-Resonanz langsamer kollabiert, im Falle eines langsameren Kollabierens der A-Resonanz hingegen eine 1,3-Verschiebung.

Schema 4.4

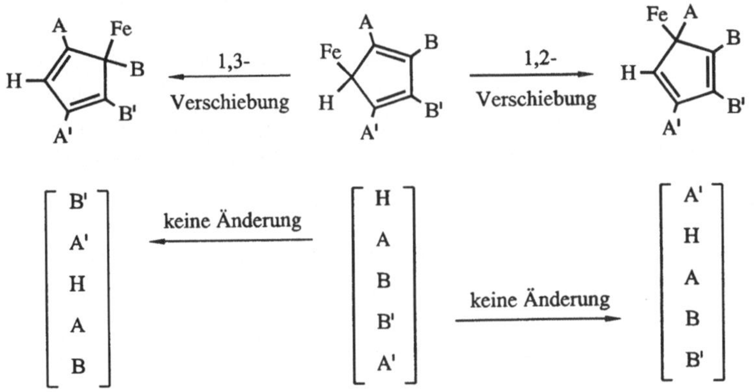

In Analogie zu anderen Systemen ordneten Bennett et al. die langsamer kollabierende Resonanz den B,B'-Protonen zu und schlossen auf einen mit einer 1,2-Verschiebung verbundenen Mechanismus. Dennoch blieb die spektrale Zuordnung etwas unsicher, und es ist ein Charakteristikum dieser Art von Untersuchungen, daß *der Mechanismus direkt von der Richtigkeit der spektralen Zuordnung der Signalsätze im austauschfreien Tieftemperturzustand des Systems abhängt.*

Zur Überprüfung der voranstehenden Zuordnung des Spektrums und des Mechanismus´ synthetisierten Cotton et al.[52] das in Gl. (4.8) gezeigte Indenylderivat. Sie nahmen an, daß infolge des Verlustes an aromatischer Resonanzenergie eine 1,2-Verschiebung in diesem System ungünstig wäre.

$$ \xrightarrow[\text{Verschiebung}]{\text{1,2-}} \qquad\qquad (4.8) $$

Tatsächlich zeigt $Fe(CO)_2(\eta^5\text{-}C_5H_5)(\eta^1\text{-indenyl})$ kein fluktuierendes Verhalten, und alle erwarteten ^1H-Resonanzen sind im NMR-Spektrum bei Raumtemperatur zu beobachten.

4.4.c Symmetrieregeln für sigmatrope Verschiebungen

Die Ergebnisse der obigen und anderer Arbeiten aus den 70er Jahren schienen auf eine Bevorzugung von 1,2-Verschiebungsmechanismen in diesen fluktuierenden Prozessen hinzudeuten; hieraus wurde das sogenannte "Prinzip der geringsten Bewegung" als wesentlicher Faktor für die Mechanismen der Verschiebungen abgeleitet. In neueren Arbeiten wurden diese Prozesse genauer untersucht und, den Woodward-Hoffmann-Regeln[53] für sigmatrope Verschiebungen in der Organischen Chemie folgend, die Symmetrien der beteiligten Orbitale betrachtet. Die Anwendung dieser Regeln auf anorganische Übergangsmetallsysteme hatte gewisse Erfolge, verschiedene denkbare Komplikationen schwächen in solchen anorganischen Systemen jedoch die Aussagekraft dieser Regeln. Das wesentliche Problem liegt in der möglichen Beteiligung von p- und d-Orbitalen, deren Symmetrie zu Voraussagen führt, die den aus organischen Systemen (in denen nur Orbitale mit π-Symmetrie notwendig sind) abgeleiteten entgegengesetzt sind. Ein weiteres Problem ist die Fähigkeit der anorganischen Systeme, unter Dissoziation zu reagieren, so daß der Prozeß nicht konzertiert verläuft, wie es die erweiterten Woodward-Hoffmann-Regeln erfordern. Letztere Komplikation erwächst daraus, daß C–H- und C–C-Bindungen viel stärker als Metall-Kohlenstoff-Bindungen sind, so daß eine Dissoziation in organischen Systemen unwahrscheinlich ist. Dennoch versucht man heute in metallorganischen Studien allgemein, die Ergebnisse auf der Grundlage der Symmetrieregeln zu deuten und sich auf die Überein-stimmungen und die scheinbaren Ausnahmen von diesen Regeln zu konzentrieren.

Ein Prozeß gilt als symmetrieerlaubt, wenn die wandernde Gruppe während der zum Produkt führenden Bewegung von der ursprünglichen Position zur Ausbildung einer neuen Bindung mit einem passenden leeren antibindenden Orbital ständig eine phasengleiche Überlappung beibehalten kann. Zusätzlich muß man die Konzepte der suprafacialen und antarafacialen Bewegung berücksichtigen, die in den folgenden Beispielen beschrieben werden.

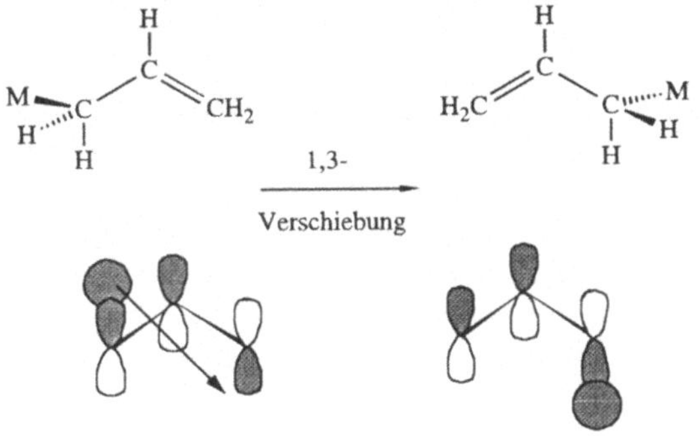

Abbildung 4.9. Die Struktur- und Orbitaldarstellung einer 1,3-antarafacialen sigmatropen Verschiebung

Eine *1,3-sigmatrope Verschiebung* ist symmetrieerlaubt, verläuft aber *antarafacial*. Dies bedeutet, daß sich die wandernde Gruppe von einer Molekülseite zur anderen bewegt. Abbildung 4.9 zeigt das Orbitalbild einer solchen Verschiebung. Das Orbitaldiagramm auf der linken Seite in Abbildung 4.9 zeigt das unbesetzte antibindende π^*-Orbital, welches zum bindenden π-Orbital des Produktes wird. Um während der Wanderung eine phasengleiche Überlappung beizubehalten, muß sich das σ-Orbital von der Oberseite des Moleküls zur Unterseite bewegen (antarafacial). Diese Bewegung gilt in metallorganischen Systemen als unwahrscheinlich, und eine Begünstigung des 1,3-Prozesses ist nicht zu erwarten.

Eine *1,5-sigmatrope Verschiebung* ist symmetrieerlaubt und verläuft *suprafacial*, wobei die wandernde Gruppe auf der gleichen Seite des Moleküls verbleibt, wie in Abbildung 4.10 dargestellt. Dieser Prozeß sollte in metallorganischen Systemen bereitwillig ablaufen.

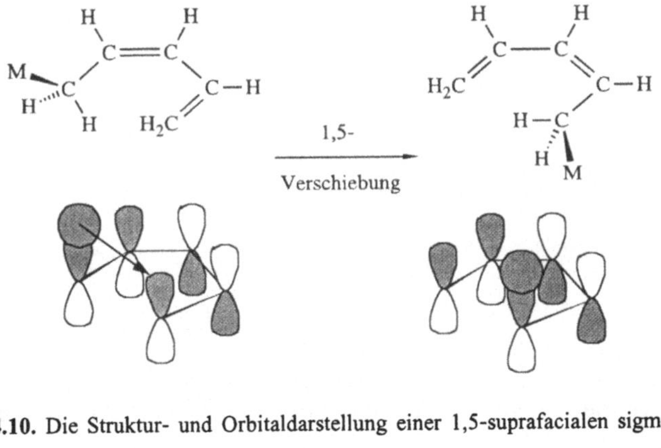

Abbildung 4.10. Die Struktur- und Orbitaldarstellung einer 1,5-suprafacialen sigmatropen Verschiebung.

Die Erweiterung auf größere Systeme erfolgt auf analoge Weise und besagt, daß *1,7-Verschiebungen antarafacial, 1,9-Verschiebungen suprafacial* erfolgen sollten.

Mingos[54] dehnte diese Vorstellungen durch die Verwendung einer einfachen valence-bond-Näherung auf π-gebundene cyclische Systeme aus und erweiterte damit die Anwendbarkeit dieser Regeln in der Organometallchemie beträchtlich. Hierzu zeichnet man nach dem Standardverfahren der organischen Chemie die Grenzformeln und verschiebt Elektronenpaare, um zum Produkt zu gelangen. Ist die vorgeschlagene Umlagerung symmetrieerlaubt und suprafacial, so wird für den Fluktuationsprozeß eine niedrige Energiebarriere erwartet. Beispielsweise würde der schon vorgestellte Umlagerungsprozeß von $Fe(CO)_2(\eta^5\text{-}C_5H_5)(\eta^1\text{-}C_5H_5)$ folgendermaßen veranschaulicht:

$$\text{(4.9)}$$

Beachte, daß dies einer 1,5-Verschiebung entspricht und daher eine niedrige Energiebarriere aufweisen sollte. Zuvor wurde diese Bewegung als 1,2-Verschiebung bezeichnet, diese ist jedoch in einem C_5-Ring mit der 1,5-Verschiebung identisch.

Eine unerwartete Ausnahme von den Voraussagen stellt die Verbindung $(OC)_5Re(\eta^1\text{-}C_7H_7)$ dar,[55] welche 1,2 (= 1,7)-Verschiebungen mit einer Energiebarriere von ~80 kJ mol^{-1} aufweist. Gemäß den Symmetrieregeln sollte eine wie in Abbildung 4.11 dargestellte 1,5-Verschiebung erlaubt sein. Ein untergeordneter 1,5-Reaktionsweg wurde bei $(\eta^5\text{-}C_5H_5)(CO)_2Re(\eta^1\text{-}C_7H_7)$ beobachtet. Von Mann wurde vorgeschlagen, daß diese Reaktion eine homolytischen Spaltung der Re–C-Bindung beinhalten könnte, oder daß die Regelverletzung auf einer Beteiligung von Metall-p- oder d-Orbitalen beruhen könnte.

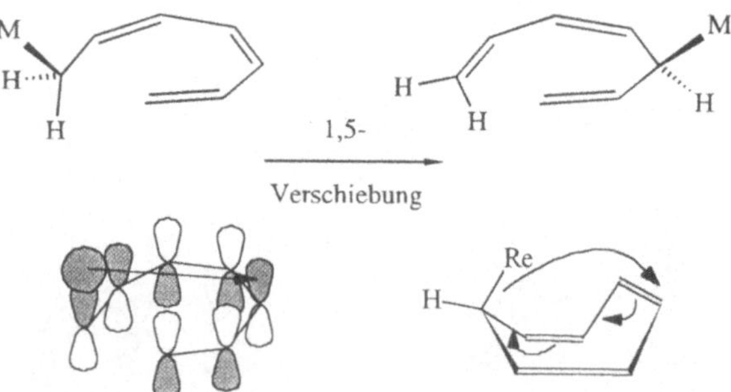

Abbildung 4.11. Die vorausgesagte erlaubte Verschiebung in einem $\eta^1\text{-}C_7H_7$-Liganden

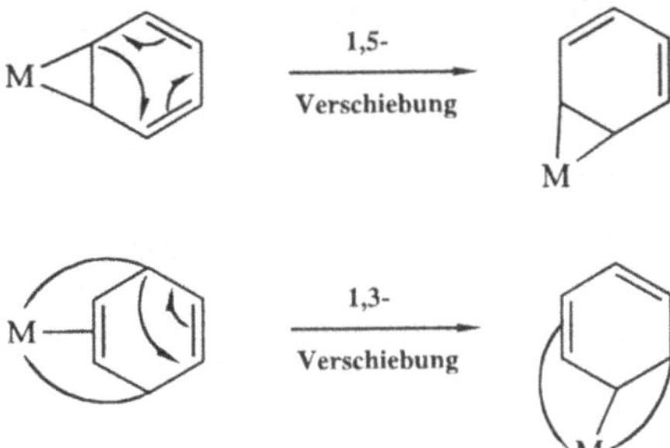

Abbildung 4.12. Die erlaubte 1,5-Verschiebung von η^2-C_6H_6 und die verbotene 1,3-Verschiebung von η^4-C_6H_6

Der gleiche Ansatz kann auf höhere "Haptizitäts"-grade angewandt werden. Beispielsweise kann ein η^2-C_6H_6-Ligand eine begünstigte 1,5-Verschiebung durchlaufen, während η^4-C_6H_6 eine ungünstige 1,3-Verschiebung eingehen müßte, wie Abbildung 4.12 zeigt.

Für den η^3-C_7H_7-Liganden wird eine leichte Fluktuation über eine 1,5-Verschiebung vorausgesagt, η^5-C_7H_7 sollte aber infolge einer verbotenen 1,3-Verschiebung starr oder hochgradig gehindert sein. Beide Verschiebungen sind in Abbildung 4.13 dargestellt. Tatsächlich verhalten sich beide Systeme aber hochgradig fluktuierend.

Die wichtigsten Ausnahmen von derartigen Voraussagen sind [Fe(η^5-C_7H_7)(CO)$_3$]$^+$ (Koaleszenztemp. -60°C), und, weniger stark ausgeprägt, Mn(η^5-C_7H_7)(CO)$_3$ (Koaleszenztemp. 20°C).[56] Die Ladungsabhängigkeit der Aktivierungsparameter und die recht außergewöhnliche Ab-

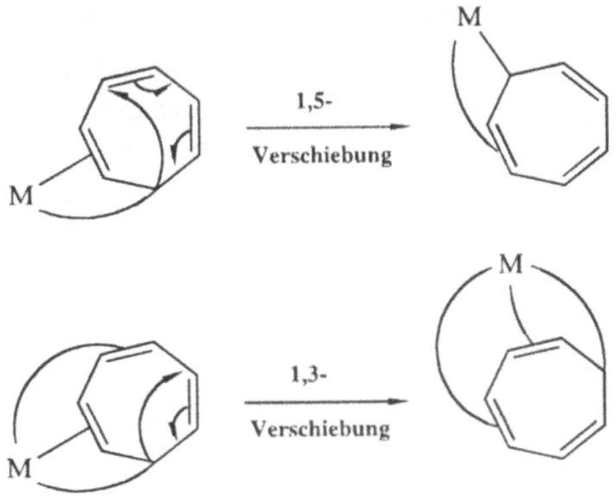

Abbildung 4.13. Die erlaubte 1,5-Verschiebung von η^3-C_7H_7 und die verbotene 1,3-Verschiebung von η^5-C_7H_7.

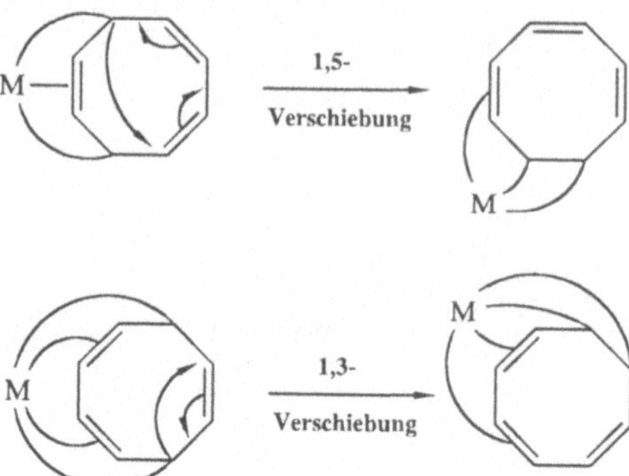

Abbildung 4.14. Die erlaubte 1,5-Verschiebung von η^4-C$_8$H$_8$ und die verbotene 1,3-Verschiebung von η^6-C$_8$H$_8$

weichung von den Regeln haben zu der Annahme geführt, daß hier anstelle eines konzertierten Prozesses ein mit einer ladungsgetrennten Zwischenstufe verbundener Mechanismus wirkt.

Für Cyclooctatetraen-Systeme gilt die Voraussage, daß η^2-C$_8$H$_8$-Liganden infolge der Notwendigkeit einer 1,7-Verschiebung, η^6-C$_8$H$_8$-Liganden dagegen aufgrund einer verbotenen 1,3-Verschiebung starr sein sollten, während das η^4-C$_8$H$_8$ über eine 1,5-Verschiebung fluktuieren sollte (Abbildung 4.14).

Die bisher untersuchten η^6-C$_8$H$_8$-Komplexe, M(η^6-C$_8$H$_8$)(CO)$_3$ (M = Cr oder W),[57] verhalten sich fluktuierend, allerdings mit Barrieren > 60 kJ mol^{-1} und mit gemischten Verschiebungstypen. Dieses Verhalten wurde der Bildung einer η^4-C$_8$H$_8$-Zwischenstufe zugeschrieben. Eine 1,5-Verschiebung wurde kürzlich bei Os(η^6-C$_8$H$_8$)(η^4-1,5-Cyclooctadien)[58] nachgewiesen.

Experimentalbefunde gestatten die Verallgemeinerung, daß η^2-C$_6$R$_6$-, η^3-C$_7$H$_7$- und η^4-C$_8$H$_8$-Neutralkomplexe sich hochgradig fluktuierend verhalten, während η^4-C$_6$R$_6$-, η^5-C$_7$H$_7$-, η^2-C$_8$H$_8$- und η^6-C$_8$H$_8$-Komplexe gewöhnlich starr sind oder hohe Barrieren (> 80 kJ mol^{-1}) aufweisen.

Für die 1,5-Verschiebung an η^4-C$_8$H$_8$ wird eine spezifische Bewegung der übrigen Liganden am Metall vorausgesagt:

(4.10)

Diese Voraussage wurde an $Fe(\eta^4\text{-}C_8H_8)(CO)_2(i\text{-}PrNC)$ überprüft und gilt als bestätigt.[59] Das System ist nicht ideal, sondern infolge der Existenz zweier stabiler Isomere mit i-PrNC an den Positionen L_1 oder L_2 der linken Struktur etwas komplexer. Ein ähnlicher Test an $Os(\eta^2\text{-}C_7H_7)(CO)_3(SnPh_3)$ entspricht jedoch nicht den Voraussagen, da die Beobachtungen eine vorherrschende 1,2-Verschiebung anzeigen.[60] Letzteres Ergebnis scheint eher im Einklang mit einem Gleitmechanismus (engl. slip mechanism) zu stehen, der möglicherweise die Beteiligung eines Metall-p-Orbitals einschließt. Der Gleitmechanismus wurde auch in anderen Fällen erwogen, eine Version ist in Schema 4.5 dargestellt.

Schema 4.5

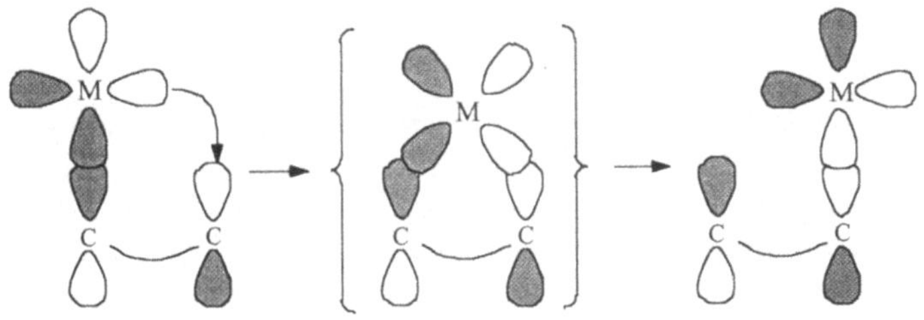

4.4.d Rotationen π-gebundener Olefine

Bei π-gebundenen Olefinen setzt sich die Bindung aus einer Überlappung des gefüllten Olefin-π-Orbitals mit einem leeren Metall-σ-Orbital und der im folgenden Diagramm gezeigten Rückbindung aus einem Metall-d- in das Olefin-π^*-Orbital zusammen:

Hieraus resultiert eine zumindest partielle Doppelbindung, und man könnte eine etwas eingeschränkte Rotation des Olefins relativ zum Metall erwarten. Eine Rotation könnte um die M-Olefin-Bindung oder um die C=C-Achse erfolgen. In diesen Verbindungen liegt die C=C-Achse bei der Koordination an eine L_3M-Einheit gewöhnlich senkrecht zur quadratischen Ebene, bei der Koordination an eine L_4M-Einheit dagegen parallel zur trigonalen Ebene. Hoffmann und Mitarbeiter[61] haben eine ausführliche theoretische Analyse der Bindungsverhältnisse und Fluktuationsprozesse in diesen Systemen erstellt. Diese ergab, daß die Strukturen der quadratisch-planaren

Komplexe im wesentlichen von sterischen Faktoren bestimmt werden, während in den trigonal-bipyramidalen Komplexen das Ethylen die trigonale xy-Ebene bevorzugt, weil das hybridisierte d_{xz}-Orbital, verglichen mit dem unhybridisierten d_{xy}-Orbital, bessere Überlappungseigenschaften aufweist (elektronischer Faktor).

Cramer et al.[62] untersuchten die Rotation des Ethylens in $M(\eta^5\text{-}C_5H_5)(C_2H_4)_2$-Komplexen (M = Rh, Ir) der folgenden Struktur:

Für den Fall M = Rh findet man bei -20°C die getrennten Signale von H und H' im NMR-Spektrum, diese fallen bei 57°C zu einem Signal zusammen. Die analoge C_2F_4-Verbindung zeigt im ^{19}F-Spektrum bis zu 100°C keine entsprechende Koaleszenz. Die Rotationsbarriere wird ebenso durch Methylsubstituenten am Cyclopentadienylring und durch den Wechsel von Rh zu Ir erhöht. Diese Unterschiede können durch sterische Faktoren und durch eine effektivere π-Rückbindung erklärt werden; unbestimmt bleibt jedoch, ob die Rotation um die Metall-Olefin- oder um die C=C-Bindung erfolgt.

Eine Rotation um die Metall-Olefin-Bindung wurde an dem in der folgenden Abbildung gezeigten Komplex $Os(PPh_3)_2(CO)(NO)(C_2H_4)^+$ beobachtet.[63] Aufgrund der verschiedenen Umgebungen unterscheiden sich die beiden Ethylen-C-Atome im ^{13}C NMR-Spektrum, und dieses zeigt bei -80°C statisches Verhalten an, während bei der Temperaturerhöhung auf 20°C ein schneller Austausch beobachtet wird. Da die ^1H-^{31}-P-Kopplung erhalten bleibt, verläuft die Reaktion nicht über eine Dissoziation des Ethylens.

Theoretische Arbeiten von Hoffmann deuten auf einen Pseudorotationsmechanismus der Umlagerung in L_4M-Ethylen-Systemen hin, wobei das Ethylen in der trigonalen Ebene verbleibt. Die $(OC)_4M$-(Ethylen)-Verbindungen (M = Fe, Ru, Os) zeigen einen axial-äquatorial-Austausch der CO-Liganden.[64] Caulton und Mitarbeiter[65] vermuteten eine Erleichterung der Ethylenrotation durch eine in der folgenden Abbildung des Übergangszustandes dargestellte Wechselwirkung mit den π^*-Orbitalen der axialen CO-Liganden. Diese Vorstellung dient der Erklärung des nichtfluktuierenden Verhaltens von Systemen ohne CO-Liganden, wie beispielsweise $(Me_2PhP)_4Ir(C_2H_4)^+$, $(Me_2PhP)_3(CH_3CN)Ir(C_2H_4)^+$ und $(Me_2PhP)_3(CH_3)Ir(C_2H_4)$.

4.4.e Fluktuierende Allylkomplexe

Die Allylgruppe ($-C_3H_5^-$) kann, wie in der folgenden Abbildung dargestellt, entweder als η^1-C_3H_5 oder als η^3-C_3H_5 an ein Metall gebunden sein. Erstere Form wird gewöhnlich bei Hauptgruppenmetallen gefunden, während letztere die vorherrschende Form bei Übergangsmetallen ist.

In den η^1-C_3H_5-Komplexen beinhaltet das fluktuierende Verhalten eine Bewegung des Metalles vom einen Ende des Allylliganden zum anderen. In η^3-C_3H_5-Liganden können die syn-Protonen (H_1, H_4) und anti-Protonen (H_2, H_3) ihre magnetische Umgebung austauschen, und zwischen C_1 und C_3 kann ein Austausch beobachtet werden, wenn sich die beiden Molekülseiten durch die übrigen Liganden voneinander unterscheiden. Es gibt Übersichten über die Aspekte der Bindung[66] und der Fluktuation[67] in diesen Systemen.

Für η^1-C_3H_5-Komplexe wird aufgrund der Symmetrieregeln ein statisches Verhalten erwartet, und dieses ist bei $(OC)_5Mn(\eta^1$-$C_3H_5)$ auch der Fall. Ist das Metall jedoch koordinativ ungesättigt (< 18 Valenzelektronen), so verhalten sich die Moleküle stark fluktuierend, und man erwartet einen Verlauf über eine η^3-C_3H_5-Zwischenstufe, wie beispielsweise bei $(Me_2PhP)(NC_5H_4CO_2)Pd(\eta^1$-$C_3H_5)$ und $(Me_2N)_2Ti(\eta^1$-$C_3H_5)$. Ein koordinativ ungesättigter Zustand kann auch durch den reversiblen Verlust eines anderen Liganden erreicht werden, und für einen Fe-Komplex wurde außerdem eine heterolytische Bindungsspaltung vorgeschlagen.[68]

Die Gründe für die eingeschränkte Rotation in den η^3-C_3H_5-Komplexen können durch die folgenden Orbitalbilder veranschaulicht werden, von denen das linke die π-Hinbindung vom Liganden, und das rechte die Rückbindung vom Metall in die π^*-Orbitale des Liganden darstellt.

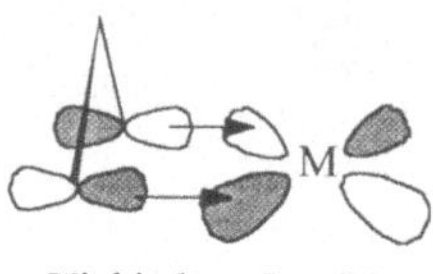
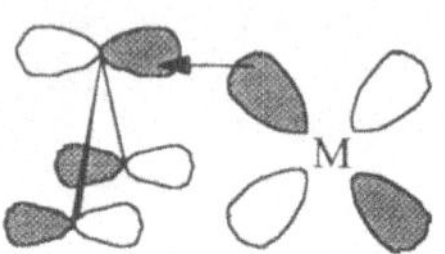

π-Hinbindung L → M π-Rückbindung L ← M

Für die in η^3-C_3H_5-Komplexen gefundenen Fluktuationen wurden drei Prozesse vorgeschlagen:

1. Im Olefinrotations-Mechanismus sind bei der Zwischenstufe nur die Atome C_1 und C_2 gebunden, während die freie Rotation um die Achse C_2-C_3 einen Austausch der syn- und anti-Protonen bewirken kann.

2. Im Allylumklapp-Mechanismus sind bei der Zwischenstufe nur die Atome C_1 und C_3 gebunden, während C_2 von einer Seite zur anderen umklappen kann. Hierdurch werden die syn- und anti-Protonen an beiden Enden des Allylliganden gleichzeitig ausgetauscht.

3. Im π-σ-π-Mechanismus ist der Allylligand im Zwischenprodukt über ein Ende (z. B. C_1) η^1-artig gebunden, und der Ligand kann um die C_1-C_2-Achse frei rotieren. Dieses bewirkt einen syn-anti-Austausch an einem Ende des Liganden.

Der "π-σ-π"-Mechanismus wird heute allgemein akzeptiert. Einige der Gründe hierfür stammen aus den Beobachtungen an folgender Verbindung:[69]

Die Protonen 3 und 4 tauschen mit der gleichen Geschwindigkeit aus wie die Methylprotonen am Phosphin und die Methylprotonen der 2-Isopropylgruppe. Dieses Verhalten wird erwartet, wenn C_2 sich oberhalb und unterhalb der P–Pd–Cl-Ebene bewegen kann, wie es im "π-σ-π"-Mechanismus der Fall ist.

4.4.f Austausch verbrückender und terminaler Carbonylliganden

Das Phänomen des Austausches der verbrückenden und terminalen Carbonylliganden kann in allen Zweikernkomplexen auftreten, die sowohl in CO-verbrückter als auch in M-M-gebundener Form vorliegen können, wie beispielsweise das in Gl.(4.11) gezeigte $Co_2(CO)_8$:

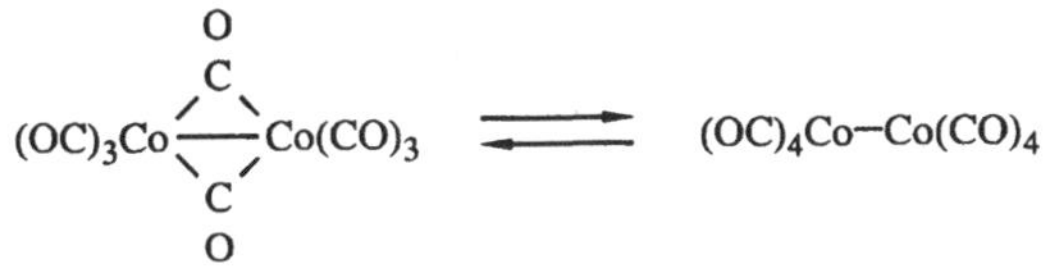

$$(OC)_3Co \overset{\overset{\textstyle O}{\overset{\textstyle \|}{C}}}{\underset{\underset{\textstyle O}{\underset{\textstyle \|}{C}}}{\diagup\diagdown}} Co(CO)_3 \quad \rightleftharpoons \quad (OC)_4Co-Co(CO)_4 \qquad (4.11)$$

Ein weiteres Beispiel[70] ist $[(\eta^5\text{-}C_5H_5)Ru(CO)_2]_2$, in dem der Austausch auf der NMR-Zeitskala bis hinab zu -100°C schnell verläuft.

Ein Prozeß, der zwar komplexer, aber auch informativer ist, wurde an $[(\eta^5\text{-}C_5H_5)Fe(CO)_2]_2$ studiert. Dieser Komplex weist sowohl verbrückende und terminale CO-Liganden als auch cis- und trans-Isomere auf, wie in Abbildung 4.15 gezeigt.

Die Temperaturabhängigkeit des cis-trans-Gleichgewichtes fügt der NMR-Analyse eine weitere Komplikation hinzu. Verschiedene ausführliche Studien[71] haben gezeigt, daß

1. der verbrückend-terminale CO-Austausch im trans-Isomer eine niedrigere Aktivierungsenergie besitzt.

2. der verbrückend-terminale CO-Austausch im cis-Isomer mit der gleichen Geschwindigkeit wie die cis-trans-Isomerisierung abläuft.

Diese Beobachtungen wurden von Adams und Cotton[72] durch den in Schema 4.6 dargestellten Mechanismus erklärt.

Der Mechanismus basiert auf einem unverbrückten Zwischenprodukt, das im cis-Fall einer Rotation unterliegen muß, um einen verbrückend-terminal-Austausch und eine Isomerisierung zu verursachen. Das trans-Isomer kann jedoch ohne eine Rotation austauschen. Man muß hierbei berücksichtigen, daß ein Ringschluß nur dann stattfinden kann, wenn sich zwei CO-Liganden an entgegengesetzten Seiten des Moleküls befinden. Dieser generelle Mechanismus scheint auch mit den Beobachtungen an anderen Systemen konsistent zu sein. Beispielsweise verlaufen die cis-trans-Isomerisierung und der verbrückend-terminal-Austausch in $(\eta^5\text{-}C_5H_5)_2Fe_2(CO)_3(P(OPh)_3)$ mit gleichen Geschwindigkeiten, da der Phosphitligand keine Brückenposition einnehmen kann.[73]

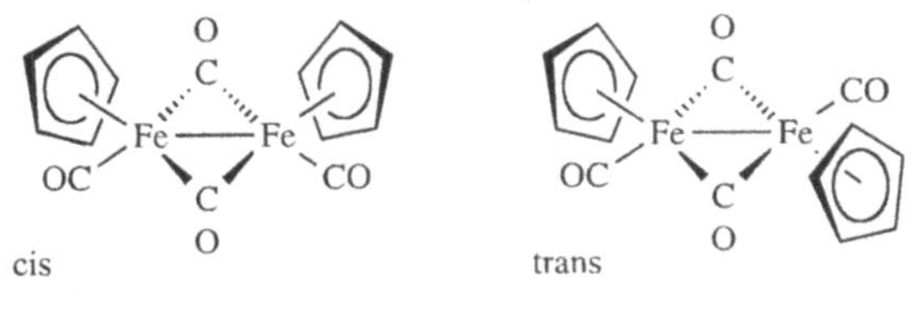

Abbildung 4.15. Die Strukturen und die Isomere von $[(\eta^5\text{-}C_5H_5)Fe(CO)_2]_2$

Schema 4.6

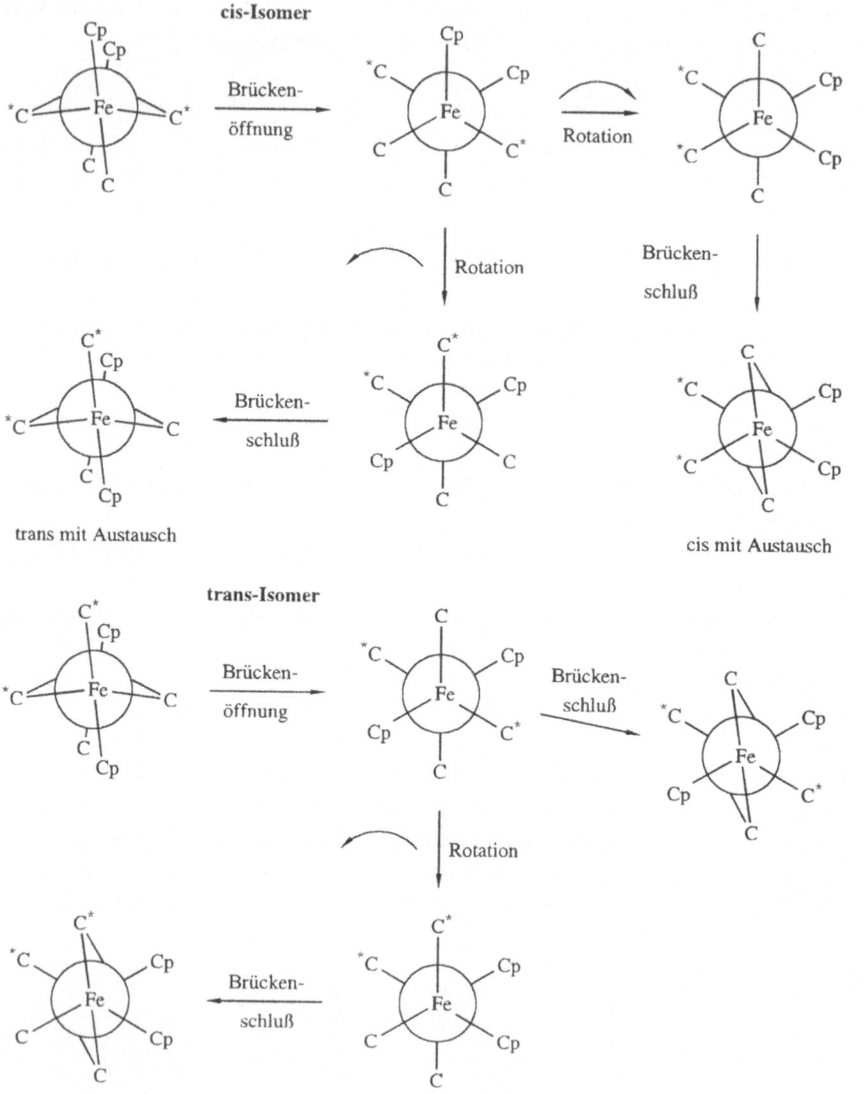

cis-Isomer

Brücken-
öffnung

Rotation

Rotation

Brücken-
schluß

Brücken-
schluß

trans mit Austausch

cis mit Austausch

trans-Isomer

Brücken-
öffnung

Brücken-
schluß

Rotation

Brücken-
schluß

Literatur

1. Wilkins, R.G. *The Study of Kinetics and Mechanism of Reactions of Transition Metal Complexes*, 2. Aufl.; VCH: Weinheim, 1991; Kapitel 7; Kepert, D.L. *Inorganic Stereochemistry*; Springer: Berlin, 1982.
2. Basolo, F.; Pearson, R.G. *Mechanisms of Inorganic Reactions,* , 2. Aufl.; Wiley: New York, 1967.
3. Holm, R.H.; O'Connor, M.J. *Prog. Inorg. Chem.* **1971**, *14*, 241.
4. Serpone, N.; Bickley, D.G. *Prog. Inorg. Chem.* **1972**, *17*, 391.
5. *Dynamic Nuclear Magnetic Resonance Spectroscopy*; Jackman, L.M.; Cotton, F.A., Hrgb.; Academic Press: New York, 1975; Kapitel 8-12.
6. Beattie, J.K. *Acc. Chem. Res.* **1971**, *4*, 253.
7. McGarvey, J.J.; Wilson, J. *J. Am. Chem. Soc.* **1975**, *97*, 2531.
8. Ivin, K.J.; Jamison, R.; McGarvey, J.J. *J. Am. Chem. Soc.* **1972**, *94*, 1763; Campbell, L.; McGarvey, J.J.; Samman, N.G. *Inorg. Chem.* **1978**, *17*, 3378.
9. Farina, R.D.; Swinehart, J.H. *Inorg. Chem.* **1972**, 11, 645.
10. Balahura, R.J.; Lewis, N.A. *Coord. Chem. Rev.* **1976**, *20*, 109.
11. Burmeister, J.L. *Coord. Chem. Rev.* **1968**, *3*, 225.
12. Brasch, N.E.; Buckingham, D.A.; Clark, C.R.; Finnie, K.S. *Inorg. Chem.* **1989**, *28*, 4567.
13. Basolo, F.; Baddley, W.H.; Weidenbaum, K.J. *J. Am. Chem. Soc.* **1966**, *88*, 1576.
14. Jackson, W.G.; Lawrance, G.A.; Lay, P.A.; Sargeson, A.M. *Aust. J. Chem.* **1982**, *35*, 1562.
15. Damrauer, L.; Milburn, R.M. *J. Am. Chem. Soc.* **1971**, *93*, 6481.
16. Dalzell, B.C.; Eriks, K. *J. Am. Chem. Soc.* **1971**, *93*, 4298.
17. Gamsjäger, H.; Milburn, R.K. *Adv. Inorg. Bioinorg. Mech.* **1983**, *2*, 317.
18. Palmer, D.A.; Kelm, H. *J. Inorg. Nucl. Chem.* **1978**, *40*, 1095.
19. Odell, A.L.; Ollif, R.W.; Rands, D.B. *J. Chem. Soc., Dalton Trans.* **1972**, 752.
20. Lethbridge, J.W.; Glasser, L.S.D.; Taylor, H.F.W. *J. Chem. Soc. A* **1970**, 1862.
21. Lawrance, G.A.; Stranks, D.R. *Inorg. Chem.* **1977**, *16*, 929.
22. Evilia, R.F.; Young, D.C.; Reilley, C.N. *Inorg. Chem.* **1971**, *10*, 433; Ho, F.F.-L.; Reilley, C.N. *Anal. Chem.* **1969**, *41*, 1835.
23. Wilkins, R.G.; Williams, M.J.G. *J. Chem. Soc.* **1957**, 1763.
24. Basolo, F.; Hayes, J.C.; Neumann, H.M. *J. Am. Chem. Soc.* **1954**, *76*, 3807.
25. Lawrance, G.A.; Stranks, R.D. *Inorg. Chem.* **1978**, *17*, 1804; Ibid. **1977**, *16*, 929.
26. Beattie, J.K.; Binstead, R.A.; West, R.J. *J. Am. Chem. Soc.* **1978**, *100*, 3046.
27. McGarvey, J.J. Lawthers, I.; Heremans, K.; Toftlund, H. *Inorg. Chem.* **1990**, *29*, 252.
28. Vanquickenborne, L.G.; Pierloot, K. *Inorg. Chem.* **1981**, *20*, 3673.
29. Vanquickenborne, L.G.; Pierloot, K. *Inorg. Chem.* **1984**, *23*, 1471.
30. Wilkins, R.G. *The Study of Kinetics and Mechanism of Reactions of Tranistion Metal Complexes*, 2. Aufl.; VCH: Weinheim, 1991; S. 350.

31. Holm, R.H. In *Dynamic Nuclear Magnetic Resonance Spectroscopy*; Jackman, L.M.; Cotton, F.A.; Herausgeber; Academic Press: New York, 1975; S. 317.

32. Musher, J.I. *J. Chem. Educ.* **1974**, *51*, 94.

33. Eaton, S.S.; Hutchinson, J.R.; Holm, R.H. *J. Am. Chem. Soc.* **1972**, *94*, 6411.

34. Eaton, S.S.; Eaton, G.R.; Holm, R.H. *J. Am. Chem. Soc.* **1973**, *95*, 1116.

35. Pignolet, L.H.; Duffy, D.J.; Que, L., Jr. *J. Am. Chem. Soc.* **1973**, 95, 295.; Palazzotto, M.C.; Duffy, D.J.; Edgar, B.L.; Que, L., Jr.; Pignolet, L.H. *J. Am. Chem. Soc.* **1973**, *95*, 4537.

36. Rodger, A.; Johnson, B.F.G. *Inorg. Chem.* **1988**, 27, 3061.

37. Keppert, D. *Prog. Inorg. Chem.* **1977**, *23*, 1.

38. Meakin, P.; Jesson, J.P. *J. Am. Chem. Soc.* **1973**, *95*, 7272.

39. Berry, R.S. *J. Chem. Phys.* **1960**, *32*, 933.

40. Ugi, I.; Marquarding, D.; Klusacek, H.; Gillespie, P. *Acc. Chem. Res.* **1971**, *4*, 288.

41. Strich, A. *Inorg. Chem.* **1978**, *17*, 942.

42. Meakin, P.; Muetterties, E.L.; Jesson, J.P. *J. Am. Chem. Soc.* **1972**, *94*, 5271.

43. Mann, B.E. In *Comprehensive Organometallic Chemistry*; Abel, E.W.; Stone, F.G.A.; Wilkinson, G.; Herausg.; Pergamon Press: London, 1982, Vol. 3, S. 89.

44. Mann, B.E.; *Chem. Soc. Rev.* **1986**, *15*, 167.

45. Meakin, P.; Muetterties, E.L.; Jesson, J.P. *J. Am. Chem. Soc.* **1972**, *94*, 5271.

46. Sheline, R.K. Mahnke, H. *Angew. Chem.* **1975**, *87*, 337.

47. Mahnke, H.; Clark, R.J.; Rosanske, R.; Sheline, R.K. *J. Chem. Phys.* **1973**, *60*, 2997.

48. Speiss, H.W.; Grosescu, R.; Haeberlein, U. *Chem. Phys.* **1974**, *6*, 226.

49. Hanson, B.E.; Whitmire, K.H. *J. Am. Chem. Soc.* **1990**, *112*, 974.

50. Burdett, J.K.; Gryszbowski, J.M.; Poliakoff, M.; Turner, J.J. *J. Am. Chem. Soc.* **1976**, *98*, 5728.

51. Bennett, M.J.; Cotton, F.A.; Davison, A.; Faller, J.W.; Lippard, S.J.; Morehouse, S.M. *J. Am. Chem. Soc.* **1966**, *88*, 4371; Piper, T.S.; Wilkinson, G. *J. Inorg. Nucl. Chem.* **1956**, *3*, 104.

52. Cotton, F.A.; Musco, A.; Yagupsky, G. *J. Am. Chem. Soc.* **1967**, *89*, 6136.

53. Woodward, R.B.; Hoffmann, R. *J. Am. Chem. Soc.* **1965**, *87*, 2511.

54. Mingos, D.M.P. *J. Chem. Soc., Dalton Trans.* **1977**, 602.

55. Heinekey, D.M.; Graham, W.A.G. *J. Am. Chem. Soc.* **1982**, *104*, 915; Ibid. **1979**, *101*, 6115; *J. Organomet. Chem.* **1982**, *232*, 335.

56. Whitesides, T.H.; Budnik, R.A. *Inorg. Chem.* **1976**, *15*, 874.

57. Gibson, J.A.; Mann, B.E.; *J. Chem. Soc., Dalton Trans.* **1979**, 1021.

58. Grassi, M.; Mann, B.E.; Spencer, C.M. *J. Chem. Soc., Chem. Commun.* **1985**, 1169.

59. Hails, M.J.; Mann, B.E.; Spencer, C.M. *J. Chem. Soc., Dalton Trans.* **1985**, 693.

60. Takats, J.; Kiel, G.-Y. *Organometallics* **1987**, *6*, 2009.

61. Albright, T.A.; Hoffmann, R.; Thibeault, J.C.; Thorn, D.L. *J. Am. Chem. Soc.* **1979**, *101*, 3801.

62. Cramer, R.; Kline, J.B.; Roberts, J.D. *J. Am. Chem. Soc.* **1969**, *91*, 2519.

63. Alt, H.; Herberholt, M.; Kreiter, C.G.; Strack, H. *J. Organomet. Chem.* **1974**, *77*, 353; Segal, J.A.; Johnson, B.F.G. *J. Chem. Soc., Dalton Trans.* **1975**, 677.

64. Takats, J.; Burke, M.R. *J. Am. Chem. Soc.* **1983**, *105*, 4092.

65. Lundquist, E.G.; Folting, K.; Streig, W.E.; Huffman, J.C.; Eisenstein, O.; Caulton, K.G. *J. Am. Chem. Soc.* **1990**, *112*, 855.

66. Mingos, D.M.P. In *Comprehensive Organometallic Chemistry*; Abel, E.W.; Stone, F.G.A., Wilkinson, G., Hrgb.; Pergamon Press: London, 1982; Vol. 3; S. 60 -61.

67. Vrieze, K.; van Leeuwen, P.W.N.M. *Prog. Inorg. Chem.* **1971**, *14*, 1; Clarke, H.L. *J. Organomet. Chem.* **1974**, *80*, 155; Tsutsui, M.; Courtney, A. *Adv. Organomet. Chem.* **1977**, *16*, 241; Anderson, G.K.; Cross, R.J. *Chem. Soc. Rev.* **1980**, *9*, 185.

68. Rosenblum, M.; Waterman, P. *J. Organomet. Chem.* **1981**, *206*, 197.

69. van Leeuwen, P.W.N.M.; Praat, N.A.P.; van Diepen, M. *J. Organomet. Chem.* **1971**, *29*, 433.

70. Bullit, J.G.; Cotton, F.A.; Marks, T.J. *J. Am. Chem. Soc.* **1970**, *92*, 2155.

71. Adams, R.D.; Cotton, F.A. *J. Am. Chem. Soc.* **1973**, *95*, 6589; Gansow, O.A.; Burke, A.R.; Vernon, W.D. *J. Am. Chem. Soc.* **1972**, *94*, 2550.

72. Adams, R.D.; Cotton, F.A. In *Dynamic Nuclear Magnetic Resonance Spectroscopy*, Jackman, L.M.; Cotton, F.A., Herausgeber; Academic Press: New York, 1975, Kapitel 12.

73. Cotton, F.A.; Kruczynski, L.; White, A.J. *Inorg. Chem.* **1974**, *13*, 1402.

5

Mechanismen metallorganischer Reaktionen

5.1 LIGANDENSUBSTITUTIONSREAKTIONEN

Die in Kapitel 3 diskutierten allgemeinen Prinzipien gelten auch für die Reaktionen von metallorganischen Komplexen. Da die Komplexe der unterschiedlichen Metallatome innerhalb der Reihen des Periodensystems nur selten vergleichbare Zusammensetzungen aufweisen, beschränken sich die Vergleichsmöglichkeiten gewöhnlich auf eine bestimmte Gruppe. Es steht jedoch eine breite Palette an Liganden für die Untersuchung von Eintritts- und Abgangsgruppeneffekten zur Verfügung. Dieses Gebiet wurde bereits in Lehrbüchern sowie in verschiedenen Übersichtsartikeln vorgestellt.[1-3] Ein Hauptunterschied zu den in Kapitel 3 diskutierten Systemen ist die Löslichkeit vieler dieser Komplexe in organischen Solventien, einschließlich Kohlenwasserstoffen. Damit kann der komplizierende Faktor der Solvenskoordination minimiert werden; da aber diese Solventien oftmals äußerst niedrige Dielektrizitätskonstanten besitzen, ist hier die Wahrscheinlichkeit des Auftretens verschiedener Arten der Präassoziation größer.

5.1.a Metallcarbonyle

Die Klasse der Metallcarbonyle zeigt die für metallorganische Komplexe typischen Struktur- und Reaktivitätsbereiche. Frühere Studien, deren Ergebnisse kürzlich zusammengefaßt wurden,[4] handeln von den Geschwindigkeiten des CO-Austausches. Es gilt die folgende Abstufung der Reaktionsgeschwindigkeiten:

$$V(CO)_6 > Ni(CO)_4 > Mo(CO)_6 > Cr(CO)_6 > W(CO)_6 > Fe(CO)_5 > Mn_2(CO)_{10}$$

In den Fällen, in denen das Geschwindigkeitsgesetz ermittelt werden konnte, ergab sich, daß die Reaktion erster Ordnung bezüglich des Metallcarbonyls und nullter Ordnung bezüglich [CO] ist. Dieses impliziert einen **D**-Mechanismus, da die nichtkoordinierenden Lösungsmittel die Möglichkeit einer solvenskoordinierten Zwischenstufe ausschließen.

Die wichtigste Ausnahme von der voranstehenden Verallgemeinerung stellt $V(CO)_6$ dar, das bei Substitutionsreaktionen mit PR_3 einen $\mathbf{I_a}$-Mechanismus zeigt.[5] Diese Verbindung nimmt eine Sonderstellung ein, da sie das einzige Metallcarbonyl mit 17 Valenzelektronen und der bei weitem substitutionslabilste Vertreter dieser Substanzklasse ist. Einige kinetische Ergebnisse der Substitution an $V(CO)_6$ in Hexan sind in Tabelle 5.1 aufgeführt.

Tabelle 5.1. Geschwindigkeitskonstanten (25°C) und Aktivierungsparameter der Substitution an $V(CO)_6$ durch PR_3 in Hexan

Eintritts-gruppe	Kegel-winkel	k $(M^{-1}s^{-1})$	ΔH^* (kcal mol^{-1})	ΔS^* (cal mol^{-1}K^{-1})
PMe_3	118	132	7,6	-23,4
$P(n\text{-}Bu)_3$	132	50,2	7,6	-25,2
$P(OMe)_3$	107	0,70	10,9	-22,6
$P(Ph)_3$	145	0,25	10,0	-27,8

Die Substitutionsgeschwindigkeiten zeigen ein eher kleines ΔH^* an, und die negativen ΔS^*-Werte sind charakteristisch für einen assoziativen Prozeß. Die Geschwindigkeiten verschiedener Eintrittsgruppen korrelieren eher mit der Basizität als mit ihrer durch den Kegelwinkel gemessenen Größe. Es wurde betont, daß die Bildung eines assoziativen 19 VE-Zwischenproduktes aus einem 18 VE-Edukt wesentlich stärker begünstigt sein sollte als die Bildung einer 20 VE-Zwischenstufe.

Aufgrund der experimentellen Schwierigkeiten, besonders infolge der geringen Löslichkeit von CO in den meisten Solventien, sind quantitative Untersuchungen des CO-Austausches eher selten. Dieses wird durch die Studien an $Ni(CO)_4$ illustriert. Die erste Arbeit erwies sich als fehlerhaft, da ein hoher Anteils des Austausches in der Gasphase stattfand, wo dieser schneller als in Lösung abläuft. Eine spätere Arbeit[6] zeigte, daß CO-Austausch und Substitution durch PR_3 mit gleicher Geschwindigkeit verlaufen, wie für einen dissoziativen Mechanismus erwartet {k = $2,1 \times 10^{-2}$ M^{-1} s^{-1} (30°C), ΔH^* = 24 kcal mol^{-1}, ΔS^* = 13,1 cal mol^{-1} K^{-1}}. Es erscheint überraschend, daß eine Spezies mit einer anfänglich kleinen Koordinationszahl, wie beispielsweise $Ni(CO)_4$, nach einem **D**-Mechanismus reagieren soll, doch zeigt sich, daß assoziative 20 VE-Zwischenstufen oder Übergangszustände in der Regel weniger stabil als die dissoziativen 16 VE-Spezies sind, da das zusätzliche Elektronenpaar ein antibindendes Orbital besetzen muß.

Tabelle 5.2. Geschwindigkeitskonstanten (50°C) und Aktivierungsparameter der Substitution an Gruppe VIII-Metallcarbonylen durch PR_3 in Decalin

Verbindung	k (s^{-1})	ΔH^*(kcal mol^{-1})	ΔS^*(cal mol^{-1}K^{-1})
$Fe(CO)_5$	(6×10^{-11})	40	18
$Ru(CO)_5$	$3,0 \times 10^{-3}$	27,6	15,2
$Os(CO)_5$	$4,9 \times 10^{-8}$	30,6	1,33

Ursprünglich wurde behauptet, daß der CO-Austausch an $Fe(CO)_5$ zwei Geschwindigkeiten zeigt, die den axialen und äquatorialen CO-Liganden zugeordnet wurden. Dies steht natürlich im Widerspruch zu der in Kapitel 4 beschriebenen schnellen Fluktuation des $Fe(CO)_5$. In späteren Studien[7] wurde nur noch über eine beobachtbare CO-Austauschgeschwindigkeit berichtet. Relativ zur thermischen Zersetzung erwies sich der CO-Austausch an $Fe(CO)_5$ als zu langsam für eine Bestimmung. Basolo und Mitarbeiter[8] konnten jedoch diese Geschwindigkeit für $Fe(CO)_5$ auf der Basis der gemessenen PR_3-Substitutionsgeschwindigkeiten von $Os(CO)_5$ und $Ru(CO)_5$[9] abschätzen. Tabelle 5.2 zeigt diese Ergebnisse. Das Reaktivitätsmuster entlang der Gruppe gleicht dem später vorgestellten der Gruppe VI, $Fe(CO)_5$ ist aber dennoch überraschend unreaktiv. Basolo begründete dieses damit, daß das dissoziative $\{Fe(CO)_4\}$-Zwischenprodukt, in Einklang mit den Beobachtungen von Poliakoff und Turner,[10] high spin konfiguriert ist, so daß dieser Prozeß dem Spinverbot unterliegt. Eine spinerlaubte Dissoziation in die energiereichere spingepaarte Spezies ist jedoch möglich.

Die $M(CO)_6$-Verbindungen der Gruppe VI wurden in Hinblick auf den CO-Austausch und die Substitution intensiv studiert. Die Substitutionsreaktionen zeigen gewöhnlich die durch Gl. (5.1) gegebene Geschwindigkeitskonstante pseudo-erster Ordnung mit zwei Termen:

$$k_{exp} = k_1 + k_2\,[L] \tag{5.1}$$

Der k_1-Term wird einem **D**-Mechanismus, der k_2-Pfad einem $\mathbf{I_a}$-Mechanismus zugeordnet. Tabelle 5.3 zeigt einige Ergebnisse des CO-Austausches und der Substitution durch $P(n\text{-}C_4H_9)_3$. Offensichtlich sind sich die kinetischen Parameter des Austausches und k_1 sehr ähnlich, wie es auch erwartet wird, wenn die CO-Dissoziation der geschwindigkeitsbestimmende Schritt für beide Reaktionen ist. Der parallele Gang von $f_{M\text{-}C}$, ΔH^* und $\Delta H_1{}^*$ spricht ebenfalls für einen dissoziativen Prozeß.

Tabelle 5.3. Aktivierungsparameter für den CO-Austausch und die Substitution durch $P(n\text{-}C_4H_9)_3$ an $M(CO)_6$ in Decalin[a]

Verbindung	Austausch		Substitution				
	ΔH^*	ΔS^*	$\Delta H_1{}^*$	$\Delta S_1{}^*$	$\Delta H_2{}^*$	$\Delta S_2{}^*$	$f_{M\text{-}C}{}^{b}$
$Cr(CO)_6$	38,7	18,5	40,2	22,6	25,5	-14,6	2,08
$Mo(CO)_6$	30,2	-0,4	31,7	6,7	21,7	-14,9	1,96
$W(CO)_6$	39,8	11,0	39,9	13,8	29,2	-6,9	2,36

[a]   Aktivierungsenthalpien und -entropien in kcal mol^{-1} bzw. cal $mol^{-1}K^{-1}$, Zitat 12 und dort aufgeführte Literatur

[b]   Kraftkonstante der M-C-Bindung in mdyn $Å^{-1}$

Jegliche Erklärung des fehlenden stetigen Ganges von ΔH^* innerhalb der Gruppe erfordert eine Entscheidung darüber, welches Glied aus der Reihe fällt. King[11] argumentierte, daß $W(CO)_6$ eine besonders starke M–C-Bindung besitzt, da infolge der Lanthanoidenkontraktion der Kovalenzradius des Wolframs kleiner als erwartet ausfällt (Cr, 1,25 Å; Mo, 1,36 Å; W, 1,37 Å). Daher sollten die 5d- und evtl. 4f-Orbitale wesentlich stärkere π-Rückbindungen ausbilden können. Eine neuere theoretische Studie[12] zeigt jedoch, daß dieses Argument eine zu starke Vereinfachung darstellt. Die π-Rückbindung ist bei den Elementen der ersten Übergangsreihe am stärksten; die Abstoßung zwischen den d-Elektronen und den CO-Liganden steigt innerhalb der Gruppe mit der Ordnungszahl an, wird aber durch relativistische Stabilisierungseffekte kompensiert, die in der dritten Reihe besonders wichtig sind. Es deutet sich an, daß das Wechselspiel zwischen diesen Einflüssen die Reaktivitätsmuster sowohl der Gruppe VI als auch der Gruppe V bestimmen könnte.

Bei der Substitution durch Phosphane[13] ist $\Delta V_1^* = 15$ cm^3 mol^{-1} für $Cr(CO)_6$ in Cyclohexan und 10 cm^3 mol^{-1} für $Mo(CO)_6$ in Isooctan. In Einklang mit einem dissoziativen Mechanismus sind diese Werte positiv. Der ΔV_2^*-Wert von $W(CO)_6$ ist mit -10 cm^3 mol^{-1} negativ, wie für einen assoziativen Prozeß erwartet wird. Die negativen ΔS_2^*-Werte in Tabelle 5.3 harmonieren mit einem assoziativen Mechanismus. Der parallele Gang von ΔH_1^* und ΔH_2^* deutet auf einen hohen Grad an Bindungsbruch im assoziativen Übergangszustand hin.

5.1.b Substituierte Metallcarbonyle, $M_m(CO)_n X_x$

Der CO-Austausch und die Substitutionsreaktionen dieser Systeme werden gewöhnlich unter Berücksichtigung von cis- und trans-Effekten der Heteroliganden und von sterischen Faktoren diskutiert. Die Geschwindigkeitsgesetze sind mit den für die $M(CO)_6$-Komplexe angegebenen [(Gl. 5.1)] vergleichbar, in Abhängigkeit des betrachteten Systems kann aber sowohl der k_1- als auch der k_2-Pfad dominieren.

Eine Reihe von Studien beschäftigte sich mit $Mn(CO)_5X$-Verbindungen (X = Cl oder Br). Wojcicki und Basolo[14] berichteten ursprünglich, daß der cis-CO-Austausch viel schneller als der trans-CO-Austausch erfolgt. Spätere Arbeiten[15] deuteten hingegen an, daß sich die beiden Geschwindigkeiten um einen Faktor kleiner als Zwei unterscheiden. Eine neue Untersuchung von Atwood und Brown[16] ergab für $Mn(CO)_5Br$ und $Re(CO)_5Br$ jedoch, daß der cis-CO-Austausch mehr als 10 mal schneller als der trans-CO-Austausch erfolgt. Es wird angenommen, daß der Austausch in der trans-Position nach einem vorausgehenden cis-Austausch über einen Fluktuationsprozeß im Zwischenprodukt erfolgt. Diese Ergebnisse wurden schon in Kapitel 1 im Zusammenhang mit dem Prinzip der mikroskopischen Reversibilität diskutiert.

Ein auf diesem Gebiet und bei anderen Substitutionsreaktionen immer wieder auftretendes Problem ist die Separation der elektronischen und sterischen Effekte der Zuschauerliganden. In metallorganischen Systemen wird der sterische Faktor gewöhnlich durch den Tolman-Kegelwinkel

(θ) ausgedrückt, der elektronische Faktor setzt sich aber aus den σ-Donor- und π-Akzeptorfähig-keiten der unbeteiligten Liganden zusammen. Chen und Poë[17] studierten die Reaktion

$$Ru(CO)_4L + L' \xrightarrow{k_1} Ru(CO)_3(L)(L') + CO \tag{5.2}$$

und verwandten die chemische Verschiebung $\delta(^{13}C)$ in $Ni(CO)_3L$ als Maß für den elektronischen Faktor von L, um die Beobachtungen gemäß Gl. (5.3) zu korrelieren:

$$\log k_1 = \alpha + \beta_L\delta + \gamma_L\theta \tag{5.3}$$

Sie fanden auch, daß diese Näherung ebenso die Substitutionskinetiken verschiedener anderer substituierter Metallcarbonyle und von Methylwanderungsreaktionen korreliert.

Der Heteroligand X kann spezielle Eigenschaften aufweisen, die die Substitutionslabilität und den Mechanismus beeinflussen. So reagieren beispielsweise die Verbindungen $(\eta^5\text{-}C_5H_5)M(CO)_2$ (M = Co, Rh oder Ir) nach einem I_a-Mechanismus.[18] Dieses wurde durch eine haptotrope Ver-schiebung im Übergangszustand aus der $\eta^5\text{-}(C_5H_5)$- in eine $(\eta^3\text{-}C_5H_5)$-Form erklärt,[19] wobei ein Metallorbital zur Aufnahme eines Elektronenpaares von der Eintrittsgruppe freigesetzt wird. Ein ähnliches Argument wurde von Basolo und Mitarbeitern[20] zur Erklärung der ungewöhnlich hohen assoziativen Substitutionslabilität von $(\eta^5\text{-Indenyl})Rh(CO)_2$ verwendet, das etwa 10^8mal reaktiver als das $(\eta^5\text{-}C_5H_5)$-Analogon ist. Es wird angenommen, daß das durch die haptotrope Verschie-bung gebildete Zwischenprodukt, wie in Schema 5.1 dargestellt, durch den Gewinn an Resonanz-energie im sechsgliedrigen Ring stabilisiert wird.

Schema 5.1

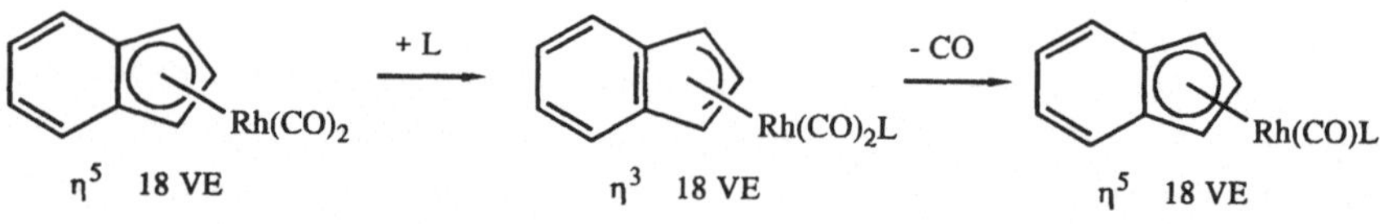

Die Gefahr vorschneller Verallgemeinerungen in dieser Substanzklasse verdeutlicht eine neuere Untersuchung des CO-Austausches an $(\eta^5\text{-}C_5R_n)_2V(CO)$-Verbindungen.[21] $(\eta^5\text{-}C_5H_5)_2V(CO)$ und $(\eta^5\text{-}C_5(CH_3)_5)_2V(CO)$ sind erwartungsgemäß sehr labil und reagieren nach einem I_a-Mechanis-mus (k_2). Dieses ist sowohl mit der Bildung einer 17 VE- oder 19 VE-Zwischenstufe als auch mit einer haptotropen Verschiebung des Ringes vereinbar. Unerwartet ist hingegen die Tatsache, daß Derivate von $(\eta^5\text{-}C_5H_7)_2V(CO)$ wesentlich inerter sind und einen deutlich dissoziativen Reak-tionsweg (k_1) zeigen. Einige Daten sind in Tabelle 5.4 aufgeführt. Seltsamerweise ist der ge-mischte Komplex $(\eta^5\text{-}C_5H_5)(\eta^5\text{-}C_5H_7)V(CO)$ nur wenig reaktiver als $(\eta^5\text{-}C_5H_7)_2V(CO)$, unter-scheidet sich aber deutlich von $(\eta^5\text{-}C_5H_5)_2V(CO)$. Basolo schrieb diese großen Reaktivitätsunterschiede im wesentlichen elektronischen Faktoren zu, die mit der schlechteren Elektronendonor-fähigkeit des η^5-C_5H_7, relativ zu η^5-C_5H_5, verknüpft sind. Hinweise hierauf finden sich auch in den CO-Streckschwingungsfrequenzen (ν_{CO}), die im ersteren Fall 1959 cm^{-1} und im letzteren 1881 cm^{-1} betragen. Der kleinere Wert zeigt eine stärkere Rückbindung in das π^*-Orbital des CO-Liganden, und damit eine stärkere M-C-Bindung an. Diese Reaktivitätsunterschiede kamen allerdings ziemlich unerwartet.

Nitrosylliganden neigen dazu, den assoziativen Mechanismus zu fördern. So sind beispielsweise $Co(NO)(CO)_3$ und $Fe(NO)_2(CO)_2$ isoelektronisch zu $Ni(CO)_4$, zeigen jedoch assoziative Substitutionsmechanismen.[22] Wird das NO, wie von Basolo vorgeschlagen, formal als NO$^+$ angesehen, so läßt sich dessen relativ zu CO erhöhte π-Akzeptorfähigkeit verstehen, da NO$^+$ eine stärkere Neigung zum Abzug von Elektronendichte vom Metall zeigen und somit einen assoziativen Mechanismus begünstigen sollte.

5.1.b.i Effekt der cis-Labilisierung

Der Effekt der cis-Labilisierung wurde schon zuvor diskutiert; die Reihenfolge des cis-labilisierenden Einflusses erwies sich als derjenigen des trans-Effektes entgegengesetzt, wobei π-Donorliganden den stärksten cis-labilisierenden Einfluß ausüben. Eine neuere Arbeit von Darensbourg und Mitarbeitern[23] zeigt, daß Sauerstoff-Donorliganden eine besonders effektive cis-Labilisierung von CO-Liganden bewirken, weshalb sich die Verwendung von Phosphanoxiden und dem Acetation als besonders günstig für die Synthese spezifisch markierter Metallcarbonyle erweist.

Rossi und Hoffmann[24] vermuteten, daß Liganden ohne oder mit schlechten π-Akzeptoreigenschaften in den quadratisch-pyramidalen dissoziativen Zwischenstufen von d^6-Metallkomplexen eine äquatoriale Position bevorzugen sollten. Diese Voraussage wurde in stereoselektiven Markierungsstudien ausgenutzt, da derartige Liganden die durch Fluktuation im Zwischenprodukt bewirkten Austauschprozesse minimieren sollten. Ist der Heteroligand andererseits ein besserer σ-Donor und π-Akzeptor als CO, so sollte dieser vornehmlich die axiale Position der quadratischen Pyramide einnehmen und somit ebenfalls Fluktuationsprozesse minimieren. Dieser Umstand wurde mit CS_2 als Heteroligand in der durch Gl. (5.4) beschriebenen Synthese ausgenutzt.[25]

Tabelle 5.4. Geschwindigkeitskonstanten (60°C) und Aktivierungsparameter der CO-Substitution an Komplexen des Typs $(\eta^5$-$C_5R_n)_2V(CO)$ in Decalin^a

Verbindung	k_1	ΔH_1^*	ΔS_1^*	k_2	ΔH_2^*	ΔS_2^*
$(\eta^5$-$C_5Me_5)_2V(CO)$	$\sim 10^4$			$2,6 \times 10^2$	8,9	-21
$(\eta^5$-$C_5H_5)(\eta^5$-$C_5H_7)V(CO)$	3×10^4			$5,7 \times 10^{-3}$		
$(\eta^5$-$C_5H_7)_2V(CO)$	8×10^6	28,1	2	$3,8 \times 10^{-3}$	22,7	-2

^{a} $k_1(s^{-1})$, $k_2(M^{-1}s^{-1})$, ΔH^* (kcal mol^{-1}) und ΔS^* (cal mol^{-1}K^{-1})

$$\left(\begin{array}{c} OC \\ | \cdots CO \\ SC-W-I \\ OC \quad | \\ CO \end{array}\right)^{-} \xrightarrow{\quad Ag^{+} \quad} \left\{\begin{array}{c} OC \\ | \cdots CO \\ SC-W \\ OC \quad | \\ CO \end{array}\right\} \xrightarrow{\quad ^{13}CO \quad} \begin{array}{c} OC \\ | \cdots CO \\ SC-W-^{13}CO \\ OC \quad | \\ CO \end{array} \quad (5.4)$$

5.1.b.ii Ersatz des Heteroliganden

In Komplexen der Form $M(CO)_5L$ gilt generell folgende kinetische Reihenfolge für den Ersatz der Abgangsgruppe L in einem Prozeß erster Ordnung:

$$py > AsPh_3 > CO \approx PPh_3 > P(OPh)_3 > P(OMe)_3 > P(n\text{-}Bu)_3$$

Eine hohe Reaktivität kann sowohl mit geringer π-Akzeptorfähigkeit, wie bei Py und $AsPh_3$, als auch mit geringer σ-Donorfähigkeit, wie bei CO, assoziiert werden. Die Phosphite gelten als bessere π-Akzeptoren als die Phosphane, was allerdings durch sterische Faktoren kompensiert werden kann. Die Interpretation der Reaktivitätsmuster dieser Systeme wird vom Wechselspiel dieser Faktoren geprägt .

In Substitutionsreaktionen von $cis\text{-}Mo(CO)_4L_2$-Komplexen scheinen sterische Faktoren zu dominieren. Mit $L = PPh_3$ ist die Geschwindigkeit des L-Ersatzes durch CO ca. 200mal größer als mit $L = PMePh_2$. In den Grundzustandstrukturen[26] zeigt sich bei ersterem eine Aufweitung des P–Mo–P-Winkels von 90° auf 104,6°, bei letzterem nur auf 92,5°. Diese strukturelle Verzerrung wird im Übergangszustand eines dissoziativen Prozesses vermindert. Bemerkenswert ist, daß die Mo–P-Bindungslängen mit 2,577 Å für PPh_3 und 2,555 Å für $PMePh_2$ einander sehr ähnlich sind.

Der Ersatz des Amins in $M(CO)_5(NHR_2)$ durch Phosphane wird durch Phosphanoxide katalysiert. Dies wurde einem Präassoziationsphänomen zugeschrieben,[27] das eine Wasserstoffbrückenbindung des Phosphanoxids zum Aminwasserstoff, und somit eine Schwächung der M–N-Bindung beinhaltet. Mit $OP(n\text{-}Bu)_3$, M = Mo und $R = NHC_5H_{10}$ zeigt die Kinetik bei steigender Oxidkonzentration einen Sättigungseffekt. Die Geschwindigkeitskonstante (in Hexan bei 34,5°C) der Bildung eines Adduktes der folgenden angenommenen Struktur beträgt 600 M^{-1}.

$$\begin{array}{c} OC \\ | \cdots CO \qquad H \text{---} O=P \\ OC-M-N \\ OC \quad | \qquad R \\ CO \end{array}$$

Dieses ist ein spezieller Fall der allgemeinen Lewis-Basenkatalyse einer Substitutionsreaktion. Infolge der Leichtigkeit, mit der Phosphane zu Phosphanoxiden oxidiert werden, können daher andere Untersuchungen gestört werden. Durch die auf diesem Gebiet verwendeten Lösungsmittel geringer Polarität wird diese Art der Präassoziation und Katalyse begünstigt; sie würde daher in polareren und protischen Solventien möglicherweise nicht auftreten.

Chelatringöffnungsprozesse wurden an diesen Systemen ebenfalls untersucht. Graham und Angelici[28] studierten die Reaktion von $W(CO)_4(bpy)$ mit Phosphiten und fanden eine durch Gl. (5.5) beschriebene Geschwindigkeitskonstante pseudo-erster Ordnung:

$$k_{exp} = k_1 + k_2 [\text{Phosphit}] \tag{5.5}$$

Memerring und Dobson[29] wiesen darauf hin, daß sich die von Graham und Angelici angegebenen k_1-Werte bei verschiedenen Phosphiten voneinander unterscheiden, was gegen einen **D**-Mechanismus des k_1-Pfades spricht. Sie deuteten dieses durch einen Reaktionsverlauf über ein ringgeöffnetes Zwischenprodukt, wie in Schema 5.2 dargestellt, und dadurch, daß die scheinbaren k_1-Werte sich tatsächlich aus diesen beiden Prozessen zusammensetzen, was auf ein unvollständiges Geschwindigkeitsgesetz in der Originalarbeit hindeutet. Der **A**-Mechanismus des k_2-Pfades ist in Schema 5.2 nicht dargestellt:

Schema 5.2

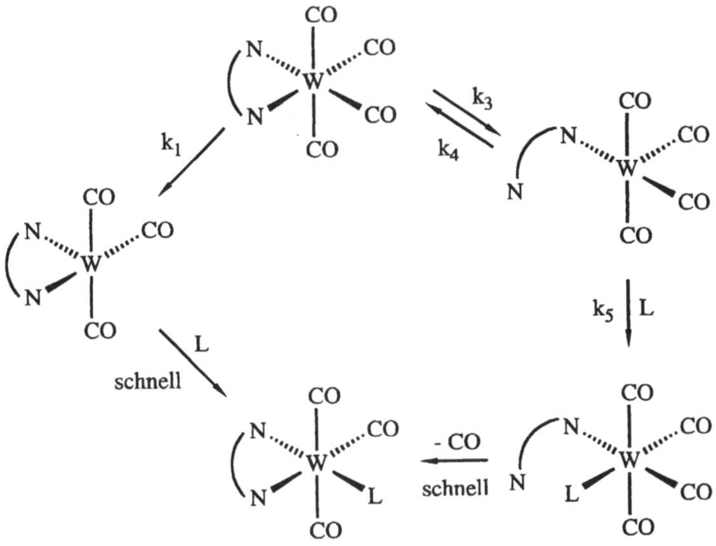

Die experimentelle Geschwindigkeitskonstante ist durch Gl. (5.6) gegeben:

$$k_{exp} = k_1 + k_2[L] + \frac{k_3 k_5[L]}{k_4 + k_5[L]} \tag{5.6}$$

Eine genauere Analyse bestätigte dieses Geschwindigkeitsgesetz und ergab konsistente k_1-Werte. Eine neuere Arbeit über andere Chelatkomplexe und Systeme, in denen sogar der Chelatligand ersetzt wird, wurde von Dobson und Mitarbeitern[30] vorgestellt. Diese Reaktionen sind generell mit dem vorstehende Mechanismus konform. Kürzlich wurden die Aktivierungsvolumina für den Ersatz schwefelgebundener Chelatliganden in $Cr(CO)_4(S\ S)$ bestimmt,[31] und die Werte um 14 cm^3 mol^{-1} sind mit einem **D**-Ringöffnungsprozeß zu vereinbaren.

Die koordinativ ungesättigte Spezies[32] $W(CO)_3(PCy_3)_2$ unterliegt einer sehr schnellen Substitution,[33] deren Geschwindigkeitskonstante, in Abhängigkeit des sterischen Anspruches der Eintrittsgruppe, im Bereich von 10^3 bis 10^6 $M^{-1}s^{-1}$ liegt. Der Reaktand wird durch eine "agostische Bindung" zu einem H-Atom eines Cyclohexylringes stabilisiert. Werden diese H-Atome durch D-Atome ersetzt, steigt die Geschwindigkeit der Substitution durch $P(OMe)_3$ bei 25°C in Toluol um einen Faktor von 1,15.

5.1.c Carbonyle mit Metall-Metall-Bindung

Metall-Metall-gebundene Carbonylkomplexe fanden beträchtliche Aufmerksamkeit, waren in den letzten Jahren aber auch Gegenstand mancher Kontroverse. Wie in Schema 5.3 gezeigt, können deren Reaktionen über eine normale Substitution oder über eine homolytische Spaltung der M−M-Bindung unter Bildung von Radikalen verlaufen, welche vor der Rekombination einer schnellen Substitution unterliegen. Die Möglichkeit der Homolyse folgt aus der Schwäche der M−M-Bindung

Schema 5.3

$$(OC)_n M-M(CO)_n + L \longrightarrow (OC)_n M-M(CO)_{n-1} L + CO$$

$$(OC)_n M-M(CO)_n \underset{\text{Homolyse}}{\rightleftharpoons} 2\ \{\bullet M(CO)_n\}$$

$$\{\bullet M(CO)_n\} \longrightarrow \{\bullet M(CO)_{n-1} L\} + CO$$

$$\{\bullet M(CO)_n\} + \{\bullet M(CO)_{n-1} L\} \longrightarrow (OC)_n M-M(CO)_{n-1} L$$

Die erste Untersuchung an $Mn_2(CO)_{10}$ durch Wawersik und Basolo[34] deutete auf einen dissoziativen Mechanismus der PR_3-Substitution hin, da die Geschwindigkeit durch freies CO vermindert wurde. In einer späteren Arbeit konnten Poë und Mitarbeiter[35] jedoch eine CO-Inhibition nicht mehr nachweisen und schlugen stattdessen den Homolyse-Mechanismus in Schema 5.3 vor. Es muß betont werden, daß es sich hierbei vor allem um Untersuchungen der Zersetzung von $Mn_2(CO)_{10}$ sowohl in Gegenwart als auch in Abwesenheit von O_2 handelte, die hauptsächlich in Decalin bei Temperaturen von 115°C bis 180°C durchgeführt wurden. Poë und Mitarbeiter stellten fest, daß die Geschwindigkeit in einer Argon-Atmosphäre von der Ordnung 1/2 bezüglich $[(Mn_2(CO)_{10}]$ ist, und schlugen den durch Gl. (5.7) beschriebenen Mechanismus vor:

$$Mn_2(CO)_{10} \quad \underset{k_{-1}}{\overset{k_1}{\rightleftharpoons}} \quad 2 \,\{Mn(CO)_5\} \quad \overset{k_2}{\longrightarrow} \quad \text{Produkte} \qquad (5.7)$$

Wird die Dimetallspezies als M_2, die Monometall-Spezies als M bezeichnet, und wird für M ein stationärer Zustand angenommen, so gilt

$$2\,k_1[M_2] - 2\,k_{-1}[M]^2 - k_2[M] = 0 \qquad (5.8)$$

und

$$\frac{d[M_2]}{dt} = k_1[M_2] - k_{-1}[M]^2 = \frac{k_2[M]}{2} \qquad (5.9)$$

Die erste Gleichung ist quadratisch und kann für [M] als Funktion von $[M_2]$ gelöst werden, und man erhält

$$[M] = \frac{k_2}{4\,k_{-1}}\left[-1 \pm \left(1 + \frac{16\,k_{-1}k_1}{k_2{}^2}[M_2]\right)^{1/2}\right]$$

$$= \frac{k_2}{4\,k_{-1}}\left[-1 + (1 + a)^{1/2}\right] \qquad (5.10)$$

wobei die positive Wurzel gewählt wird, da [M] positiv sein muß. Wird Gl. (5.10) erweitert mit, und anschließend dividiert durch $[1 + (1 + a)^{1/2}]$, so erhält man

$$[M] = \frac{k_2}{4\,k_{-1}}\left(\frac{a}{1 + (1 + a)^{1/2}}\right) \qquad (5.11)$$

Die Substitution von [M] in Gl. (5.9) ergibt

$$-\frac{d[M_2]}{dt} = \frac{(k_2)^2}{8\,k_{-1}} \left(\frac{a}{1 + (1 + a)^{1/2}} \right) \qquad (5.12)$$

Ist $a^{1/2} \gg 1$, was voraussetzt, daß $a \gg 1$, so liefert Gl. (5.12)

$$-\frac{d[M_2]}{dt} = \frac{(k_2)^2}{8\,k_{-1}} (a)^{1/2} = \frac{k_2}{2} \left(\frac{k_1[M_2]}{k_{-1}} \right)^{1/2} \qquad (5.13)$$

Daher kann die durch diesen Mechanismus vorausgesagte Geschwindigkeit bezüglich [M] von der Ordnung 1/2 sein. Es bleibt fraglich, ob die die Größe von a betreffende Annahme gerechtfertigt ist. Neuere Arbeiten[36] haben gezeigt, daß die Geschwindigkeit des Rekombinationsschrittes nahe der Diffusionskontrolle liegt ($k_{-1} \approx 10^9\ M^{-1}\ s^{-1}$).

In aktuellen Studien wurden die Beobachtungen von Poë und Mitarbeitern, und besonders ihre Bedeutung für den Mechanismus der CO-Substitution von $Mn_2(CO)_{10}$, angezweifelt. Sonnenberger und Atwood[37] untersuchten die Reaktion von $(OC)_5Mn\!-\!Re(CO)_5$ mit PR_3, fanden jedoch kein $Mn_2(CO)_9(PR_3)$ oder $Re_2(CO)_9(PR_3)$. Es wurde erwartet, daß letztere bei Radikalkombinationen gebildet würden, aber diese Erwartung wurde von Poë auf der Grundlage der wahrscheinlichen Lebensdauern und Reaktivitäten der $\{\cdot M(CO)_5\}$-Zwischenstufen in Frage gestellt. Atwood argumentierte, daß die Zeitabhängigkeit der Produktverteilung ebenfalls mit einem Radikalmechanismus unvereinbar ist, da die Konzentration von $(OC)_5Mn\!-\!Re(CO)_4(PR_3)$ und $(R_3P)(CO)_4Mn\!-\!Re(CO)_5$ zunächst zunimmt, und diese anschließend unter Bildung der disubstituierten Spezies zerfallen. Muetterties und Mitarbeiter[38] fanden, daß $^{185}Re_2(CO)_{10}$ und $^{187}Re_2(CO)_{10}$ unter den Bedingungen der thermischen Zersetzung keine Kreuzprodukte bilden, selbst wenn CO zur Unterdrückung der Zersetzung zugesetzt wird. Ferner ergab sich, daß $Mn_2(^{12}CO)_{10}$ und $Mn_2(^{13}CO)_{10}$ in Oktan bei 120°C über einen Zeitraum, in dem ein deutlicher Austausch mit freiem CO stattfindet, keine CO-Umverteilung zeigen. Zudem betragen die Halbwertszeiten des CO-Austausches und der PPh_3-Substitution 45 bzw. 46 Minuten, was auf den gleichen geschwindigkeitsbestimmenden Prozeß in beiden Reaktionen hindeutet. Die verschiedenen Facetten dieses Problems werden in Kurzmitteilungen von Poë[39] und Atwood[40] diskutiert.

5.1.d Radikalische Reaktionswege der Ligandensubstitution

Obwohl das Auftreten radikalischer Reaktionswege in Metall-Metall-gebundenen Systemen zweifelhaft bleibt, gibt es Beispiele für metallorganische Radikalreaktionen, und diese könnten sogar stärker verbreitet sein als ursprünglich angenommen.

Absi-Halabi und Brown[41] stellten fest, daß die Substitution an $Cl_3Sn\!-\!Co(CO)_4$ Eigenschaften zeigt, die charakteristisch für einen radikalischen Prozeß sind. Die Reaktion wird durch Licht beschleunigt und durch Radikalfänger wie O_2 und Galvinoxyl gehemmt. Der angenommene Prozeß, dem diverse Radikalrekombinationsreaktionen und Elektronentransferschritte zum Reaktanden folgen, ist in Schema 5.4 gezeigt.

Schema 5.4

$$Cl_3Sn{-}Co(CO)_4 + L \longrightarrow Cl_3(L)Sn{-}Co(CO)_4$$

$$Cl_3(L)Sn{-}Co(CO)_4 \longrightarrow \{Cl_3SnL\bullet\} + \{\bullet\,Co(CO)_4\}$$

$$\{\bullet\,Co(CO)_4\} + L \longrightarrow \{\bullet\,Co(CO)_3(L)\} + CO$$

Byers und Brown[42] beobachteten, daß $HRe(CO)_4$ bei 60°C in Hexan unter Lichtausschluß und N_2-Atmosphäre inert gegen eine Phosphan-Substitution ist. Der Zusatz eines beliebigen Radikalstarters bewirkte jedoch innerhalb weniger Minuten eine vollständige Substitution, und als reaktive Spezies wurde $\{\bullet Re(CO)_5\}$ angenommen. Andererseits scheint $HMn(CO)_5$ einer normalen Substitution[43] ohne Anzeichen für einen radikalischen Prozeß zu unterliegen. Sweany und Halpern[44] berichteten jedoch über einen radikalischen Reaktionsweg der Hydrierung von $(Ph)(Me)C{=}CH_2$ durch $HMn(CO)_5$, basierend auf der Beobachtung der chemisch induzierten dynamischen Kernpolarisation (CIDNP) im ^{1}H-NMR-Spektrum des Methylstyrols. Die ursprünglich über eine H-Abstraktion durch das Methylstyrol aus $HMn(CO)_5$ gebildeten Radikale können entweder rekombinieren oder fortdiffundieren und Folgereaktionen eingehen. Bullock und Samsel[45] schlugen für die Reaktion von verschiedenen Metallcarbonylhydriden mit α-Cyclopropylstyrol einen ähnlichen Mechanismus vor. In dieser Arbeit finden sich auch die relativen Geschwindigkeiten der H-Abstraktion und der Cyclopropyl-Ringöffnung durch das organische Radikal.

Der Mechanismus der Substitution an radikalischen 17-VE-Spezies war Gegenstand neuerer Arbeiten. Herrington und Brown[46] zeigten, daß die Substitution an $\{\bullet Mn(CO)_5\}$ ein bimolekularer Prozeß ist, wobei die Geschwindigkeitskonstanten für verschiedene Eintrittsgruppen in Tabelle 5.5 aufgeführt sind. Aus dieser Studie ergab sich außerdem, daß die Zersetzung von $\{\bullet Mn(CO)_5\}$ durch CO-Verlust eine Geschwindigkeitskonstante $< 90\ s^{-1}$ aufweisen muß.

Tabelle 5.5. Geschwindigkeitskonstanten (24°C) der Reaktion von $\{\bullet Mn(CO)_5\}$ mit verschiedenen Eintrittsgruppen in Hexan

Eintrittsgruppe	$k(M^{-1}s^{-1})$
PPh_3	$1{,}7 \times 10^7$
$AsPh_3$	$6{,}5 \times 10^4$
$P(n\text{-}Bu)_3$	$1{,}0 \times 10^9$
$P(i\text{-}Pr)_3$	$6{,}7 \times 10^7$
$P(O\text{-}i\text{-}Pr)_3$	$3{,}1 \times 10^7$

Die Reaktionen von CO mit den substituierten Radikalen $\{\cdot Mn(CO)_3(PR_3)_2\}$ sind von zweiter Ordnung, mit Geschwindigkeitskonstanten von 42 $M^{-1}s^{-1}$ für R = n-Bu und 0,32 $M^{-1}s^{-1}$ für R = i-Bu (24°C in Hexan).[47] Nach Studien von Poë und Mitarbeitern[48] ist die Substitution an $\{\cdot Re(CO)_5\}$ ein Prozeß zweiter Ordnung.

Bei der Untersuchung der Reaktionen von $\{\cdot Fe(CO)_3(PR_3)_2^+\}$-Radikalkationen fanden Trogler und Mitarbeiter[49], daß die CO-Substitution ein Prozeß zweiter Ordnung ist, dessen Geschwindigkeit vom sterischen Anspruch der Eintrittsgruppe abhängt. Bei einer Reihe von Pyridin-Nucleophilen korrelieren die Geschwindigkeitskonstanten mit den pK_a-Werten. Beispielhaft sind die Parameter der Reaktion von Pyridin mit $\{\cdot Fe(CO)_3(PPh_3)_2^+\}$ bei 25°C in CH_2Cl_2: k = 13,6 $M^{-1}s^{-1}$, $\Delta H^* = 9,8$ kcal mol^{-1} und $\Delta S^* = -21$ cal $mol^{-1}K^{-1}$.

Die theoretischen Aspekte der Substitution an 17 VE-Systemen wurden kürzlich von Therien und Trogler[50] diskutiert, einschließlich einer Analyse der Radikalgeometrien und der Richtung des nucleophilen Angriffs. Die Dominanz des assoziativen Angriffs steht in Einklang mit den Beobachtungen von Basolo und Mitarbeitern[5] an verschiedenen 17 VE-V(0)-Spezies.

5.2   INSERTIONSREAKTIONEN

5.2.a CO-Insertion

Das klassische Beispiel einer CO-Insertionsreaktion ist

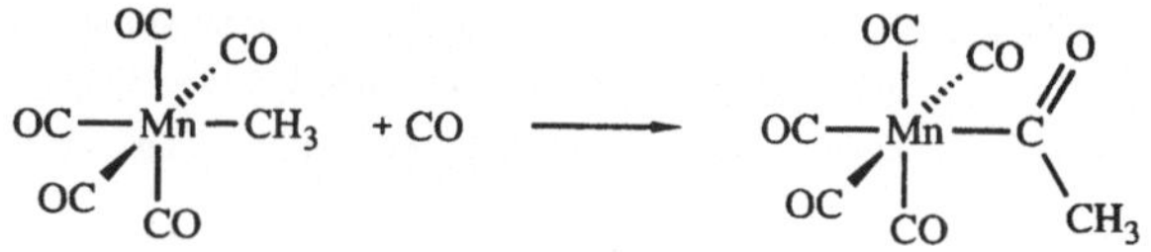

$$(OC)_5Mn-CH_3 + CO \longrightarrow (OC)_5Mn-C(=O)CH_3 \tag{5.14}$$

Die CO-Insertion kann ein wichtiger Schritt in C–C-bindungsbildenden Reaktionen sein, die durch metallorganische Komplexe katalysiert werden. Auf den ersten Blick scheint dieses eine Insertion des eintretenden CO in die Mn–CH$_3$-Bindung zu sein, und der Begriff "Insertion" wird weiterhin verwendet, obwohl Phosphane und andere Nucleophile (L) eine gleichartige Umwandlung bewirken, wie in Gl. (5.15) gezeigt:

$$(OC)_4Mn-CH_3 + L \longrightarrow (OC)_4(L)Mn-C(=O)CH_3 \tag{5.15}$$

Diese könnte immer noch als Insertion eines koordinierten CO in die M–CH$_3$-Bindung betrachtet werden, es könnte sich aber auch um die Wanderung der CH$_3$-Gruppe zu einem koordinierten CO-

Molekül handeln. Die klassische IR-spektroskopische Untersuchung von Noack und Calderazzo[51] unter Verwendung von ^{13}C-markiertem CO zeigte, daß die Reaktion tatsächlich über eine CH$_3$-Wanderung verläuft. Die Originalarbeit wurde durch ^{13}C-NMR-Studien von Flood et al.[52] bestätigt.

Die mechanistischen Schlußfolgerungen für dieses System beruhen auf der Produktverteilung der Rückreaktion (Decarbonylierung), wie in Schema 5.5 dargestellt. Ist der Mechanismus eine CH$_3$-Wanderung, so sollte das Produkt zu 25 % das markierte CO trans zu CH$_3$, zu 50 % das markierte CO cis zu CH$_3$ und zu 25 % kein markiertes CO enthalten. Verläuft die Reaktion dagegen über die Insertion eines koordinierten CO, sollte das Produkt zu 75 % das markierte CO in der cis-Position und zu 25 % kein markiertes CO enthalten. Die Resultate beider Studien ergeben eine *mit einer CH$_3$-Wanderung konsistente Produktverteilung*.

Schema 5.5

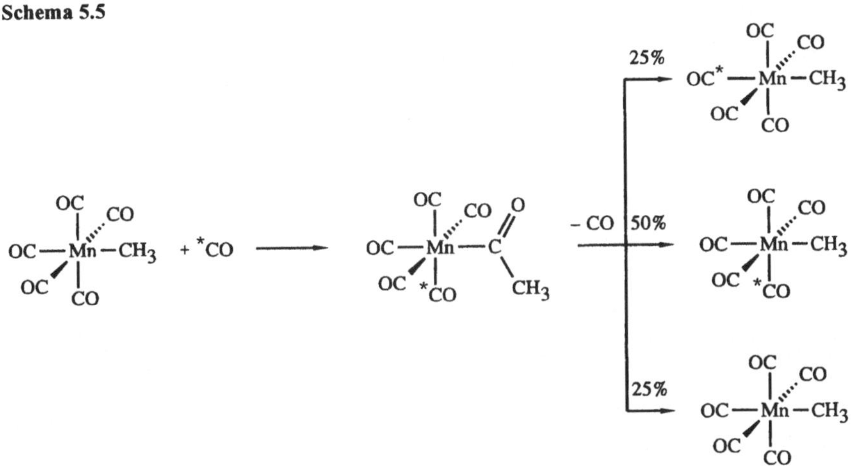

(Reaktionsschema: Ausgangskomplex OC—Mn(CO)$_4$—CH$_3$ + *CO → Acylkomplex OC—Mn(CO)$_3$(*CO)—C(=O)CH$_3$ → (−CO) Produktverteilung: 25 % OC*—Mn(CO)$_4$—CH$_3$; 50 % OC—Mn(CO)$_3$(*CO)—CH$_3$; 25 % OC—Mn(CO)$_4$—CH$_3$)

Bei vielen anderen Metallcarbonylen sind die mechanistischen Details zwar unbekannt, es wird aber vermutet, daß sie ebenfalls nach dem Methylwanderungsmechanismus reagieren. Die Ergebnisse von Wright und Baird[53] zur Reaktion von ^{13}CO mit Fe(CO)$_2$(PMe$_3$)(I)(CH$_3$) stehen mit einer Methylwanderung in Einklang, auch wenn die Interpretation durch die I$^-$-Dissoziation erschwert wird.

Die CO-Insertion in optisch aktives (η^5-C$_5$H$_5$)Fe(CO)PR$_3$(CH$_3$) wurde von Flood und Campell[54] untersucht, die sich aus der Produktverteilung Aufschluß über die wandernde Gruppe versprachen, wie in Schema 5.6 dargestellt. Beobachtet wurde, daß in Nitromethan und Acetonitril die Produkte auf eine Methylwanderung hinweisen, während die Produkte in Dimethylsulfoxid, N,N-Dimethylformamid, Propylencarbonat und Hexamethylphosphorsäuretriamid eine CO-Wanderung nahelegen. Das mögliche Auftreten des in geschwungenen Klammern in Schema 5.6 dargestellten η^2-Acyl-Zwischenpoduktes macht die Interpretation in Hinblick auf die wandernde Gruppe jedoch fraglich.

Brunner und Mitarbeiter[55] haben gezeigt, daß in dem von Flood studierten System eine Methylwanderung stattfindet, wenn die Reaktion durch BF_3 katalysiert wird. Diese Katalyse ist mit einer Komplexierung des BF_3 an den CO-Sauerstoff zu vereinbaren, wodurch die Elektronendichte am C-Atom verringert und eine CH_3-Wanderung gefördert wird.

Schema 5.6

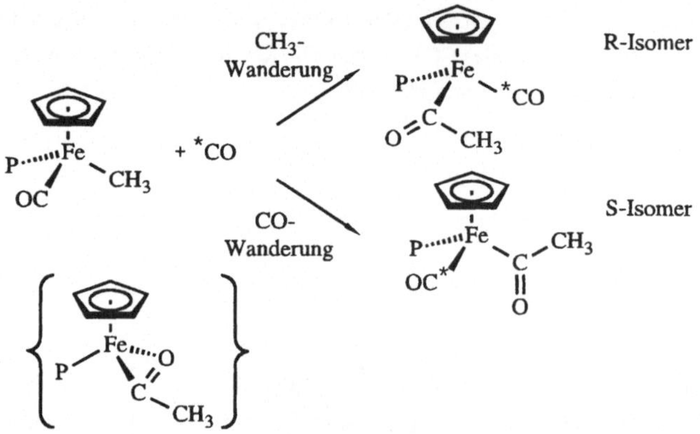

$$CH_3\text{-Wanderung} \qquad \text{R-Isomer}$$

$$CO\text{-Wanderung} \qquad \text{S-Isomer}$$

Die Kinetik der Reaktionen mit $Mn(CO)_5(CH_3)$ stimmt mit einem dissoziativen Mechanismus überein, der, wie Schema 5.7 zeigt, über die Bildung eines ungesättigten Zwischenproduktes verläuft.

Schema 5.7

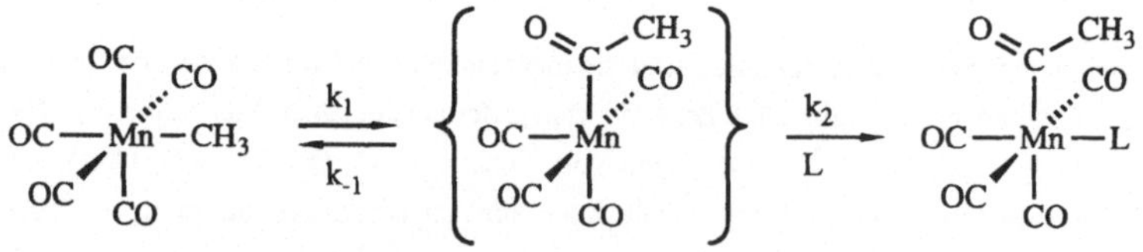

Die Geschwindigkeitskonstante pseudo-erster Ordnung ($[L] \gg [Mn]$) ist dann gegeben durch

$$k_{exp} = \frac{k_1 k_2 [L]}{k_{-1} + k_2 [L]} \tag{5.16}$$

Für L = CO findet man, daß k_{exp} eine direkte Abhängigkeit von der CO-Konzentration zeigt. Dieses wird als Hinweis darauf gewertet, daß $k_2[CO] \ll k_{-1}$ ist, da die CO-Konzentration durch die geringe Löslichkeit von CO in den meisten Solventien sehr klein ist. Ist L = Pyridin,[56] so findet man $k_{exp} = k_1$, offenbar, weil $k_2[L] \gg k_{-1}$ ist.

Die Reaktionsgeschwindigkeit zeigt eine deutliche Abhängigkeit von den Eigenschaften des Lösungsmittels,[57] wobei die Reaktionen in polareren Solventien schneller verlaufen. Dieser Lösungsmitteleffekt kann entweder der besseren Solvatation des polaren Zwischenproduktes oder einer direkten Solvenskoordination zugeschrieben werden. Selbst das Geschwindigkeitsgesetz kann sich ändern;[58] so ist bei der Reaktion von $CpMo(CO)_3(CH_3)$ mit PPh_3 die Geschwindigkeit in Benzol bezüglich $[PPh_3]$ von erster Ordnung, in Tetrahydrofuran dagegen unabhängig von $[PPh_3]$. Vor kurzem haben Wax und Bergman[59] dieses System in einer Reihe methylsubstituierter Tetrahydrofuran-Solventien studiert, die wegen ihrer ähnlichen Polaritäten gewählt wurden. Die Ergebnisse stehen in Einklang mit Schema 5.8.

Schema 5.8

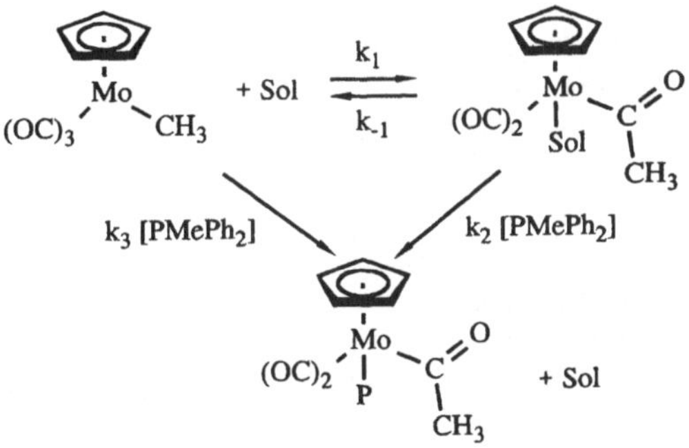

Die Geschwindigkeitskonstante pseudo-erster Ordnung ist durch Gl. (5.17) gegeben:

$$k_{exp} = \frac{k_1 [PMePh_2]}{\dfrac{k_{-1}}{k_2} + [PMePh_2]} + k_3 [PMePh_2] \tag{5.17}$$

In THF und 3-MeTHF zeigt die Kinetik eine Sättigung, und man kann k_{-1}/k_2 berechnen; in 2-MeTHF und $2,5\text{-Me}_2\text{THF}$ wird jedoch kein Sättigungsverhalten beobachtet, was darauf hinweist, daß k_{-1}/k_2 viel kleiner ist. Es wird angenommen, daß die letzteren Solventien viel schwächer koordiniert sind, so daß k_2 größer ist. Die Ergebnisse sind in Tabelle 5.6 zusammengefaßt. Eine Untersuchung in $THF/2,5\text{-Me}_2\text{THF}$-Gemischen zeigte ebenfalls, daß der k_1-Pfad erwartungsgemäß von erster Ordnung bezüglich THF ist. Wegen der Abhängigkeit erster Ordnung von der

Eintrittsgruppe scheinen die Schritte k_1 und k_2 assoziativ zu sein. Dieses könnte durch eine haptotrope Verschiebung aus der η^5-C_5H_5- in eine η^3-C_5H_5-Form verursacht werden, welche eine Koordination der Eintrittsgruppe erlaubt. Es sei erwähnt, daß die k_1-Werte den für eine sterische Hinderung der Eintrittsgruppe bei einer assoziativen Aktivierung erwarteten Trend zeigen. Die k_3-Werte sind relativ konstant, wie es bei geringen allgemeinen Solvenseffekten erwartet wird. In einer früheren Arbeit von Butler et al.[58] wurde festgestellt, daß die Geschwindigkeit mit PPh_3 in THF unabhängig von $[PPh_3]$ ist, was darauf hindeutet, daß k_3 und k_2 bei diesem Phosphan viel kleiner sind. Dieses stände mit einem sterischen Effekt der Eintrittsgruppe in Einklang.

Die Kinetik der Insertionsreaktionen an $R\text{–}Fe(CO)_4^-$ wurden von Collman et al.[60] untersucht. Diese Arbeit zeigt die Bedeutung des Ionenpaares für diese Reaktionen, ein Faktor, der besonders bei der Beteiligung geladener Spezies zu berücksichtigen ist. Das System kann durch Schema 5.9, unter Einschluß von Ionenpaaren und Ionentripletts des Eduktes und des Produktes, beschrieben werden, wobei $Z^+ = Na^+$, Li^+ oder $(Ph_3P)_2N^+$ ist.

Mit Na^+ in THF ist $K_{ip} = 1{,}1 \times 10^4$ M, $K_{ip}' = 2 \times 10^6$ M, $K_{it} = 1{,}7 \cdot 10^2$ M und $K_{it}' = 1 \times 10^2$ M. Die Geschwindigkeit ist bezüglich $[L]$ und der Ionenpaarkonzentration des Eduktes von erster Ordnung. Mit zunehmender Solvenspolarität sinkt in diesem System die Geschwindigkeit hauptsächlich deshalb, weil die Ionenpaarbildung zurückgedrängt wird. Das Ionenpaar könnte deshalb die reaktivere Spezies darstellen, weil die Wechselwirkung des Kations mit den CO-Liganden ($Fe\text{–}CO\cdots Na^+$) die Methylwanderung begünstigt.

Tabelle 5.6. Geschwindigkeitskonstanten der Methylwanderung $(59{,}9\,^\circ C)$ für $CpMo(CO)_3(CH_3)$ in verschiedenen Lösungsmitteln

Solvens	$10^4 \times k_1$ (s⁻¹)	k_{-1}/k_2 (M)	$10^4 \times k_3$ (M⁻¹s⁻¹)
(Tetrahydrofuran)	7,78	0,0104	1,73
(2-Methyltetrahydrofuran, CH₃)	6,46	0,0082	1,86
(2-Methyltetrahydrofuran, CH₃)	1,48		1,95
(H_3C–O–CH_3, 2,5-Dimethyltetrahydrofuran)	0,23		1,67

Schema 5.9

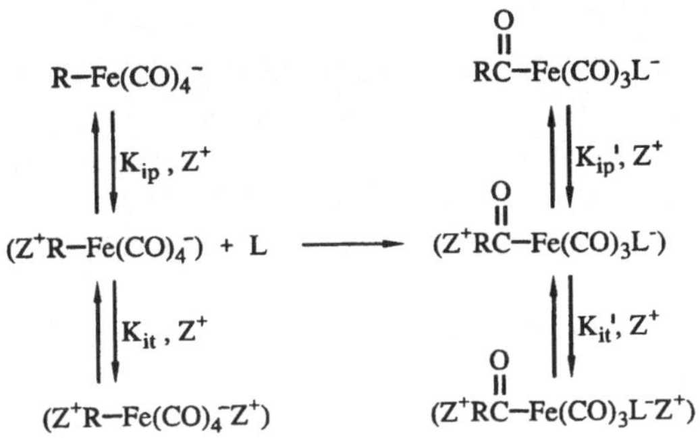

$$R-Fe(CO)_4^- \qquad\qquad \overset{\overset{\textstyle O}{\textstyle \|}}{R}C-Fe(CO)_3L^-$$

$$\Updownarrow K_{ip},\ Z^+ \qquad\qquad\qquad \Updownarrow K_{ip}',\ Z^+$$

$$(Z^+R-Fe(CO)_4^-) + L \longrightarrow (Z^+RC-Fe(CO)_3L^-)$$

$$\Updownarrow K_{it},\ Z^+ \qquad\qquad\qquad \Updownarrow K_{it}',\ Z^+$$

$$(Z^+R-Fe(CO)_4^-Z^+) \qquad\qquad (Z^+RC-Fe(CO)_3L^-Z^+)$$

5.2.b SO_2-Insertion

Erwiesenermaßen erfolgt die Schwefeldioxid-Insertion über die O-gebundene Sulfinat-Zwischenstufe, die, wie in Schema 5.10 dargestellt, zum S-gebundenen Produkt[61] umlagert.

Schema 5.10

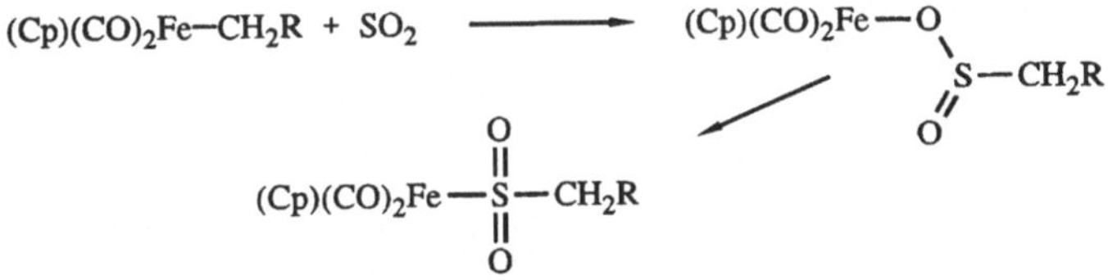

$$(Cp)(CO)_2Fe-CH_2R + SO_2 \longrightarrow (Cp)(CO)_2Fe-O-S(=O)-CH_2R$$

$$(Cp)(CO)_2Fe-\overset{\overset{\textstyle O}{\textstyle \|}}{\underset{\underset{\textstyle O}{\textstyle \|}}{S}}-CH_2R$$

Es wurde beobachtet,[62] daß diese Reaktion unter Inversion am M-gebundenen Alkylkohlenstoffatom verläuft, und es wird vermutet, daß der Mechanismus den elektrophilen Angriff des SO_2-Moleküls an diesem C-Atom beinhaltet, gefolgt von einer Umlagerung zum O-gebundenen Isomer. Ein analoger Reaktionsweg wurde für die SO_2-Insertion in $[W(CO)_5Y(CH_3)_3]^-$ (Y = Si oder Sn) ermittelt.[63]

5.2.c CO_2-Insertion

Der durch die Kohlendioxid-Insertion geprägte Reaktionstyp wird in Gl. (5.18) gezeigt und stellt einen weiteren wichtigen C-C-Verknüpfungsprozeß dar:

$$M-R + CO_2 \longrightarrow M-O-\overset{}{\underset{\underset{\textstyle O}{\textstyle \|}}{C}}-R \qquad\qquad (5.18)$$

Kinetik und Stereochemie dieses Vorgangs wurden kürzlich von Darensbourg und Mitarbeitern[64] studiert. Die Geschwindigkeit ist in elektronenreicheren Metallkomplexen erhöht und zeigt eine geringere Empfindlichkeit gegenüber der Art des Kohlenstoffzentrums als die CO-Insertion. Die Reaktionen von $W(CO)_4(L)(R)^-$ (L = CO, Phosphan, Phosphit; R = Me, Et, Ph) wurden in THF untersucht, wobei die Kinetik für $W(CO)_5CH_3^-$ eine Abhängigkeit erster Ordnung von $[CO_2]$ und dem Metallkomplex zeigt. Die Geschwindigkeit wird durch die Zugabe von Na^+, möglicherweise durch eine Ionenpaarbildung, gesteigert. In der kinetischen Untersuchung wurde $(Ph_3P)_2N^+$ als Gegenion verwendet, um durch die Größe und Ladungsdelokalisation dieses Kations die Ionenpaareffekte zu minimieren. Für $W(CO)_4(P(OMe)_3)(CH_3)^-$ wurden als Aktivierungsparameter die Werte $\Delta H^* = 42{,}7$ kJ mol^{-1} und $\Delta S^* = -181$ J $mol^{-1}K^{-1}$ bestimmt.

Die Stereochemie des an W koordinierten Kohlenstoffatoms wurde unter Verwendung des threo-Ligand-Isomers von $(OC)_5W–CHD–CHDPh^-$ überprüft, und es wurde ein Verlauf unter Retention der Stereochemie am α-Kohlenstoff gefunden (Gl. (5.19)).

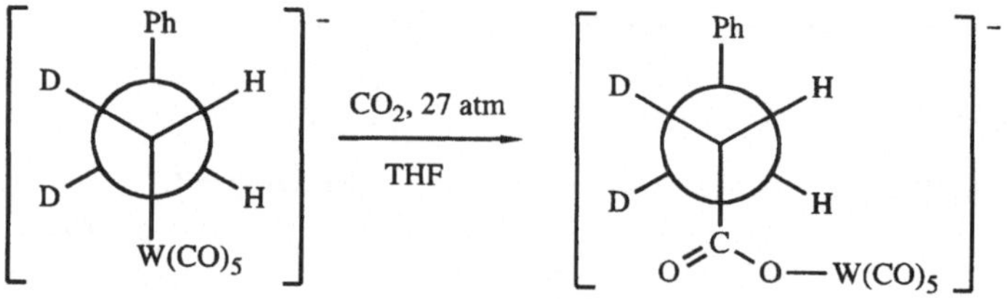

$$(5.19)$$

Der mit den Beobachtungen harmonierende Mechanismus ist in Schema 5.11 dargestellt.

Schema 5.11

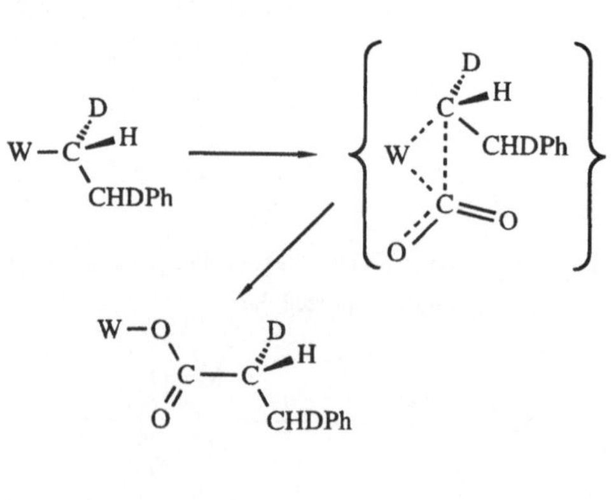

5.3 OXIDATIVE ADDITIONSREAKTIONEN

5.3.a Allgemeine Überlegungen und Mechanismen

Oxidative Additionsreaktionen verlaufen gewöhnlich über einen koordinativ ungesättigten 16 VE-Metallkomplex oder eine fünffach koordinierte 18 VE-Spezies; sie haben die allgemeine Form

$$(L)_n M \; + \; XY \; \longrightarrow \; (L)_n M(X)(Y) \tag{5.20}$$

Wird für die Liganden X und Y im Komplex die formale Oxidationsstufe -1 angenommen, so hat sich die formale Oxidationsstufe des Metallzentrums um +2 erhöht, und dieses ist der Ursprung des Begriffs *Oxidative Addition*. Die Rückreaktion wird als *Reduktive Eliminierung* bezeichnet. Typische oxidative Additionsreaktionen sind in Gl. (5.21) gegeben. Die Stereochemie der Produkte kann durch nachfolgende Isomerisierungsreaktionen bestimmt werden und ist daher nicht immer charakteristisch für das ursprüngliche Produkt der oxidativen Addition.

$$\tag{5.21}$$

Oxidative Additionsreaktionen können auch zu weniger offensichtlichen Produkten führen, wie die folgenden Beispiele zeigen:

$$2\,Co(CN)_5{}^{3-} + CH_3I \longrightarrow Co(CN)_5(CH_3)^{3-} + Co(CN)_5I^{3-}$$

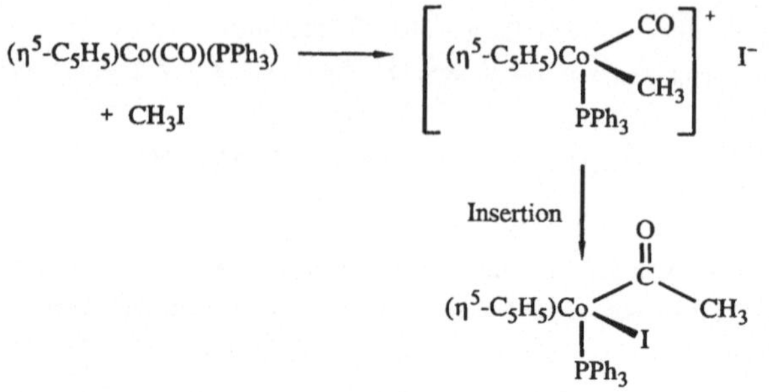

$$(\eta^5\text{-}C_5H_5)Co(CO)(PPh_3) + CH_3I \longrightarrow \left[(\eta^5\text{-}C_5H_5)Co\begin{smallmatrix}CO\\ \\CH_3\end{smallmatrix}\underset{PPh_3}{\Big|}\right]^{+} I^{-}$$

Insertion $\downarrow$

$$(\eta^5\text{-}C_5H_5)Co\underset{PPh_3}{\Big|}\begin{smallmatrix}O\\\|\\C\\ \end{smallmatrix}\begin{smallmatrix}CH_3\\ \\I\end{smallmatrix} \tag{5.22}$$

Die Geschwindigkeitsgesetze dieser Reaktionen sind bezüglich der Metallkomplex- und XY-Konzentrationen gewöhnlich von erster Ordnung. Der Reaktionsmechanismus hängt von der Natur von XY ab und kann in drei allgemein anerkannte Kategorien eingeteilt werden, die in Schema 5.12 gezeigt sind.

Schema 5.12

Ionisch

$$XY \rightleftharpoons X^{+} + Y^{-}$$

$$(L)_nM + Y^{-} \longrightarrow \{(L)_nM(Y)\}^{-} \xrightarrow{X^{+}} (L)_nM(Y)(X)$$

Nucleophiler Angriff (S_N2)

$$(L)_nM + XY \longrightarrow \{(L)_nM\text{-}\text{-}X\text{-}\text{-}Y\} \longrightarrow (L)_nM(Y)(X)$$

Radikalisch (Single Electron Transfer, SET)

$$(L)_nM + XY \rightleftharpoons \{(L)_nM\bullet\}^{+} + \{\bullet XY\}^{-}$$

$$\{\bullet XY\}^{-} \longrightarrow \{\bullet X\} + Y^{-}$$

Mögliche radikalische Folgeschritte

$$\{(L)_nM\bullet\}^{+} + \{\bullet X\} \longrightarrow \{(L)_nM\text{-}X\}^{+} \xrightarrow{Y^{-}} (L)_nM(Y)(X)$$

$$\{(L)_nM\bullet\}^{+} + Y^{-} \longrightarrow \{(L)_nM\text{-}Y\} \xrightarrow{\bullet X} (L)_nM(Y)(X)$$

$$(L)_nM + \{\bullet X\} \longrightarrow \{(L)_nM\}^{+} + X^{-}$$

$$\{(L)_nM\bullet\}^{+} + XY \longrightarrow \{(L)_nM\text{-}X\}^{+} + \{\bullet Y\}$$

Für bekanntermaßen dissoziierende Spezies wie HI und HBr (und weniger offensichtliche Beispiele wie $SnCl_4$ und Acylhalogenide) ist der ionische Mechanismus der wahrscheinlichste, und dieser wird besonders in polareren Solventien begünstigt. Viele organische Halogenide reagieren nach dem nucleophilen Mechanismus, sofern die $(L)_nM$-Spezies ein freies Elektronenpaar zur Verfügung stellen kann. Der radikalische SET-Mechanismus kommt offensichtlich immer dann in Betracht, wenn XY ein Oxidationsmittel wie Cl_2 oder Br_2 ist. Bei den in Schema 5.12 aufgeführten radikalischen Folgereaktionen ist der Umstand zu berücksichtigen, daß infolge der Konzentrationsverhältnisse die Radikale wahrscheinlicher mit den Reagentien als mit anderen Radikalen reagieren, sofern letztere nicht ziemlich beständig sind.

Eine vierte Alternative, die in metallorganischen Systemen nicht oft angetroffen wird, ist der Atomtransfer-Mechanismus in Schema 5.13

Schema 5.13

Atomtransfer

$$(L)_nM + XY \longrightarrow (L)_nM{-}X + {\bullet}Y$$

$$(L)_nM + {\bullet}Y \longrightarrow (L)_nM{-}Y$$

Sind $(L)_nM{-}X$ und $(L)_nM{-}Y$ stabile Produkte, so ist zu folgern, daß $(L)_nM$ ein metallorganischer Komplex mit ungerader Valenzelektronenzahl (z. B. 17) sein muß. Dieser Mechanismus wird bei der Reaktion von $Co(CN)_5^{3-}$ und Bis(dimethylglyoximato)cobalt(II) mit organischen Halogeniden beobachtet, aber strenggenommen handelt es sich nur bei den Produkten um metallorganische Komplexe.

5.3.b Oxidative Addition von H_2

Angesichts der H–H-Bindungsenergie von 105 kcal mol^{-1} erfolgt diese Reaktion mit 16-VE-Komplexen unerwartet leicht. Die ΔH^*-Werte liegen typischerweise im Bereich von 5 bis 10 kcal mol^{-1}, die ΔS^*-Werte im Bereich von -20 bis -50 cal $mol^{-1}K^{-1}$. Die Reaktion führt in jedem Fall zum cis-Dihydrid. Durch Liganden mit stärkerem Elektronendonorcharakter wird die Reaktionsgeschwindigkeit erhöht. Tabelle 5.7 zeigt einige typische Daten. Der relativ schwache Deuterium-Isotopeneffekt dieser Reaktion von ~1,2 deutet darauf hin, daß die H–H-Bindung im Übergangszustand noch im wesentlichen intakt ist.

Großes Interesse hat diese Reaktion aufgrund ihrer Bedeutung für katalytische Hydrierungsreaktionen gefunden. Crabtree und Mitarbeiter[65] diskutierten die Stereochemie der Addition an d^8-Komplexen. Vor kurzem wurden Komplexe mit einem η^2-H_2-Liganden isoliert und charakterisiert.[66] Als Beispiel dient der Komplex $W(CO)_3(PR_3)_2(H_2)$, der eine pentagonal-bipyramidale Struktur mit einer H–H-Bindungslänge von 0,82 Å und einer W–H-Bindungslänge von 1,89 Å aufweist. Die theoretische Behandlung der Bindungsverhältnisse kam zu dem Ergebnis,[67, 68] daß die Stabilität im wesentlichen von den π-Akzeptoreigenschaften der anderen Liganden am Metall abhängt, im voranstehenden Beispiel besonders von den CO-Liganden. Dies steht in Einklang mit der Beobachtung, daß die isoelektronischen $W(PR_3)_5$-Komplexe mit H_2 unter Bildung klassischer Dihydrid-Produkte reagieren. Anzumerken ist der Befund, daß die Dihydride $M(P(OR)_3)_5(H)_2$ (M = Cr und W) ein stark fluktuierendes Verhalten zeigen.[69, 70]

Die Reaktion von H_2 mit $Rh(Cl)(PPh_3)_3$ (Wilkinsons Komplex) ist wegen der Anwendung dieses Komplexes in der homogenen Katalyse von besonderer Bedeutung. Halpern und Wong[71] untersuchten dieses System mit Hilfe der stopped-flow Spektrophotometrie. Die Ergebnisse zeigen, daß die Reaktion sogar bei 16 VE-Komplexen nicht so einfach verläuft, wie man es sich vorstellen würde. Die Abhängigkeit der Geschwindigkeit von den Konzentrationen $[H_2]$ und $[PPh_3]$ ist mit dem in Schema 5.14 dargestellten Mechanismus in Einklang.

Schema 5.14

$$Rh(Cl)(PPh_3)_3 + H_2 \xrightarrow{k_1} Rh(Cl)(PPh_3)_3(H)_2$$

$$Rh(Cl)(PPh_3)_3 \underset{k_{-2}}{\overset{k_2}{\rightleftharpoons}} Rh(Cl)(PPh_3)_2 + PPh_3$$

$$Rh(Cl)(PPh_3)_2 + H_2 \xrightarrow{k_3} Rh(Cl)(PPh_3)_2(H)_2$$

$$Rh(Cl)(PPh_3)_2(H)_2 + PPh_3 \xrightarrow{schnell} Rh(Cl)(PPh_3)_3(H)_2$$

Tabelle 5.7. Geschwindigkeitskonstanten (30°C) und Aktivierungsparameter der oxidativen Addition von H_2 an $Ir(CO)(X)(PR_3)_2$ in Benzol

X	R	k $(M^{-1}s^{-1})$	ΔH^* (kcal mol^{-1})	ΔS^* (cal mol^{-1}K^{-1})
Cl	Ph	$0,93^a$	10,8	-23
Br	Ph	$14,3^a$	12,0	-14
I	Ph	$>100^a$		
Cl	p-OCH$_3$Ph	$0,66^b$	6,0	-39
Cl	p-CH$_3$Ph	$0,53^b$	4,3	-45
Cl	p-ClPh	$0,16^b$	9,8	-28
Cl	p-FPh	$0,25^b$	11,6	-22

[a] Halpern, J.; Chock, P.B. *J. Am. Chem. Soc.* **1966**, *88*, 3511.

[b] Ugo, R.; Pasini, A.; Fusi, A.; Cenini, S. *J. Am. Chem. Soc.* **1972**, *94*, 7364.

Das Geschwindigkeitsgesetz für diesen Mechanismus ist durch Gl. (5.23) gegeben:

$$\text{Geschwindigkeit} = \left(k_1 + \frac{k_2 k_3}{k_{-2}[\text{PPh}_3] + k_3[\text{H}_2]} \right)[\text{H}_2]\left[\text{Rh}(\text{Cl})(\text{PPh}_3)_3\right] \quad (5.23)$$

Die Abhängigkeit der Geschwindigkeit von [PPh$_3$] und [H$_2$] liefert: $k_1 = 4{,}8$ M^{-1}s^{-1}, $k_2 = 0{,}71$ s^{-1}, $k_{-2}/k_3 = 1{,}1$ (bei 25°C in Benzol). Man beachte, daß sich bei niedrigem [PPh$_3$] die Geschwindigkeitskonstante pseudo-erster Ordnung zu $k_{exp} = k_1[\text{H}_2] + k_2$ ergibt, und daß bei typischen H$_2$-Konzentrationen um 2×10^{-3} M (bei 1 atm) der k_2-Pfad dominiert.

5.3.c Oxidative Addition von organischen Halogeniden

Die bisher verfügbaren Erkenntnisse deuten darauf hin, daß oxidative Additionen von organischen Halogeniden sehr oft über einen nucleophilen Angriff des metallischen Zentrums an dem Kohlenstoff erfolgt, der das Halogenatom trägt (Schema 5.15). In zahlreichen Beispielen konnte gezeigt werden, daß die Reaktion, wie für den Mechanismus erwartet, unter Inversion der Konfiguration am C-Atom erfolgt. Die Addition des X⁻, die allgemein als Folgeschritt anzusehen ist, erfolgt in der Regel zu schnell für eine Beobachtung. Die Tatsache, daß diese Reaktionen nicht sehr stereoselektiv sind, ist hiermit zu vereinbaren. In dem in Schema 5.15 dargestellten Beispiel sind die Alkylgruppen und das Cl⁻ im Produkt transständig konfiguriert, und dieser Umstand wäre schwerlich zu erklären, wenn die Addition ein konzertierter Prozeß wäre.

Schema 5.15

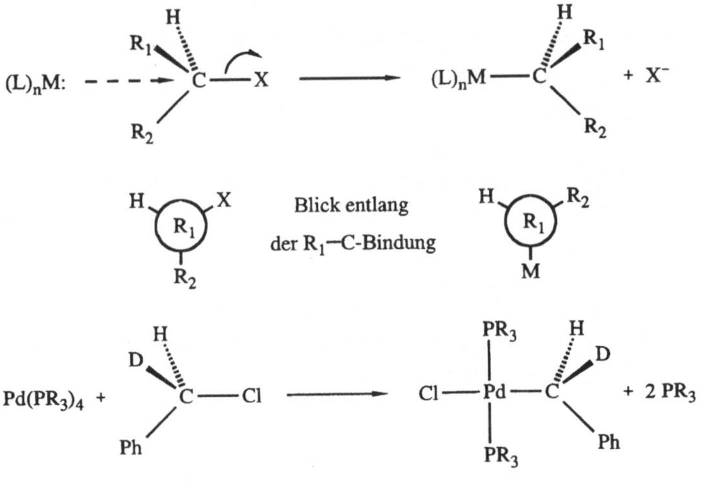

Tabelle 5.8 Geschwindigkeitskonstanten[a] (25°C) und Aktivierungs-parameter der Reaktion von CH_3I mit $Ir(Cl)(CO)(PR_3)_2$ in Benzol.

R	k $(M^{-1}s^{-1})$	ΔH^* $(kcal\ mol^{-1})$	ΔS^* $(cal\ mol^{-1}K^{-1})$
Ph	$3{,}3 \times 10^{-3}$	7,0	-47
$Et(Ph)_2$	$1{,}2 \times 10^{-2}$	9,8	-34
$(p\text{-}CH_3Ph)$	$3{,}3 \times 10^{-2}$	13,8	-20
$(p\text{-}FPh)$	$1{,}5 \times 10^{-4}$	17,0	-20
$(p\text{-}ClPh)$	$3{,}7 \times 10^{-5}$	14,9	-28

[a] Chock, P.B.; Halpern, J. *J. Am. Chem. Soc.* **1966**, *88*, 3511; Ugo, R.; Pasini, A.; Fusi, A.; Cenini, S. *J. Am. Chem. Soc.* **1972**, *94*, 7364.

Die Geschwindigkeiten dieser Reaktionen sind bezüglich jedes Eduktes von erster Ordnung. Tabelle 5.8 zeigt einige typische kinetische Daten. Die Geschwindigkeit wird viel stärker durch die umgebenden Liganden beeinflußt als diejenige der H_2-Addition, und sie wächst mit steigender Polarität des Lösungsmittels. Eine Verringerung der Basizität der Liganden oder ein Anstieg des sterischen Anspruchs bewirkt eine Verminderung des Additionsgeschwindigkeit.[72] Die Reaktivi-tätsabstufung der Halogenide ist in der Regel die folgende:

$$CH_3 > CH_2CH_3 > CH(R)_2 > \text{Cyclohexyl} > \text{Adamantyl}$$

Bei Methyl-, Benzyl- und Allylhalogeniden sowie α-Halogenethern wird gewöhnlich der S_N2-Mechanismus beobachtet. Andere gesättigte Alkyl-, Vinyl- und Arylhalogenide sowie α-Halogenester zeigen jedoch mit $Ir(CO)(Cl)(PMe_3)_2$ die Kennzeichen eines radikalischen Reaktions-weges.[73] EPR-spektroskopisch konnten in der Reaktion von $(\eta^5\text{-}C_5H_5)_2Zr(PMePh_2)$ mit Butylchloriden direkte Hinweise auf die Gegenwart von Radikalen erhalten werden.[74] Für die Reaktion eines Gold(I)Dimers, $(Au(H_2C)_2PPh_2)_2$, wurde aufgrund der Parallelität zwischen den Geschwindigkeiten und den Reduzierbarkeiten der organischen Halogenide ein Verlauf über einen SET-Mechanismus vorgeschlagen.[75] Die Reaktion von Alkylhalogeniden mit $Pt(PPh_3)_2$ soll über einen Halogenabstraktions-Mechanismus verlaufen.[76]

5.4 REAKTIONEN VON ALKENEN

Alkene und Alkine sind wie andere Nucleophile zu normalen Substitutionsreaktionen befähigt, bei 18 VE-Systemen ist dieser Prozeß jedoch nur selten assoziativ, da Alkene und Alkine schlechte Nucleophile sind. In solchen Systemen muß die Dissoziation eines Liganden vorausgehen, um eine Koordination des Alkens zu ermöglichen, welches daraufhin infolge der π-Rückbindung vom Metall in das π^*-Orbital der C–C-Mehrfachbindung eine starke Bindung ausbilden kann. Die bindenden π-Elektronen des Alkens weisen eine relativ geringe Nucleophilie auf. In koordinativ ungesättigten Systemen stellt sich das Problem einer vorhergehenden Dissoziation jedoch nicht. Schema 5.16 zeigt die erwarteten Primärreaktionen.

Schema 5.16

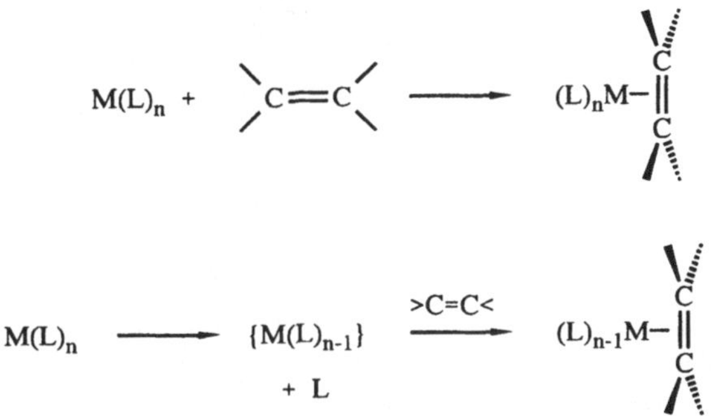

Diesen Reaktionen kann sich eine mit einer H-Wanderung verbundene Umlagerung in eine σ-gebunden Form anschließen, wie in Gl. (5.24) gezeigt:

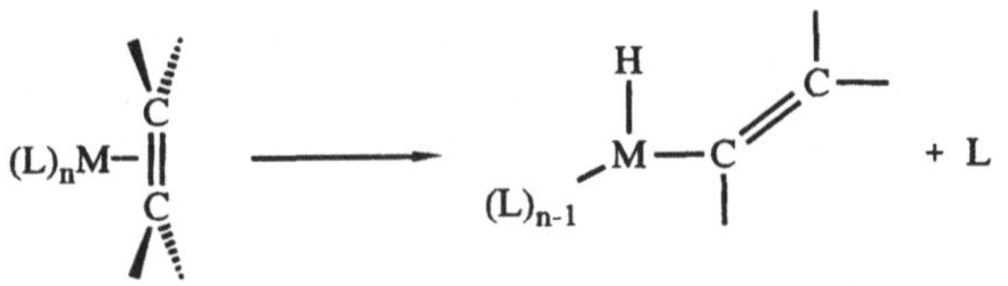

$$\tag{5.24}$$

Der letztere Prozeß scheint eine einfache, der π-Komplexbildung folgende Umlagerung zu sein, eine aktuelle Arbeit von Stoutland und Bergmann[77] zeigt aber, daß der Prozeß komplexer ist. In der thermischen Zersetzung von $(\eta^5\text{-}C_5Me_5)Ir(PMe_3)(C_6H_{11})(H)$ entstehen C_6H_{12} und die ungesättigte, reaktive Spezies $(\eta^5\text{-}C_5Me_5)Ir(PMe_3)$. Wird die Thermolyse in Gegenwart von Ethen durchgeführt, so entstehen die in Schema 5.17 gezeigten kinetischen Produkte.

Schema 5.17

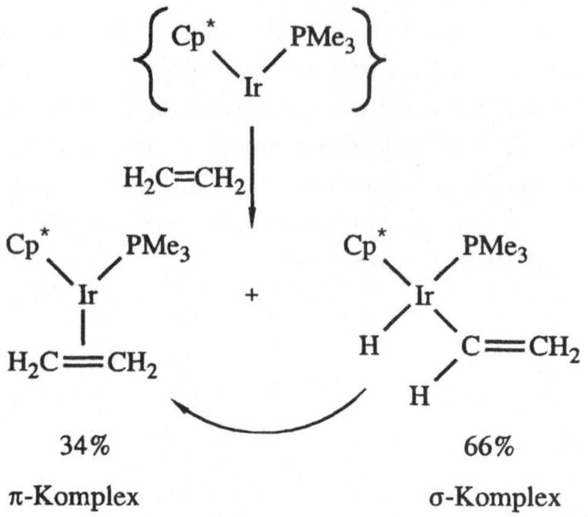

$$\left\{ \mathrm{Cp}^* \diagdown \!\!\!\underset{\mathrm{Ir}}{} \!\!\!\diagup \mathrm{PMe_3} \right\}$$

$$\xrightarrow{\;\mathrm{H_2C{=}CH_2}\;}$$

$$\underset{\mathrm{H_2C{=}CH_2}}{\mathrm{Cp}^* \diagdown \!\!\underset{\mathrm{Ir}}{}\!\! \diagup \mathrm{PMe_3}} \quad + \quad \mathrm{Cp}^* \diagdown \!\!\underset{\mathrm{Ir}}{}\!\! \diagup \mathrm{PMe_3}$$

34%	66%
π-Komplex	σ-Komplex

Der σ-Komplex lagert zum thermodynamisch stabileren π-Komplex um ($\Delta H^* = 34{,}6$ kcal mol^{-1}, $\Delta S^* = 2{,}6$ cal mol^{-1}K^{-1}), ersterer ist aber das kinetische Hauptprodukt. Hieraus ist zu folgern, daß die beiden Produkte direkt über zwei etwas unterschiedliche Übergangszustände gebildet werden. Stoutland und Bergman schlugen die in Abbildung 5.1 gezeigten Spezies, die eine anfängliche Bindung zwischen dem Metall und den Wasserstoffsubstituenten des Ethens beinhalten, als mögliche Übergangszustände vor. Verblüffend ist die Beobachtung, daß sowohl mit $H_2C{=}CD_2$ als auch mit *cis*-(HD)C=C(HD) die gleiche Produktverteilung der Isomere erhalten wird. Eigentlich wurde erwartet, daß ein auf die angenommenen Übergangszustände wirkender Isotopeneffekt bei den deuterierten Edukten eine Veränderung der Produktverteilung verursachen würde. Eine Kombination aus kalorimetrischen Messungen und Abschätzungen der Bindungsenergien ermöglichte die Konstruktion der in Abbildung 5.2 gezeigten Reaktionskoordinate. Dieses Diagramm unterscheidet sich dadurch von den gewöhnlichen Diagrammen, daß die Reaktion mit dem energiereichen Zwischenprodukt beginnt, das unter Bildung der Produkte in einem Verhältnis

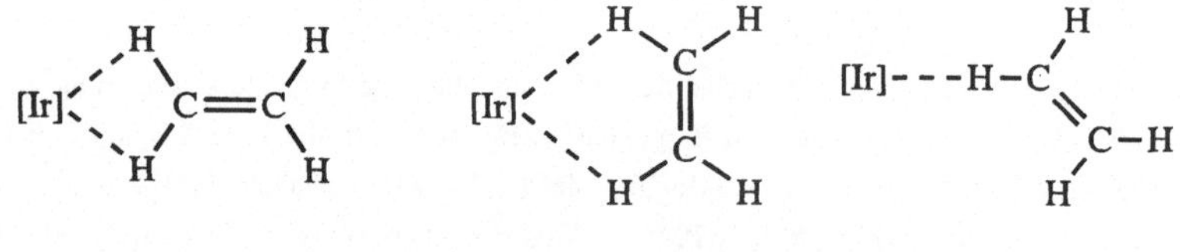

Abbildung 5.1 Mögliche Übergangszustände der Addition von Ethen an koordinativ ungesättigtes Iridium.

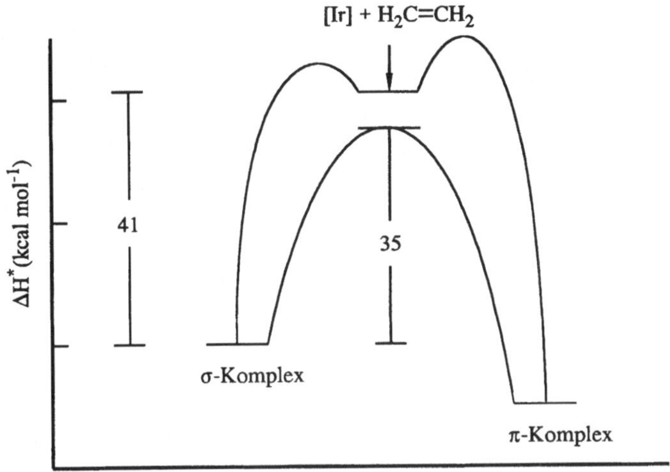

Abbildung 5.2 Reaktionskoordinate der Addition von Ethen an koordinativ ungesättigtes Iridium

abreagiert, welches von der relativen Höhe der Energiebarrieren auf der linken und rechten Seite abhängt. Erwähnenswert ist, daß die Differenz der Energiebarrieren zur Erklärung des Produktverhältnisses von etwa 2 : 1 kleiner als 1 kcal mol^{-1} sein muß. In Abbildung 5.2 ist diese Differenz stark übertrieben dargestellt, um zu veranschaulichen, daß die zum π-Komplex führende Barriere in Anbetracht des Produktverhältnisses höher sein muß.

Baker und Field[78] beobachteten ein ähnliches Verhalten bei $(diphos)_2Fe(H)_2$, das bei der Photolyse in Gegenwart von Ethen hauptsächlich zum cis-σ-Komplex reagiert. Letzterer isomerisiert zum trans-Produkt und reagiert schließlich zum stabileren π-Komplex. Graham und Mitarbeiter[79] stellten fest, daß sich der Trifluormethylpyrazolylborat(HBPf$_3$)-π-Komplex des Iridiums $(\eta^2$-HBPf$_3)Ir(CO)(\eta^2$-C$_2$H$_4$) bei 100°C zum stabileren σ-koordinierten Komplex $(\eta^2$-HBPF$_3)Ir(CO)(H)(-C_2H_3)$ umlagert, während der analoge σ-Komplex des Rhodiums bei 25°C den stabileren π-Komplex bildet. Offensichtlich ist die Gleichgewichtslage bei diesen Komplexen sehr leicht zu beeinflussen.

Eine ungewöhnliche Reaktion von $(\eta^5$-C$_5$H$_5)Co(NO)_2$ mit Olefinen wurde von Becker und Bergman[80] untersucht. Die direkte Substitutionsreaktion ist bezüglich des Metallkomplexes und des Olefins von erster Ordnung. Ebenso wurde der Austausch zwischen dem Olefinaddukt und freiem Olefin studiert. Diese Reaktionen sind in Schema 5.18 dargestellt.

Schema 5.18

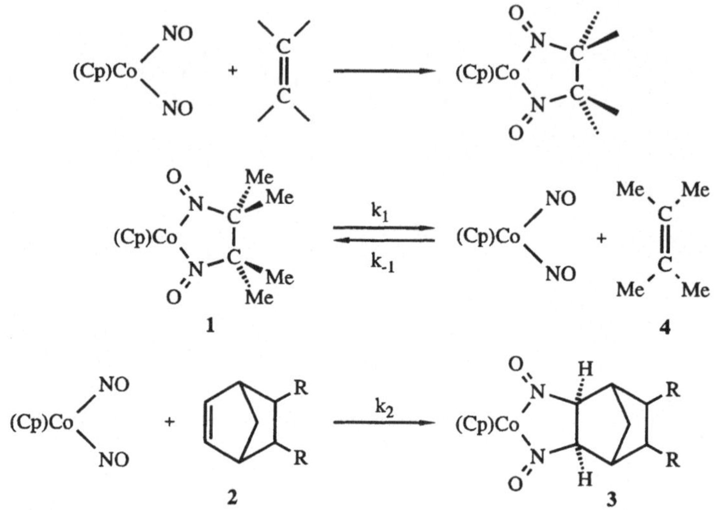

Wird die Bedingung des stationären Zustands auf $(Cp)Co(NO)_2$ angewandt, so ist das Geschwindigkeitsgesetz der Austauschreaktion mit dem voranstehenden Mechanismus konsistent, und es folgt Gl. (5.25).

$$k_{exp} = \frac{k_1[1][2]}{\left(\dfrac{k_{-1}}{k_2}\right)[4] + [2]} \tag{5.25}$$

Für $R = CO_2Me$ folgt aus den kinetischen Untersuchungen (75°C in Toluol): $k_1 = 4{,}3 \times 10^{-4}\ s^{-1}$ ($E_a = 29{,}4\ kcal\ mol^{-1}$) und $k_2/k_{-1} = 115$.

Bei der direkten Reaktion des Olefins mit $(Cp)Co(NO)_2$ hängt die Geschwindigkeitskonstante zweiter Ordnung vom Olefin ab, wie durch einige der Daten in Tabelle 5.9 angezeigt wird. Der Austausch eines Olefins gegen ein anderes verläuft stereospezifisch ohne Isomerisierung des Olefins. Diese Beobachtung beweist, daß der Austausch nicht über ein Zwischenprodukt mit C–C-Einfachbindung erfolgt, oder zumindest, daß ein solches Zwischenprodukt nicht langlebig genug ist, um eine Rotation um die C–C-Bindung zu erlauben, wie in Schema 5.10 angedeutet. Becker und Bergman bevorzugen für die Additions- und Dissoziationsreaktionen einen konzertierten Mechanismus (ohne Zwischenprodukt).

Tabelle 5.9. Geschwindigkeitskonstanten (20°C) der Reaktion von Olefinen mit (Cp)Co(NO)$_2$ in Cyclohexan

Olefin	k_2 (M^{-1}s^{-1})
(Norbornen)	130
(Cyclohexen)	3,9
Ph–CH=CH–Me (H, Me; Ph, H)	0,84
Me$_2$C=CMe$_2$	0,25

Schema 5.19

Da (Cp)Co(NO)$_2$ unter der Annahme, daß ein NO-Ligand als ein Dreielektronendonor (NO$^+$) und der andere als Einelektronendonor (NO$^-$) fungiert, eine 18 VE-Konfiguration erreichen kann, könnte diese Reaktion auch als formales Analogon zur 1,3-dipolaren Cycloaddition in der organischen Chemie angesehen werden. Es besteht auch die Möglichkeit eines Wechsels vom NO$^+$- zum NO$^-$-Modus im Übergangszustand, wobei das Co in einen ungesättigten Zustand geriete und dazu befähigt wäre, zwischenzeitlich einen π-Komplex zu bilden, der anschließend zum beobachteten Produkt umlagert. Eine weitere Möglichkeit ist eine haptotrope Verschiebung des C$_5$-Ringes, die Geschwindigkeit verändert sich aber nur um einen Faktor von etwa Drei, wenn der C$_5$-Ligand von C$_5$H$_5$ über C$_5$H$_4$CO$_2$Me zu C$_5$(Me)$_5$ variiert wird.

5.5   KATALYTISCHE HYDRIERUNG VON ALKENEN

Die Addition von H_2 an eine C=C-Doppelbindung ist thermodynamisch begünstigt, aber schwierig zu erzielen. In der Laborpraxis verwenden Chemiker Katalysatoren wie feinverteiltes Platin oder Rainey-Nickel, um eine ausreichende Reaktionsgeschwindigkeit zu erreichen. Die kinetische Barriere dieser Reaktion kann über ein einfaches Orbitalsymmetriediagramm veranschaulicht werden. Das Grundprinzip ist hierbei, daß sich die Elektronen im aktivierten Zustand in einer Weise bewegen müssen, die die Bildung bzw. die Spaltung der entsprechenden Bindungen ermöglicht. Im Falle der Hydrierung wollen wir die H–H-σ-Bindung und C–C-π-Bindung brechen und zwei C–H-Bindungen knüpfen. Die Elektronen müssen sich dabei aus dem besetzten Orbital des einen Moleküls in ein unbesetztes Orbital des anderen Moleküls bewegen, oder genauer: aus dem höchsten besetzten Orbital (HOMO) der einen Spezies in das tiefste unbesetzte Orbital (LUMO) der anderen Spezies.

Das HOMO von H_2 ist das bindende σ-Orbital, das LUMO das korrespondierende antibindende σ^*-Orbital. Im Falle eines Alkens ist das HOMO das bindende π-Orbital, das LUMO das korrespondierende antibindende π^*-Orbital. Zur Stabilisierung des aktivierten Komplexes müssen das jeweilige HOMO und LUMO eine möglichst große Überlappung aufweisen, d.h. die Vorzeichen der Radialteile der Wellenfunktion sollten im Überlappungsbereich gleich sein. Das erste Diagramm in Abbildung 5.3 zeigt, daß in diesem System nur eine Wechselwirkung der beiden HOMO´s ein nicht verschwindendes Überlappungsintegral aufweist. Zwischen zwei besetzten Orbitalen kann jedoch keine bindungsfördernde Elektronenbewegung stattfinden. Das zweite und dritte Diagramm zeigt, daß eine HOMO-LUMO-Kombination keine Netto-Überlappung bewirkt, d.h. der Übergangszustand wird nicht stabilisiert. Eine derartige Reaktion gilt als *symmetrieverboten*. Eine Katalysator muß auf irgend eine Weise dieses Symmetrieverbot umgehen können.

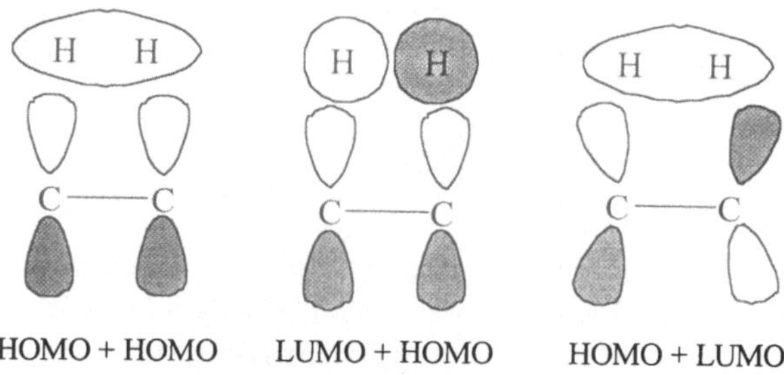

Abbildung 5.3. Die höchsten besetzten Molekülorbitale von H_2 und C_2H_4 sowie die möglichen Kombinationen mit dem tiefsten unbesetzten Molekülorbital des jeweils anderen Moleküls. Die Schraffur repräsentiert das Vorzeichen des Radialteiles der Wellenfunktion.

5.5.a Allgemeine Mechanismen

Es existieren zwei allgemein anerkannte Routen, über die ein metallorganischer Komplex die Hydrierung eines Alkens katalysieren kann. Sie werden als Olefinroute und als Hydridroute bezeichnet und sind in Schema 5.20 dargestellt. Beide beginnen mit einem koordinativ ungesättigten (16 VE-) Metallkomplex. Der erste Schritt der Olefinroute ist die Addition eines Olefins unter Bildung eines π-Komplexes, während der erste Schritt der Hydridroute die oxidative Addition von H_2 ist.

Schema 5.20

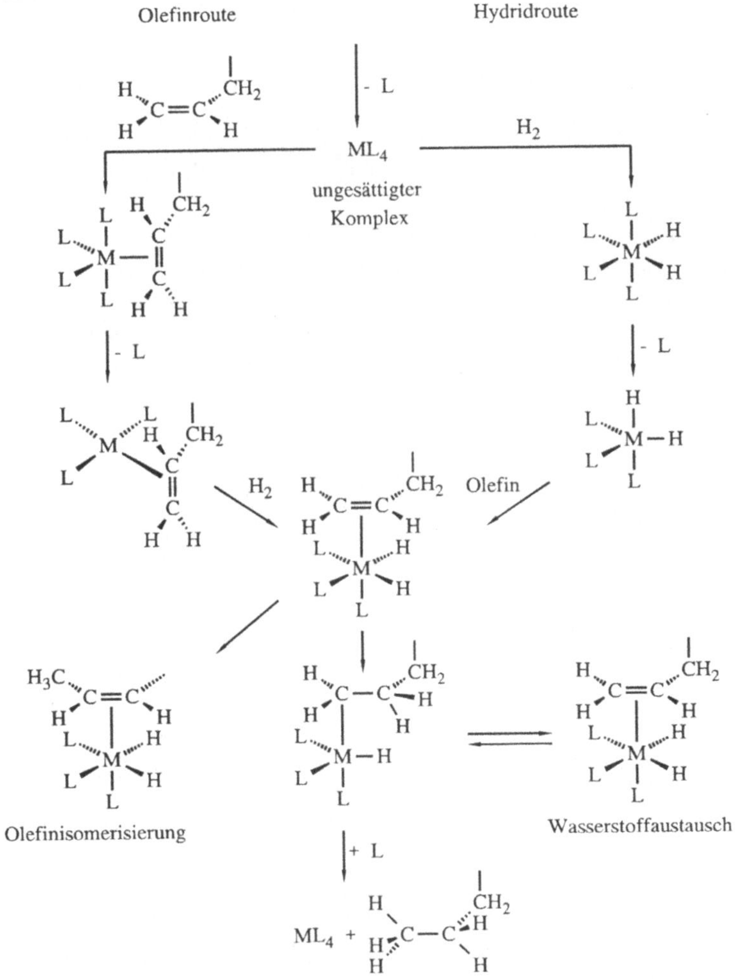

5.5.b Hydrierung mit dem Wilkinson-Katalysator: $ClRh(PPh_3)_3$

Wilkinson und Mitarbeiter[81] berichteten als erste über die katalytischen Eigenschaften von $ClRh(PPh_3)_3$. Die Natur der in Kohlenwasserstoffsolventien vorliegenden Spezies war umstritten, bis Arai und Halpern[82] in ihrer Arbeit Hinweise auf eine gewisse PPh_3-Dissoziation, ausgedrückt durch

$$ClRh(PPh_3)_3 \;\rightleftharpoons\; ClRh(PPh_3)_2 + PPh_3 \tag{5.26}$$

entdeckten. Tolman und Mitarbeiter[83] fanden jedoch, daß die Freisetzung des Phosphans von einer Dimerisierung begleitet wird, die in Benzol bei 25°C ein $K = 2{,}4 \times 10^4$ M besitzt. Diese Reaktion und die angenommene Struktur des dimeren Produktes sind gegeben durch

$$2\;ClRh(PPh_3)_3 \;\rightleftharpoons\; \underset{\text{Rh-Dimer}}{\boxed{}} + 2\;PPh_3 \tag{5.27}$$

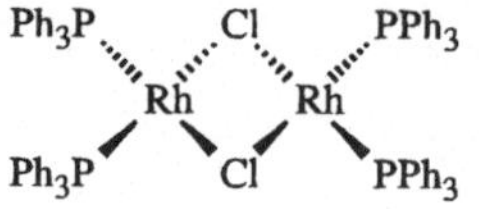

Halpern und Wong[84] akzeptierten Tolmans Folgerung und untersuchten die Kinetik der Hydrierung von $ClRh(PPh_3)_3$ in Gegenwart von überschüssigem PPh_3, um die Dimerbildung zu unterdrücken. Mit $[H_2]$ und $[PPh_3] \gg [Rh]$ deutet die Kinetik bei 25°C in Benzol darauf hin, daß die Reaktion auf zwei parallelen Wegen verläuft, die mit der oxidativen Addition an den Wilkinson-Katalysator und an die dissoziierte Spezies verbunden sind, wie in Schema 5.21 dargestellt.

Schema 5.21

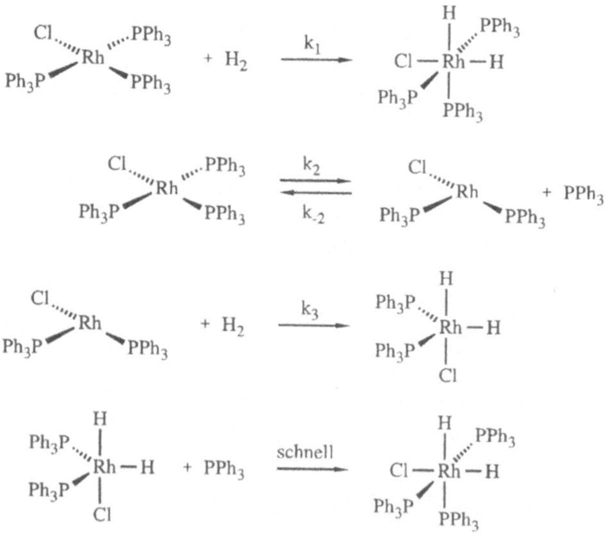

Das Geschwindigkeitsgesetz zu Schema 5.21 führt unter der Annahme eines stationären Zustandes für ClRh(PPh$_3$)$_2$ zu folgendem Ausdruck für die Geschwindigkeitskonstante pseudo-erster Ordnung:

$$k_{exp} = k_1 + \frac{k_2}{\left(\dfrac{k_{-2}}{k_3}\right)[PPh_3] + [H_2]} \tag{5.28}$$

Die Auswertung der kinetischen Ergebnisse liefert $k_1 = 4,8 \ M^{-1}s^{-1}$, $k_2 = 0,71 \ s^{-1}$ und $k_{-2}/k_3 = 1,1$.

Unabhängige Untersuchungen am dimeren Rh-Komplex ergaben eine Geschwindigkeit, die bezüglich [Dimer] und [H$_2$] von erster Ordnung und unabhängig von [PPh$_3$] ist, mit $k = 5,4 \ M^{-1}s^{-1}$. Tolman et al.[85] zeigten, daß das Dimer mit H$_2$ oder Ethen unter Bildung der folgenden Dihydrid- bzw. Ethen-Komplexe reagiert, nicht jedoch mit Cyclohexen.

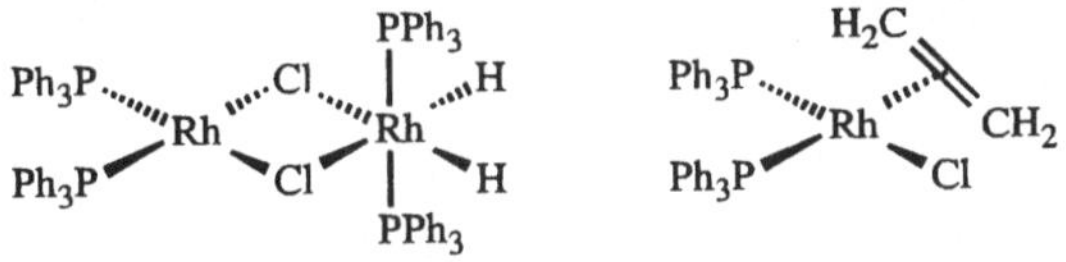

Halpern et al.[86] stellten fest, daß die Hydrierung von Cyclohexen durch das Rhodium-Dihydrid eine mit Schema 5.22 konsistente Kinetik (mit $K_5 = 3,4 \times 10^{-4}$ und $k_6 = 0,2 \ s^{-1}$, bei 25°C in Benzol) besitzt. Es wird vermutet, daß diese Beispiele mit der Hydridroute der Hydrierung durch den Wilkinson-Katalysator in Einklang stehen.

Schema 5.22

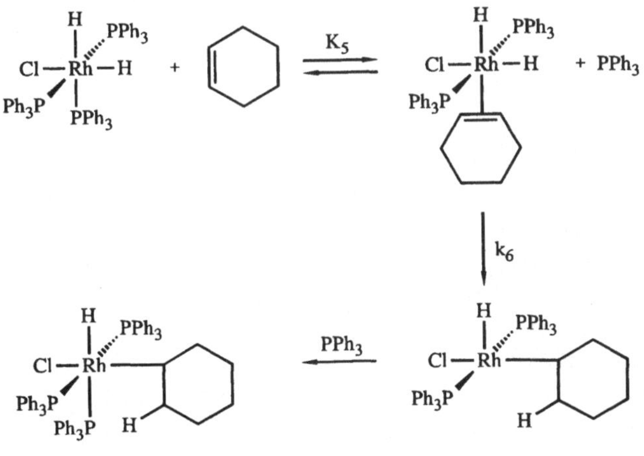

Allerdings wird die Hydridroute nicht generell beschritten, selbst nicht bei verwandten Katalysatoren. Halpern und Mitarbeiter[87] untersuchten das diphos-System und stellen eine Übereinstimmung der Kinetik mit der in Schema 5.23 gezeigten Reaktionssequenz fest. Die Reaktion folgt der "Olefinroute", und aus der Kinetik resultieren bei 25°C die Werte $K_4 = 1{,}6$ M^{-1} und $k_6 = 0{,}18$ atm^{-1} s^{-1}. Halpern erklärte die durch die Verwendung eines chelatisierenden Phosphans verursachten Unterschiede durch die Instabilität des durch die oxidative H_2-Addition gebildeten Dihydrids. Die trans-Konfiguration der Hydrid- und Phosphanliganden sollte infolge des trans-Effektes durch das Phosphan instabil sein.

Schema 5.23

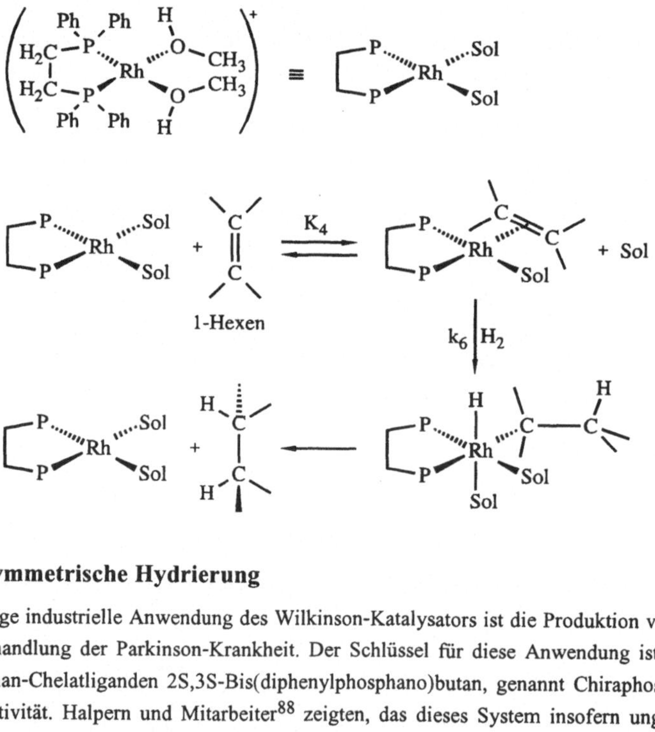

5.5.c Asymmetrische Hydrierung

Eine wichtige industrielle Anwendung des Wilkinson-Katalysators ist die Produktion von L-Dopa für die Behandlung der Parkinson-Krankheit. Der Schlüssel für diese Anwendung ist die durch den Phosphan-Chelatliganden 2S,3S-Bis(diphenylphosphano)butan, genannt Chiraphos, bewirkte Stereoselektivität. Halpern und Mitarbeiter[88] zeigten, das dieses System insofern ungewöhnlich ist, als das stabilste Olefinaddukt nicht zum erwünschten Hauptprodukt führt. Wie der Chelatkomplex in Schema 5.23 folgt dieses System ebenfalls der "Olefinroute". Die kinetischen Komponenten der einzelnen Schritte wurden kürzlich von Landis und Halpern[89] mit dem Ergebnis studiert, daß die Unterschußspezies die Hauptmenge des Produktes liefert, da dieses Zwischenprodukt bezüglich H_2 eine höhere Reaktivität besitzt. Schema 5.24 beschreibt die mechanistischen Schritte und stereochemischen Ergebnisse.

Schema 5.24

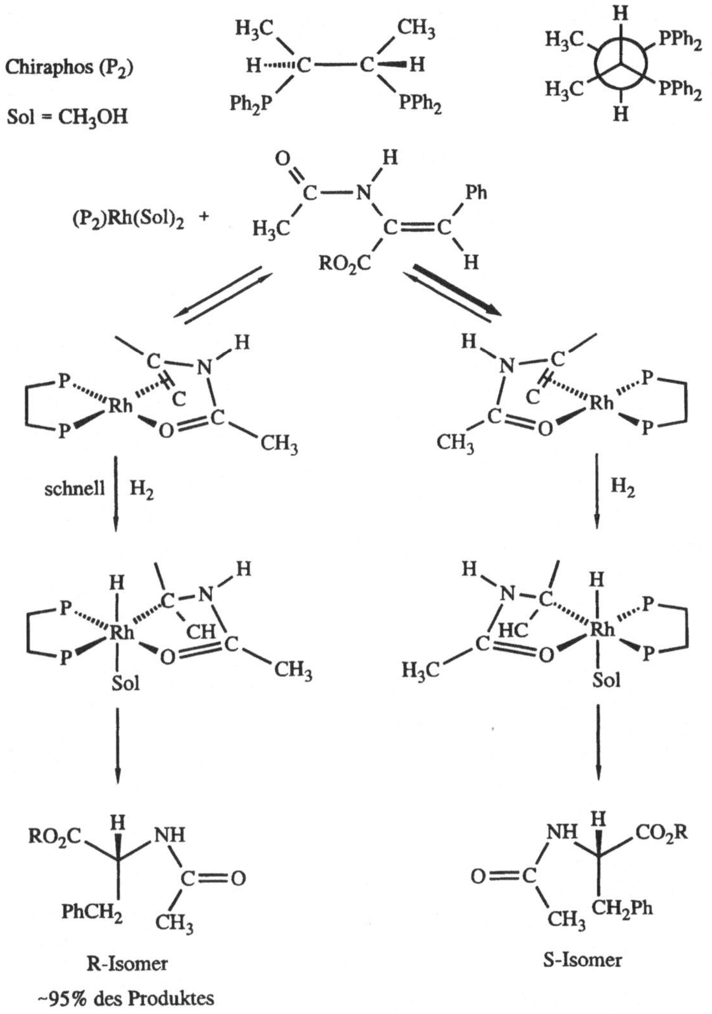

Chiraphos (P$_2$)

Sol = CH$_3$OH

(P$_2$)Rh(Sol)$_2$ +

schnell | H$_2$

H$_2$

R-Isomer

S-Isomer

~95% des Produktes

Eine Übersicht neueren Datums behandelt das Gebiet der asymmetrischen Hydrierung.[90] Bei einer Reihe von Beispielen dieser Reaktionen sind die mechanistischen Einzelheiten nicht geklärt. Vor kurzem berichteten Takahashi et al.[91] über eine hochselektive Hydrierung von 3-(Aryloxy)-2-oxo-1-propylamin-Derivaten mit Hilfe eines chiralen Rh(I)-phosphan-Komplexes. Chan und Osborn[92] beschrieben die enantioselektive Hydrierung von Iminen unter Einsatz eines Ir(III)-diphosphanmonohydrid-Komplexes. Garland und Blaser[93] berichteten über eine hohe Enantioselektivität bei der Hydrierung von Ethylpyruvat mit einem heterogenen System aus Pt auf Al_2O_3, modifiziert mit 10,11-Dihydrocinchonidin.

5.5.d C-H Aktivierung

Die Aktivierung einer C-H-Bindung entspricht formal der oxidativen Addition eines Kohlenwasserstoffs an einen Metallkomplex, wie in Gl. (5.29) dargestellt. Dies ist eine potentiell bedeutsame Reaktion, da sie den ersten Schritt einer möglichen Route zur Funktionalisierung von Kohlenwasserstoffen darstellt.

$$(L)_nM \; + \; \underset{H}{\overset{R}{C}}\!\!\cdots R \longrightarrow (L)_nM \overset{C(R)_3}{\underset{H}{\diagdown}} \tag{5.29}$$

Bis zur Entdeckung dieses Prozesses im Jahre 1982[94,95] wurde aufgrund der geringen Reaktivität von Kohlenwasserstoffen und der hohen C–H-Bindungsstärke (95 - 100 kcal mol^{-1}) angenommen, daß er unter milden Bedingungen zumindest schwierig, wenn nicht gar unmöglich sei. Erste Beobachtungen dieses Reaktionstyps zeigten jedoch, daß er unter relativ milden Bedingungen verlaufen kann, wie die folgenden Beispiele belegen:

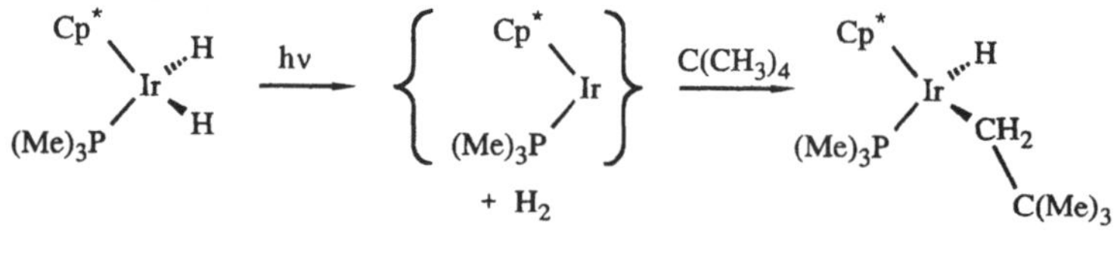

$$Cp^*(Me)_3P\,Ir(H)_2 \;\xrightarrow{\;h\nu\;}\; \left\{ Cp^*(Me)_3P\,Ir \right\} + H_2 \;\xrightarrow{\;C(CH_3)_4\;}\; Cp^*(Me)_3P\,Ir(H)(CH_2C(Me)_3) \tag{5.30}$$

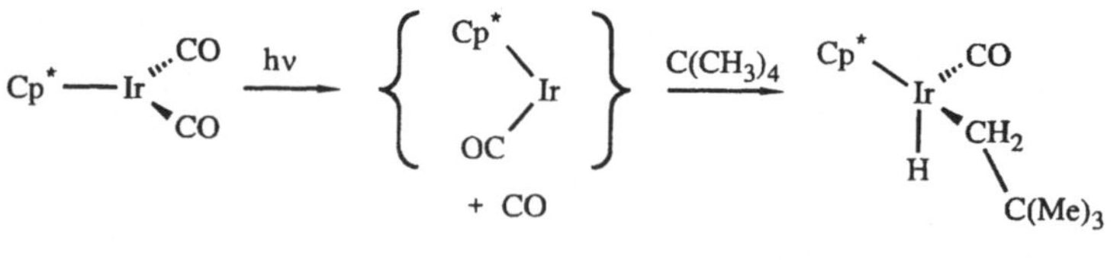

$$Cp^*\!-\!Ir(CO)_2 \;\xrightarrow{\;h\nu\;}\; \left\{ Cp^*\,Ir(CO) \right\} + CO \;\xrightarrow{\;C(CH_3)_4\;}\; Cp^*\,Ir(CO)(H)(CH_2C(Me)_3) \tag{5.31}$$

In beiden Fällen wird angenommen, daß photolytisch eine hochreaktive ungesättigte Spezies gebildet wird, die mit dem Solvens Neopentan reagiert. Cyclohexan reagiert in beiden Fällen auf vergleichbare Weise. Kürzlich entdeckten Ghosh und Graham[96], daß der Tris(dimethylpyrazolyl)-borato-Komplex $(HBPz^*_3)Rh(CO)_2$ unter milden Bedingungen photolysiert werden kann, wobei unter CO-Eliminierung Kohlenwasserstoffe oxidativ addiert werden. In diesem System tauscht, wie in Gl. (5.32) gezeigt, der Cyclohexyl-Hydridkomplex unter thermischen Bedingungen mit Methan unter Bildung des Methyl-Hydrid-Komplexes aus:

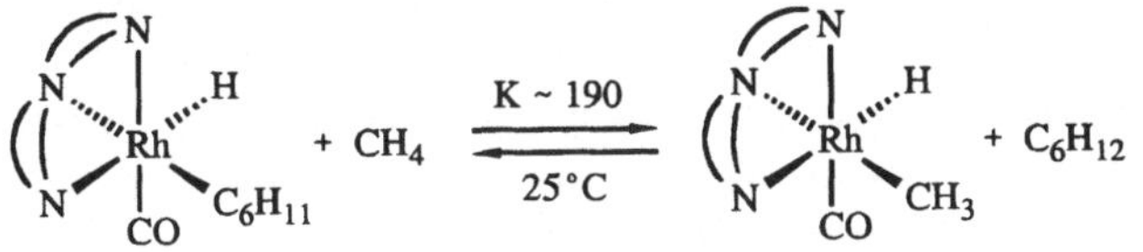

$$\text{(5.32)}$$

Die erste Darstellung eines funktionalisierten Produktes über eine solche Reaktion gelang Ghosh und Graham[97] unter Verwendung von $(HBPz^*_3)Rh(CO)(C_2H_4)$, wie in Schema 5.25 gezeigt.

Schema 5.25

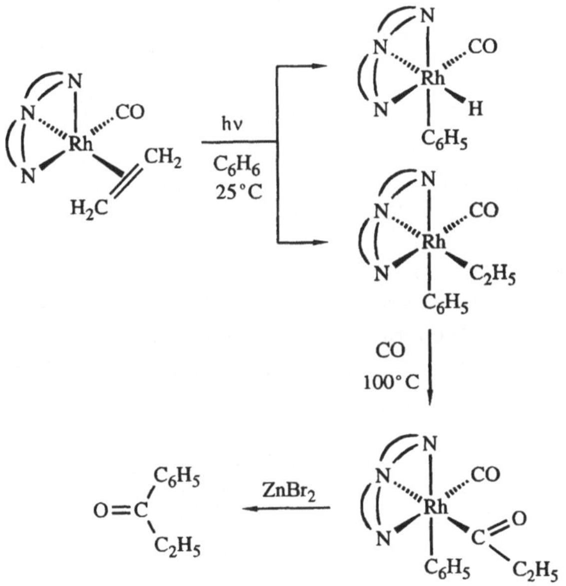

Seit der ersten Entdeckung dieses Reaktionstyps wurden viele weitere Metallkomplexe beschrieben, die Kohlenwasserstoffe oxidativ addieren.[98-101]

Die energetischen Verhältnisse des C-H Aktivierungsprozesses fanden unmittelbar reges Interesse. Zur Abschätzung der M–C- und M–H-Bindungsstärken wurden kalorimetrische Daten, Gleichgewichtskonstanten und kinetische Informationen verwendet. Allgemein erwiesen sich diese

M–C- und M–H-Bindungen stärker als ursprünglich angenommen. Die Enthalpieänderung bei der einfachen oxidativen Addition eines Kohlenwasserstoffes kann abgeschätzt werden über

$$\Delta H_{rkt} = BE(C-H) - \left[BE(M-H) + BE(M-C) \right] \tag{5.33}$$

Gewöhnlich wird angenommen, daß eine Reaktion dann stattfindet, wenn sie exotherm ist (d.h. Entropieeffekte werden vernachlässigt, so daß $\Delta H_{rkt} \approx \Delta G_{rkt}$). Bindungsenergien werden dann zur Voraussage verwendet, ob die oxidative Addition eines Kohlenwasserstoffes wahrscheinlich ist. Tabelle 5.10 zeigt einige Bindungsenergien[102] an verschiedenen Metallzentren. Die C–H-Bindungsstärke beträgt in C_6H_{12} 96, in C_6H_6 110 und in CH_4 98 kcal mol^{-1}, und die Stärke der C–C-Bindung in Alkanen beträgt 83 kcal mol^{-1}. Mit den Daten aus Tabelle 5.10 kann man abschätzen, daß bei der oxidativen Addition von Methan an Cp_2Th gilt $\Delta H_{rkt} \approx 98 - (97,5 + 82) \approx -82$ kcal mol^{-1}, so daß diese Reaktion ziemlich exotherm sein sollte. Es ist jedoch von großem Interesse und sehr wichtig, die relativen Stabilitäten der Edukte und Produkte bei Gesamtreaktionen wie

$$(Me_3P)Cp^*Ir(H)_2 + C_6H_{12} \longrightarrow (Me_3P)Cp^*Ir(H)(C_6H_{11}) + H_2 \tag{5.34}$$

abzuschätzen, deren Enthalpieänderung gegeben ist durch

$$\Delta H_{rkt} = BE(C-H) + 2\,BE(Ir-H) - BE(Ir-H) - BE(Ir-C) - BE(H-H)$$

$$= 96 + (2 \times 74) - 74 - 51 - 104 = 15\,kcal\ mol^{-1} \tag{5.35}$$

Ein bemerkenswerter Aspekt der Tabelle 5.10 ist die Stärke der $M-C_6H_5$-Bindung. Demnach könnte man erwarten, daß Benzol andere oxidativ addierte Kohlenwasserstoffe in einer Austauschreaktion verdrängt. Da die C–C-Bindung in Alkanen schwächer als die C–H-Bindung ist, könnte man auch eine C-C Aktivierung erwarten, wie sie das folgende Beispiel zeigt.

Tabelle 5.10. M–X-Bindungsenergien in Komplexen des Typs L_nMX_2 (kcal mol^{-1})

X	$(Me_3P)Cp^*IrX_2$	Cp_2WX_2	Cp_2ThX_2	$L_2Cl(CO)IrX_2$
H	74	73	97,5	60
Cl	90	83		71
Br	76	71,5		53
I	64	64		35
CH_3			82	35
C_6H_5	81		91	
C_6H_{11}	51		75	

$$(Cp)_2Th(H)_2 \ + \ H_3C\!-\!CH_3 \ \longrightarrow \ (Cp)_2Th\!\!\begin{array}{c} CH_3 \\ \diagdown \\ CH_3 \end{array} \ + \ H_2 \qquad (5.36)$$

$$\Delta H_{rkt} \ = \ BE(C\!-\!C) \ + \ 2\,BE(Th\!-\!H) \ - \ 2\,BE(Th\!-\!H) \ - \ BE(Th\!-\!C) \ - \ BE(H\!-\!H)$$

$$= \ 83 \ + \ (2 \ \times 97{,}5) \ - \ (2 \ \times 82) \ - \ 104 \ = \ 10 \ \ kcal \ mol^{-1} \qquad (5.37)$$

Zum Vergleich erhält man für die korrespondierende oxidative C-H- Addition

$$\Delta H_{rkt} \ = \ BE(C\!-\!H) \ + \ 2\,BE(Th\!-\!H) \ - \ BE(Th\!-\!H) \ - \ BE(Th\!-\!C) \ - \ BE(H\!-\!H)$$

$$= \ 98 \ + \ (2 \ \times 97{,}5) \ - \ 82 \ - \ 104 \ = \ 9{,}5 \ \ kcal \ mol^{-1} \qquad (5.38)$$

Die Thermochemie erlaubt somit keine klare Entscheidung zwischen diesen zwei Möglichkeiten, so daß kinetische Faktoren für eine Begünstigung einer C-H Aktivierung verantwortlich sein müssen.

Die Zahl der mechanistischen Studien dieses Reaktionstyps ist sehr begrenzt, da das ungesättigte Metallzentrum photochemisch zu erzeugen ist und die Wahl eines geeigneten "inerten" Lösungsmittels ebenfalls Probleme bereitet.

Marx und Lees[103] bestimmten die Quantenausbeuten (Φ) der photochemischen Reaktion von $CpIr(CO)_2$ mit C_6H_6 in Hexafluorbenzol bei 20°C und beobachteten, daß Φ mit steigender Konzentration $[C_6H_6]$ einen Sättigungseffekt zeigt und unabhängig von [CO] ist. Sie schlossen hieraus, daß der geschwindigkeitsbestimmende Prozeß nicht die CO-Abspaltung ist, sondern aus einer haptotropen Verschiebung von η^6 nach η^3 besteht, die eine Komplexierung des Benzols vor der oxidativen Addition ermöglicht. Drolet und Lees[104] vermuteten für die Photolyse von $CpRh(CO)_2$ in Gegenwart von PPh_3 in Decalin bei 10°C einen ähnlichen Verschiebungsmechanismus. Ihr Schluß beruht darauf, daß die Quantenausbeute des CO-Ersatzes bezüglich $[PPh_3]$ von erster Ordnung ist und von Kohlenmonoxid in der Konzentration $[CO] = 9 \times 10^{-3}$ M nicht beeinflußt wird.

Bergman und Mitarbeiter[105] untersuchten die Reaktion von $Cp^*Rh(CO)_2$ mit C_6H_6 mittels IR-Laserblitz-Spektroskopie in Inertgas-Solventien. Ihre Schlußfolgerungen weichen von denjenigen von Lees und Mitarbeitern ab. Bei -31°C erzeugt die Bestrahlung in Xenon eine neue Spezies, der Bergman und Mitarbeiter das $Cp^*Rh(CO)$ oder dessen solvatisierte Form $Cp^*Rh(CO)Xe$ zuordnen. Eine vergleichbare, aber reaktivere Spezies wird in Krypton beobachtet. Wird der Kryptonlösung Cyclohexan zugefügt, so unterliegt die Spezies einer oxidativen Addition mit einer Geschwindigkeit, die ein Sättigungsverhalten zeigt, beschrieben durch

$$k_{exp} \ = \ \frac{\alpha\,[C_6H_{12}]}{[C_6H_{12}] + \beta} \qquad (5.39)$$

Beinhaltet der Mechanismus eine geschwindigkeitsbestimmende Abspaltung des Solvensmoleküls, gefolgt von der Cyclohexanaddition, so sollte α unabhängig von der Art des Alkans sein. Wird jedoch C_6D_{12} verwendet, so verringert sich α um einen Faktor von etwa 20. Daher schlugen Bergman und Mitarbeiter den in Schema 5.26 gezeigten Mechanismus vor.

Schema 5.26

$$Cp^*Rh(CO)(Kr) + C_6H_{12} \underset{}{\overset{K_{eq}}{\rightleftharpoons}} Cp^*Rh(CO)(C_6H_{12}) + Kr$$

$$\downarrow k_1$$

$$Cp^*Rh(CO)(H)(C_6H_{11})$$

Aus dem voranstehenden Ausdruck für k_{exp} folgt $\alpha = k_1$ und β [Kr]/K_{eq}. Die Art des Cyclohexan-Vorläuferkomplexes bleibt unbestimmt.

In einer ähnlichen Studie untersuchten Perutz und Mitarbeiter[106] die zeitaufgelöste Photochemie von $CpRh(CO)_2$ und $(CpRh(CO))_2(\mu\text{-}CO)$ im 300 nm-Bereich. Die Ergebnisse sind in Schema 5.27 zusammengefaßt, wobei RH ein Solvens wie C_6H_{12} oder C_6H_6 ist. Die im Schema dargestellte Struktur von $(CpRh(\mu\text{-}CO))_2$ wurde auf der Basis seines polarisierten Infrarotspektrums bestimmt. Die ungewöhnlichen Aspekte dieser Beobachtungen sind die hohe Dimerisierungsgeschwindigkeit und die schnelle Bildung der Hydridspezies aus Cyclohexan innerhalb von 400 ns (das Produkt der Umsetzung mit Benzol könnte $\eta^2\text{-}C_6H_6$ enthalten):

Schema 5.27

$$CpRh(CO)_2 \xrightarrow{\ h\nu\ } CpRh(CO) + CO$$

$$CpRh(CO) + RH \underset{k = 2{,}7 \times 10^3\,s^{-1}}{\overset{k \geq 3 \times 10^5\,M^{-1}s^{-1}}{\rightleftharpoons}} CpRh(CO)(H)(R)$$

$$CpRh(CO)(H)(R) + L \xrightarrow{\ k \sim 3 \times 10^8\,M^{-1}\,s^{-1}\ } CpRh(CO)(L) + RH$$

$$CpRh(CO) + CpRh(CO)(H)(R) \xrightarrow{\ k \sim 10^{10}\,M^{-1}\,s^{-1}\ } [CpRh(\mu\text{-}CO)]_2 + RH$$

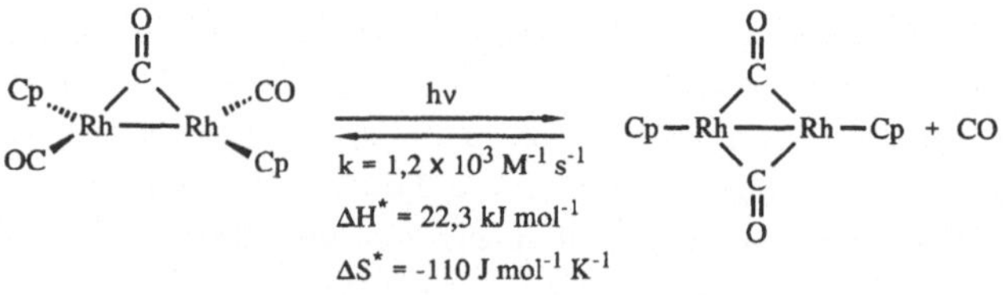

Zur Aufklärung des gesamten Reaktionsmechanismus' wurden außerdem Studien zur Rückreaktion, der reduktiven Eliminierung, durchgeführt. Norton und Mitarbeiter[107] verfolgten die reduktive Eliminierung von Methan aus $Cp_2W(H)(CH_3)$ und stellten fest, daß der H-Austausch mit den Protonen der CH_3-Gruppe schneller als die CH_4-Eliminierung verläuft. Ein derartiger Austausch wurde auch in anderen Systemen beobachtet, und in Schema 5.28 sind einige Geschwindigkeitskonstanten (bei 48°C in C_6D_6/CD_3CN 9:1) angegeben.

Schema 5.28

$$Cp_2W(D)(CH_3) \quad \overset{k = 2,5 \times 10^{-5} \, s^{-1}}{\underset{k = 5 \times 10^{-6} \, s^{-1}}{\rightleftharpoons}} \quad Cp_2W(H)(CDH_2)$$

$$Cp_2W(H)(CH_3) \quad \overset{k = 8,4 \times 10^{-6} \, s^{-1}}{\underset{\Delta H^* = 24,5 \, kcal \, mol^{-1}}{\longrightarrow}} \quad \{Cp_2W\} + CH_4$$

$$\Delta S^* = -5,6 \, cal \, mol^{-1} \, K^{-1}$$

Die Eliminierung zeigt einen inversen Isotopeneffekt (H/D) von 0,75 bei 72,6°C. Die Autoren vermuten, daß der Austausch und die reduktive Eliminierung über einen σ-Komplex verlaufen, der unter Austausch zum Edukt zurückkehren oder eliminieren kann, wie in Schema 5.29 dargestellt.

Schema 5.29

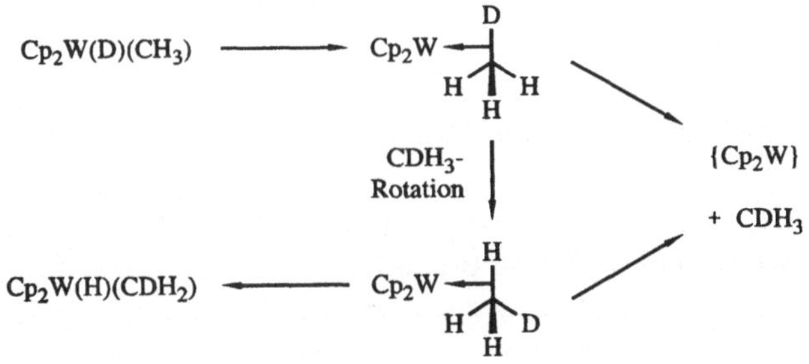

Bergman und Mitarbeiter[108] untersuchten die Austauschreaktion in Schema 5.30, deren Kinetik mit dem dargestellten Mechanismus in Einklang steht.

Schema 5.30

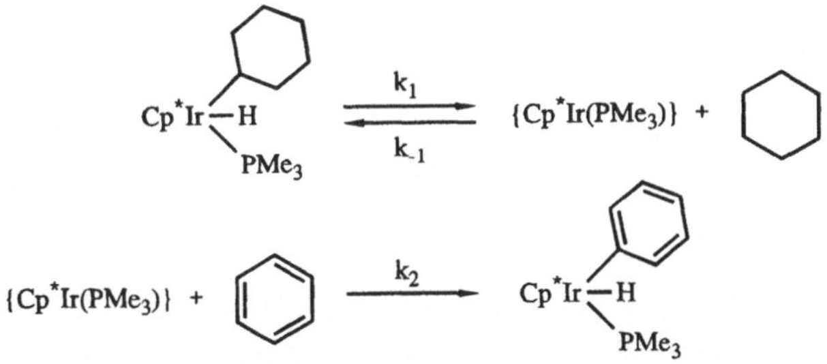

Die Geschwindigkeitskonstante pseudo-erster Ordnung ist durch die folgende Gleichung gegeben, und die Reaktionsgeschwindigkeit wird durch PMe_3 nicht beeinflußt:

$$k_{exp} = \frac{k_1 [C_6H_6]}{\left(\dfrac{k_{-1}}{k_2}\right)[C_6H_{12}] + [C_6H_6]} \tag{5.40}$$

Die Reaktion verläuft intramolekular und ohne H-Transfer zum Cp^*, da $Cp^*Ir(H)(C_6H_{11}) + C_6D_6$ nur C_6H_{12} liefert, ohne daß ein Isotopenaustausch stattfindet. Dieser Umstand scheint Radikalmechanismen auszuschließen, die unter Ir–C-Bindungshomolyse verlaufen. Eine haptotrope Verschiebung des Ringes ist mit dem Geschwindigkeitsgesetz nur dann vereinbar, wenn die oxidative Addition von C_6H_{12} an das Zwischenprodukt mit dem Wechsel von η^3 nach η^5 zur Bildung des Produktes konkurriert; Bergman und Mitarbeiter halten dies für unwahrscheinlich. k_1 zeigt einen inversen Isotopeneffekt von $(H/D) \approx 0,7$ und weist die Aktivierungsparameter $\Delta H^* = 35,6$ kcal mol^{-1} und $\Delta S^* = 10$ cal $mol^{-1}K^{-1}$ auf. Bei $Cp^*Ir(D)(C_6H_{11})$ ist ein Isotopenaustausch unter Deuterierung der α-Position festzustellen. Alle diese Beobachtungen sind vergleichbar mit denjenigen von Norton und Mitarbeitern, und daher würde ein analoger σ-Komplex diese Ergebnisse erklären.

5.6 HOMOGENE KATALYSE DURCH METALLORGANISCHE VERBINDUNGEN

Eine Reihe von Prozessen wird durch metallorganische Komplexe katalysiert. Die Reaktionen beinhalten generell die Bildung von C–C-Bindungen, und oftmals sind CO oder H_2 beteiligt. In der industriellen Anwendung wird der Katalysator oft als Metallsalz eingesetzt, und es wird angenommen, daß dieses unter den reduzierenden Bedingungen des Prozesses in die aktive metallorganische Spezies überführt wird. In den meisten Fällen liegen mehrere metallorganische Spezies vor, und auf die Art des katalytischen Mechanismus wird aus der bekannten Chemie einfacherer Systeme und dem Gesamtgeschwindigkeitsgesetz geschlossen.

5.6.a Hydroformylierung (Oxo-Synthese)

Der Gesamtprozeß wird beschrieben durch

$$RCH{=}CH_2 \xrightarrow[CO]{H_2} RCH_2CH_2-C\overset{\displaystyle O}{\underset{\displaystyle H}{\Vert}} \xrightarrow{H_2} RCH_2CH_2CH_2OH \tag{5.41}$$

Im Jahre 1938 entdeckte Roelen, daß diese Reaktion durch Kobaltsalze katalysiert wird, und in neuerer Zeit wurden auch Rhodium-Katalysatoren entwickelt. Das kommerziell wichtigste

Produkt ist *n*-Butanol aus Propen, und das Hauptproblem ist hierbei, die Bildung von kettenverzweigten Alkoholen und Alkanen zu vermeiden. Pruett[109] gibt eine Übersicht über diese Reaktion. Mit Kobaltverbindungen als Katalysator wird die Reaktion bei 100°C bis 200°C und 7 bis 35 atm H_2 + CO durchgeführt. Geradkettige Produkte werden durch niedrigen CO-Druck und durch "modifizierte Kobaltkatalysatoren" begünstigt, die im Reaktionsgemisch Phosphane enthalten. Das Geschwindigkeitsgesetz lautet:

$$\text{Geschwindigkeit} = k\,[\,Co\,]\,[\,Alken\,]\,[\,H_2\,]\,[\,CO\,]^{-1} \tag{5.42}$$

Als wichtigste Kobaltspezies wird allgemein $HCo(CO)_4$ angesehen, das durch die folgende Reaktion gebildet wird:

$$Co_2(CO)_8 + H_2 \;\rightleftharpoons\; 2\,HCo(CO)_4 \tag{5.43}$$

Der Mechanismus in Schema 5.31 wurde zuerst von Heck und Breslow[110] vorgeschlagen und gilt immer noch als im wesentlichen korrekt. Die Hydridverschiebung im dritten Schritt und die folgende CO-"Insertion" sind übliche Schritte, die an vielen derartigen Prozessen beteiligt sein sollen. Es wird vermutet, daß die primäre CO-Dissoziation die Ursache für den $[CO]^{-1}$-Term im Geschwindigkeitsgesetz darstellt.

Schema 5.31

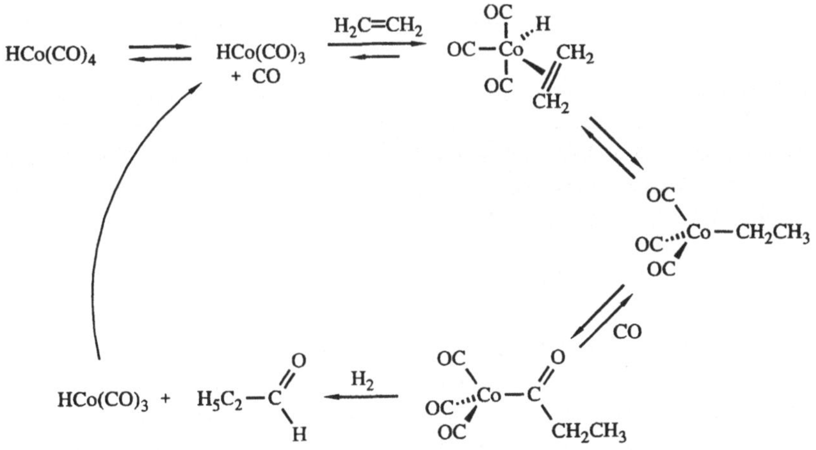

Wilkinson und Mitarbeiter[111] entdeckten die Wirksamkeit von Rhodium-Katalysatoren für diese Reaktion. Man nimmt $HRh(CO)_2(PPh_3)_2$ als entscheidende Zwischenstufe an, das über einen dissoziativen PPh_3-Verlust oder über die direkte Bildung eines π-Olefinkomplexes reagieren könnte. Die Reaktion könnte auch über eine Hydridroute verlaufen, wie sie für einige Hydrierungsprozesse angenommen wird.

5.6.b Hydrohydroxymethylierung

Die in Gl. (5.44) gezeigte Reppe-Variante der Hydroformylierung ist letzterer formal ähnlich, wobei H_2 durch H_2O zu ersetzen ist:

$$RCH{=}CH_2 + 2\,H_2O + 3\,CO \longrightarrow R(CH_2)_2CH_2OH + 2\,CO_2 \qquad (5.44)$$

Die wirksamsten Katalysatoren für diese Reaktion sind Eisenspezies, die oft von $Fe(CO)_5$ abgeleitet sind. Pettit und Mitarbeiter[112] stellten fest, daß der Katalysator bei pH > 11 die höchste Wirksamkeit zeigt. Dieses wurde durch die in Gl. (5.45) gezeigte bekannte Basenreaktionen und mit der Annahme erklärt, daß $H_2Fe(CO)_4$ die aktive Spezies ist, die mit Alkenen wechselwirkt:

$$\begin{array}{cccc} Fe(CO)_5 & \longrightarrow & HFe(CO)_4^- & \xrightarrow{H_2O} & H_2Fe(CO)_4 \\ +\ OH^- & & +\ CO_2 & & +\ OH^- \end{array} \qquad (5.45)$$

5.6.c Fischer-Tropsch-Reaktion

Die Fischer-Tropsch-Reaktion beinhaltet, wie in Gl. (5.46) zusammengefasst, die Umwandlung von Kohle in Kohlenwasserstoffe:

$$C + H_2O \rightleftharpoons CO + H_2 \longrightarrow \text{Kohlenwasserstoffe} \qquad (5.46)$$

Bei entsprechender Reaktionsführung können auch "CHO-Produkte" wie CH_3OH oder CH_2OHCH_2OH erhalten werden. Der Prozeß wird oft im Zusammenhang mit Reaktion (5.47), der Wassergas-Reaktion, betrachtet, da diese den H_2-Gehalt des Reaktandengemisches erhöht. Die Reaktion ist infolge der Umwandlung der billigen Ausgangsmaterialien Kohle und Wasser in wertvolle Kohlenwasserstoffe sehr attraktiv

$$H_2O + CO \rightleftharpoons H_2 + CO_2 \qquad (5.47)$$

Der Prozeß wurde im Jahre 1923 von Fischer und Tropsch unter Verwendung von heterogenen Eisenkatalysatoren entwickelt; seither wurden in empirischer Weise Verbesserungen am Katalysator vorgenommen. Die Reaktion wurde nach dem zweiten Weltkrieg durch die Verfügbarkeit billigen Erdöls unrentabel, kam aber in den späten 70er Jahren wieder in Mode, nachdem die Ölpreise gestiegen waren. Gegenwärtig werden nur in Südafrika Fischer-Tropsch-Anlagen betrieben, die unter Bedingungen von 200°C bis 300°C und einem Gesamtdruck von ~ 25 atm Benzin erzeugen.

Muetterties und Mitarbeiter[113] sowie Ford und Mitarbeiter[114] entdeckten, daß mehrkernige Carbonyle wie $Os_3(CO)_{12}$, $Ru_3(CO)_{12}$ und $Ir_4(CO)_{12}$ wirksame homogene Katalysatoren darstellen. Die offensichtliche Notwendigkeit des Vorhandenseins von mindestens zwei Metall-zentren im Katalysator hat zu vielen Arbeiten über dimetallische Spezies und Metallcluster-Verbindungen angeregt. Eine Vorstellung geht davon aus, daß die Schlüsselverbindung einen η^2-CO-Liganden enthält, wobei durch die η^2-Koordination die CO-Dreifachbindung geschwächt und die Bereitschaft zur Reduktion erhöht wird. Der allgemeine Mechanismus in Schema 5.32, der von Masters[115] vorgeschlagen wurde, beinhaltet außerdem als Schlüsselschritt des Prozesses die Bildung eines Metallcarbenkomplexes ($M=CH_2$).

Schema 5.32

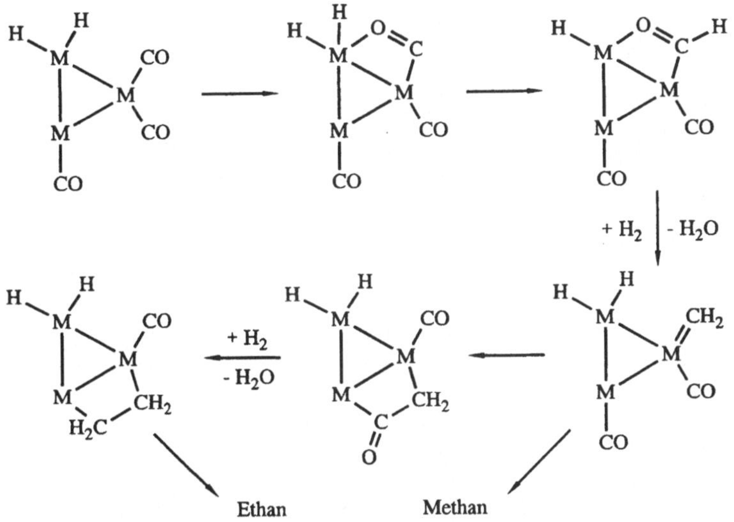

5.6.d Ethen-Butadien-Codimerisierung

Der Zweck der Ethen-Butadien-Codimerisierung ist die Produktion von *trans*-1,4-Hexadien aus Ethen und Butadien gemäß Reaktion (5.48). Das Produkt ist ein wichtiges Monomer für die Produktion von synthetischem Kautschuk.

$$H_2C=CH_2 + H_2C=CHCH=CH_2 \longrightarrow H_2C=CHCH_2CH=CHCH_3 \qquad (5.48)$$

Die Reaktion wird in wässriger HCl durch $RhCl_3$ katalysiert; sie wurde von Cramer[116] kinetisch untersucht. Es wird angenommen, daß unter dem reduzierenden Einfluß des Ethens eine Rhodiumhydrid-Spezies (Cl_2RhH ?) als Katalysator gebildet wird und mit Ethen unter Bildung eines η^1-Ethyl-Komplexes reagiert. Dieser könnte durch die Komplexierung mit Butadien in einen η^2-Ethyl-Komplex umgewandelt werden. Es folgt ein H-Transfer unter Bildung eines π-Crotyl-

Komplexes und schließlich die Bildung des gewünschten Produktes, wie in Schema 5.33 dargestellt.

Schema 5.33

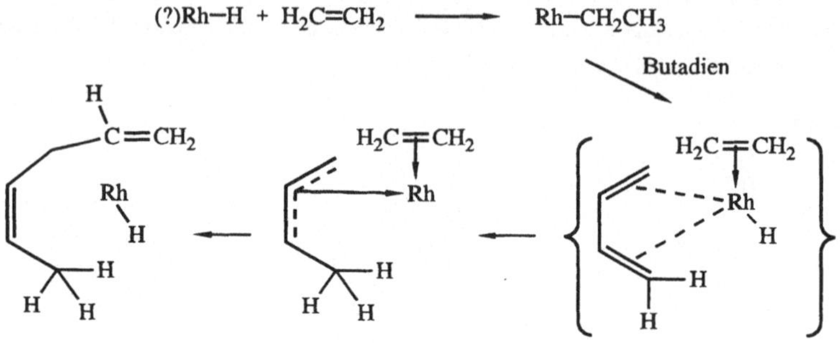

$$(?)Rh-H + H_2C{=}CH_2 \longrightarrow Rh-CH_2CH_3$$

Butadien

π-Crotyl-Komplex

Tolman[117] stellte fest, daß $HNi(P(OEt)_3)_4$ ebenfalls einen guten Katalysator für diese Reaktion darstellt, und zeigte, daß dieser mit Butadien über die Dissoziation eines Phosphitliganden unter Bildung eines π-Crotyl-Komplexes reagiert. Anschließend wird ein weiteres Phosphit abgegeben und der π-Ethen+π-Crotyl-Komplex gebildet, der in einer dem Rh-System in Schema 5.33 vergleichbaren Weise umlagert.

Literatur

Zur Einführung in das Gebiet der metallorganischen Mechanismen und der homogenen Katalyse mit metallorganischen Verbindungen bieten sich an:

Collman, J.P.; Hegedus, L.S.; Norton, J.R.; Finke, R.G. *Principles and Applications of Organotransition Metal Chemistry*; University Science Books: Mill Valley, 1987;

Elschenbroich, Ch.; Salzer, A. *Organometallchemie*, 3. Aufl.; Teubner: Stuttgart, 1993.

Kochi, J.K. *Organometallic Mechanisms and Catalysis*; Academic Press: New York, 1978;

Organometallic Radical Processes, J. Organomet. Chem. Library 22; Trogler, W.C., Hrgb.; Elsevier: Amsterdam, 1990;

Parshall, G.W.; Ittel, S.D. *Homogenous Catalysis*; Wiley: New York, 1992;

1.   Darensbourg, D.J. *Adv. Organomet. Chem.* **1982**, *21*, 113.

2.   Basolo, F. *Coord. Chem. Rev.* **1982**, *49*, 7.

3.   Howell, J.A.S.; Burkinshaw, P.M. *Chem. Rev.* **1983**, *83*, 557.

4.   Basolo, F. *J. Organomet. Chem.* **1990**, *383*, 579.

5.   Shi, Q.-Z.; Richmond, T.G.; Trogler, W.C.; Basolo, F. *J. Am. Chem. Soc.* **1984**, *106*, 71.

6.   Day, J.P.; Basolo, F.; Pearson, R.G. *J. Am. Chem. Soc.* **1968**, *90*, 6927.

7.   Noack, K.; Ruch, M. *J. Organomet. Chem.* **1969**, *17*, 309.

8.   Shen, J.-K.; Gao, Y.-C.; Shi, Q.-Z.; Basolo, F. *Inorg. Chem.* **1989**, *28*, 4304.

9.   Huq, R.; Poë, A.J.; Chawla, S. *Inorg. Chim. Acta* **1980**, *38*, 121.

10.   Poliakoff, M.; Turner, J.J. *J. Chem. Soc., Faraday Trans. 2,* **1974**, *70*, 93.

11.   King, R.B. *J. Inorg. Nucl. Chem.* **1969**, *5*, 906.

12.   Zeigler, T.; Tschinke, V.; Ursenbach, C. *J. Am. Chem. Soc.* **1987**, *109*, 4825.

13.   Brower, K.R.; Chen, T.-S. *Inorg. Chem.* **1973**, *12*, 2198.

14.   Wojcicki, A.; Basolo, F. *J. Am. Chem. Soc.* **1961**, *83*, 527.

15.   Johnson, B.F.G.; Lewis, J.; Meiser, J.R.; Robinson, B.H.; Robinson, P.W.; Wojcicki, A. *J. Chem. Soc. A,* **1968**, 522; Kaesz, H.D.; Bau, R.; Hendrikson, D.; Smith, M. *J. Am. Chem. Soc.* **1967**, *89*, 2844; Robinson, P.W.; Cohen, M.A.; Wojcicki, A. *Inorg. Chem.* **1971**, *10*, 2081; Berry, A.; Brown, T.L. *Inorg. Chem.* **1972**, *11*, 1165.

16.   Atwood, J.D.; Brown, T.L. *J. Am. Chem. Soc.* **1975**, *97*, 3380.

17.   Chen, L.; Poë, A.J. *Inorg. Chem.* **1989**, *28*, 3641.

18.   Schuster-Woldan, H.G.; Basolo, F. *J. Am. Chem. Soc.* **1966**, *88*, 1657.

19.   Cramer, R.; Seiwell, L.P. *J. Organomet. Chem.* **1975**, *92*, 245; Bleeke, J.R.; Peng, W.J. *Organometallics* **1986**, *5*, 635.

20.   Ji, L.-N.; Rerek, M.E.; Basolo, F. *Organometallics* **1984**, *3*, 740.

21.   Kowaleski, R.M.; Basolo, F.; Trogler, W.C.; Ernst, R.D. *J. Am. Chem. Soc.* **1986**, *108*, 6046.

22.   Morris, D.E.; Basolo, F. *J. Am. Chem. Soc.* **1968**, *90*, 2531.

23.   Darensbourg, D.J.; Darensbourg, M.Y.; Walker, N. *Inorg. Chem.* **1981**, *20*, 1918; Cotton, F.A.; Darensbourg, D.J.; Kolthammer, B.W.S.; Kudaroski, R. *Inorg. Chem.* **1982**, *21*, 1656.

24.   Rossi, A.G.; Hoffmann, R. *Inorg. Chem.* **1975**, *14*, 365.

25.   Poliakoff, M. *Inorg. Chem.* **1976**, *15*, 2892.

26.   Cotton, F.A.; Darensbourg, D.J.; Klein, S.; Kolthammer, B.W.S. *Inorg. Chem.* **1982**, *21*, 294.

27.   Ewen, J.E.; Darensbourg, D.J. *J. Am. Chem. Soc.* **1975**, *97*, 6874.

28.   Graham, J.R.; Angelici, R.J. *Inorg. Chem.* **1967**, *6*, 992.

29.   Memering, M.N.; Dobson, G.R. *Inorg. Chem.* **1973**, *12*, 2490.

30.   Halverson, D.E.; Reisner, G.M.; Dobson, G.R.; Bernal, I.; Mulcahy, T.L. *Inorg. Chem.* **1982**, *21*, 4285.

31.   Macholdt, H.-T.; van Eldik, R.; Dobson, G.R. *Inorg. Chem.* **1986**, *25*, 1914.

32.   Kubas, G.J. *Acc. Chem. Res.* **1988**, *21*, 120.

33.   Gonzalez, A.A.; Zhang, K.; Hoff, C.D. *Inorg. Chem.* **1989**, *28*, 4285.

34.   Wawersik, H.; Basolo, F. *Inorg. Chim. Acta* **1969**, *3*, 113.

35.   Fawcett, J.P.; Poë, A.; Sharma, K.R. *J. Am. Chem. Soc.* **1976**, *98*, 1401; Fawcett, J.P.; Poë, A. *J. Chem. Soc., Dalton Trans.* **1977**, 1302.

36. Wegman, R.W.; Olsen, R.J.; Gard, D.R.; Faulkner, L.R.; Brown, T.L. *J. Am. Chem. Soc.* **1981**, *103*, 6089.

37. Sonnenberger, D.; Atwood, J.D. *J. Am. Chem. Soc.* **1980**, *102*, 3484.

38. Coville, N.J.; Stolzenberg, A.M.; Muetterties, E.L. *J. Am. Chem. Soc.* **1983**, *105*, 2499.

39. Poë, A. *Inorg. Chem.* **1981**, *20*, 4029, 4032.

40. Atwood, J.D. *Inorg. Chem.* **1981**, *20*, 4031.

41. Absi-Halabi, M.; Brown, T.L. *J. Am. Chem. Soc.* **1977**, *99*, 2983.

42. Byers, B.H.; Brown, T.L. *J. Am. Chem. Soc.* **1977**, *99*, 2527.

43. Byers, B.H.; Brown, T.L.; *J. Organomet. Chem.* **1977**, *127*, 181.

44. Sweany, R.L.; Halpern, J. *J. Am. Chem. Soc.* **1977**, *99*, 8335.

45. Bullock, R.M.; Samsel, E.G. *J. Am. Chem. Soc.* **1991**, *112*, 6886.

46. Herrinton, T.R.; Brown, T.L. *J. Am. Chem. Soc.* **1985**, *107*, 5700.

47. McCullen, S.B.; Walker, H.W.; Brown, T.L. *J. Am. Chem. Soc.* **1982**, *104*, 4007.

48. Fox, A.; Malito, J.; Poë, A. *J. Chem. Soc., Chem. Commun.* **1981**, 1052.

49. Therien, M.J.; Ni, C.-L.; Anson, F.C.; Osteryoung, J.G.; Trogler, W.C. *J. Am. Chem. Soc.* **1986**, *108*, 4037.

50. Therien, M.J.; Trogler, W.C. *J. Am. Chem. Soc.* **1988**, *110*, 4942.

51. Noack, K.; Calderazzo, F. *J. Organomet. Chem.* **1967**, *10*, 101.

52. Flood, T.C.; Jensen, J.E.; Statler, J.A. *J. Am. Chem. Soc.* **1981**, *103*, 4410.

53. Wright, S.C.; Baird, M.C. *J. Am. Chem. Soc.* **1985**, *107*, 6899.

54. Flood, T.C.; Campbell, K.D. *J. Am. Chem. Soc.* **1984**, *106*, 2853.

55. Brunner, H.; Hammer, B.; Bernal, I.; Draux, M. *Organometallics* **1983**, *2*, 1595.

56. Mawby, R.J.; Basolo, F.; Pearson, R.G. *J. Am. Chem. Soc.* **1964**, *86*, 3994.

57. Mawby, R.J.; Basolo, F.; Pearson, R.G. *J. Am. Chem. Soc.* **1964**, *86*, 5043.

58. Butler, I.S.; Basolo, F.; Pearson, R.G. *Inorg. Chem.* **1967**, *6*, 2074.

59. Wax, M.J.; Bergman, R.G. *J. Am. Chem. Soc.* **1981**, *103*, 7028.

60. Collman, J.P.; Finke, R.G.; Cawse, J.N.; Brauman, J.I. *J. Am. Chem. Soc.* **1978**, *100*, 4766.

61. Wojcicki, A. *Adv. Organomet. Chem.* **1974**, *12*, 31.

62. Whitesides, G.M.; Boschetto, D.J. *J. Am. Chem. Soc.* **1971**, *93*, 1529.

63. Darensbourg, D.J.; Bauch, C.G.; Reibenspies, J.H.; Rheingold, A.L. *Inorg. Chem.* **1988**, *27*, 4203.

64. Darensbourg, D.J.; Hanckel, R.K.; Bauch, C.G.; Pala, M.; Simmons, D.; White, J.N. *J. Am. Chem. Soc.* **1985**, *107*, 7463; Darensbourg, D.J.; Grötsch, G. *J. Am. Chem. Soc.* **1985**, *107*, 7473.

65. Burk, M.J.; McGrath, M.P.; Wheeler, R.; Crabtree, R.H. *J. Am. Chem. Soc.* **1988**, *110*, 5034.

66. Kubas, G.J.; Unkefer, C.J.; Swanson, B.I.; Fukushima, E. *J. Am. Chem. Soc.* **1986**, *108*, 7000, und dort zitierte Literatur.

67. Hay, P.J. *J. Am. Chem. Soc.* **1987**, *109*, 705.

68. Saillard, J.-Y.; Hoffmann, R. *J. Am. Chem. Soc.* **1984**, *106*, 2006.

69. Choi, H.W.; Muetterties, E.L. *J. Am. Chem. Soc.* **1982**, *104*, 153.

70. Van-Catledge, F.A.; Ittel, S.D.; Jesson, J.P. *Organometallics* **1985**, *4*, 18.

71. Halpern, J.; Wong, C.S. *J. Chem. Soc., Chem. Commun.* **1973**, 629.

72. Shaw, B.L.; Stainbank, R.E. *J. Chem. Soc., Dalton Trans.* **1972**, 223; Miller, E.M.; Shaw, B.L. *J. Chem. Soc., Dalton Trans.* **1974**, 480.

73. Labinger, J.A.; Osborn, J.A. *Inorg. Chem.* **1980**, *19*, 3230; Labinger, J.A.; Osborn, J.A.; Coville, N.J. *Inorg. Chem.* **1980**, *19*, 3236.

74. Williams, G.M.; Schwartz, J. *J. Am. Chem. Soc.* **1982**, *104*, 1122.

75. Basil, J.D.; Murray, H.H.; Fackler, J.P., Jr.; Tocher, J.; Mazany, A.M.; Trzcinska-Bancroft, B.; Knachel, H.; Dudis, D.; Delord, T.J.; Marler, D.O. *J. Am. Chem. Soc.* **1985**, *107*, 6908.

76. Kramer, A.V.; Labinger, J.A.; Bradley, J.S.; Osborn, J.A. *J. Am. Chem. Soc.* **1974**, *96*, 7145; Kramer, A.V.; Osborn, J.A. *J. Am. Chem. Soc.* **1974**, *96*, 7832.

77. Stoutland, P.O.; Bergman, R.G. *J. Am. Chem. Soc.* **1988**, *110*, 5732.

78. Baker, M.V.; Field, L.D. *J. Am. Chem. Soc.* **1986**, *108*, 7436.

79. Gosh, C.K.; Hoyano, J.K.; Krentz, R.; Graham, W.A.G. *J. Am. Chem. Soc.* **1989**, *111*, 5480.

80. Becker, P.N.; Bergman, R.G. *J. Am. Chem. Soc.* **1983**, *105*, 2985.

81. Osborn, J.A.; Jardine, F.H.; Young, J.F.; Wilkinson, G. *J. Chem. Soc. A* **1966**, 1711; Jardine, F.H.; Osborn, J.A.; Wilkinson, G. *J. Chem. Soc. A* **1967**, 1574; Montelatici, S.; van der Ent, A.; Osborn, J.A.; Wilkinson, G. *J. Chem. Soc. A* **1968**, 1054.

82. Arai, H.; Halpern, J. *J. Chem. Soc., Chem. Commun.* **1971**, 1571.

83. Meakin, P.; Jesson, J.P.; Tolman, C.A. *J. Am. Chem. Soc.* **1972**, *94*, 3240.

84. Halpern, J.; Wong, S.W. *J. Chem. Soc., Chem. Commun.* **1973**, 629.

85. Tolman, C.A.; Meakin, P.Z.; Lindner, D.L.; Jesson, J.P. *J. Am. Chem. Soc.* **1974**, *96*, 2762.

86. Halpern, J.; Okamoto, T.; Zakhariev, A. *J. Mol. Catal.* **1977**, *2*, 65.

87. Halpern, J.; Riley, D.P.; Chan, A.S.C.; Pluth, J.J. *J. Am. Chem. Soc.* **1977**, *99*, 8055.

88. Chan, A.S.C.; Pluth, J.J.; Halpern, J. *J. Am. Chem. Soc.* **1980**, *102*, 5952.

89. Landis, C.R.; Halpern, J. *J. Am. Chem. Soc.* **1987**, *109*, 1746.

90. Brunner, H. *Top. Stereochem.* **1988**, *18*, 129; Noyori, R. *Chem. Soc. Rev.* **1989**, *18*, 187.

91. Takahashi, H.; Sakuraba, S.; Takeda, H.; Achiwa, K. *J. Am. Chem. Soc.* **1990**, *112*, 5876.

92. Chan, Y.N.C.; Osborn, J.A. *J. Am. Chem. Soc.* **1990**, *112*, 9400.

93. Garland, M.; Blaser, H.-U. *J. Am. Chem. Soc.* **1990**, *112*, 7048.

94. Janowicz, A.H.; Bergman, R.G. *J. Am. Chem. Soc.* **1982**, *104*, 352.

95. Hoyano, J.K.; Graham, W.A.G. *J. Am. Chem. Soc.* **1982**, *104*, 3723.

96. Ghosh, C.K.; Graham, W.A.G. *J. Am. Chem. Soc.* **1987**, *109*, 4726.

97. Ghosh, C.K.; Graham, W.A.G. *J. Am. Chem. Soc.* **1989**, *111*, 375.

98. Brookhart, M.; Green, M.L.H.; Wong, L.-L. *Prog. Inorg. Chem.* **1988**, *36*, 1.

99. Crabtree, R.H. *Chem. Rev.* **1985**, *85*, 245.

100. Rothwell, I.P. *Acc. Chem. Res.* **1988**, *21*, 153.

101. Thompson, M.E.; Bercaw, J.E. *Pure Appl. Chem.* **1984**, *56*, 1.

102. Nolan, S.P.; Hoff, C.D.; Stoutland, P.D.; Newman, L.J.; Buchanan, J.M.; Bergman, R.G.; Yang, G.K.; Peters, K.S. *J. Am. Chem. Soc.* **1987**, *109*, 3143.

103. Marx, D.E.; Lees, A.J. *Inorg. Chem.* **1988**, *27*, 1121.

104. Drolet, D.P.; Lees, A.J. *J. Am. Chem. Soc.* **1990**, *112*, 5878.

105. Weiller, B.H.; Wasserman, E.P.; Bergman, R.G.; Moore, C.B.; Pimentel, G.C. *J. Am. Chem. Soc.* **1989**, *111*, 8288.

106. Belt, S.T.; Grevels, F.-W.; Klotzbücher, W.E.; McCamley, A.; Perutz, R.N. *J. Am. Chem. Soc.* **1989**, *111*, 8373.

107. Bullock, R.M.; Headford, C.E.L.; Hennessy, K.M.; Kegley, S.E.; Norton, J.R. *J. Am. Chem. Soc.* **1989**, *111*, 3897.

108. Buchanan, J.M.; Stryker, J.M.; Bergman, R.G. *J. Am. Chem. Soc.* **1986**, *108*, 1537.

109. Pruett, R.L. *Adv. Organomet. Chem.* **1979**, *17*, 1.

110. Heck, R.F.; Breslow, D.S. *J. Am. Chem. Soc.* **1961**, *83*, 4023.

111. Yagupsky, G.; Brown, C.K.; Wilkinson, G. *J. Chem. Soc. A* **1970**, 1392; Brown, C.K.; Wilkinson, G. *J. Chem. Soc. A* **1970**, 2753.

112. Kang, H.; Mauldin, C.H.; Cole, T.; Slegeir, W.; Cann, K.; Pettit, R. *J. Am. Chem. Soc.* **1977**, *99*, 8323.

113. Thomas, M.G.; Beier, B.F.; Muetterties, E.L. *J. Am. Chem. Soc.* **1976**, *98*, 1296; Demitras, G.C.; Muetterties, E.L. *J. Am. Chem. Soc.* **1977**, *99*, 2796.

114. Laine, R.M.; Rinker, R.G.; Ford, P.C. *J. Am. Chem. Soc.* **1977**, *99*, 252.

115. Masters, C. *Adv. Organomet. Chem.* **1979**, *17*, 61.

116. Cramer, R. *Acc. Chem. Res.* **1968**, *1*, 186.

117. Tolman, C.A. *Chem. Rev.* **1977**, *77*, 313.

6

Redoxreaktionen

Es ist zweckmäßig, anorganische Reaktionen in Substitutions- und in Redoxreaktionen zu unterteilen. Letztere beinhalten den Transfer mindestens eines Elektrons vom reduzierenden zum oxidierenden Agens. Derartige Reaktionen finden vielfältige Anwendung in der chemischen Analytik und sind für viele biologische Prozesse bedeutsam. Redoxreaktionen wurden auf zwei grundsätzliche Weisen klassifiziert; die historisch erste betrachtet die Stöchiometrie und die zweite den Mechanismus.

6.1 ARTEN DER KLASSIFIZIERUNG

6.1.a Stöchiometrische Klassifizierung

Die stöchiometrische Klassifizierung ist eine altbekannte Methode, die nur die Kenntnis der Reaktionsstöchiometrie voraussetzt, deren Anwendbarkeit in der Kinetik jedoch begrenzt ist.

6.1.a.i Komplementäre Reaktionen

Die Änderung der Oxidationsstufe des Reduktionsmittels entspricht betragsmäßig derjenigen des Oxidationsmittels. Einige Beispiele sind

$$
\begin{aligned}
Cr^{2+} + Ag^+ &\longrightarrow Ag^0 + Cr^{3+} \\
Zn^0 + Cu^{2+} &\longrightarrow Cu^0 + Zn^{2+}
\end{aligned}
\tag{6.1}
$$

6.1.a.ii Nichtkomplementäre Reaktionen

Die Beträge der Oxidationsstufenänderungen des Oxidations- und des Reduktionsmittels unterscheiden sich voneinander. Als Beispiele seien angeführt

$$
\begin{aligned}
2\,Cr^{2+} + Tl^{3+} &\longrightarrow 2\,Cr^{3+} + Tl^+ \\
Zn^0 + 2\,Fe^{3+} &\longrightarrow Zn^{2+} + 2\,Fe^{2+}
\end{aligned}
\tag{6.2}
$$

Diese Klassifizierung erlaubt keine direkten mechanistischen Folgerungen. Qualitativ ist jedoch zu beobachten, daß komplementäre Reaktionen schneller als nichtkomplementäre Reaktionen verlaufen. Diese "Regel" kann für die Entwicklung analytischer und präparativer Vorschriften nützlich sein, ist aber keinesfalls allgemeingültig. Die mechanistische Erklärung für diese qualitative kinetische Beobachtung beruht auf der Annahme, daß die Reaktionen in bimolekularen Schritten verlaufen. Demgemäß müssen nichtkomplementäre Reaktionen gewöhnlich über eine instabile Oxidationsstufe eines der Reaktanden verlaufen, wie die folgenden Beispiele zeigen:

$$Cr^{2+} + Tl^{3+} \longrightarrow Cr^{3+} + \{Tl^{2+}\}$$
$$Cr^{2+} + \{Tl^{2+}\} \longrightarrow Cr^{3+} + Tl^{+}$$

$$(6.3)$$

oder

$$Cr^{2+} + Tl^{3+} \longrightarrow \{Cr^{4+}\} + Tl^{+}$$
$$\{Cr^{4+}\} + Cr^{2+} \longrightarrow 2\,Cr^{3+}$$

$$(6.4)$$

Die Reaktionssequenz in Gl. (6.3) beinhaltet eine instabile Oxidationsstufe des Thalliums, diejenige in Gl. (6.4) eine instabile Oxidationsstufe des Chroms.

6.1.b Mechanistische Klassifizierung

Selbstverständlich setzt die mechanistische Klassifizierung voraus, daß der Reaktionsmechanismus bekannt ist. Eine wichtige Aufgabe ist in diesem Bereich daher die Aufklärung der kinetischen Merkmale, die eine Bestimmung der Art des Mechanismus´ erlauben.

6.1.b.i Innensphären-Elektronentransfer

Im Übergangszustand des Elektronentransferprozesses teilen die ersten Koordinationssphären von Oxidans und Reduktans hier mindestens einen Liganden:

$$L_5M^{III}X + M^{II}Y_6 \longrightarrow \{L_5M^{III}-X-M^{II}Y_5\} \longrightarrow \text{Produkte} \qquad (6.5)$$
$$+\,Y$$

Die Bildung des Übergangszustandes beinhaltet eine Substitutionsreaktion an einem der Metallzentren, um die Zwischenstufe oder den Übergangszustand mit dem verbrückenden Liganden $-X-$ in Gl. (6.5) zu bilden. Der Elektronentransfer verläuft möglicherweise über den Brückenliganden.

Dieser Mechanismus wurde zuerst von Taube und Mitarbeitern[1] an einem System nachgewiesen, das die Konzepte der Substitutionslabilität und -inertheit ausnutzte, die Taube gleichzeitig entwickelte. Kobalt(III)-Komplexe (low-spin d^6) sind inert, Chrom(II)-Komplexe (high-spin d^4) labil, Kobalt(II)-Komplexe (high-spin d^7) labil und Chrom(III)-Komplexe (d^3) inert. Diese Kombination erlaubt es, über die Produkte der Reaktion in Schema 6.1 definitiv einen *Innensphären(engl. inner-sphere)-Mechanismus* nachzuweisen. Im Vorläuferkomplex sind die ursprünglichen Oxidationsstufen der Metallionen erhalten. Die Labilität von Co(II) relativ zu Cr(III) bewirkt, daß sich der Folgekomplex zu dem beobachteten stabilen Cr(III)-Produkt zersetzt, in dem der ursprünglich an das Kobalt(III) gebundene Cl^--Ligand auf das Chrom(III) übertragen worden ist.

Schema 6.1

$$(NH_3)_5CoCl^{2+} + Cr(OH_2)_6^{2+} \quad \xrightarrow[5\,H_2O]{5\,H^+} \quad Co(OH_2)_6^{2+} + 5\,NH_4^+ + (H_2O)_5CrCl^{2+}$$

$$\left\{ \begin{array}{c} H_3N \quad NH_3 \;\; H_2O \quad OH_2 \\ \mid \quad \mid \quad \mid \quad \mid \\ H_3N - Co^{III} - Cl - - Cr^{II} - OH_2 \\ \mid \quad \mid \quad \mid \quad \mid \\ H_3N \quad NH_3 \;\; H_2O \quad OH_2 \end{array} \right\}^{4+} \xrightarrow[\text{transfer}]{\text{Elektronen-}} \left\{ \begin{array}{c} H_3N \quad NH_3 \;\; H_2O \quad OH_2 \\ \mid \quad \mid \quad \mid \quad \mid \\ H_3N - Co^{II} - - Cl - Cr^{III} \; OH_2 \\ \mid \quad \mid \quad \mid \quad \mid \\ H_3N \quad NH_3 \;\; H_2O \quad OH_2 \end{array} \right\}^{4+}$$

Vorläuferkomplex   Folgekomplex

Das Beispiel in Schema 6.1 war für den Nachweis entscheidend, daß Innensphären-Prozesse oder Elektronentransferreaktionen via Brückenligand tatsächlich stattfinden können, man findet aber nur selten die passende Kombination der Substitutionslabilitäten, die einen solchen eindeutigen mechanistischen Nachweis über die Produkte erlaubt. Im allgemeinen wird dieser Mechanismus in Betracht gezogen, wenn der Elektronentransfer ungewöhnlich schnell verläuft und empfindlich gegenüber der chemischen Natur des Brückenliganden ist. Man kennt eine Vielzahl solcher verbrückenden Liganden, wie beispielsweise die Halogenidionen, Pseudohalogenidionen, Carboxylationen und das Hydridion. Ammoniak kann nicht als Brückenligand fungieren, da dieses Molekül nicht über ein zweites einsames Elektronenpaar verfügt, was die Voraussetzung für eine gleichzeitige Bindung an das oxidierende und reduzierende Zentrum ist. Die Stellung von H_2O ist unklar, da es zwar ein zweites freies Elektronenpaar besitzt, die Kinetik aber nicht wesentlich beschleunigt. Der Einfluß der verbrückenden Gruppe wird später in diesem Kapitel behandelt.

6.1.b.ii Außensphären-Elektronentransfer

Die Koordinationssphären von Oxidans und Reduktans verbleiben hier während des Elektronentransfers intakt, wie in der folgenden Reaktion gezeigt:

$$M^{III}L_6 + M^{II}Y_6 \quad \longrightarrow \quad (L_5M^{III}L)(YM^{II}Y_5) \quad \longrightarrow \quad M^{II}L_6 + M^{III}Y_6 \qquad (6.6)$$

Die Reaktanden werden als geladene harte Kugeln angesehen, und zur Voraussage der Geschwindigkeiten dieser Reaktion kann ein elektrostatisches Modell verwendet werden. Bislang ist dieses eines der wenigen Gebiete, in denen die Theorie nützliche Richtlinien für mechanistische Studien bieten konnte. Eine mechanistische Entscheidung zwischen den Innensphären- und Außensphärentypen beruht oftmals auf der Prüfung, ob eine Reaktionsgeschwindigkeit mit den Voraussagen der Außensphären-Theorie übereinstimmt oder nicht.

6.2   THEORIE DES AUSSENSPHÄREN-ELEKTRONENTRANSFERS

Die Außensphärentheorie wurde unter Anwendung eines elektrostatischen Ansatzes entwickelt, der dazu dient, die Energie zu berechnen, die benötigt wird, die Edukte einander anzunähern, die Solvensmoleküle im Übergangszustand umzuordnen und die Metallzentren für den Elektronentransfer vorzubereiten.

In Nordamerika ist die Theorie mit dem Namen Marcus verknüpft und als Marcus-Theorie[2] bekannt. Jedoch leisteten auch Hush[3] in Australien sowie Levitch[4] und Dogonadze[5] in Rußland grundlegende Beiträge. Marcus ging von der Theorie des aktivierten Komplexes für Ionenreaktionen aus, Hush von der Theorie des Elektronentransfers im Festkörper und Levitch von einer Betrachtung über Elektrodenreaktionen. Trotz der Verwendung unterschiedlicher Ansatzpunkte gelangten sie alle im wesentlichen zum gleichen Ergebnis.

Das *Franck-Condon-Prinzip* ist für die Theorie von grundlegender Bedeutung. Dieses Prinzip beinhaltet, daß die Elektronenbewegung viel schneller als die Kernbewegung ist; infolgedessen verändern die Kerne ihre Lage im Moment eines Elektronentransfers praktisch nicht. Daher ist davon auszugehen, daß die Bindungslängen des Eduktes sich auf dem Weg zum Übergangszustand derartig verändern, daß sie denen des Produktes ähnlich werden.

Der Elektronentransfer wird als *adiabatischer Prozeß im Sinne von Ehrenfest* angesehen, so daß der Transmissionskoeffizient (ρ) im Ausdruck der Theorie des aktivierten Komplexes, Gl. (6.7), gleich Eins ist.

$$k \;=\; \rho \; \frac{kT}{h} \; \exp\left(-\frac{\Delta H^*}{RT} + \frac{\Delta S^*}{R} \right) \qquad (6.7)$$

Dies bedeutet, daß die Wechselwirkung zwischen den Edukten im Übergangszustand ausreicht, um die Wahrscheinlichkeit eines Elektronentransfers zu Eins zu machen. Diese Bedingung ist häufig nicht vollständig erfüllt, und Unterschiede zwischen beobachteten und vorhergesagten Geschwindigkeitskonstanten werden dann einer "Nichtadiabatizität" des Elektronentransfers zugeschrieben.

6.2.a Die Marcus-Kreuzbeziehung

Eines der wichtigsten Ergebnisse, das der theoretischen Abhandlung von Marcus entnommen werden kann, wird heute als Marcus-Kreuzbeziehung bezeichnet. Diese wichtige Beziehung wurde später von Ratner und Levine[6] aus einer thermodynamischen Betrachtung abgeleitet, und diese

Formulierung bietet eine einfache Basis für das Verständnis einiger der Konzepte und Annahmen der eher mikroskopischen molekularen Theorie von Marcus.

Die Elektronentransferreaktion zwischen einem Reduktans A^- und Oxidans B ist durch die folgenden Grundreaktion gegeben:

$$A^- + B \longrightarrow A + B^- \tag{6.8}$$

Es wird angenommen, daß sich die Edukte unter Bildung eines Vorläuferkomplexes $(A^{-*})(B^*)$ treffen; anschließend findet der Elektronentransfer unter Bildung des Folgekomplexes $(A^*)(B^{-*})$ statt, der zu den Produkten zerfällt, wie es das Energieprofil in Abbildung 6.1 zeigt.

Ratner und Levine nahmen an, daß man in den Vorläufer- und Folgekomplexen die thermodynamische Eigenschaften der individuellen Partner (A^{-*}), (B^*), (A^*) und (B^{-*}) definieren kann. Eine Vorbedingung hierfür ist, daß zwischen den Partnern im Vorläufer- und Folgekomplex keine ausgeprägte Bindungswechselwirkung besteht.

Die freien Aktivierungsenthalpien der Vor- bzw. Rückreaktion sind gegeben durch

$$\Delta G^*_{A^-B} = G^o\left(A^{-*}\right) + G^o\left(B^*\right) - G^o\left(A^-\right) - G^o\left(B\right) \tag{6.9}$$

$$\Delta G^*_{AB^-} = G^o\left(A^*\right) + G^o\left(B^{-*}\right) - G^o\left(A\right) - G^o\left(B^-\right) \tag{6.10}$$

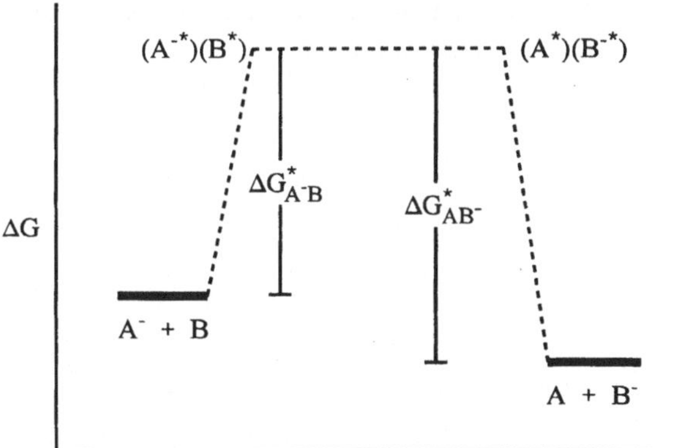

Abbildung 6.1. Energieprofil einer Außensphären-Elektronentransferreaktion

Die Nettoänderung der freien Enthalpie der Reaktion beträgt

$$\Delta G^{o}_{A^{-}B} = G^{o}\left(A\right) + G^{o}\left(B^{-}\right) - G^{o}\left(A^{-}\right) - G^{o}\left(B\right)$$

$$= \Delta G^{*}_{A^{-}B} - \Delta G^{*}_{AB^{-}} \tag{6.11}$$

Werden die Gln. (6.9) und (6.10) zur Substitution der beiden rechten Terme der Gl. (6.11) verwendet, so findet man, daß

$$G^{o}\left(A^{-*}\right) + G^{o}\left(B^{*}\right) = G^{o}\left(A^{*}\right) + G^{o}\left(B^{-*}\right) \tag{6.12}$$

Daher sind die freien Enthalpien des Vorläufer- und Folgekomplexes gleich.

Die Kreuzbeziehung beinhaltet die Verhältnisse zwischen den Geschwindigkeitskonstanten der folgenden Reaktionen, von denen (6.13) und (6.14) als Selbstaustauschreaktionen und (6.15) als Kreuzreaktion bezeichnet werden:

$$A^{-} + A \xrightarrow{\ k_{AA}\ } A + A^{-} \tag{6.13}$$

$$B + B^{-} \xrightarrow{\ k_{BB}\ } B^{-} + B \tag{6.14}$$

$$A^{-} + B \xrightarrow{\ k_{AB}\ } A + B^{-} \tag{6.15}$$

Man geht davon aus, daß die freien Enthalpien der individuellen Partner in den Selbstaustauschreaktionen gleich denen in der Kreuzreaktion sind; somit ist

$$\Delta G^{*}_{AA} = G^{o}\left(A^{-*}\right) + G^{o}\left(A^{*}\right) - G^{o}\left(A^{-}\right) - G^{o}\left(A\right) \tag{6.16}$$

$$\Delta G^{*}_{BB} = G^{o}\left(B^{-*}\right) + G^{o}\left(B^{*}\right) - G^{o}\left(B^{-}\right) - G^{o}\left(B\right) \tag{6.17}$$

$$\Delta G^{*}_{AB} = G^{o}\left(A^{-*}\right) + G^{o}\left(B^{*}\right) - G^{o}\left(A^{-}\right) - G^{o}\left(B\right) \tag{6.18}$$

Wird Gl. (6.18) mit Zwei multipliziert und Gl. (6.12) eingesetzt, so erhält man

$$2\,\Delta G^{*}_{AB} = G^{o}\left(A^{-*}\right) + G^{o}\left(B^{*}\right) - G^{o}\left(A^{*}\right) - G^{o}\left(B^{-}\right)$$

$$-\,2\,G^{o}\left(A^{-}\right) - 2\,G^{o}\left(B\right) \tag{6.19}$$

welches nach der Umformung und dem Einsetzen der Gln. (6.16) und (6.17)

$$\Delta G^{*}_{AB} = 1/2 \left(\Delta G^{*}_{AA} + \Delta G^{*}_{BB} + \Delta G^{o}_{A-B} \right) \qquad (6.20)$$

ergibt. Dieses ist die Marcus-Kreuzbeziehung, ausgedrückt durch freie Enthalpien. Die thermodynamische Herleitung der Kreuzbeziehung basiert auf den *Annahmen*, daß

1. der Aktivierungsprozeß für jeden Reaktanden unabhängig vom jeweils anderen Reaktanden ist.
2. die aktivierte Spezies des Selbstaustausches gleich derjenigen der Kreuzreaktion ist.

Offensichtlich können diese Annahmen nicht für einen Innensphären-Mechanismus gelten. Sie gelten ebenfalls nicht, wenn zwischen A und B spezielle anziehende oder abstoßende Kräfte wirken, die zwischen A und A⁻ oder B und B⁻ abwesend sind.

Nach der Theorie des aktivierten Komplexes sind die freie Aktivierungsenthalpie und die Geschwindigkeitskonstante verknüpft über

$$k_{ij} = Z_{ij} \exp\left(-\frac{\Delta G^{*}_{ij}}{RT} \right) \qquad (6.21)$$

wobei Z_{ij} die Kollisionsfrequenz ist. Setzt man diesen Ausdruck und die thermodynamische Beziehung $\Delta G^{o}_{A-B} = -RT \ln K_{AB}$ in Gl. (6.20) ein, so erhält man

$$k_{AB} = \left(k_{AA}k_{BB}K_{AB} \frac{Z^2_{AB}}{Z_{AA}Z_{BB}} \right)^{1/2}$$

$$= \left(k_{AA}k_{BB}K_{AB}F_{AB} \right)^{1/2} \qquad (6.22)$$

Dieses ist die Kreuzbeziehung, ausgedrückt durch Geschwindigkeitskonstanten. Oft besteht ein Grund (oder die Notwendigkeit) zu der Annahme, daß $F_{AB} \approx 1$, und damit reduziert sich Gl. (6.22) zu dem, was oft als vereinfachte Marcus-Kreuzbeziehung bezeichnet wird. Diese ist sehr nützlich, da die Kenntnis dreier der Werte von k_{AB}, k_{AA}, k_{BB}, und K_{AB} die Voraussage des vierten erlaubt.

Die Annahme $F_{AB} \approx 1$ bedeutet, daß $Z^2_{AB} \approx Z_{AA} Z_{BB}$. Bei ionischen Edukten erscheint diese Annahme begründet, wenn die Reaktion eine Ladungssymmetrie (z. B. $A^{2+} + B^{3+} \rightarrow A^{3+} + B^{2+}$) zeigt, da die Ladungen der Spezies bei den Selbstaustauschreaktionen denen bei der Gesamtreaktion entsprechen. Die Annahme gilt nur eingeschränkt, wenn die Spezies Ladungen gleicher Vorzeichen tragen, aber keine Ladungssymmetrie der Reaktion gegeben ist (z.B. $A^{2+} + B^{3+} \rightarrow A^{1+} + B^{4+}$). In diesem Beispiel wird Z_{AA} für A^{2+} und A^{1+} größer sein als Z_{BB} für B^{3+} und B^{4+}, während Z_{AB} für $A^{2+} + B^{3+}$ zwischen diesen beiden Werten liegen sollte, so daß die Beziehung $Z^2_{AB} \approx Z_{AA}Z_{BB}$ innerhalb eines Faktors von Zehn immer noch gelten könnte. Unterscheiden sich jedoch die Vorzeichen der Eduktladungen (z.B. $A^{2-} + B^{3+} \rightarrow A^{3-} + B^{2+}$), so wird Z_{AB} durch die anziehende Kraft zwischen den entgegengesetzt geladenen Ionen viel größer sein als Z_{AA} oder Z_{BB}, und F_{AB} wird deutlich größer als Eins sein.

Die vorstehende Herleitung und Diskussion dient als Präambel für die folgende genauere Betrachtung. Die vollständige Theorie berücksichtigt die Probleme der Ladungsasymmetrie durch die Berechnung von Energiebeiträgen für die Annäherung der Reaktanden und die Trennung der Produkte. Sind die theoretischen Voraussagen dann immer noch unbefriedigend, wird dies oftmals der Nonadiabatizität zugeschrieben, was bedeutet, daß Abweichungen des Z-Wertes verantwortlich gemacht werden.

6.2.b Einzelheiten der Marcus-Theorie

Die Details der Marcus-Theorie wurden in verschiedenen Übersichten[7-9] und in den Büchern von Reynolds und Lumry[10] sowie Cannon[11] beschrieben. Die folgende Diskussion soll einige Besonderheiten dieser Theorie herausstellen und die physikalischen Faktoren aufzeigen, die die Geschwindigkeiten von Außensphären-Elektronentransferreaktionen beeinflussen.

Die Edukte werden als zwei harte Kugeln der Ladungen z_1 und z_2 und Radien a_1 und a_2 betrachtet. Um die Edukte auf einen Abstand $r = a_1 + a_2$ anzunähern, der als der Abstand der Reaktanden im Übergangszustand angesehen wird, ist Arbeit zu verrichten. Der Beitrag dieser Coulomb-Arbeit zur freien Aktivierungsenthalpie ist nach einfachen elektrostatischen Erwägungen gegeben durch

$$\Delta G^*_{coul} = \left(\frac{N\, z_1\, z_2\, e^2}{4\,\pi\,\varepsilon_0} \right) \left(\frac{1}{\varepsilon_s\, r} \right) \tag{6.23}$$

wobei e für die Elektronenladung und ε_s für die Dielektrizitätskonstante des Lösungsmittels steht. In neueren Abhandlungen wurde die Bildung des Vorläuferkomplexes als diffusionskontrollierte Gleichgewichtsreaktion betrachtet, so daß aus dem Verhältnis der berechneten vor- und rückwärtigen Geschwindigkeitskonstanten mit Gl. (6.24) ein Ausdruck für die Gleichgewichtskonstante der Bildung des Außensphären-Vorläuferkomplexes folgt.

$$K_{os} = \frac{4\,\pi\, N\, r^3}{3000} \exp\left(\frac{U}{1 + B\, r\, \sqrt{\mu}} \right) \tag{6.24}$$

mit

$$U = \frac{z_1\, z_2\, e^2}{4\,\pi\,\varepsilon_0\,\varepsilon_s\, r\, k\, T}$$

Die Größen im Ausdruck für U wurden schon zuvor in Gl. (1.71) definiert. B ist der in Gl. (1.70) diskutierte Debye-Hückel-Faktor und μ ist die Ionenstärke. Letztere Terme wurden offensichtlich eingeführt, um Variationen der Ionenstärke zu berücksichtigen. Andere Ansätze zur Erfassung des Ionenstärkeeffektes wurden in Kapitel 1 und von Tembe et al.[12] beschrieben.

Wenn die Reaktanden zusammenkommen, wird angenommen, daß sie einen sphärischen Übergangszustand des Durchmessers r bilden. Die Solvensmoleküle werden sich um diesen Übergangszustand reorganisieren, und der Beitrag dieser Solvens- oder Außensphären- Reorganisation ist gegeben durch

$$\Delta G^*_{solv} = (\Delta q)^2 \left(\frac{N\,e^2}{16\,\pi\,\varepsilon_0} \right) \left(\frac{1}{2\,a_1} + \frac{1}{2\,a_2} - \frac{1}{r} \right) \left(\frac{1}{n_s^2} - \frac{1}{\varepsilon_s} \right) \tag{6.25}$$

wobei Δq für die Zahl der übertragenen Elektronen (bei den meisten Reaktionen gleich Eins) und n_s für den Brechungsindex des Solvens steht (n_s^2 ist die Hochfrequenz-Dielektrizitätskonstante des Lösungsmittels).

Zur Erfüllung des Franck-Condon-Prinzips werden sich im Übergangszustand die Bindungslängen der Liganden um die Metallionen auf die Bindungslängen einstellen, die sie in den Produkten aufweisen. Dieser Faktor wird als Innensphären-Reorganisationsenergie bezeichnet und ist gegeben durch

$$\Delta G^*_{in} = N \left(\frac{n\,f_1}{2} \left(d_1^o - d_1^* \right)^2 + \frac{n\,f_2}{2} \left(d_2^o - d_2^* \right)^2 \right) \tag{6.26}$$

wobei n die Zahl der Liganden ist, f_1 und f_2 die Kraftkonstanten der symmetrischen "breathing"-Streckschwingungsmode, welche die notwendige Bindungsverlängerung oder -verkürzung erzeugt, und d_i^o und d_i^* die Metall-Ligand-Bindungslängen im Grund- bzw. Übergangszustand sind. Die Größe ΔG^*_{in} ist der am schwierigsten zu berechnende Term, da d_i^* unbekannt ist und die Kraftkonstanten auf eine korrekte Zuordnung des Schwingungsspektrums im schwierigen Bereich von ~ 200 bis 800 cm^{-1} angewiesen sind. Ein Ansatz besteht darin, $d^* = d_1^* = d_2^*$ zu setzen und ΔG^*_{in} bezüglich d^* zu minimieren [d.h. $d(\Delta G^*_{in})/d(d^*) = 0$]. Dann gilt:

$$d^* = \frac{f_1\,d_1^o + f_2\,d_2^o}{f_1 + f_2} \tag{6.27}$$

und

$$\Delta G^*_{in} = N \left(\frac{n\,f_1\,f_2}{2(f_1 + f_2)} \right) \left(d_2^o - d_1^o \right)^2 \tag{6.28}$$

Zur Bestimmung der Kraftkonstanten f_i sollte die entsprechende Funktion der potentiellen Energie (U) verwendet werden, um $f = d^2(U)/d^2(d)$ zu berechnen. Häufig geht man von einem einfachen harmonischen zweiatomigen Oszillator aus, so daß $f_i = (2\pi\nu_i c)^2 m_r$ ist, wobei ν_i für die Schwingungsfrequenz in cm^{-1}, c für die Lichtgeschwindigkeit in cm s^{-1} und m_r für die reduzierte Masse des Liganden in Kilogramm steht.

Ein Tunneln der Kerne wurde als präexponentieller Faktor (Γ_n) im Ausdruck für die Geschwindigkeitskonstante ebenfalls berücksichtigt. Man nimmt an, daß die Kernschwingungsfrequenzen der Reaktanden (ν_n) gegeben ist durch

$$\nu_n^{\ 2} = \frac{\nu_{solv}^{\ 2}\ \Delta G^*_{solv} + \nu_{in}^{\ 2}\ \Delta G^*_{in}}{\Delta G^*_{solv} + \Delta G^*_{in}} \approx \frac{\nu_{in}^{\ 2}\ \Delta G^*_{in}}{\Delta G^*_{solv} + \Delta G^*_{in}} \tag{6.29}$$

wobei diese Näherung den Umstand ausnutzt, daß die Frequenzen der Außensphären-Solvensmoleküle (ν_{solv}) mit ca. 30 cm^{-1} mehr als zehnmal kleiner sind als die Innensphären-Frequenzen (ν_{in}) mit ca. 400 cm^{-1}, und daß $\Delta G^*_{in} \approx \Delta G^*_{solv}$. Als Wert für ν_{in} wird der Mittelwert der Frequenzen der "breathing"-Moden der beiden Reaktanden angesetzt, der berechnet wird über

$$\nu_{in}^{\ 2} = \frac{2\,\nu_1^{\ 2}\ \nu_2^{\ 2}}{\nu_1^{\ 2} + \nu_2^{\ 2}} \tag{6.30}$$

Mit ν_n in cm^{-1} und c $= 3 \times 10^{10}$ cm s^{-1} folgt: $\Gamma_n = 3 \times 10^{10}\ \mu_n$.

Der letzte zu berücksichtigende Faktor ist der elektronische Transmissionskoeffizient (κ_{el}), der im Falle eines adiabatischen Elektronentransferschrittes gleich Eins, und andernfalls kleiner ist. Damit berechnet sich die Außensphären-Geschwindigkeitskonstante nach Gl. (6.31):

$$k_{ber} = \kappa_{el}\ \Gamma_n\ K_{os}\ \exp\left(\frac{-\left(\Delta G^*_{solv} + \Delta G^*_{in}\right)}{RT}\right) \tag{6.31}$$

Selbstverständlich ist der nächste Schritt ein Vergleich der nach Gl. (6.31) berechneten Geschwindigkeitskonstanten mit einigen experimentellen Ergebnissen. Infolge ihrer hohen Gesamtsymmetrie ist es einfacher, die Berechnungen an Selbstaustauschreaktionen wie (6.32) auszuführen, bei denen M und L gleich sind und die beiden Reaktanden sich nur in der Oxidationsstufe unterscheiden:

$$M(L)_n^{\ z+} + {}^*M(L)_n^{\ (z-1)+} \longrightarrow M(L)_n^{\ (z-1)+} + {}^*M(L)_n^{\ z+} \tag{6.32}$$

Die Ergebnisse für einige derartige Systeme sind in Tabelle 6.1 zusammengefaßt. Diese Ergebnisse zeigen, daß die wichtigste Eigenschaft, die die relativen Geschwindigkeiten der verschiedenen Metallionen bestimmt, der ΔG^*_{in}-Unterschied ist, der wiederum von den unterschiedlichen Bindungslängen in den beiden Oxidationsstufen bestimmt wird. Die Übereinstimmung der berechneten und beobachteten Werte ist bei Fe- und Co-Systemen recht gut, bei Ru(OH$_2$)$_6^{2/3+}$ dagegen schlecht. Offensichtlich sind zusätzlich zu den durch die Theorie bedingten Näherungen einige weitere Ungenauigkeiten in diese Berechnungen eingegangen. Der kritischste Faktor ist hierbei die

Bindungslängen- oder Größendifferenz zwischen den beiden Oxidationsstufen, da ΔG^*_{in} vom Quadrat dieser Differenz abhängt. Beispielsweise stimmten die beobachteten und berechneten Werte von $Ru(OH_2)_6^{2/3+}$ überein, wenn die Größendifferenz 0,125 Å anstelle von 0,09 Å beträgt, und eine Änderung von 0,04 Å auf 0,095 Å sorgt für eine Übereinstimmung bei $Ru(NH_3)_6^{2/3+}$. Die in den Berechnungen verwendeten Kraftkonstanten könnten wegen der Einfachheit des Modells ebenfalls in Frage gestellt werden, obwohl die Fehler sich in gewisser Weise kompensieren, wie aus der Form von Gl. (6.28) entnommen werden kann. Bernhard und Ludi[13] führten eine Normalkoordinatenanalyse am $Ru(OH_2)_6^{2/3+}$System durch und erhielten für die Oxidationsstufen +2 und +3 Werte von 191 bzw. 298 Nm^{-1}, während das einfache, auf einem harmonischen Oszillator basierende Modell für die symmetrische "breathing"-Mode die Werte 190 bzw. 300 Nm^{-1} ergibt. Dieser Faktor scheint somit keinen Grund zur Besorgnis darzustellen. Der Term, der üblicherweise für den Mangel an Übereinstimmung zwischen k_{ber} und k_{beob} verantwortlich gemacht wird, ist der elektronische Transmissionskoeffizient (κ_{el}), da die berechneten Werte gewöhnlich höher als die beobachteten sind, so daß eine Nonadiabatizität mit κ_{el}-Werten zwischen 10^{-1} und 10^{-3} in Erwägung zu ziehen ist, um die Werte zur Übereinstimmung zu bringen.

Tabelle 6.1. Vergleich der relevanten Parameter und der berechneten und beobachteten Selbstaustausch-Geschwindigkeitskonstanten von $M(L)_n^{2/3+}$Systemen

Parameter	$Fe(OH_2)_6^{2/3+}$	$Ru(OH_2)_6^{2/3+}$	$Ru(NH_3)_6^{2/3+}$	$Co(NH_3)_6^{2/3+}$
a_1; a_2 Å	3,33; 3,19	3,32; 3,23	3,37; 3,33	3,41; 3,19
ν_1; ν_2 (cm^{-1})	390; 490	424; 532	442; 500	357; 394
ν_n (cm^{-1})	319	286	151	347
$10^{-12}\,\Gamma_n(s^{-1})$	9,6	8,6	4,5	10,4
μ (M)	0,55	5,0	0,10	2,5
$K_{os}(M^{-1})$	0,055	0,23	0,017	0,093
$\Delta G^*_{solv}(kJ\,mol^{-1})$	29,3	29,3	28,5	29,0
$\Delta G^*_{in}(kJ\,mol^{-1})$	35,0	17,1	3,2	73,4
$k_{ber}(M^{-1}s^{-1},\ 25°C)$	2,8	$1,5 \times 10^5$	$2,2 \times 10^5$	$1,1 \times 10^{-6}$
$k_{beob}(M^{-1}s^{-1},\ 25°C)$	$4,2^a$	20^b	$6,7 \times 10^{3c}$	8×10^{-6d}

[a] Brunschwig, B.S.; Creutz, C.; Macartney, D.H.; Sham, T.-K.; Sutin, N. *Disc. Faraday Soc.* **1982**, *74*, 113; W.H. Jolley, D.R. Stranks, T.W. Swaddle, *Inorg. Chem.* **1990**, *29*, 1948.

[b] Bernhard, P.; Helm, L.; Ludi, A.; Merbach, A.E. *J. Am. Chem. Soc.* **1985**, *107*, 312.

[c] Extrapoliert mit $\Delta H^* = 5$ kcal mol^{-1} aus Messungen bei 4°C, Smolenaers, P.J. ; Beattie, J.K. *Inorg. Chem.* **1986**, *25*, 2259.

[d] Bei 40°C mit Trifluormethansulfonat als Gegenion, Hammershoi, A.; Geselowitz, D.; Taube, H. *Inorg. Chem.* **1984**, *23*, 979.

Ferner sagt die Theorie aufgrund der $(n_s^{-2} - \varepsilon_s^{-1})$-Abhängigkeit von ΔG^*_{solv} eine Variation der Geschwindigkeitskonstanten mit den Solvenseigenschaften voraus. Chan und Wahl[14] stellten fest, daß der Selbstaustausch von Tris(hexafluoracetylacetonat)ruthenium(II)/(III) dieser Voraussage recht genau folgt. Neuere Studien[15] am $Fe(C_5H_5)_2^{0/+}$-System bestätigen ebenfalls den erwarteten allgemeinen Trend, obwohl die Korrelation nicht perfekt ist. Lay et al.[16] studierten den Solvenseinfluß auf die Reduktionspotentiale verschiedener Kobalt(III)-Komplexe und fanden eine Korrelation mit der Stärke wasserstoffbrückenartiger Wechselwirkungen der Ligandprotonen mit basischen Lösungsmitteln, die die Grenzen des üblichen Kontinuum-Modells der Solvenseffekte aufzeigt. Ein vergleichbarer Schluß kann aus der detaillierten Analyse von Swaddle[17] über die Solvenseffekte auf die Aktiverungsvolumina von Elektronenaustauschreaktionen gezogen werden.

Die Selbstaustauschgeschwindigkeiten und Reduktionspotentiale einiger anderer Metallion-Ligand-Systeme sind in Tabelle 6.2 aufgeführt. Die k_{AA}-Werte der Kobalt(II)/(III)-Komplexe in dieser Tabelle zeigen sich als sehr empfindlich gegenüber den umgebenden Liganden und sind im Vergleich zu den Ru(II)/(III)-Analogen ungewöhnlich klein. Anfänglich wurde vermutet, daß die Kobalt-Systeme deshalb langsam reagieren, weil sie eine große Innensphären-Reorganisations-

Tabelle 6.2. Reduktionspoteniale und Selbstaustauschgeschwindigkeiten (25°C) ausgewählter Systeme

Redoxpaar	$E^0(V)^a$	$k_{AA}(M^{-1}s^{-1})^b$
$V(OH_2)_6^{2/3+}$	-0,255	1×10^{-2}
$Cr(OH_2)_6^{2/3+}$	-0,40	$\sim 1 \times 10^{-5}$
$Fe(OH_2)_6^{2/3+}$	+0,74	4,0
$Co(OH_2)_6^{2/3+}$	+1,96	~ 5
$Co(en)_3^{2/3+}$	-0,13	$2,0 \times 10^{-5}$
$Co(phen)_3^{2/3+}$	+0,42	40
$Co(sep)^{2/3+}$	-0,26	5,1
$Co(NH_3)_6^{2/3+}$	+0,058	8×10^{-6} ^{c,d}
$Ru(NH_3)_6^{2/3+}$	+0,051	$6,7 \times 10^3$ ^{c}
$Ru(en)_3^{2/3+}$		$1,7 \times 10^4$ ^{e}
$Ru(bpy)_3^{2/3+}$	+1,26	$2,0 \times 10^9$

[a] Creaser, I.I.; Sargeson, A.M.; Zanella, A.W. *Inorg. Chem.* **1983**, *22*, 4022.

[b] Siehe Chou, M.; Creutz, C.; Sutin, N. *J. Am. Chem. Soc.* **1977**, *99*, 5615 für Originalzitate, falls nicht anders gekennzeichnet.

[c] Siehe Tabelle 6.1.

[d] Bei 40°C.

[e] Beattie, J.K.; Smolenaers, P.J. *J. Phys. Chem.* **1986**, *90*, 3684.

energie aufweisen, verursacht durch die größeren Bindungslängendifferenzen in den $M(NH_3)_6^{2/3+}$-Komplexen des Kobalts (Co^{2+} 2,11 Å; Co^{3+} 1,94 Å), verglichen mit denen des Rutheniums (Ru^{2+} 2,14 Å; Ru^{3+} 2,10 Å). Diese sind im wesentlichen darauf zurückzuführen, daß $Co(NH_3)_6^{2+}$ high-spin-konfiguriert ist. Elektronische Faktoren wurden ebenfalls erwogen, basierend auf der Vorstellung, daß Co ein e_g-Elektron übertragen muß [Co(III) (t_{2g}^6), Co(II) $(t_{2g}^5 e_g^2)$], während Ru ein t_{2g}-Elektron überträgt [Ru(III) (t_{2g}^5), Ru(II)(t_{2g}^6)]. Eine weitere für das Kobaltsystem vorgeschlagene Möglichkeit besteht darin, daß Kobalt(III) eine Spinzustandsänderung[18] [Co(II) $(t_{2g}^5 e_g^2)$ $\rightarrow$ Co(II) $(t_{2g}^6 e_g^1)$] eingehen muß, bevor der Elektronentransfer stattfinden kann. Diese Argumente scheinen qualitativ mit der Tatsache im Einklang zu stehen, daß $Co(phen)_3^{2+}$, welches dem low-spin-Zustand nahe ist, ein größeres k_{AA} aufweist als das Hexammin-System.

Die Situation wurde durch neuere Studien von Sargeson und Mitarbeitern an makrocyclischen Kobalt- und Ruthenium-Komplexen geklärt. Bei 25°C beträgt die Selbstaustauschgeschwindigkeit[19] von $Co(sepulchrat)^{2/3+}$ 5,1 $M^{-1}s^{-1}$ in 0,2 M NaCl und 4,8 $M^{-1}s^{-1}$ in 0,2 M LiClO$_4$, obwohl der Spinzustand und die Bindungslängen (Co(II)–N, 2,16 Å; Co(III)–N, 1,96 Å) im wesentlichen die gleichen wie im $Co(NH_3)_6^{2/3+}$-System sind (Sepulchrat ist ein sechszähniger N-Donor-Käfigligand). Die wesentlich größere Geschwindigkeitskonstante (ca. 10^6 mal) wurde der Spannung im Käfigliganden zugeschrieben, da Co(III) etwas zu klein und Co(II) etwas zu groß ist, um in den Käfig zu passen.[20] Daraus resultiert eine deutliche Begünstigung der Bindungslängenänderung in Richtung des Übergangszustandes. Ähnliche Faktoren wirken bei $Co(tacn)_2^{2/3+}$ (ein N$_3$-Makrocyclus) mit k = 0,18 $M^{-1}s^{-1}$, zu vergleichen mit k = 5 $\times$ 10^4 $M^{-1}s^{-1}$ bei $Ru(tacn)_n^{2/3+}$.[21] Bei $Co(ttacn)_2^{2/3+}$ (einem S-Donor-Chelatkomplex) und $Co(azacapten)^{2/3+}$ (einem S$_3$N$_2$-Käfig) sind die Bindungslängen in beiden Oxidationsstufen nahezu gleich, da Co(II) low-spin-konfiguriert ist, und die Geschwindigkeitskonstanten betragen 1,3 $\times$ 10^4 bzw. 4,5 $\times$ 10^3 $M^{-1}s^{-1}$.[22,23] Zusammenfassend scheinen bei Kobalt(II)/(III)-Systemen die Bindungslängendifferenzen einen wesentlichen Einfluß auf die Selbstaustauschgeschwindigkeiten auszuüben.

6.2.c Anwendungen der Marcus-Kreuzbeziehung

In der vertieften Theorie erkannte Marcus unter Annahme bestimmter Vereinfachungen eine Kreuzbeziehung von gleicher Form wie die von Ratner und Levine entwickelte. In der Terminologie von Marcus ist die Beziehung gegeben durch

$$k_{AB} = (k_{AA} k_{BB} K_{AB} f_{AB})^{1/2} \tag{6.33}$$

mit

$$\log f_{AB} = \frac{(\log K_{AB})^2}{4 \log\left(\dfrac{k_{AA} k_{BB}}{Z^2}\right)}$$

wobei Z für die Kollisionsfrequenz der Ionen in der Lösung steht ($\approx 10^{11}$ $M^{-1}s^{-1}$). Der Faktor f_{AB} ist das Analogon zu F_{AB} in der Herleitung von Ratner und Levine, und $f_{AB} \approx 1$, solange K_{AB} klein ist. Ist $f_{AB} \approx 1$, so folgt aus Gl. (6.33) die vereinfachte Marcus-Gleichung Gl. (6.34):

$$k_{AB} = (k_{AA}k_{BB}K_{AB})^{1/2} \tag{6.34}$$

Für einen Einelektronentransfer bei 25°C ist die logarithmische Form dieser Gleichung gegeben durch

$$\log(k_{AB}) = 0{,}5\left[\log(k_{AA}) + \log(k_{BB})\right] + 0{,}5(16{,}9)\Delta E^\circ \tag{6.35}$$

wobei ΔE° das Reduktionspotential in Volt ist. Sutin und Mitarbeiter[24] überprüften diese Gleichung anhand der Reaktion einer Reihe von $Fe(phenX)_3^{2/3+}$-Komplexen, deren k_{BB} als konstant angesehen wird, mit wäßrigem Eisen(II) und Cer(IV). Sie stellten fest, daß die Steigungen in den Auftragungen von $\log(k_{AB})$ gegen ΔE° nahe den erwarteten Werten liegen, daß aber die Achsenabschnitte kleiner als vorhergesagt ausfallen.

Diese Gleichung kann zur Berechnung einer der Geschwindigkeitskonstante des Selbstaustausches (k_{AA} oder k_{BB}) oder zur Berechnung von k_{AB} für den Vergleich mit einem experimentellen Wert verwendet werden. Eine Übersicht über derartige Anwendungen von Sutin und Mitarbeitern[25] gipfelte in dem Schluß, daß k_{AB} innerhalb eines Faktors von etwa 25 vorausgesagt werden kann, sofern eine Außensphären-Reaktion vorliegt. Da die Geschwindigkeitskonstante des Selbstaustausches von k^2_{AB} abhängt, kann man für die Voraussage von k_{AA} oder k_{BB} eine Genauigkeit innerhalb von 25^2 erwarten. Einige typische Ergebnisse der Kreuzbeziehung sind in Tabelle 6.3 zusammengefaßt. Die ersten drei Beispiele zeigen jenen Grad an Übereinstimmung, der allgemein als vertretbar angesehen wird. Berechnungen, die das Fe(II)/Fe(III)-Paar mit einem k_{AA} von 4 $M^{-1}s^{-1}$ einschließen, liefern jedoch durchweg Vorhersagen, die größer als die experimentellen Werte sind. Dieser Effekt wird später in Bezug auf die Ergebnisse in Tabelle 6.4 diskutiert.

Tabelle 6.3. Vergleich einiger experimenteller Geschwindigkeitskonstanten ($M^{-1}s^{-1}$, 25°C) mit über die Marcus-Kreuzbeziehung berechneten Werten

Reaktanden	$\log K_{AB}$	k_{AB} beob	k_{AB} ber
$Ru(NH_3)_6^{2+} + Co(phen)_3^{3+}$	6,25	$1{,}5 \times 10^4$	$3{,}5 \times 10^5$
$V(OH_2)_6^{2+} + Co(en)_3^{3+}$	2,12	$5{,}8 \times 10^{-4}$	$3{,}1 \times 10^{-3}$
$V(OH_2)_2^{2+} + Ru(NH_3)_6^{3+}$	5,19	$1{,}3 \times 10^3$	$2{,}2 \times 10^3$
$V(OH_2)_6^{2+} + Fe(OH_2)_6^{3+}$	16,9	$1{,}8 \times 10^4$	$1{,}6 \times 10^6$
$Ru(NH_3)_6^{2+} + Fe(OH_2)_6^{3+}$	11,7	$3{,}4 \times 10^5$	$1{,}2 \times 10^7$
$Fe(OH_2)_6^{2+} + Ru\,(bpy)_3^{3+}$	8,81	$7{,}2 \times 10^5$	$3{,}6 \times 10^8$

Tabelle 6.4 Geschwindigkeitskonstanten des Selbstaustausches ($M^{-1}s^{-1}$, 25°C), erhalten über eine Anpassung an die Marcus-Kreuzbeziehung

Reagenz		$E_A(V)$	$E_B(V)$	$k_{AA}{}^{a,b}$	$k_{BB}{}^{a,c}$	$10^4 \times k^a$	
A	B					beob.	ber.
$Ru(sar)^{2+}$	$(NH_3)_5Ru(py)^{3+}$	0,29	0,302	$1,2 \times 10^5$	$1,1 \times 10^5$	10,5	14
$Ru(sar)^{2+}$	$(NH_3)_5Ru(nic)^{3+}$	0,29	0,362	$1,2 \times 10^5$	$1,1 \times 10^5$	28	44
$Ru(sar)^{2+}$	$(NH_3)_5Ru(isn)^{3+}$	0,29	0,384	$1,2 \times 10^5$	$1,1 \times 10^5$	52	66
$Ru(sar)^{2+}$	$Ru(tacn)^{3+}$	0,29	0,366	$1,2 \times 10^5$	$5,4 \times 10^4$	73	34
$Ru(sar)^{2+}$	$Mn(sar)^{3+}$	0,29	0,519	$1,2 \times 10^5$	$1,7 \times 10^1$	17	9
$Ru(sar)^{2+}$	$Fe(OH_2)_6^{3+}$	0,29	0,74	$1,2 \times 10^5$	$6,2 \times 10^{-3}$ [b]	7,2	6,7
$Mn(sar)^{3+}$	$(NH_3)_5Ru(py)^{2+}$	0,519	0,302	$1,7 \times 10^1$	$1,1 \times 10^5$	3,7	7,2
$Mn(sar)^{3+}$	$(NH_3)_5Ru(isn)^{2+}$	0,519	0,384	$1,7 \times 10^1$	$1,1 \times 10^5$	1,4	1,7
$Mn(sar)^{3+}$	$Ru(tacn)^{2+}$	0,519	0,366	$1,7 \times 10^1$	$1,2 \times 10^5$	2,9	1,6
$Mn(sar)^{3+}$	$Fe(OH_2)_6^{3+}$	0,519	0,74	$1,7 \times 10^1$	$6,2 \times 10^{-3}$ [b]	1,2 [d]	2,0 [d]

[a] $\mu = 0,1$ M, ausgewählt aus Zit. 26, wo die Strukturen der Liganden angegeben sind

[b] Bestimmt über eine Anpassung an Gl. (6.33) mit $Z = 1,9 \times 10^{10}$ $M^{-1}s^{-1}$

[c] Feststehende, unabhängig bestimmte Werte, sofern nicht besonders gekennzeichnet.

[d] Werte von $10^{-1} \times k$.

Bernhard und Sargeson[26] wandten Gl. (6.33) zur Bestimmung der Selbstaustauschgeschwindigkeiten einiger Ruthenium-, Mangan-, Eisen- und Nickel-Käfigkomplexe an. Sie benützten fünf Reagenzien mit bekannten Selbstaustauschgeschwindigkeiten und untersuchten 19 Kreuzreaktionen, um über eine Anpassung der Daten an Gl. (6.33) mit Hilfe der Methode der kleinsten Fehlerquadrate fünf neue Selbstaustauschgeschwindigkeiten zu ermitteln. Einige repräsentative Ergebnisse sind in Tabelle 6.4 aufgeführt. Die Autoren setzten die Kollisionsfrequenz Z als anzupassende Variable an und erhielten die beste Übereinstimmung bei einem Wert, der fünfmal kleiner als das allgemein angenommene 10^{11} $M^{-1}s^{-1}$ war; diese Divergenz hat aber keinen großen Einfluß, weil bei den meisten Systemen f_{AB} nahe Eins liegt. Bernhard und Sargeson stellten fest, daß die gemessene Selbstaustauschgeschwindigkeit des $Fe(OH_2)_6^{2/3+}$-Systems von 4 $M^{-1}s^{-1}$ nicht zu den Ergebnissen paßt, und behandelten diese Größe als Variable, wobei sie einen selbstkonsistenten Wert von $6,2 \times 10^{-3}$ $M^{-1}s^{-1}$ erhielten. Auf Abweichungen wie diese wurde in der Übersicht von Sutin et al. hingewiesen, und diese wurden von Hupp und Weaver[27] ausführlicher untersucht, wobei sich herausstellte, daß ein Wert von ca. 10^{-3} $M^{-1}s^{-1}$ für eine Reihe von Reaktionen realistischer erscheint. Die Standarderklärung für diese Abweichung lautet, daß der $Fe(OH_2)_6^{2/3+}$-Austausch nach einem Innensphären-Mechanismus über ein verbrückendes Wassermolekül erfolgt. Es wurde darauf hingewiesen,[28] daß die Selbstaustauschgeschwindigkeit des Systems $Ru(OH_2)_6^{2/3+}$

von 20 $M^{-1}s^{-1}$ ebenfalls einen viel kleineren Wert für $Fe(OH_2)_6^{2/3+}$ impliziert, da die Innensphären-Umlagerung bei Fe größer als bei Ru ist (siehe Tabelle 6.1). In diesem Zusammenhang sollte angemerkt werden, daß die Differenz der Ionenradien von V(II) und V(III) derjenigen von Fe(II) und Fe(III) sehr ähnlich ist, so daß man für die Austauschgeschwindigkeiten von $Fe(OH_2)_6^{2/3+}$ einen Wert von ca. 0,01 $M^{-1}s^{-1}$ erwarten könnte. Andererseits wurde das Aktivierungsvolumen ΔV^* von -11 cm^3 mol^{-1} für den $Fe(OH_2)_6^{2/3+}$-Austausch[29] als Beweis für einen Außensphären-Mechanismus gewertet, insbesondere im Vergleich mit dem Wert von 0,8 cm^3 mol^{-1} für $Fe(OH_2)_5OH^{2+}/Fe(OH_2)_6^{2+}$, das als Innensphären-System angesehen wird. Ironischerweise bleibt der Mechanismus einer der meistuntersuchten und -analysierten Reaktionen somit umstritten.

Die Kreuzbeziehung kann auch zur Abschätzung von Selbstaustauschgeschwindigkeiten verwendet werden, falls diese nicht direkt gemessen werden können. Wird die Regressions-Analyse von Bernhard und Sargeson nicht verwendet, so verläuft die Berechnung ein wenig im Kreis, da k_{BB} auch in f_{AB} eingeht, dieser Faktor aber oft nahezu gleich Eins ist und nicht sehr stark von k_{BB} abhängt. Macartney und Sutin[30] wandten diese Methode auf verschiedene Ascorbat-radikale und ihre Vorläufer an und berechneten die folgenden Geschwindigkeitskonstante des Selbstaustausches ($M^{-1}s^{-1}$, 25°C): 2×10^3 für $H_2A/H_2A^{\bullet+}$, 1×10^5 für $HA^-/HA^\bullet$; ca. 2×10^5 für $A^{2-}/A^{\bullet-}$.

Das Vertrauen in derartige Anwendungen wurde durch die Versuche zur Berechnung der Geschwindigkeitskonstanten für den Selbstaustausch des Paares Disauerstoff/Superoxid (O_2/O_2^-) gedämpft. Taube und Mitarbeiter[31] studierten die Oxidation von drei Ru(II)ammin-Komplexen und analysierten die Ergebnisse unter Verwendung von Gl. (6.33), wobei sie eine annähernd selbstkonsistenten Selbstaustauschgeschwindigkeitskonstante von 1×10^3 $M^{-1}s^{-1}$ für O_2/O_2^- erhielten. Espenson und Mitarbeiter[32] erweiterten diese frühen Studien auf andere Reduktions-mittel und verfeinerten die Analyse durch die Einführung von sogenannten Arbeitstermen, die Asymmetrien von Ladung und Größe der beteiligten Spezies korrigieren sollen. Die Arbeitsterm-Korrekturen erscheinen in folgenden Gleichungen:[33]

$$k_{AB} = \left(k_{AA} k_{BB} K_{AB} f_{AB} \right)^{1/2} W_{AB} \qquad (6.36)$$

wobei f_{AB} und W_{AB} gegeben sind durch

$$\ln f_{AB} = \frac{\left(\ln K_{AB} + (w_{AB} - w_{BA})/RT \right)^2}{4 \ln\left(k_{AA} k_{BB}/Z^2 \right) + (w_{AA} + w_{BB})/RT}$$

$$W_{AB} = \exp\left(\frac{-(w_{AB} + w_{BA} - w_{AA} - w_{BB})}{2\,RT} \right)$$

Die individuellen Arbeitsterme werden berechnet über

Tabelle 6.5. O_2/O_2^--Selbstaustauschgeschwindigkeitskonstanten[a] (25°C), berechnet über die Marcus-Kreuzbeziehung

Reaktanden	$k_{AB}(M^{-1}s^{-1})$	a_{ML}[b] (Å)	W_{AB}	f_{AB}	k_{BB}[c]$(M^{-1}s^{-1})$
$Cr(bpy)_3^{2+} + O_2$	6×10^5	6,8	4,0	0,78	0,6
$Cr(phen)_3^{2+} + O_2$	$1,5 \times 10^6$	6,8	4,0	0,72	1,9
$Ru(NH_3)_6^{2+} + O_2$	$6,3 \times 10^1$	3,4	29,0	0,84	3,1
$Ru(en)_3^{2+} + O_2$	$3,6 \times 10^1$	4,0	15,9	0,44	$2,7 \times 10^{-2}$
$Co(sep)^{2+} + O_2$	$4,3 \times 10^1$	4,5	11,3	0,82	$7,0 \times 10^{-2}$
$Fe(CN)_6^{3-} + O_2^-$	3×10^2	4,5	3,65	0,09	$1,5 \times 10^{-8}$
$Fe(C_5H_5)_2^+ + O_2^-$	$8,6 \times 10^6$	5,0	1,4	0,016	$5,7 \times 10^{-4}$

[a] Weitere Daten und Zitate finden sich bei Zahir, K.; Espenson, J.H.; Bakac, A. *J. Am. Chem. Soc.* **1988**, *110*, 5059.

[b] Die für O_2 und O_2^- eingesetzten Radien sind 1,21 bzw. 1,33 Å; es wurde angenommen, daß die oxidierte Form des Metallkomplexes um 0,05 Å kleiner als die reduzierte Form ist, nur bei Ru-Komplexen wurde von gleichen Werten ausgegangen.

[c] $Z = 1 \times 10^{11}$ $M^{-1}s^{-1}$ wurde bei allen Reaktionen verwendet.

$$w_{ij} = \frac{4,225 \times 10^3\, z_A\, z_B}{r\left(1 + 0,329\, r\, \sqrt{\mu}\right)} \qquad (6.37)$$

wobei r die Summe der Radien der Reaktionspartner in Å und μ die Ionenstärke ist, die numerischen Konstanten für Wasser bei 25°C gelten und die w_{ij} in cal mol^{-1} angegeben werden. Einige dieser Ergebnisse sind in Tabelle 6.5 aufgeführt. Bei den O_2-Oxidationen erhält man k_{BB}-Werte innerhalb akzeptabler Grenzen, bei den O_2^--Reduktionen erscheinen aber stark unterschiedliche und abweichende Werte. Schließlich wurden die Selbstaustausch-Geschwindigkeitskonstanten experimentell durch Sauerstoffisotopenaustausch[34] zu $(4,5 \pm 1,6) \times 10^2$ $M^{-1}s^{-1}$ (in 0,3 M 2-Propanol; 0,02 M NaOH) bestimmt. Für die Diskrepanz zwischen den direkt und den über die Marcus-Beziehung bestimmten Werten finden sich verschiedene Erklärungen. Die direkte O_2/O_2^--Reaktion dürfte dadurch, daß eine gewisse bindende Wechselwirkung bei der Begegnung der Reaktanden auftreten könnte, vom echten Außensphären-Charakter abweichen. Mit einer ähnlichen Begründung wie jener für das $Fe(OH_2)_6^{2/3+}$-System könnte die Marcus-Beziehung in diesem Fall die reine Außensphären-Geschwindigkeitskonstante liefern. Es könnte jedoch auch möglich sein, daß die Formulierung nach Marcus für kleine und möglicherweise stark solvatisierte Spezies wie O_2^- nicht völlig gerechtfertigt ist. Die für die Reduktion durch O_2^- erhaltenen kleinen Werte werfen die unbeantwortete Frage auf, ob sie die wirklichen Außensphären-Geschwindigkeitskonstanten repräsentieren oder ob sie auf eine ungewöhnliche Chemie zurückzuführen sind.

Die Ergebnisse in Tabelle 6.5 zeigen, daß die Korrekturen durch W_{AB} beträchtlich sein können, da k_{BB} von W^2_{AB} abhängt. Die kleinen f_{AB}-Werte der O_2^--Reaktionen resultieren im wesentlichen aus den großen Gleichgewichtskonstanten dieser Reaktionen, die deshalb kleine f_{AB}-Werte verursachen, weil der Nenner in der ln f_{AB}-Gleichung ein negatives Vorzeichen besitzt.

Die Kreuzbeziehung wird oft zur Bestimmung der Selbstaustauschgeschwindigkeiten von Metalloenzym-Systemen angewandt, da die Möglichkeiten zur direkten Bestimmung dieser Werte rar sind. Der Erfolg dieser Anwendungen ist unterschiedlich, und die Schwierigkeiten werden gewöhnlich auf unterschiedliche Angriffspunkte am Enzym und auf induzierte Konformations-änderungen des Enzyms zurückgeführt.

6.3 UNTERSCHEIDUNG ZWISCHEN INNENSPHÄREN- UND AUßENSPHÄREN-MECHANISMEN

Zur Unterscheidung der beiden Mechanismen können verschiedene Kriterien verwendet werden:

1. Die beste Methode ist die Identifizierung eines Produktes, auf das die verbrückende Gruppen übertragen wurde, wie in der zuvor diskutierten klassischen Studie von *Taube* und Mitarbeitern. Leider ist die passende Kombination aus substitutionslabilen und -inerten Metallen nur selten verfügbar. Neben Cr(II) können Reagentien wie $Co(CN)_5^{3-}$ und Bis(dimethylglyoximato)-cobalt(II) verwendet werden. Manchmal sind beide Metallzentren des Produkte intert, und es kann ein Zweikernkomplex identifiziert werden, wie die Beispiele in Gl. (6.38)[35] und Gl. (6.39)[36] zeigen.

$$Fe(CN)_6^{3-} + Co(CN)_5^{3-} \longrightarrow (NC)_5FeCNCo(CN)_5^{6-} \tag{6.38}$$

$$IrCl_6^{2-} + Cr(OH_2)_6^{2+} \longrightarrow (Cl)_5IrClCr(OH_2)_5 + H_2O \tag{6.39}$$

2. Wenn die Geschwindigkeitskonstante der Redoxreaktion größer ist als die Geschwindigkeit der Ligandensubstitution der beteiligten Metalle, muß notwendigerweise ein Außensphären-Mechanismus wirken. Beispielsweise beträgt die Wasseraustauschgeschwindigkeit von $V(OH_2)_6^{2+}$ 90 s^{-1}, und die Substitution verläuft nach einem $\mathbf{I_a}$-Mechanismus, so daß die Geschwindigkeits-konstanten der Substitution < 100 $M^{-1}s^{-1}$ sein sollten. Im Vergleich dazu sind die Geschwindig-keitskonstanten der folgenden Reaktionen viel größer:

$$(NH_3)_5CoOPO_3 + V(OH_2)_6^{2+} \xrightarrow{k = 1{,}4 \times 10^7 \, M^{-1}\,s^{-1}} \tag{6.40}$$

$$Fe(OH_2)_6^{3+} + V(OH_2)_6^{2+} \xrightarrow{k = 1{,}8 \times 10^4 \, M^{-1}\,s^{-1}} \tag{6.41}$$

Im letzten Beispiel könnte eine Substitution am Fe stattfinden, dieses weist aber eine Wasser-austauschgeschwindigkeit von ca. 150 s^{-1} auf, so daß die Geschwindigkeit der Redoxreaktion für diesen Pfad ebenfalls viel zu hoch ist. Daher müssen beide Reaktionen nach einem Außensphären-Mechanismus verlaufen. Sind beide Reaktanden gegenüber einer Substitution einigermaßen inert, so ist ein Außensphären-Mechanismus nahezu sicher.

3. Besitzen alle Liganden an den beiden Reaktanden kein freies Elektronenpaar mehr, so ist die Bildung eines verbrückten Zwischenproduktes ausgeschlossen. Beispiele sind Liganden wie Ammoniak, 2,2'-Bipyridyl und *o*-Phenanthrolin. Bei den Chelatliganden muß sichergestellt sein, daß dem Elektronentransfer keine Ringöffnung vorangeht, damit dieses Kriterium gelten kann.

4. Folgt eine Reaktion den Vorhersagen der Marcus-Theorie, so wird oftmals ein Außensphären-Mechanismus angenommen. Dies ist das gefährlichste Kriterium, da es sich gezeigt hat, daß die Geschwindigkeiten von Innensphären-Reaktionen[37,38] ebenfalls mit dem Gesamt-ΔG^o der Reaktionen korrelieren, wie es von der Marcus-Theorie für die Außensphären-Reaktionen vorhergesagt wird. Murdoch[39] konnte zeigen, daß solche linearen freie-Enthalpie-Korrelationen verbreiteter sind, als ursprünglich angenommen.

6.4 BRÜCKENLIGANDEFFEKTE BEI INNENSPHÄREN-REAKTIONEN

Ein Innensphären-Mechanismus setzt sich aus zwei Prozessen zusammen, der Bildung des Vorläuferkomplexes, gefolgt von Elektronentransfer:

$$L_5MX + NY_6 \; \underset{\longleftarrow}{\overset{K}{\longrightarrow}} \; L_5M{-}X{-}NY_5 \; \xrightarrow{\; k_e \;} \; \text{Produkte} \qquad (6.42)$$
$$+ \; Y$$

Die experimentelle Geschwindigkeitskonstante ist ein Produkt dieser beiden Faktoren, gegeben durch

$$k_{exp} = K \, k_e \qquad (6.43)$$

und die Variation von k_{exp} mit der Natur des Brückenliganden kann Änderungen in K, k_e oder beiden widerspiegeln. Die Geschwindigkeitskonstanten einiger Innensphären-Reaktionen mit unterschiedlichen Brückenliganden zeigt Tabelle 6.6.

Verschiedene kinetische Abstufungen wurden dahingehend interpretiert, daß sie im wesentlichen Änderungen von K widerspiegeln. Werden $(NH_3)_5CoX^{2+}$-Komplexe ($X = F^-$, Cl^- und Br^-) durch Cr^{2+} reduziert, so ist die Reaktivitätsreihenfolge $Br^- > Cl^- > F^-$; wird jedoch Eu^{2+} als Reduktionsmittel eingesetzt, ist eine umgekehrte Reihenfolge zu beobachten. Dieses wird mittels der Tatsache erklärt, daß Eu^{2+} eine härtere Säure ist und stärkere Komplexe mit F^- bildet, während Cr^{2+} stärkere Komplexe mit Br^- erzeugt. Ist X ein Carboxylation, so findet man als Reaktivitätsreihenfolge der Umsetzung von $(NH_3)_5CoX^{2+}$ mit Cr^{2+} den Gang $HCO_2^- > CH_3CO_2^- > CHCl_2CO_2^- > CF_3CO_2^- > (CH_3)_3CCO_2^-$. Dies wird auf eine Kombination aus sterischen und elektronenziehenden Effekten zurückgeführt, welche die Gleichgewichtskonstante K für die Bildung des verbrückten Zwischenproduktes verkleinern. Die ungewöhnliche hohe Reaktivität des

Formiatkomplexes wurde dessen Fähigkeit zugeschrieben, die sterisch günstigere Konformation auf der rechten Seite in Gl. (6.44) einzunehmen,[40] wodurch sich ein noch größeres K als erwartet ergibt:

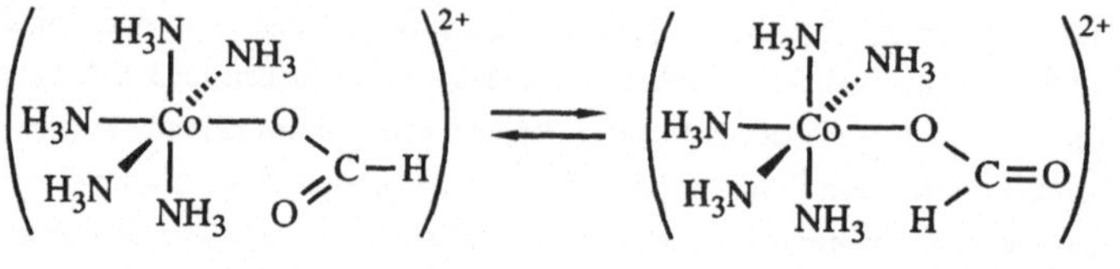

$$\left[\begin{array}{c} H_3N \quad NH_3 \\ H_3N-Co-O \\ H_3N \quad NH_3 \quad O{=}C-H \end{array}\right]^{2+} \rightleftharpoons \left[\begin{array}{c} H_3N \quad NH_3 \\ H_3N-Co-O \\ H_3N \quad NH_3 \quad H \quad C{=}O \end{array}\right]^{2+} \qquad (6.44)$$

Die viel höheren Geschwindigkeiten der Oxalat- und der Ketoform von Pyruvatkomplexen[41] wurden mit der Stabilisierung des verbrückten Zwischenproduktes durch Chelatisierung erklärt. Der gleiche Effekt könnte, wenn auch schwächer ausgeprägt, im Pyruvat-hydrat-Komplex wirken.[42]

Tabelle 6.6. Geschwindigkeitskonstanten (25°C) der Reduktion von $(NH_3)_5Co^{II}X$-Komplexen durch Cr^{2+} bei $\mu = 1,0$ M

X	k $(M^{-1}s^{-1})$	ΔH^* (kcal mol^{-1})	ΔS^* (cal mol^{-1}K^1)
F^- [a]	$2,5 \times 10^5$		
Cl^- [a]	6×10^5		
Br^- [b]	$1,4 \times 10^6$		
HCO_2^- [c]	$7,2$	$8,3$	-27
$H_3CCO_2^-$ [c]	$3,5 \times 10^{-1}$	$8,2$	-33
$Cl_2HCCO_2^-$ [c]	$7,5 \times 10^{-2}$	$8,1$	-36
$F_3CCO_2^-$ [c]	$1,7 \times 10^{-2}$	$9,3$	-35
$(CH_3)CCO_2^-$ [c]	$7,0 \times 10^{-3}$	$11,1$	-31
$HO_2CCO_2^-$ [d]	$1,0 \times 10^{-3}$		
$^-O_2CCO_2^-$ [d]	$4,6 \times 10^4$	$2,3$	-20
$H_3CC({=}O)CO_2^-$ [d]	$1,1 \times 10^4$	$5,8$	-21
$H_3CC(OH_2)CO_2^-$ [e]	$2,6 \times 10^1$		

[a] Candlin, J.P.; Halpern, J. *Inorg. Chem.* **1965**, *4*, 766.

[b] Moore, M.C.; Keller, R.N. *Inorg. Chem.* **1971**, *10*, 747; $\mu = 0,10$ M.

[c] Barrett, M.B.; Swinehart, J.H.; Taube, H. *Inorg. Chem.* **1971**, *10*, 1983.

[d] Price, H.J.; Taube, H. *Inorg. Chem.* **1968**, *7*, 1.

[e] Sisley, M.J.; Jordan, R.B. *Inorg. Chem.* **1989**, *28*, 2714.

Das in Reaktion (6.45) gezeigte kinetische Produkt[43] deutet an, daß einfache Carboxylationen möglicherweise den β-Sauerstoff zur Ausbildung der Brücke verwenden:

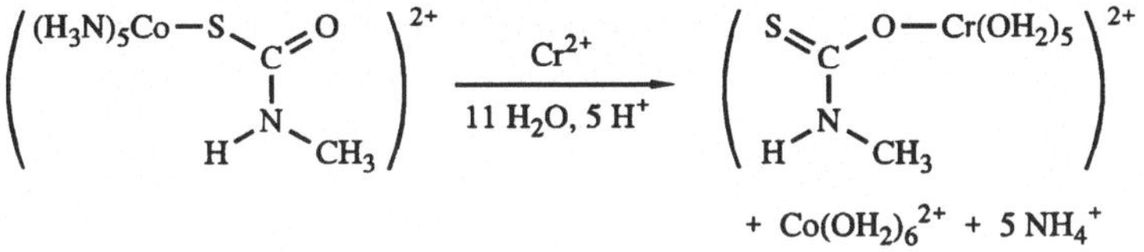

$$\left((H_3N)_5Co{-}S{-}\underset{\underset{CH_3}{\underset{|}{N}}}{\overset{\overset{O}{\parallel}}{C}}{-}H \right)^{2+} \xrightarrow[11\ H_2O,\ 5\ H^+]{Cr^{2+}} \left(\underset{\underset{CH_3}{\underset{|}{N}}}{\overset{\overset{O{-}Cr(OH_2)_5}{}}{\underset{}{S{=}C}}}{-}H \right)^{2+} \tag{6.45}$$

$$+\ Co(OH_2)_6{}^{2+}\ +\ 5\ NH_4{}^+$$

Der O-gebundene Cr(III)-Komplex isomerisiert zu der stabilen S-gebundenen Form. Es wurde auch gezeigt, daß aus dem O-gebundenen Co(III)-Komplex das S-gebundene Cr(III)-Produkt entsteht.

Mit Cr(II) als Reduktionsmittel weisen die Cr(III)-Produkte auf einen Innensphären-Mechanismus hin; die Kenntnis der für einen Brückenliganden notwendigen Eigenschaften ist aber von allgemeinerem Interesse. Als Mindestanforderung sind zwei freie Elektronenpaare zu nennen, eines zur Bindung des Oxidationsmittels, das andere zur Bindung des Reduktionsmittels. Jordan und Balahura[44] wandten ein, bei einem komplexeren Liganden als den Halogeniden und dem Hydroxid sei es unwahrscheinlich, daß die Metallzentren an das gleiche Atom gebunden sind, und daß die Metalle an Atome gebunden sein müssen, die Teil eines konjugierten Systems sind. In diesem Fall kann das Elektron über ein π- oder π^*-Orbital des konjugierten Systems übertragen werden. Als Experimentalbefunde hierfür wurden die Cr(III)-Produkte aus der Cr(II)-Reduktion der Co(III)-Komplexe in Abbildung 6.2 aufgeführt.

Die Beobachtung, daß $(NH_3)_5Co(OH_2)^{3+}$ nur sehr langsam durch Cr(II) reduziert wird,[45] deutet darauf hin, daß Wasser kein sehr effektiver Brückenligand ist. Am gleichen Substrat bildet OH⁻ jedoch eine sehr effektive Brücke.

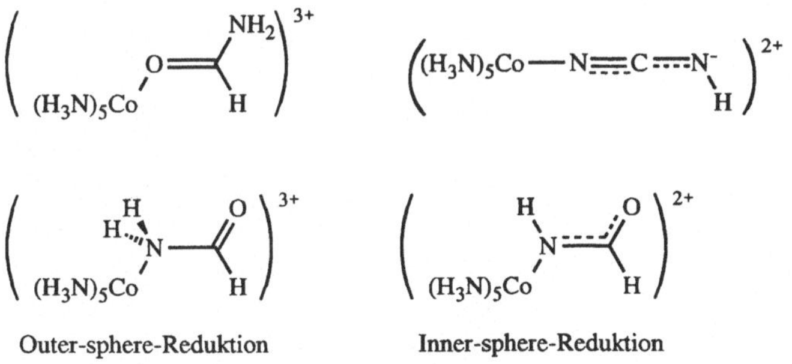

Outer-sphere-Reduktion　　　　Inner-sphere-Reduktion

Abbildung 6.2. Kobalt(III)-Komplexe, deren Chrom(II)-Reduktionsprodukte den Reaktionsmechanismus und die für einen Brückenliganden notwendigen Eigenschaften anzeigen.

Bei $(NH_3)_5Co-SCN^{2+}$ ist ein Innensphären-Angriff von Cr(II) am koordinierten Atom unter Bildung von $(H_2O)_5Cr-SCN^{2+}$ ($k = 0,8 \times 10^5$ $M^{-1}s^{-1}$) wie auch das Produkt eines Fernangriffs, $(NH_3)_5Cr-NCS^{2+}$ ($k = 1,9 \times 10^5$ $M^{-1}s^{-1}$), zu beobachten.[46] In der Reaktion mit dem Bindungsisomer $(NH_3)_5Co-NCS^{2+}$ entsteht ausschließlich $(H_2O)_5Cr-SCN^{2+}$. Im Co–NCS-Fall besitzt das koordinierte N-Atom kein freies Elektronenpaar zur Bindung an das Reduktionsmittel, während das S-Atom im ersten Fall ein freies Elektronenpaar aufweist.

Die mechanistische Klassifizierung ist nicht immer so einfach, wie es nach den voranstehenden Beispielen erscheinen mag. So führt die Reduktion eines über das N-Atom koordinierten Co(III)-Glycinat-Komplexes zu einer Übertragung des Glycinats auf Cr(III), obwohl zwischen der $-NH_2$- und der $-CO_2^-$-Gruppe keine Konjugation besteht.[47] Dies kann über einen *verbrückten Außensphären-Mechanismus* erklärt werden, dargestellt in Schema 6.2. Man nimmt an, daß das Glycinat dazu dient, die oxidierenden und reduzierenden Zentren nah zusammenzubringen, daß aber der Elektronentransfer eher über einen Außensphären-Prozeß als über das Glycinat verläuft.

Schema 6.2

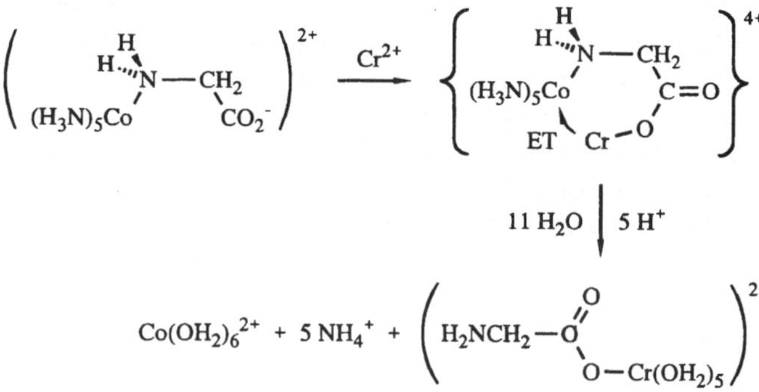

Die in Tabelle 6.7 aufgeführten Spezies sind Beispiele für den sogenannten *Fernangriff (engl. remote attack)*, bei dem das Cr(II) ein Ligandenatom koordiniert, das einen beträchtlichen Abstand zu Co(III) aufweist. In diesen Systemen hängt die Geschwindigkeitskonstante von der Art des zweiten Ligatoratoms über dessen Einfluß auf K ab, die Geschwindigkeitskonstanten korrelieren aber auch mit der Leichtigkeit der Reduktion des Brückenliganden, was einen Einfluß auf k_e widerzuspiegeln scheint. Der Isonicotinamid-Co^{III}-Komplex[48] in Tabelle 6.7 bildet anfänglich ein Produkt, in dem Cr(III) an den Sauerstoff der Amidgruppe gebunden ist, und liefert somit einen klaren Beweis für einen Fernangriffs-Mechanismus. Das meta-Isomer (Nicotinamid) reagiert etwa 500mal langsamer und bildet zu etwa 70 Prozent den Cr(III)-amid-Komplex. Die im Vergleich zum *p*-Acetylcyanobenzol-Komplex[49] kleinere Geschwindigkeit des *m*-Acetyl-Isomers spiegelt ebenfalls die Bedeutung der Konjugation zwischen den beiden räumlich getrennten Ligatoratomen wieder. Diese Beobachtungen führten zu der Überlegung, daß diese Systeme über einen *chemischen Mechanismus* reagieren könnten, in dem das Elektron tatsächlich auf die verbrückende Gruppe unter Bildung einer radikalischen Zwischenstufe übertragen wird.

Im Falle des *p*-Formylbenzoat-Komplexes weist das Geschwindigkeitsgesetz einen H^+-abhängigen Pfad auf, der über den Mechanismus im Schema 6.3 erklärt werden kann.[50]

Schema 6.3.

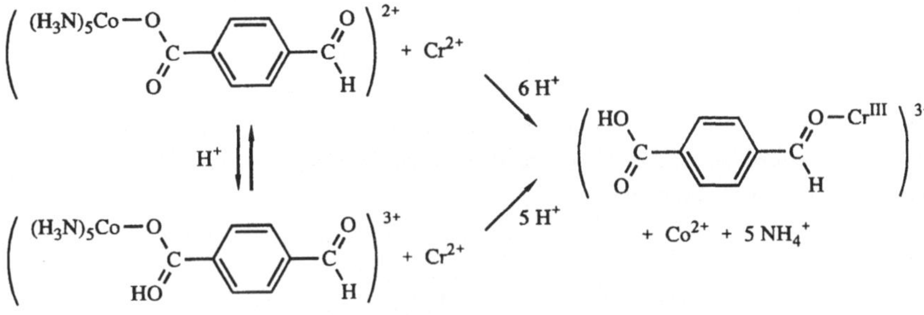

$$\text{Geschwindigkeit} = (5{,}3 + 380\,[H^+])\,[Co(III)]\,[Cr(II)]$$

Tabelle 6.7. Geschwindigkeitskonstanten (25°C) von Reduktionen, die über einen Fernangriff von Cr^{2+} verlaufen.

$X{:}Co(NH_3)_5{}^{3+}$	$k\ (M^{-1}\,s^{-1})$
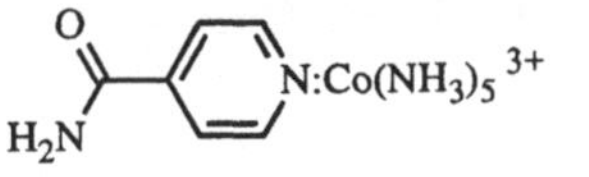 H_2N–CO–(Pyridin)–$N{:}Co(NH_3)_5{}^{3+}$	17,4
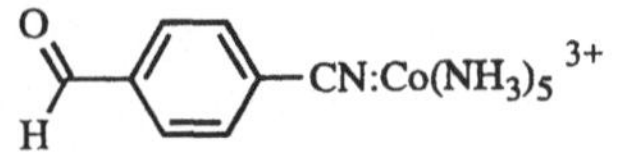 H–CO–C$_6$H$_4$–$CN{:}Co(NH_3)_5{}^{3+}$	$2{,}5 \times 10^5$
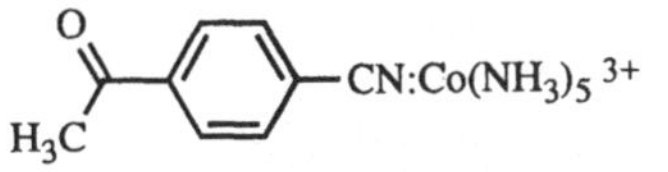 H_3C–CO–C$_6$H$_4$–$CN{:}Co(NH_3)_5{}^{3+}$	6×10^3
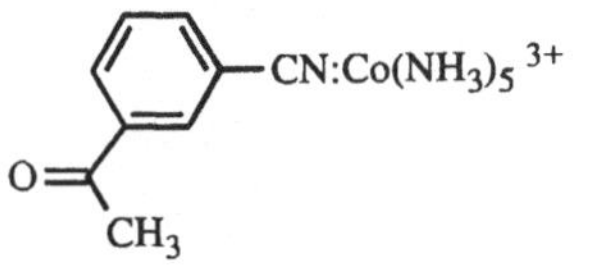 (meta)–C$_6$H$_4$–$CN{:}Co(NH_3)_5{}^{3+}$, $O{=}C{-}CH_3$	0,28

Die Protonierung der koordinierten Carboxylatgruppe könnte die Geschwindigkeit durch eine Verbesserung der Reduzierbarkeit des Brückenliganden und/oder eine Verbesserung der Konjugation zwischen den Metallzentren im verbrückten Zwischenprodukt erhöhen. In analogen Systemem mit einfachen Carboxylatliganden wie Acetat oder Benzoat behindert eine Protonierung die Reduktion wahrscheinlich deshalb, weil die koordinierende Gruppe nicht gleichzeitig H^+ und Cr^{2+} aufnehmen kann.[51]

Der Radikalmechanismus wurde für eine Reihe von an Co(III) koordinierten Liganden des Nitrobenzoat-Typs beschrieben, bei denen durch Pulsradiolyse[52] leidlich beständige Radikale erzeugt werden können. Zur einleitenden Erzeugung des koordinierten Radikals werden reaktive Radikale $(R^{\bullet})$ wie e^-, $CO_2^{\bullet-}$ und $(H_3C)_2(C^{\bullet})OH$ verwandt, die durch den Radiolysepuls gebildet werden. Der Verlauf der Reaktion ist in Schema 6.4 dargestellt. Anschließend kann die Geschwindigkeit des intramolekularen Elektronentransfers (k_e) gemessen werden, und einige dieser k_e-Werte sind in Tabelle 6.8 angegeben.

Schema 6.4

$$(NH_3)_5Co\!-\!O_2C\!-\!X\!-\!C_6H_4NO_2{}^{2+} \;+\; R\bullet$$

$$\text{schnell} \downarrow$$

$$\{(NH_3)_5Co\!-\!O_2C\!-\!X\!-\!C_6H_4\overset{\bullet}{N}O_2{}^{+}\} \;+\; R^{+}$$

$$k_e \downarrow$$

$${}^-O_2C\!-\!X\!-\!C_6H_4NO_2 \;+\!Co^{2+} \;+\; 5\,NH_3$$

Tabelle 6.8. Geschwindigkeitskonstanten k_e (25°C) der intramolekularen Reduktion von $(NH_3)_5Co^{III}$-Einheiten durch koordinierte Nitrobenzoat-Radikalanionen: Einfluß der Brücke X

X (Isomer)	k_e (s^{-1})	X (Isomer)	k_e (s^{-1})
-(*o*)	$4{,}0 \times 10^5$	CH=CH(*o*)	$1{,}7 \times 10^3$
-(*m*)	$1{,}5 \times 10^2$	CH=CH(*m*)	$3{,}1$
-(*p*)	$2{,}6 \times 10^3$	CH=CH(*p*)	$4{,}8 \times 10^2$
CH_2 (*o*)	$3{,}5 \times 10^4$	$CH_2CH_2CH_2$ (*p*)	$1{,}5 \times 10^2$
CH_2 (*m*)	$1{,}0 \times 10^2$	OC(NH)CH$_2$	$5{,}8$
CH_2 (*p*)	$3{,}9 \times 10^2$		

Bemerkenswert ist, daß diese intramolekularen Reaktionen nicht außergewöhnlich schnell verlaufen. Wegen der effektiven Konjugation, und möglicherweise wegen eines "Außensphären"-Transfers von der ($^\bullet NO_2$)-Gruppe, die dem Co(III) benachbart ist, sind die ortho-Isomeren wesentlich reaktiver. Die nach Einführung einer CH=CH-Gruppe kleinere Geschwindigkeit ist hiermit in Einklang. Das meta-Isomer zeigt infolge der schlechten Konjugation die geringste Reaktivität. Die gemäßigte Reaktivität des gesättigten $CH_2CH_2CH_2$-Derivates wird einem "Außensphären"-Pfad zugeschrieben, den die Flexibilität der $CH_2CH_2CH_2$-Gruppe erlaubt. Das OC(NH)CH$_2$-Derivat ist wegen der durch die planare OC(NH)-Gruppe verursachten Starrheit weniger reaktiv.Tsukahara und Wilkins[53] studierten das Produkt der Reaktion von $CO_2^{\bullet-}$ mit dem 1-Methyl-4,4'bipyridinium(mbpy)-Komplex $(NH_3)_5Co(mbpy)^{4+}$ bei pH 7,2 und 25°C. Als Primärprodukt wurde der Radikalkomplex $(NH_3)_5Co(mbpy^\bullet)^{3+}$ vermutet, welcher anschießend einen intramolekularen Elektronentransfer ($k = 8,7 \times 10^2$ s^{-1}) und einen bimolekularen Elektronentransfer zu $(NH_3)_5Co(mbpy)^{4+}$ ($k = 5,4 \times 10^7$ M^{-1}s^{-1}) eingeht. Bei der Reaktion von $(NH_3)_5Ru(mbpy)^{4+}$ mit $CO_2^{\bullet-}$ konnten dagegen keine radikalischen Zwischenstufen nachgewiesen werden, was auf einen schnellen intramolekularen Elektronentransfer ($k > 10^6$ s^{-1}) zurückgeführt wurde. Diese unterschiedliche Reaktivität der Co- und Ru-Komplexe wurde mit den unterschiedlichen Donor- und Akzeptororbitalen begründet, die im Ru-Komplex beide π-Symmetrie aufweisen, während das Akzeptororbital im Co-Komplex σ-Symmetrie besitzt.

Eine weiter mögliche Methode zur Separation der K- und k_e-Effekte auf die Elektronentransfergeschwindigkeit ist die Darstellung des verbrückten Komplexes unter Verwendung inerter oxidierender und reduzierender Zentren. Beispielsweise untersuchten Taube und Mitarbeiter[54] das folgende System:

$$(H_3N)_5Co^{III}-N\!\!\bigcirc\!\!-X-\!\!\bigcirc\!\!N-Ru^{II}(NH_3)_4(OH_2)$$

$$k_e \;\Big\downarrow\; 5\,H^+ \tag{6.46}$$

$$5\,NH_4^+ + Co^{2+} + N\!\!\bigcirc\!\!-X-\!\!\bigcirc\!\!N-Ru^{III}(NH_3)_4(OH_2)$$

Die k_e-Werte sind ziemlich unempfindlich gegenüber X (CH_2-CH_2, CH=CH) und klein ($0,10 \times 10^{-2}$ bis 4×10^{-2} s^{-1}, 25°C), insbesondere verglichen mit dem Wert von 3 M^{-1}s^{-1} für die Reaktion von $(NH_3)_5Co(OH_2)^{3+}$ mit $Ru(NH_3)_6^{2+}$. Die Langsamkeit der Reaktion wurde mit einer Innensphären-Reorganisation begründet, analog jener, die für Außensphären-Reaktionen von Kobalt(III)-Komplexen angenommen wird.

Eine ähnliche Studie an dem analogen Typ $(NH_3)_5Co-L-Fe(CN)_5$ wurde von Haim und Mitarbeitern[55] durchgeführt. Die k_e-Werte liegen alle im Bereich von $1,5 \times 10^{-3}$ bis 5×10^{-3} s^{-1}, mit Ausnahme der viel kleineren Werten für $X = CH_2$ oder CO. Die Geschwindigkeitskonstanten sind mit den Werten für die Außensphären-Reaktionen von $(NH_3)_5Co(L')^{3+}$ mit $(CN)_5FeL^{3-}$ (L und L' sind Pyridinderivate) vergleichbar. Diese Reaktionen verlaufen über ein starkes Ionenpaar ($K_{ip} \approx 900\ M^{-1}$), so daß k_e am Ionenpaar gemessen wird.[56]. Dies impliziert, daß die Zweikernkomplexe mit flexiblerem X, wie beispielsweise $(CH_2)_2$ und $(CH_2)_3$, einen verbrückten Außensphären-Mechanismus wählen.

6.5   INTERVALENZ-ELEKTRONENTRANSFER

Seit der ursprünglichen Darstellung des Creutz-Taube-Ions[57]

$$(H_3N)_5Ru^{II} - N \overset{}{\underset{}{\bigcirc}} N - Ru^{III}(NH_3)_5$$

fand der als Intervalenz-Elektronentransfer in gemischtvalenten Spezies bezeichnete Prozeß großes Interesse. Der Intervalenz-Elektronentransfer beinhaltet einen Elektronenaustausch zwischen den beiden Metallzentren, die in unterschiedlichen Oxidationsstufen vorliegen. Charakteristisch für diesen Prozeß scheint ein Übergang im langwelligen, infrarotnahen Bereich der Elektronenspektren dieser Spezies zu sein. So liegt die Bande des Creutz-Taube-Ions bei 1560 nm (6400 cm^{-1}). Umstritten ist, ob die oben dargestellte Beschreibung (lokalisierte oder "eingefangene" Valenzen, engl. trapped valence) dieses Ions korrekt ist, oder ob ein delokalisiertes Bild eher angebracht ist. Das Modell der lokalisierten Valenzen scheint auf denjenigen Komplex zuzutreffen,[58] bei dem 4,4'-Bipyridin der Brückenligand ist, da die beiden Pyridinringe gegeneinander verdrillt sind und daher nicht in vollständiger Konjugation stehen.

Die bei diesen gemischtvalenten Systemen zu beobachtende typische Absorptionsbande wird gewöhnlich einem Metall-Metall-Charge-Transfer-Übergang (MMCT) zugeordnet. Meyer und Hupp[59] wiesen darauf hin, daß diese nicht aus einer einzelnen Bande bestehten sollte, da die Symmetrie niedriger als O_h ist und eine Spin-Bahn-Kopplung an Ru auftritt. Das t_{2g}-Niveau spaltet in drei nichtentartete Niveaus auf, so daß tatsächlich drei eng beieinanderliegende Banden zu beobachten sein sollten. Da der MMCT-Prozeß dem Elektronentransfer von einem Metall zum anderen äquivalent ist, konzentrierte sich das Interesse an diesen Systemen auf die energetische Verhältnisse dieses Prozesses. Hush[60] führte an, daß die Energie der MMCT-Bande der Summe der Innensphären- und Außensphären-Reorganisationsenergien ($\Delta G^*_{in} + \Delta G^*_{solv}$) entspricht und somit eine Möglichkeit zum Studium dieser Phänomene bieten sollte. Rechnungen von Creutz[58] zeigen, daß ΔG^*_{in} etwa 1400 cm^{-1} beträgt, so daß bei den gegebenen MMCT-Energien im Bereich von 6000 bis 12000 cm^{-1} der dominierende Faktor die Größe ΔG^*_{solv} zu sein scheint.

Hupp und Meyer bestimmten an $((H_3N)_5Ru(4,4'\text{-bipy})Ru(NH_3)_5)^{5+}$ die Energie der Intervalenzbande (E_{OP}) als Funktion des Lösungsmittels, um die Voraussage von Hush zu überprüfen, daß E_{OP} gegeben ist durch

$$E_{OP} = \Delta G_{in}^* + \frac{N\,e^2}{16\,\pi\,\varepsilon_0}\left(\frac{1}{a} - \frac{1}{r}\right)\left(\frac{1}{n_s^2} - \frac{1}{\varepsilon_s}\right) \qquad (6.47)$$

wobei angenommen wird, daß $a_1 = a_2 = a$ in Gl. (6.25). E_{OP} ändert sich linear mit $(n_s^{-2} - \varepsilon_s^{-1})$, die Steigung ist mit 78100 cm^{-1} aber viel steiler als die erwarteten 22500 cm^{-1} ($a = 3,5$ Å; $r = 11,3$ Å), und der Achsenabschnitt ist mit 4820 cm^{-1} weit von den vorausgesagten 1400 cm^{-1} entfernt. Meyer und Hupp erklärten diese Unstimmigkeiten u. a. mit Hinweisen auf das das oben erwähnte Multiplizitätsproblem der Bande.

Die Variation von E_{OP} mit der Struktur des Brückenliganden wurde vielfach untersucht. Man hofft, auf diese Weise Erkenntnisse über Langstrecken-Elektronentransferreaktionen in biologischen Systemen zu gewinnen. Tabelle 6.9 zeigt einige Ergebnisse der Studien von Sutton und Taube[61] sowie Spangler und Mitarbeitern[62] (fünfter Eintrag) an Pyridinderivativen und von Stein et al.[63] an Thiospiranen. Diese Beispiele teilen sich in zwei Klassen. Bei den Bipyridinsystemen zeigen die Metallzentren eine deutliche Kopplung und die molaren Extinktionskoeffizienten (ε) liegen im Bereich von 100 bis 1000 M^{-1}cm^{-1}; bei den Thiospiranen ist die Kopplung zwischen den Metallzentren schwach und die ε-Werte liegen im Bereich von 2 bis 50 M^{-1}cm^{-1}. Dieser Unterschied bedeutet, daß der Elektronentransfer in den Bipyridinkomplexen als adiabatisch angesehen werden kann, in den Thiospirankomplexen dagegen wahrscheinlich nicht adiabatisch ist. Die Substituenten in der Brücke beeinträchtigen die Kopplung zwischen den Metallzentren auf eine Weise, die sich klar in den ε-Werten widerspiegelt. Die beiden CH$_3$-Substituenten drehen die beiden Pyridinringe weiter aus dem Bereich der optimalen Konjugation heraus und vermindern so die Kopplung und den ε-Wert, wie es auch die gesättigte -CH$_2$-Brücke bewirkt. Die konjugierte -CH=CH-Brücke ermöglicht dagegen eine Konjugation zwischen den Ringen und erhöht ε. Erwähnenswert ist eine neue Interpretation der Daten von Spangler und Mitarbeitern durch Reimers und Hush[64], die die Energien bezüglich der Bandenüberlappung korrigierten. Bei den Thiospirankomplexen nimmt ε mit steigendem Ru–Ru-Abstand ab, was auf eine verminderte Kopplung hindeutet. Dieser Trend wird bei Kopplungen durch den Raum oder über σ-Bindungen erwartet.

Offen bleibt die Frage nach der Art des Zusammenhangs zwischen den elektronischen Intervalenzbanden und den Elektronentransferprozessen. Es scheint ein Zusammenhang zwischen E_{OP} und ΔG^*_{solv} zu bestehen, eine quantitative Interpretation auf der Grundlage der Hush-Gleichung ist aber mehr als unbefriedigend, wie Meyer und Hupp feststellten. Haim[65] entdeckte für (NH$_3$)$_5$Co–L–Fe(CN)$_5$- und (NH$_3$)$_5$Co–L–Ru(NH$_3$)$_4$(OH$_2$)-Komplexe eine Korrelation zwischen der Aktivierungsenthalpie ΔG^* des Elektronentransfers und dem Metall-Metall-Abstand. Geselowitz[66] fand, daß in (NH$_3$)$_5$Ru^{II}–L–M^{III}(NH$_3$)$_5$-Komplexen der Wert E_{OP} für M = Ru mit dem ΔG^*-Wert des Elektronentransfers für M = Co korreliert. Er schloß daraus, daß der Elektronentransfer bei diesen Systemen adiabatisch ist, und daß die Korrelation deshalb zutrifft, weil E_{OP} mit ΔG^*_{solv} zusammenhängt, falls L eine ausreichende Kopplung zwischen den Metallzentren erlaubt.

Tabelle 6.9 Energien der Intervalenz-Absorption E_{OP} einiger Komplexe des Typs $((NH_3)_5Ru^{III}-L-Ru^{II}(NH_3)_5)^{5+}$

L	d (Å)	E_{OP} (cm^{-1})	ε (M^{-1}cm^{-1})
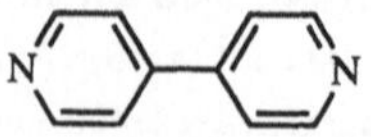 (4,4'-Bipyridin)	11,3	9710	920
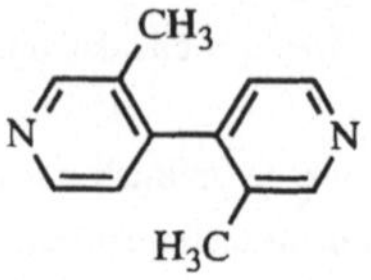 (3,3'-Dimethyl-4,4'-bipyridin, CH$_3$/H$_3$C)	11,3	11240	165
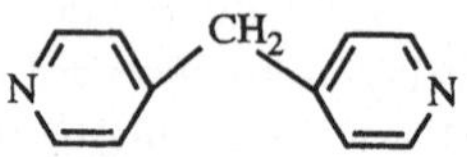 (1,2-Bis(4-pyridyl)methan, CH$_2$)	10,5	12350	30
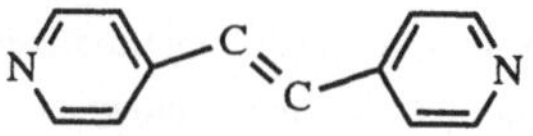 (1,2-Bis(4-pyridyl)ethen, C=C)	13,8	10240	760
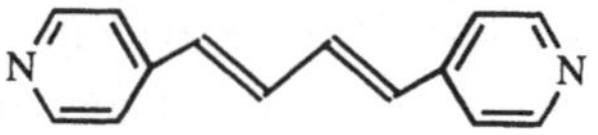 (1,4-Bis(4-pyridyl)butadien)	15,8	9615	1430
 (S—S)	11,3	10990	43
 (S—S)	14,4	12300	9
 (S—S)	17,6	14500	2,3

Die übliche Deutung für schwach gekoppelte Systeme geht davon aus, daß die Energien der Innensphären- und Außensphären-Reorganisation, manchmal auch als "Kernfaktor" bezeichnet, unabhängig vom Abstand der Metallzentren sind, und daß die Abstandsabhängigkeit von E_{OP} und von ΔG^* des Elektronentransfers auf die Verminderung der elektronischen Kopplung zwischen den Zentren zurückzuführen ist. Dieser elektronische Faktor beeinträchtigt die Wahrscheinlichkeit eines Elektronentransfers und wird daher in Deutungen auf der Grundlage der Theorie des aktivierten Komplexes gemeinsam mit der Größe ΔS^* behandelt. Man nimmt an, daß die Abstandsabhängigkeit des elektronischen Faktors (κ_e) derjenigen des Austauschintegrales (H_{AB}) zwischen den Metallzentren ähnelt. Die Quantenmechanik sagt voraus, daß

$$\kappa_e = \kappa_{eo}\, \exp\left[-\beta\left(r - r_0\right)\right] \tag{6.48}$$

wobei $\beta \approx 1$ Å (üblich sind Werte zwischen 0,9 und 1,2), r der Metall-Metall-Abstand in dem untersuchten System und r_0 der Abstand ist, bei dem die Übertragung adiabatisch wird (wenn

$\kappa_e = \kappa_{eo}$). Der Wert von r_o ist unbekannt und wird manchmal als Null angesetzt, obwohl 3 bis 4 Å bei Metallkomplexen realistischer erscheinen. Die Geschwindigkeit des Elektronentransfers sollte eine exponentielle Abhängigkeit vom Metall-Metall-Abstand zeigen, falls die anderen Faktoren konstant sind.

Sutin und Mitarbeiter[67] haben die Annahme in Frage gestellt, daß die Kernfaktoren (ΔG^*_{in} + ΔG^*_{solv}) unabhängig vom Metall-Metall-Abstand sind. Diese Autoren fanden bei Ru^{II}–L–Ru^{III}-Systemen eine Korrelation zwischen dem Abstand und der Größe E_{OP} und stellten fest, daß die Aktivierungsenthalpie ΔH^* des Elektronentransfers bei Os^{II}–iso(Pro)$_n$–Ru^{III}-Komplexen die gleiche Korrelation zeigt, wobei iso(Pro)$_n$ für eine Polyprolinbrücke steht. Für letztere gilt: n = 1, r = 12,2 Å; n = 2, r = 14,8 Å; n = 3, r = 18,1 Å. Dies deutet auf eine Abstandsabhängigkeit von ΔH^* hin, so daß die Annahme, der Abstand beeinträchtige die Wahrscheinlichkeit des Elektronentransfers lediglich über den elektronischen Faktor, ungültig ist.

6.6 ELEKTRONENTRANSFER IN METALLOPROTEINEN

Metalloproteine bestehen aus einem Metallkomplex, der in ein Proteingerüst aus kovalent gebundenen Aminosäuren eingebettet und (über die Liganden) daran gebunden ist. Die bestuntersuchten Systeme sind die Myoglobine und Cytochrome, die einen Eisen(II oder III)-Porphyrinkomplex enthalten, und die blauen Kupfer-Proteine, die Cu(II) oder Cu(I) enthalten, das meist über Histidin-Stickstoffe oder den Schwefel von Cysteinen oder Methioninen des Proteins komplexiert ist. Die Metalloproteine können durch Übergangsmetallkomplex-Standardreagenzien oxidiert oder reduziert werden; letztere werden gewöhnlich eingesetzt, um Außensphären-Elektronentransfers zu gewährleisten. Dieses Gebiet wurde in mehreren Übersichtsartikeln vorgestellt.[68-73]

Da das Metallzentrum vom Proteinsystem umhüllt ist, verlaufen diese Elektronenübertragungen über viel größere Entfernungen (10 - 20 Å), als bei kleineren Molekülen üblich, und zeigen deshalb eine Analogie zu den im vorhergehenden Abschnitt besprochenen schwach gekoppelten Zweikernkomplexen. Die Abstandsabhängigkeit der Geschwindigkeit des Elektronentransfers wurde an modifizierten Proteinen untersucht, in denen üblicherweise $(NH_3)_5Ru^{III}$ an einer spezifischen Stelle gebunden ist; dieses wird zu Ru(II) reduziert und die Geschwindigkeit des Elektronentransfers von letzterem zum Metall im Protein gemessen.[74]

Die Interpretation der kinetischen Ergebnisse dieser Systeme drehte sich um die im vorhergehenden Abschnitt behandelte Abstandsabhängigkeit. Beispielsweise ergab eine Studie[75] an Ru-modifizierten Myoglobinen eine Elektronentransfergeschwindigkeit von k = 7,8 $\times$ 10^8 exp [0,91(r - 3)] s^{-1}. Die Geschwindigkeitskonstante dieser Systeme können von beachtlicher Größe sein und liegen oftmals im Bereich von 1 bis 10^3 s^{-1}.

Neuere theoretische Arbeiten zeigen, daß solche Deutungen möglicherweise zu stark vereinfacht sind. Die von Hopfield und Mitarbeitern[76] entwickelte Theorie nimmt einen Elektronentransfer über die σ-Bindungen im Protein durch einen Tunnelmechanismus an. Damit ist die

Geschwindigkeit mit dem günstigsten Elektronentransferpfad verknüpft, den ein Reagenz an einer bestimmten Stelle des Metalloproteins zu dessen Metallzentrum finden kann. In einer neueren Anwendung dieser Theorie[77] wurde eine Übereinstimmung mit den relativen Geschwindigkeitskonstanten von Ru-modifiziertem Cytochrom c festgestellt, die einfache Abstands-Theorie ist mit diesen Beobachtungen aber ebenfalls zu vereinbaren. Beratan et al.[78] untersuchten verschiedene Ru-modifizierte Proteine und entwickelten Methoden für die Voraussage des bevorzugten Elektronentransferpfades. Ulstrup und Mitarbeiter[79] analysierten mit Hilfe der Extended Hückel-Theorie Elektronentransferrouten entlang verschiedener Aminosäuresequenzen in Plastocyaninen.

Stein et al.[63] griffen die Ruthenium(II)(III)-Thiospiran-Zweikernkomplexe unter Verwendung einer früheren Version der Hopfield-Theorie wieder auf und berechneten für die Zwei- bzw. Vierringsysteme Elektronenaustauschgeschwindigkeiten von 8×10^7 und $3,5 \times 10^4$ s^{-1}. Verwirrend ist die Frage, warum Taube und Haim bei der Untersuchung der $Co^{III}-L-Ru^{II}$- und $Co^{III}-L-Fe^{II}$-Systeme keine viel größeren Geschwindigkeiten fanden. Das Problem könnte hierbei in der für das Fragment $(NH_3)_5Co^{III}$ benötigten großen Innensphären-Reorganisationsenergie liegen.

Literatur

Eine kompakte Darstellung des Gebietes der Elektronentransferreaktion ist

Meyer, T.J.; Taube, H. *Electron Transfer Reactions* In *Comprehensive Coordination Chemistry*; Wilkinson, G.; Gillard, R.G.; McCleverty, J.A., Hrgb.; Pergamon: Oxford, 1987; Kap. 7.2.

Das theoretische Rüstzeug behandeln

Marcus, R.A.; Sutin, N. *Biochim. Biophys. Acta* **1985**, *811*, 265.

Interessante Aufsätze zu Einzelaspekten dieses Kapitels finden sich in

Creutz, C.; Endicott, J.F.; Espenson, J.H.; Ford, P.C.; Haim, A.; Meyer, T.J.; Sutin, N. *An Appreciation of Henry Taube* In *Progress Inorg. Chem.* **1983**, *30*,

Photoinduced Electron Transfer; Band A-H; Fox, M.A.; Chanon, M., Hrgb.; Elsevier: Amsterdam, 1988,

Electron Transfer in Inorganic, Organic and Biological Systems In *Adv. Chem. Ser.* *228*; Bolton, J.; Mataga, N.; McLendon, G., Hrgb.; Washington, 1991.

1. Taube, H.; Myers, H.; Rich, L.R. *J. Am. Chem. Soc.* **1953**, 75, 4118; Taube, H.; Myers, H. *J. Am. Chem. Soc.* **1954**, 76, 2103.

2. Marcus, R.A. *Annu. Rev. Phys. Chem.* **1964**, *15*, 155; *J. Chem. Phys.* **1965**, *43*, 679.

3. Hush, N.S. *Trans. Farad. Soc.* **1961**, *57*, 557; *Electrochim. Acta* **1968**, *13*, 1005; *Prog. Inorg. Chem.* **1967**, *8*, 391.

4. Levich, V.G. *Adv. Electrochem. Eng.* **1966**, *4*, 249.

5. Dogonadze, R.R. In *Reactions of Molecules at Electrodes*; Hush, N.S., Hrgb.; Wiley-Interscience: New York, 1971, Kap. 3.

6. Ratner, M.A.; Levine, R.D. *J. Am. Chem. Soc.* **1980**, *102*, 4898.

7. Sutin, N. *Acc. Chem. Res.* **1968**, *1*, 225.

8. Newton, T.W. *J. Chem. Educ.* **1968**, *45*, 571.

9. Sutin, N. *Prog. Inorg. Chem.* **1983**, *30*, 441.

10. Reynolds, W.L.; Lumry, R.W. *Mechanisms of Electron Transfer*; Ronald Press: New York, 1966.

11. Cannon, R.D. *Electron Transfer Reactions*; Butterworths: London, 1980.

12. Tembe, B.L.; Friedman, H.L.; Newton, M.J. *J. Chem. Phys.* **1982**, *76*, 1490.

13. Bernhard, P.; Ludi, A. *Inorg. Chem.* **1984**, *23*, 870.

14. Chan, M.-S.; Wahl, A.C. *J. Chem. Phys.* **1982**, *86*, 126.

15. Nielson, R.M.; McManis, G.E.; Safford, L.K.; Weaver, M.J. *J. Chem. Phys.* **1989**, *93*, 2152.

16. Lay, P.A.; McAlpine, N.S.; Hupp, J.T.; Weaver, M.J.; Sargeson, A.M. *Inorg. Chem.* **1990**, *29*, 4322.

17. Swaddle, T.W. *Inorg. Chem.* **1990**, *29*, 5017.

18. Binstead, R.A.; Beattie, J.K.; Dewey, T.G.; Turner, D.H. *J. Am. Chem. Soc.* **1980**, *102*, 6442.

19. Creaser, I.I.; Geue, R.J.; Harrowfield, J. McB.; Herlt, A.J.; Sargeson, A.M.; Snow, M.R.; Springborg, J. *J. Am. Chem. Soc.* **1982**, *104*, 6016.

20. Geselowitz, D. *Inorg. Chem.* **1981**, *20*, 4457.

21. Bernhard, P.; Sargeson, A.M. *Inorg. Chem.* **1988**, *27*, 2582.

22. Küppers, H.-J.; Neves, A.; Pomp, C.; Ventur, D.; Wieghardt, K.; Nuber, B.; Weiss, J. *Inorg. Chem.* **1986**, *25*, 2400.

23. Dubs, R.V.; Gahan, L.R.; Sargeson, A.M. *Inorg. Chem.* **1983**, *22*, 2523.

24. Dulz, G.; Sutin, N. *Inorg. Chem.* **1963**, *2*, 917; Ford-Smith, M.H.; Sutin, N. *J. Am. Chem. Soc.* **1961**, *83*, 1830.

25. Chou, M.; Creutz, C.; Sutin, N. *J. Am. Chem. Soc.* **1977**, *99*, 5615.

26. Bernhard, P.; Sargeson, A.M. *Inorg. Chem.* **1987**, *26*, 4122.

27. Hupp, J.T.; Weaver, M.J. *Inorg. Chem.* **1983**, *22*, 2557.

28. Bernhard, P.; Helm, L.; Ludi, A.; Merbach, A.E. *J. Am. Chem. Soc.* **1985**, *107*, 312.

29. Jolley, W.H.; Stranks, D.R.; Swaddle, T.W. *Inorg. Chem.* **1990**, *29*, 1948.

30. Macartney, D.H.; Sutin, N. *Inorg. Chim. Acta* **1983**, *74*, 221.

31. Stanbury, D.M.; Haas, O.; Taube, H. *Inorg. Chem.* **1980**, *19*, 518.

32. Zahir, K.; Espenson, J.H.; Bakac, A. *J. Am. Chem. Soc.* **1988**, *110*, 5059.

33. Sutin, N. *Acc. Chem. Res.* **1982**, *15*, 275.

34. Lind, J.; Shen, X.; Merényi, G.; Jonsson, B.O. *J. Am. Chem. Soc.* **1989**, *111*, 7655.

35. Haim, A.; Wilmarth, W.K. *J. Am. Chem. Soc.* **1961**, *83*, 509.

36. Sykes, A.G.; Thorneley, R.N.F. *J. Chem. Soc. A*, **1970**, 232.

37. Hua, L.H.-C.; Balahura, R.J.; Fanchiang, Y.-T.; Gould, E.S. *Inorg. Chem.* **1978**, *17*, 3692.

38. Linck, R.G. *Inorg. React. Methods* **1986**, *15*, 68.

39. Murdoch, J.R. *J. Am. Chem. Soc.* **1972**, *94*, 4410.

40. Balahura, R.J.; Jordan, R.B. *Inorg. Chem.* **1973**, *12*, 1438.

41. Price, H.J.; Taube, H. *Inorg. Chem.* **1968**, *7*, 1.

42. Sisley, M.J.; Jordan, R.B. *Inorg. Chem.* **1989**, *28*, 2714.

43. Balahura, R.J.; Johnson, M.D.; Black, T. *Inorg. Chem.* **1989**, *28*, 3933.

44. Jordan, R.B.; Balahura, R.J. *J. Am. Chem. Soc.* **1971**, *93*, 625.

45. Toppen, D.L.; Linck, R.G. *Inorg. Chem.* **1971**, *10*, 2635.

46. Shea, C.; Haim, A. *J. Am. Chem. Soc.* **1971**, *93*, 3055.

47. Kupferschmidt, W.C.; Jordan, R.B. *Inorg. Chem.* **1981**, *20*, 3469.

48. Nordmeyer, F.; Taube, H. *J. Am. Chem. Soc.* **1968**, *90*, 1162.

49. Balahura, R.J.; Purcell, W.L., *J. Am. Chem. Soc.* **1976**, *98*, 4457.

50. Zannella, A.; Taube, H. *J. Am. Chem. Soc.* **1972**, *94*, 6403.

51. Barrett, M.B.; Swinehart, J.H.; Taube, H. *Inorg. Chem.* **1971**, *10*, 1983.

52. Whitburn, K.D.; Hoffmann, M.Z.; Simic, M.G.; Brezniak, N.V. *Inorg. Chem.* **1980**, *19*, 3180; Whitburn, K.D.; Hoffmann, M.Z.; Brezniak, N.V.; Simic, M.G. *Inorg. Chem.* **1986**, *25*, 3037.

53. Tsukahara, K.; Wilkins, R.G. *Inorg. Chem.* **1989**, *28*, 1605.

54. Fischer, H.; Tom, G.M.; Taube, H. *J. Am. Chem. Soc.* **1976**, *98*, 5512.

55. Jwo, J.-J.; Gaus, P.L.; Haim, A. *J. Am. Chem. Soc.* **1979**, *101*, 6189.

56. Gaus, P.L.; Villanueva, J.L. *J. Am. Chem. Soc.* **1980**, *102*, 1934.

57. Creutz, C.; Taube, H. *J. Am. Chem. Soc.* **1969**, *91*, 3988; Ibid. **1973**, *95*, 1086; Fürholz, U.; Bürgi, H.-B.; Wagner, F.E.; Stebler, A.; Ammeter, J.H.; Krausz, E.; Clarck, R.J.H.; Stead, M.J.; Ludi, A. *J. Am. Chem. Soc.* **1984**, *106*, 121.

58. Creutz, C. *Inorg. Chem.* **1978**, *17*, 3723.

59. Hupp, J.T.; Meyer, T.J. *Inorg. Chem.* **1987**, *26*, 2332.

60. Hush, N.S. *Inorg. Chem.* **1967**, *8*, 391.

61. Sutton, J.E.; Taube, H. *Inorg. Chem.* **1981**, *20*, 3125.

62. Woitellier, S.; Launay, J.P.; Spangler, C.W. *Inorg. Chem.* **1989**, *28*, 758.

63. Stein, C.A.; Lewis, N.A.; Seitz, G. *J. Am. Chem. Soc.* **1982**, *104*, 2596.

64. Reimers, J.R.; Hush, N.S. *Inorg. Chem.* **1990**, *29*, 4510.

65. Haim, A. *Pure Appl. Chem.* **1983**, *55*, 89.

66. Geselowitz, D. *Inorg. Chem.* **1987**, *26*, 4135.

67. Isied, S.S.; Vassilian, A.; Wishart, J.F.; Creutz, C.; Schwarz, H.A.; Sutin, N. *J. Am. Chem. Soc.* **1988**, *110*, 635.

68. Isied, S.S. *Prog. Inorg. Chem.* **1984**, *32*, 443.

69. Sykes, A.G. *Chem. Soc. Rev.* **1985**, *14*, 283.

70. McLendon, G.; Guarr, T.; McGuire, M.; Simolo, K.; Strauch, S.; Taylor, K. *Coord. Chem. Rev.* **1985**, *64*, 113.

71. Marcus, R.A.; Sutin, N. *Biochim. Biophys. Acta* **1985**, *811*, 265.

72. Gray, H.B. *Chem. Soc. Rev.* **1986**, *15*, 17.

73. McLendon, G. *Acc. Chem. Res.* **1988**, *21*, 160.

74. Scott, R.A.; Mauk, A.G.; Gray, H.B. *J. Chem. Educ.* **1985**, *62*, 932; Karas, J.L.; Lieber, C.M.; Gray, H.B. *J. Am. Chem. Soc.* **1988**, *110*, 599.

75. Axup, A.W.; Albin, M.; Mayo, S.L.; Cruchtley, R.J.; Gray, H.B. *J. Am. Chem. Soc.* **1988**, *110*, 435.

76. Beratan, D.N.; Onuchic, J.N.; Hopfield, J.J. *J. Chem. Phys.* **1987**, *86*, 4488; Cowan, J.A.; Upmacis, R.K.; Beratan, D.N.; Onuchic, J.N.; Gray, H.B. *Ann. N.Y. Acad. Sci.* **1989**, *550*, 68.

77. Bowler, B.E.; Meade, T.J.; Mayo, S.L.; Richards, J.H.; Gray, H.B. *J. Am. Chem. Soc.* **1989**, *111*, 8757.

78. Beratan, D.N.; Onuchic, J.N.; Betts, J.N.; Bowler, B.E.; Gray, H.B. *J. Am. Chem. Soc.* **1990**, *112*, 7915.

79. Christensen, H.E.M.; Conrad, L.S.; Mikkelsen, K.V.; Nielson, M.K.; Ulstrup, J. *Inorg. Chem.* **1990**, *29*, 2808.

7

Anorganische Photochemie

Elektromagnetische Strahlung in Form von ultraviolettem und sichtbarem Licht wurde schon lange als Initiator für chemische Reaktionen verwendet. Die Energie des Lichtes im Bereich von 200 bis 800 nm variiert zwischen 143 und 36 kcal mol^{-1}, und so überrascht es nicht, daß chemische Bindungen angegriffen werden können, wenn ein System Licht dieses leicht zugänglichen Bereiches absorbiert. Die grundlegenden mechanistischen Studien auf diesem Gebiet profitierten stark von der Entwicklung des Lasers, durch den eine intensive monochromatische Lichtquelle verfügbar wurde, und von Verbesserungen der Actinometer zur Messung der Lichtintensität. Vor der Ära des Lasers war es notwendig, Filter zu verwenden, welche die Lichtenergie auf einen angemessen engen Bereich beschränkten, oder einfach das Licht unterhalb einer bestimmten Wellenlänge auszugrenzen. Systeme mit gepulsten Lasern erlauben außerdem eine viel schnellere Verfolgung der frühen Stadien einer Reaktion und den Nachweis der primären Zwischenprodukte der Photolyse.

Die in diesem Kapitel besprochenen Systeme wurden unter Bezug auf die bereits diskutierten Substitutionsreaktionen ausgewählt. Für einen breiteren Zugang zu diesem Gebiet sollten verschiedene Bücher[1-7] und Übersichtsartikel[8-14] konsultiert werden.

7.1   GRUNDLEGENDE TERMINOLOGIE

Die mechanistische Photochemie beinhaltet die Charakteristika sowohl der Elektronentransfer- als auch der Substitutionsreaktionen. Auf diesem Gebiet haben sich jedoch Züge einer eigenenTerminologie herausgebildet, die im folgenden zusammengefaßt wird.

Quantenausbeute (Φ)

Die Quantenausbeute ist die Zahl der photolysierten Eduktmoleküle, dividiert durch die Zahl der absorbierten Lichtquanten. Ein Einstein (E) ist definiert als ein Mol Quanten; bezeichnet n die Zahl der Mole an photolysiertem Edukt, so ist $\Phi = n/E$. Die Quantenausbeute kann auch über die Mole an gebildetem Produkt definiert werden.

Actinometer

Ein Actinometer ist eine Vorrichtung zur Messung der bei einer bestimmten Wellenlänge durch eine bestimmte Lichtquelle emittierten Lichtmenge (Einstein). Photonenzählende Geräte sind jetzt verfügbar, und neben den traditionellen Eisen(III)oxalat- und Uranyloxalat-Actinometern wurden auch chemische Sekundäraktinometer entwickelt, beispielsweise auf der Basis des Reineckations[15]

$\{Cr(NH_3)_2(NCS)_4^-\}$. Das ehemalige Problem, ein Actinometer für den Bereich von 450 bis 600 nm zu finden, wurde durch das Reineckat-Actinometer gelöst.

Photolysieres Edukt (n)

Die Zahl n der Mole an photolysiertem Edukt wird durch geeignete analytische Techniken bestimmt. Gewöhnlich wird eine Kombination aus Spektrophotometrie und Chromatographie verwendet. Hierbei handelt es sich nicht um ein triviales Problem, da in photochemischen Studien gewöhnlich nur die ersten 10 bis 15 Prozent einer Reaktion verfolgt werden, so daß kleine Produktmengen in Gegenwart großer Mengen an Edukten erfasst werden müssen.

Interne Filtration

Wenn die Reaktionsprodukte Licht der verwendeten Wellenlänge absorbieren, wird die Quantenausbeute bei voranschreitender Reaktion sinken, da für die Edukte nicht die gesamte Lichtmenge verfügbar ist. Zur Minimierung dieses Problems wird nur das Anfangsstadium des photochemischen Prozesses verfolgt.

Sekundärphotolyse

Die Sekundärphotolyse bezieht sich auf die Photolyse der ursprünglichen Produkte unter Bildung von Sekundärprodukten. Wiederum wird nur das Anfangsstadium einer Reaktion verfolgt, um dieses Problem zu mindern.

Stern-Volmer-Auftragungen

Stern-Volmer-Auftragungen werden zur Überprüfung der Abhängigkeit der Quantenausbeute von der Eduktkonzentration verwendet. Die Form der Auftragung hängt vom angenommenen photochemischen Mechanismus ab.

Fluoreszenz

Die Fluoreszenz beruht auf der beim Übergang aus einem elektronisch angeregten Zustand in einem anderen Zustand gleicher Spinmultiplizität stattfindenden Lichtemission. Diese Emission erfolgt in der Regel sehr schnell.

Phosphoreszenz

Die Phosphoreszenz beruht auf der beim Übergang aus einem elektronisch angeregten Zustand in einen anderen Zustand mit unterschiedlicher Spinmultiplizität stattfindenden Lichtemission. Dieser Prozeß verläuft gewöhnlich langsamer als die Fluoreszenz und weist bei Übergangsmetallkomplexen typischerweise eine Zeitskala von Millisekunden bis Mikrosekunden auf.

Quencher

Ein Quencher (Löscher) ist eine Substanz, die die Quantenausbeute eines Prozesses vermindert, indem sie Energie vom photoangeregten Zustand des Eduktes aufnimmt. Die Energie des angeregten Zustandes des Quenchers muß derjenigen des Eduktes ähnlich sein.

Sensibilisator

Ein Sensibilisator ist eine Substanz, die die Empfindlichkeit einer Reaktion gegenüber der Photolyse steigert. Sensibilisatoren absorbieren das Licht stärker als das Edukt und übertragen die absorbierte Energie auf dieses. Der Sensibilisator muß einen elektronisch angeregten Zustand von ausreichender Lebensdauer aufweisen, um den Energietransfer auf das Edukt zu ermöglichen, und die Energie dieses Zustandes muß derjenigen des Akzeptorzustandes des Eduktes ähnlich sein.

Photostationärer Zustand

Ein photostationärer Zustand kann in einem kinetisch labilen System auftreten, in dem, ausgehend von einem Gleichgewichtszustand, nur die Hinreaktion durch Licht gefördert wird. Unter photochemischen Bedingungen wird mehr Edukt in das Produkt umgewandelt, und ein neues Gleichgewicht wird sich einstellen, in dem die Geschwindigkeiten der Vor- und Rückreaktion gleich sind. Dies wird als photostationärer Zustand bezeichnet. Wird die Lichtquelle entfernt, kehrt das System in den thermodynamischen Gleichgewichtszustand zurück.

Intersystem Crossing (ISC)

Als Intersystem Crossing (Interkombination) wird der Prozeß bezeichnet, durch den ein elektronisch angeregter Zustand unter Änderung der Spinmultiplizität in einen anderen Zustand vergleichbarer oder niedrigerer Energie übergeht. Den umgekehrten Prozeß nennt man Back Intersystem Crossing.

7.2   KINETISCHE FAKTOREN UND QUANTENAUSBEUTEN

Die meisten photochemischen Systeme weisen gewisse Charakteristika auf, welche die Lebensdauern der angeregten Zustände und damit die Quantenausbeuten beeinflussen. Abbildung 7.1 beschreibt ein allgemeines System mit einem Grundzustand G, der ein Photon mit der Geschwindigkeit (dE/dt) unter Übergang in den angeregten Zustand I absorbiert. Letzterer kann einem Intersystem Crossing unter Übergang in den photoaktiven Zustand A unterliegen, der unter Bildung des Produktes P zerfällt oder in den Grundzustand zurückkehrt. Die Niveaus der Schwingungsanregung innerhalb eines jeden elektronischen Zustandes wurden im Interesse der Übersichtlichkeit weggelassen.

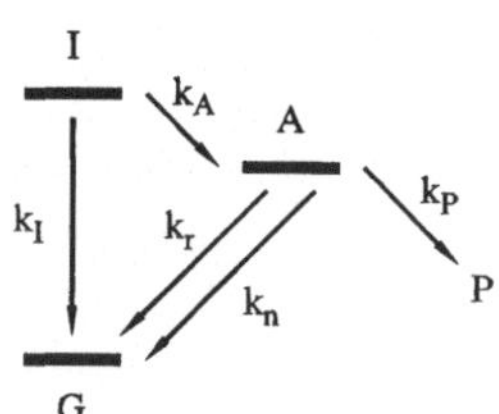

k_I strahlungslose Desaktivierung

k_A Umwandlung von I in A (ISC)

k_r Strahlungsdesaktivierung von A

k_n strahlungslose Desaktivierung von A

k_P Bildung des Produktes P

$$\Phi = \frac{dP/dt}{dE/dt} = \frac{dP}{dE}$$

Abbildung 7.1. Ein allgemeines photochemisches Schema mit einem Grundzustand G, einem ersten angeregten Zustand I und einem photoaktiven Zustand A.

Gewöhnlich geht man von einem stationären Zustand für die angeregten Zustände A und I aus. Damit ist

$$[A] = \frac{k_A[I]}{(k_P + k_r + k_n)} \qquad (7.1)$$

$$[I] = \frac{1}{k_A + k_I}\left(\frac{dE}{dt}\right) \qquad (7.2)$$

so daß

$$[A] = \frac{k_A}{(k_A + k_I)(k_P + k_r + k_n)}\left(\frac{dE}{dt}\right) \qquad (7.3)$$

Da

$$\frac{d[P]}{dt} = k_P[A] \qquad (7.4)$$

folgt

$$\frac{d[P]}{dt} = \frac{k_P\,k_A}{(k_A + k_I)(k_P + k_r + k_n)}\left(\frac{dE}{dt}\right) \qquad (7.5)$$

und die Quantenausbeute ist gegeben durch

$$\Phi = \frac{d[P]}{dt}\left(\frac{dE}{dt}\right)^{-1} = \frac{k_P\,k_A}{(k_A + k_I)(k_P + k_r + k_n)} \qquad (7.6)$$

Der Zweck dieser Herleitung ist es, zu zeigen, daß neben k_P verschiedene andere Faktoren die Quantenausbeute beeinflussen. Auf diesem Gebiet ist es nicht unüblich, die Effekte des Wechsels von Liganden und Lösungsmitteln auf Φ zu studieren und mit diesen Ergebnissen auf den Mechanismus des k_P-Schrittes zu schließen. Da solche Veränderungen jedoch auch k_A, k_I, k_r und/oder k_n beeinflussen können, sind derartigen mechanistische Schlußfolgerungen sehr unsicher. Selbstverständlich könnte das System in Abbildung 7.1 noch um die Produktbildung aus dem primär besetzten Zustand I oder um andere photoaktive Zustände erweitert werden, die aus I oder A gebildet werden können.

7.3   PHOTOCHEMIE VON KOBALT(III)-KOMPLEXEN

Kobalt(III) bildet eine große Vielfalt an substitutionsinerten (low-spin d^6-)Komplexen, deren thermische Aquotisierungs- und Anationsreaktionen sorgfältig untersucht worden sind. Damit sind günstige Vergleichsmöglichkeiten für photochemische Arbeiten gegeben. Außerdem ist die Substitutionsinertheit der Produkte für deren Untersuchung vorteilhaft.

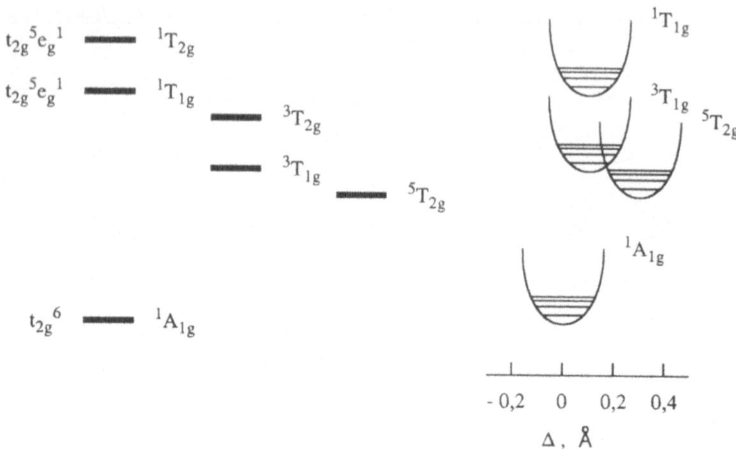

Abbildung 7.2. Die Energien der elektronischen Zustände im Ligandenfeld und Potentialkurven für oktaedrisch koordiniertes Co(III).

7.3.a Co(III)L$_6$-Komplexe

Die Elektronenspektren von Co(III)L$_6$-Systemen sind durch die Ligandenfeldtheorie leicht zu erfassen und zu beschreiben. Die elektronischen Zustände mit d-Orbitalbeteiligung sind in Abbildung 7.2 dargestellt. Die Elektronenspektren weisen generell zwei Übergänge im sichtbaren Bereich auf: $^1A_{1g} \rightarrow {}^1T_{1g}$ (~ 500 nm) und $^1A_{1g} \rightarrow {}^1T_{2g}$ (~ 350 nm). Die spinverbotenen Übergänge zu den $^3T_{1g}$ und $^5T_{2g}$-Zuständen sind gewöhnlich für eine Beobachtung zu schwach. Zusätzlich findet man oftmals eine Ligand-Metall-Charge-Transfer-Bande im ultravioletten Bereich.

Das rechte Diagramm in Abbildung 7.2 zeigt die Potentialkurven von vier dieser Niveaus in Co(NH$_3$)$_6^{3+}$, wie sie die spektroskopische Studie von Wilson und Solomon[16] bei tiefer Temperatur ergab. Die Co–N-Bindungslängen ändern sich relativ zum Grundzustand um ΔÅ.

Die Photoaquotisierung von Co(NH$_3$)$_6^{3+}$ zeigt bei Wellenlängen im sichtbaren Bereich eine sehr niedrige Quantenausbeute von $3,1 \times 10^{-4}$ mol Einstein^{-1}. Als photoaktiver Zustand wird allgemein $^3T_{1g}$ angesehen, der durch Intersystem Crossing aus den $^1T_{1g}$- und $^1T_{2g}$-Zuständen gebildet wird. Die geringe Quantenausbeute könnte mit strahlungslosen Desaktivierungsprozessen dieser Zustände zusammenhängen. Wilson und Solomon schlugen vor, daß der $^3T_{1g}$- zum $^5T_{2g}$-Zustand zerfallen könnte, dessen anschließende Rückkehr zum Grundzustand durch die Überlappung der Potentialkurven begünstigt wird.

Nach Scandola et al.[17] und Nishazawa und Ford[18] ist die Photoaquotisierung von Co(CN)$_6^{3-}$ bei Bestrahlung im sichtbaren Bereich besonders effektiv ($\Phi = 0,31$). Wilson und Solomon schrieben dies dem Umstand zu, daß der $^5T_{2g}$-Zustand in diesem System bei höherer Energie als der $^3T_{1g}$-Zustand liegt, da der Ligandenfeldparameter Dq für CN^- im Vergleich zu NH_3 größer ist; daher ist eine Desaktivierung über den Quintettzustand bei $Co(CN)_6^{3-}$ nicht sehr effektiv.

Scandola et al. untersuchten die Lösungsmittelabhängigkeit der Quantenausbeute in Wasser-Glycerin-Gemischen und stellten fest, daß Φ bei steigendem Glycerinanteil von 0,31 auf 0,1 zurückgeht. Sie deuteten dies über den Einfluß der Viskosität auf ein Zwischenprodukt im Käfig, dargestellt in Schema 7.1.

Schema 7.1

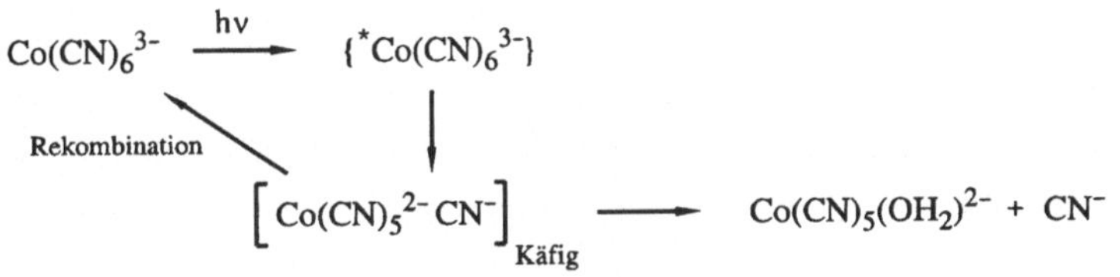

$$Co(CN)_6^{3-} \xrightarrow{h\nu} \{^*Co(CN)_6^{3-}\}$$

$$\text{Rekombination} \qquad \left[Co(CN)_5^{2-} \, CN^- \right]_{\text{Käfig}} \longrightarrow Co(CN)_5(OH_2)^{2-} + CN^-$$

Die Autoren nehmen an, daß die steigende Viskosität das Ion CN^- am Verlassen des Käfig hindert und damit die Rekombination begünstigt, wodurch die Quantenausbeute sinkt. Diese Art der Erklärung ist bei photochemischen Studien nicht ungewöhnlich; man weiß aber heute, daß die Änderung des Lösungsmittels die Lebensdauern der photoaktiven Zustände ebenfalls beeinflussen kann, indem die Effizienz der verschiedenen Zerfallsmechanismen verändert wird. Aussagekräftige Deutungen erfordern daher Kenntnisse über die Lebensdauern der angeregten Zustände in den Solvensgemischen. Im Falle von $Co(CN)_6^{3-}$ stellten Wong und Kirk[19] fest, daß tatsächlich das Komplexion $Co(CN)_5(Glycerin)^{2-}$ gebildet wird.

7.3.b Co(III)L₅Y-Komplexe

$Co^{III}(CN)_5X$-Komplexe werden glatt zu $Co^{III}(CN)_5(OH_2)^{2-}$ photoaquotisiert, wobei die Quantenausbeuten, abhängig von der Art des X, im Bereich von 0,05 bis 0,3 liegen. Kirk und Kneeland[20] nutzten die Konkurrenz mit SCN^-, um die thermischen und photochemischen Reaktionen der $Co(CN)_5X^{3-}$-Komplexe zu vergleichen. Das Verhältnis der Bindungsisomere $Co(CN)_5(SCN)^{3-}$ und $Co(CN)_5(NCS)^{3-}$ ist unabhängig von der Abgangsgruppe X; dieses Verhältnis unterscheidet sich aber bei thermischen und photochemischen Reaktionen, wie Tabelle 7.1 zeigt. Daraus ist zu schließen, daß sich die Übergangszustände der beiden Prozesse unterscheiden, da sie zu unterschiedlichen Isomerenverhältnissen führen; beide scheinen aber dissoziativ zu verlaufen, da das Verhältnis ziemlich unabhängig von der Abgangsgruppe ist. Kirk und Kneeland vermuten, daß der photoaktive Zustand, möglicherweise $^3T_{1g}$, eine diffusere Elektronenverteilung besitzt und daher "weicher" ist, was eine Bindung an das "weichere" S-Ende des Thiocyanats begünstigt.

Tabelle 7.1 Vergleich der Bindungsisomere aus der thermischen und photochemischen Aquotisierung von $Co(CN)_5X^{3-}$ in Gegenwart von SCN^-

Ligand X	Thermisches S/N-Verhältnis	Photochemisches S/N-Verhältnis
Cl^-	4,3	8,5
Br^-	4,5	8,8
I^-	4,7	9,3
N_3^-	4,0	8,7
CN^-		8,1
OH^-		8,7

Die Photolyse der $Co^{III}(NH_3)_5X$-Komplexe kann durch einen Photoredoxprozeß kompliziert werden, durch den Co(III) zu Co(II) reduziert und ein Ligand oxidiert wird. Dieser wird zum dominanten Prozeß, wenn die Absorption im Bereich der Ligand-Metall-Charge-Transfer-Bande (≤ 350 nm) erfolgt, und zeigt abhängig von X eine Quantenausbeute im Bereich von 0,1 bis 0,5. Dieser Prozeß wurde von Endicott und Mitarbeitern[21] eingehend untersucht, und Weit und Kutal[22] studierten $Co^{III}(NH_2CH_3)_5X$-Komplexe mit X = Cl^- und Br^-. Die NH_3- und NH_2CH_3-Systeme unterscheiden sich stärker, als man für das einfache Zufügen einer Methylgruppe erwarten würde. Die Summe der Schlußfolgerungen für dieses System ist in Schema 7.2 zusammengefaßt.

Schema 7.2

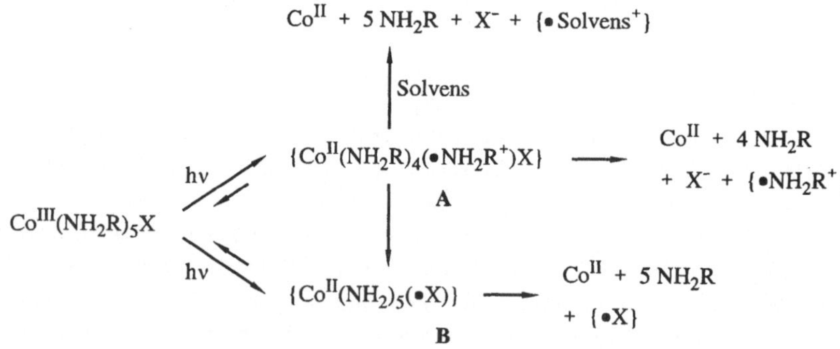

$$Co^{II} + 5\,NH_2R + X^- + \{\bullet Solvens^+\}$$

$$\uparrow Solvens$$

$$\{Co^{II}(NH_2R)_4(\bullet NH_2R^+)X\} \longrightarrow Co^{II} + 4\,NH_2R + X^- + \{\bullet NH_2R^+\}$$

$$\mathbf{A}$$

$$Co^{III}(NH_2R)_5X \quad \xrightarrow{h\nu}$$

$$\{Co^{II}(NH_2)_5(\bullet X)\} \longrightarrow Co^{II} + 5\,NH_2R + \{\bullet X\}$$

$$\mathbf{B}$$

Die Elektronenspektren zeigen an, daß Spezies **A** gegenüber **B** durch höherenergetische Bestrahlung begünstigt wird. Der NH_3-Komplex scheint einer internen Umwandlung in **B** zu unterliegen oder, in Abhängigkeit der Solvensempfindlichkeit der Reaktion, mit dem Solvens zu reagieren, ohne Aminradikale zu bilden. Die NH_2R-Komplexe unterscheiden sich hiervon durch einen Wellenlängenabhängigkeit der Quantenausbeute, durch eine andere Solvensabhängigkeit in Glycerin-Wasser-Gemischen und durch einen Anstieg der Quantenausbeute in Gegenwart von O_2. Weit und Kutal deuteten diese Unterschiede mittels einer Abschirmung des Komplexes vom Lösungsmittel durch die CH_3-Gruppe, so daß eine Reaktion über **A** zu beobachten ist. Der O_2-Effekt wird dem Abfangen von $\cdot NH_2R$-Radikalen durch O_2 zugeschrieben.

Erfolgt die Bestrahlung im Bereich der d-d-Banden (Wellenlänge = 450 nm), so zeigt die Photoaquotisierung niedrigere Quantenausbeuten um 1×10^{-2} bis 1×10^{-3}. Diese Reaktionen zeigen einen deutlich *antithermischen Gang*, wobei NH_3 unter Bildung von $(NH_3)_4Co(X)(OH_2)$, hauptsächlich in Form des trans-Isomers, freigesetzt wird. Die Quantenausbeuten der beiden Wege sind in Tabelle 7.2 aufgeführt.

7.4   PHOTOCHEMIE VON RHODIUM(III)-KOMPLEXEN

Als d^6-Systeme entsprechen Rhodium(III)- formal den Kobalt(III)-Komplexen. Durch die größeren Dq-Werte der Übergangsmetalle der zweiten Reihe gleichen die Rh(III)-Komplexe jedoch eher den Cyanokomplexen des Co(III). Studien an Rh(III) haben den Vorteil, daß die Zerfallsgeschwindigkeit der photoangeregten Zustände gemessen werden kann. Der photoaktive Zustand scheint $^3T_{1g}$ (^3E bei A_5RhX-Symmetrie) zu sein, und die Geschwindigkeitskonstanten k_n für die Phosphoreszenz dieses Zustandes bei 77 K im Festkörper sind in Tabelle 7.3[23] aufgeführt. Der dramatische Effekt des Ersatzes von Wasserstoff durch Deuterium im Hexammin-komplex zeigt an, daß die Energie des angeregten Zustandes auf die Schwingungsmoden des Liganden verteilt wird. Dies dürfte in der Komplexchemie häufig zutreffen.

Tabelle 7.2. Quantenausbeuten für den Verlust von X^- bzw. NH_3 bei Komplexen des Typs $Co^{III}(NH_3)_5X$

X	Φ_X	Φ_{NH_3}
F^- [a]	$5,5 \times 10^{-4}$	$2,0 \times 10^{-3}$
Cl^- [a]	$1,7 \times 10^{-3}$	$5,1 \times 10^{-3}$
Br^- [b]	$2,0 \times 10^{-3}$	$5,1 \times 10^{-4}$

[a] Zribusch, R.A.; Poon, C.K.; Bruce, C.M.; Adamson, A.W. *J. Am. Chem. Soc.* **1974**, *96*, 3027; 25°C; pH 2; 488 nm; Langford, C.H.; Malkhasian, Y.S. *J. Am. Chem. Soc.* **1987**, *109*, 2682 geben die λ-Abhängigkeit für $X = Cl^-$ an.

[b] Zanella, A.W.; Ford, K.H.; Ford, P.C. *Inorg. Chem.* **1978**, *17*, 1051; 25°C; pH 3,4; 546 nm.

Tabelle 7.3 Geschwindigkeitskonstanten (77 K) für die Desaktivierung des Triplett-Zustandes einiger Rhodium(III)-Komplexe

Komplexe	k_n (s^{-1})
$(NH_3)_5Rh(OH_2)^{3+}$	$2,9 \times 10^5$
$(NH_3)_5RhCl^{2+}$	$8,2 \times 10^4$
$(NH_3)_5Rh(NH_3)^{3+}$	$5,1 \times 10^4$
$(ND_3)_5Rh(ND_3)^{3+}$	$0,8 \times 10^4$

Die Solvenseinflüsse auf die Photolyse von $(NH_3)_5RhCl^{2+}$ wurden ebenfalls untersucht.[24] Wie die in Tabelle 7.4 angegebenen Quantenausbeuten belegen, verläuft die Reaktion unter Verlust von NH_3 oder Cl^- in einem Verhältnis, das mit dem Lösungsmittel variiert. Die Quantenausbeuten korrelieren nicht mit der Lebensdauer des angeregten Zustandes, und der Prozeß des Cl^--Verlustes ist besonders empfindlich gegenüber Solvensvariationen. Ein komplizierender Faktor könnte die Zunahme der Rekombination mit dem Cl^--Ion im Solvenskäfig sein, wenn die Solvatation des Chloridions weniger begünstigt ist.

Die Aktivierungsvolumina ΔV^* der Photoaquotisierung von $(NH_3)_5RhCl^{2+}$ unter Bildung von $(NH_3)_5Rh(OH_2)^{3+}$ und *trans*-$(NH_3)_4Rh(OH_2)Cl^{2+}$ wurden zu -8,6 bzw. 9,3 cm^3 mol^{-1} bestimmt.[25] Die große Differenz dieser Werte impliziert, daß die Solvatation der Abgangsgruppe ein wichtiger Faktor ist; dessen Analyse wird aber durch die unbekannten Volumina der elektronisch angeregten Zustände erschwert. Die Photoaquotisierung von *cis*-$Rh(bpy)_2Cl_2^+$ zu *cis*-$Rh(bpy)_2Cl(H_2O)^{2+}$ weist ein ΔV^* von -9,7 cm^3 mol^{-1} auf. Die beiden negativen Aktivierungsvolumina für die Cl^--Abspaltung stellen ein Problem für Erklärungsversuche[26] dar, die auf einem dissoziativen Mechanismus basieren.

Durch Einstrahlen in die Ligand-Metall-Charge-Transfer-Bande von $Rh(NH_3)_5I^{2+}$ erhält man *trans*-$Rh(NH_3)_4(OH_2)I^{2+}$ mit einer Quantenausbeute, die etwa halb so groß wie jene ist, die man

Tabelle 7.4. Photolyse (25°C) von $(NH_3)_5RhCl^{2+}$ in verschiedenen Solventien

Solvens	Φ_{Cl^-}	Φ_{NH_3}	k_n(s^{-1})
Wasser	0,18	0,02	$7,0 \times 10^7$
Formamid	0,057	< 0,011	$4,5 \times 10^7$
Dimethylsulfoixd	< 0,006	0,029	$2,8 \times 10^7$
Methanol	0,008	0,11	$< 5,0 \times 10^7$
Dimethylformamid	0,004	0,070	$3,1 \times 10^7$

durch Einstrahlen in die niederenergetischen d-d-Banden erreicht.[27] Dies weist darauf hin, daß die Desaktivierung des Charge-Transfer-Zustandes in starker Konkurrenz zum Intersystem Crossing in Zustände niedrigerer Energie steht. Der Befund, daß Blitzlichtphotolysestudien in Gegenwart von Spuren an I^- die zwischenzeitliche Anwesenheit von $\bullet I_2^-$ anzeigen, wurde durch den Redoxmechanismus in Schema 7.3 gedeutet.

Schema 7.3

$$Rh(NH_3)_5I^{2+} \xrightarrow[\text{Charge transfer}]{h\nu} Rh(NH_3)_4^{2+} + NH_3 + \bullet I$$

$$I^- + \bullet I \longrightarrow \bullet I_2^-$$

$$Rh(NH_3)_4^{2+} + \bullet I_2^- + H_2O \longrightarrow trans\text{-}Rh(NH_3)_4(H_2O)I^{2+} + I^-$$

Dieses Verhalten unterscheidet sich möglicherweise deshalb stark von dem der Kobaltkomplexe im vorhergehenden Abschnitt, weil Rh(II) im low-spin-Zustand verbleibt, während Co(II) in den labilen high-spin-Zustand übergeht.

7.5. PHOTOCHEMIE VON CHROM(III)-KOMPLEXEN

Chrom(III)-Komplexe dienten lange Zeit als Standarduntersuchungsobjekt in der anorganischen Photochemie. Sie besitzen chemisch die gleichen Vorteile wie die Kobalt(III)-Komplexe, ihre Quantenausbeuten sind jedoch viel höher, die Banden in den Elektronenspektren sind gut aufgelöst und es treten keine Photoredoxprozesse auf.

Folgende Gemeinsamkeiten lassen sich nennen:

1. Die Quantenausbeuten liegen typischerweise im Bereich von 0,1 bis 0,8.
2. Die Quantenausbeute ist unabhängig von der Energie des einfallenden Lichts.
3. Die Reaktionen scheinen oft antithermisch zu verlaufen.

Beispielsweise ergibt die Photolyse von $(NH_3)_5CrNCS^{2+}$ bei 373 nm die Quantenausbeuten $\Phi_{NH_3} = 0{,}46$ und $\Phi_{NCS} = 0{,}03$; bei 492 nm liegen die Werte bei 0,47 bzw. 0,021.[28] Der Ammoniakverlust ist somit der dominierende photochemische Prozeß, er wird thermisch jedoch nicht beobachtet.

7.5.a Cr(III)L$_6$-Komplexe

Die elektronischen Zustände von $Cr^{III}L_6$-Komplexen, an denen die d-Valenzorbitale beteiligt sind, sind in Abbildung 7.3 dargestellt. Elektronische Übergänge in die $^4T_{2g}$- und $^4T_{1g}$-Zustände werden bei 550 bis 600 nm bzw. bei 350 bis 400 nm beobachtet. Schwache spinverbotene Übergänge in die $^2T_{1g}$- und ^2E_g-Zustände können manchmal in der 600 nm-Region beobachtet werden.

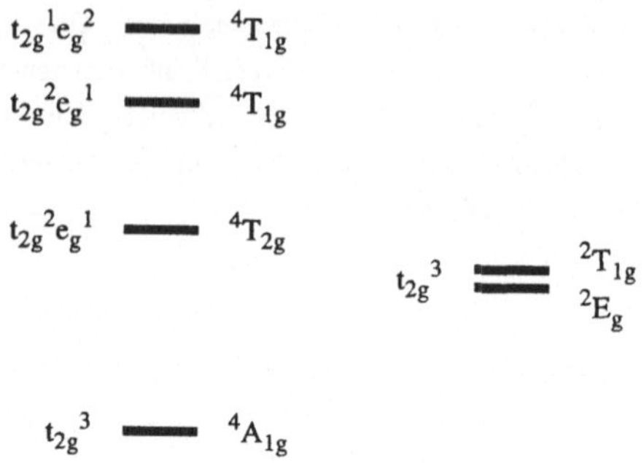

$$t_{2g}{}^1 e_g{}^2 \quad \rule{2cm}{2pt} \quad {}^4T_{1g}$$

$$t_{2g}{}^2 e_g{}^1 \quad \rule{2cm}{2pt} \quad {}^4T_{1g}$$

$$t_{2g}{}^2 e_g{}^1 \quad \rule{2cm}{2pt} \quad {}^4T_{2g}$$

$$t_{2g}{}^3 \quad \rule{1.5cm}{2pt} \quad {}^2T_{1g}$$
$${}^2E_g$$

$$t_{2g}{}^3 \quad \rule{2cm}{2pt} \quad {}^4A_{1g}$$

Abbildung 7.3. Die elektronischen d-Orbital-Zustände von Cr(III)L$_6$-Komplexen

Lange Zeit wurde die Frage, welches der photoaktive Zustand dieser Komplexe ist, kontrovers diskutiert, insbesondere in Hinblick auf den ${}^4T_{2g}$-Zustand und die Dublettzustände (${}^2T_{1g}$, ${}^2E_g$). Ein den Quartettzustand begünstigendes Argument war die Vorstellung, daß eine Besetzung der e_g-Orbitale einen dissoziativen Mechanismus fördern würde. In den Dublettzuständen würden die Metall-Ligand-Bindungen gegenüber dem Grundzustand nicht wesentlich geschwächt, das leere t_{2g}-Orbital könnte jedoch einen assoziativen Substitutionsmechanismus begünstigen.

Waltz und Lillie[29] verwendeten Laserpuls-Techniken zur Messung der Phosphoreszenz-lebensdauern von Cr(NH$_3$)$_6{}^{3+}$ und verfolgten die anschließende Photoaquotisierungsreaktion über die Leitfähigkeit:

$$Cr(NH_3)_6{}^{3+} \quad \xrightarrow[\text{H}_2\text{O, H}^+]{h\nu} \quad Cr(NH_3)_5(OH_2)^{3+} + NH_4{}^+ \tag{7.7}$$

Sie beobachteten ein anfängliches schnelles Absinken der Leitfähigkeit ($t_{1/2} \approx 1 \times 10^{-6}$ s), gefolgt von einer langsameren Änderung ($t_{1/2} \approx 1 \times 10^{-5}$ s). Der langsamere Prozeß stellt den Hauptanteil dar (> 67 Prozent) und weist die gleiche Geschwindigkeit wie der Phosphoreszenzzerfall auf, der von einem Dublettzustand ausgeht. Die Autoren schlossen daraus, daß die schnelle Leitfähigkeits-änderung auf einer Photoaquotisierung aus dem Quartettzustand beruht, der langsamer, dominante Zerfall dagegen aus dem Dublettzustand erfolgt. Die allgemeine Folgerung aus diesen Beobachtungen ist, daß sowohl der Dublett- als auch der Quartettzustand photoaktiv sein können, wobei ihre relativen Anteile von der Effizienz des Intersystem Crossings zwischen diesen Zuständen abhängen, welche wiederum von den Liganden geprägt wird, die das Chrom(III)-Ion umgeben.

Wasgestian[30] stellte fest, daß die Emissionslebensdauer des Dublettzustandes von Cr(CN)$_6{}^{3-}$ in N,N-Dimethylformamid-Wasser-Gemischen stark solvensabhänig ist, daß aber die Quantenausbeute der Aquotisierung ($\Phi = 0{,}11$) nicht durch die Solvenszusammensetzung beeinflußt wird. Dies zeigt, daß die Reaktivität nicht vom Dublettzustand ausgeht, und deutet darauf hin, daß der Quartettzustand photoaktiv ist. Aus dem Aktivierungsvolumen[31] der Photoaquotisierung, $\Delta V^* = 2{,}7$ cm^3 mol^{-1} ($15°C$; $364{,}5$ nm), wurde ein I_d-Mechanismus abgeleitet. Für den verwandten Komplex $Cr(CN)_5(NH_3)^{2-}$ wird ebenfalls eine Aktivität des Quartettzustandes vermutet,[32] da $Co(sep)^{3+}$ die Phosphoreszenz in DMSO löscht, die Quantenausbeute jedoch nicht verändert.

7.5.b Cr(III)-Amin-Komplexe

Eine Vielzahl von Arbeiten beschäftigte sich mit der Photoaquotisierung von Komplexen des allgemeinen Typs CrA_5X, CrA_4X_2, CrA_3X_3 und ihrer Isomere, wobei A für einen Aminliganden steht. Die Reaktionen verlaufen oft, aber nicht immer, antithermisch unter Verlust eines Aminliganden. Der erste Erklärungsansatz für die Variation der Produkt- und Quantenausbeuten wurde von Adamson[33] gegeben. Dieser führte zu den sogenannten *Adamson-Regeln*, die folgendermaßen zusammengefaßt werden können:

1. Die Bindungsachse mit den niedrigsten mittleren 10 Dq wird die labilste sein.
2. Liegen zwei verschiedene Liganden auf dieser Achse, wird derjenige mit dem höheren Dq photoaquotisiert.
3. Die Quantenausbeute wird von gleicher Größenordnung wie diejenige eines CrL_6-Komplexes sein, in dem L die Liganden der Achse mit dem niedrigsten Dq sind.

Die ersten vier Einträge in Tabelle 7.5 sind Beispiele für Komplexe, die den Adamson-Regeln gehorchen.

Tabelle 7.5. Quantenausbeuten der Photoaquotisierung von NH_3 (Φ_N) und X^- (Φ_X) einiger Chrom(III)-Amin-Komplexe[a]

Komplex	Φ_N	Φ_X
$Cr(NH_3)_5Cl_{2+}$	0,36	0,005
trans-$Cr(en)_2Cl^{2+}$	<0,001	0,32
trans-$Cr(NH_3)_4Cl_2^+$	0,003	0,44
trans-$Cr(en)_2(NH_3)Cl^{2+}$	0,34	<0,01
trans-$Cr(en)_2F_2^{+}$ [b]	0,20	0,02
trans-$Cr(en)_2(NH_3)F^{2+}$	0,27	0,14

[a] Sofern nicht anders vermerkt, stammen die Originalzitate aus: Kirk, A.D. *Coord. Chem. Rev.* **1981**, *39*, 225.

[b] Manfrin, M.F.; Sandrini, A.; Juris, A.; Gandolfi, M.T. *Inorg. Chem.* **1978**, *17*, 90.

Tabelle 7.6. Quantenausbeuten des Wasseraustausches (Φ_{Aust}) und des NH$_3$-Verlustes (Φ_{NH_3}) einiger Chrom(III)-Komplexe

Komplex	Φ_{Aust}	Φ_{NH_3}
$Cr(NH_3)_5(OH_2)^{3+}$	0,078	0,195
cis-$Cr(NH_3)_4(OH_2)_2^{3+}$	0,057	0,058
trans-$Cr(NH_3)_4(OH_2)_2^{3+}$	0,001	0,025
fac-$Cr(NH_3)_3(OH_2)_3^{3+}$	0,040	0,053
trans-$Cr(NH_3)_2(OH_2)_4^{3+}$	0,072	0,004

Die Fluoridkomplexe gehorchen den "Regeln" nicht, da das Dq von F$^-$ kleiner als dasjenige des Amin-Stickstoffs ist. Dies führte zu beträchtlicher Verwirrung und zu der Erkenntnis, daß in Wirklichkeit ein Maß für die Cr–X-Bindungsstärke benötigt wird. Es wurde vermutet, daß der Dq-Wert von F$^-$ als Folge von π-Bindungseffekten ungewöhnlich niedrig ist, so daß er nicht die wahre σ-Bindungsstärke wiedergibt. Hieraus resultieren Erklärungen mittels der Ligandenfeldtheorie, wie jene von Zinck[34] sowie von Vanquickenborne und Cuelemans.[35] Die Beobachtung,[36] daß *trans*-(1,3-Propandiamin)$_2$Cr(F)$_2^+$ im wesentlichen unter F$^-$-Verlust reagiert (Φ_F = 0,34; Φ_N = 0,18) und sich somit deutlich von dem Ethylendiamin-Analogon unterscheidet, zeigt, daß subtile (sterische oder Ringspannungs-)Effekte den Verlauf des photochemischen Prozesses beeinflussen können.

Eine neuere Arbeit über die Konkurrenz zwischen Wasseraustausch und NH$_3$-Aquotisierung[37] zeigt ebenfalls Widersprüche zu den theoretischen Ansätzen auf. Einige dieser Ergebnisse sind in Tabelle 7.6 aufgeführt. Der erste Eintrag ist konsistent mit den Vorhersagen von Adamson und anderen, aber im zweiten Beispiel sollte hauptsächlich ein NH$_3$-Verlust, und im dritten und vierten Eintrag im wesentlichen ein Wasseraustausch stattfinden, während der letzte Eintrag wiederum den "Regeln" gehorcht.

Die antithermische Natur der photochemischen Reaktionen wurde vor kurzem neu bewertet.[38] Die thermische Reaktion von $Cr(NH_3)_5(OH_2)^{3+}$ bei 50°C besteht im wesentlichen aus einem Wasseraustausch (k = 1,37 $\times$ 10^{-3} s^{-1}; ΔH^* = 99,1 kJ mol^{-1}), ein Nebenweg führt aber zur Bildung von *cis*-$Cr(NH_3)_4(OH_2)_2^{3+}$ (k = 4,03 $\times$ 10^{-6} s^{-1}; ΔH^* = 110,5 kJ mol^{-1}). Wenn man also bei einer genügend hohen Temperatur arbeiten könnte, würde der NH$_3$-Verlust somit zur dominierenden thermischen Reaktion werden. Es wurde vermutet, daß der photochemische Prozeß im elektronischen Grundzustand den Zugang zu einem pentagonal-bipyramidalen Übergangszustand ermöglicht, der energetisch etwa 10 kJ mol^{-1} über dem Übergangszustand des thermischen Wasseraustausches liegt.

Einige Hinweise für die Stereomobilität des photochemischen Übergangszustandes wurden aus dem starren makrocyclischen System *trans*-Cr(cyclam)(Cl)$_2^+$ gewonnen.[39] Die sehr niedrige

Quantenausbeute der Cl^--Aquotisierung (3×10^{-4}) wurde darauf zurückgeführt, daß der Makrocyclus Umlagerungen verhindert, die normalerweise zu energetisch günstigeren Konfigurationen des aktivierten Zustandes führen, aus dem die Aquotisierung erfolgt. Der Komplex *trans*-$Cr(cyclam)(NH_3)_2^+$ verhält sich ähnlich, *cis*-$Cr(cyclam)(NH_3)_2^+$ zeigt jedoch ein $\Phi_{NH_3} = 0,2$,[40] obwohl das trans-Isomer einen viel langlebigeren Dublettzustand besitzt ($\tau = 5,5 \times 10^{-5}$ s, im Vergleich zu 2×10^{-6} s, 298 K). Die Autoren vermuten, daß der photoaktive Zustand der Quartettzustand ist, der durch ein Back Intersystem Crossing erreicht werden könnte. Der letztere Prozeß ist beim trans-Isomer weniger effektiv, da die Energieseparation 22,2 kcal mol^{-1} beträgt, verglichen mit 19,0 kcal mol^{-1} für das cis-Isomer.

Die von Angermann et al.[41] bestimmten Aktivierungsvolumina der Aquotisierungsreaktionen einiger Chrom(III)-Komplexe sind in Tabelle 7.7 aufgeführt. Es wird angenommen, daß die negativen ΔV^*-Werte sowohl des photochemischen Prozesses als auch der thermischen Reaktion auf eine assoziative Aktivierung zurückzuführen sind. Elektrostriktionseffekte des Lösungsmittels sollten allerdings zu einem stärker negativen ΔV^*-Wert beitragen, wenn X^- anstelle von NH_3 die Abgangsgruppe darstellt. Da die experimentellen ΔV^*-Werte dieses Verhalten jedoch nicht wiedergeben, nahmen Angermann et al. an, daß der Prozeß der Ammoniakabgabe "stärker assoziativ" als die Abgabe von X^- verläuft.

7.6 RU(II)-POLYPYRIDIN-KOMPLEXE

Ein großer Teil der Arbeiten auf dem Ru(II)-Polypyridin-Gebiet konzentrierte sich auf $Ru(bpy)_3^{2+}$ und dessen Derivate. Die Elektronenspektren werden von einer intensiven Bande im sichtbaren Bereich dominiert ($\lambda_{max} \approx 450$ nm, $\varepsilon_{max} \approx 10^4$ $M^{-1}cm^{-1}$). $Ru(bpy)_3^{2+}$ zeigt eine leichte Photosubstitutionsaktivität[42] mit Quantenausbeuten $< 0,1$, und für die Darstellung verschiedener Derivate,[43] einschließlich des ungewöhnlichen *trans*-$Ru(bpy)_2(OH_2)^{2+}$, erwiesen sich photochemische Methoden als nützlich.[44]

Tabelle 7.7. Aktivierungsvolumina ΔV^* der photochemischen und thermischen Aquotisierung einiger Chrom(III)-Komplexe

Komplex	ΔV^* (cm^3 mol^{-1})		
	Φ_{NH_3}	Φ_{X^-}	Thermisch
$Cr(NH_3)_5Cl^{2+}$	-9,4	-13,0	-10,8
$Cr(NH_3)_5Br^{2+}$	-10,2	-12,2	-10,2
$Cr(NH_3)_5(NCS)^{2+}$	-11,4	-9,8	-8,6
$Cr(NH_3)_6^{3+}$	-12,6		

$Ru(bpy)_3^{2+}$ ist wegen seiner Anwendung im photochemischen Energietransfer von Interesse; die Photophysik und die Anwendungen dieses Komplexes werden in verschiedenen neueren Übersichten[45-48] behandelt. Parris und Brandt[49] beobachteten als Erste, daß dieser Komplex eine relativ langlebige Emission zeigt ($\tau \approx 600$ ns in Wasser). Zusammen mit seinen elektronischen Spektraleigenschaften bedeutet dies, daß das System die Energie des sichtbaren Lichtes lange genug speichern kann, um chemische Folgereaktionen des photoangeregten Zustandes zu erlauben. Der langlebige angeregte Zustand ist ein Metall-Ligand-Charge-Transfer-Triplett, welches als Reduktionsmittel unter Bildung von $Ru(bpy)_3^{3+}$ oder als Oxidationsmittel unter Bildung von $Ru(bpy)_3^{+}$ wirken kann. Daher kann der Energietransferprozeß sowohl an Reduktionsschritte als auch an Oxidationsschritte gekoppelt werden. Eine oxidative Kopplung zeigt Schema 7.4.

Schema 7.4

Oxidative Kopplung

$$\{Ru(bpy)_3^{2+}\}^* + A \longrightarrow Ru(bpy)_3^{3+} + A^-$$

$$Ru(bpy)_3^{3+} + \text{Reduktionsmittel} \longrightarrow Ru(bpy)_3^{2+}$$

$$A^- + \text{Substrat} \xrightarrow{\text{Kat.}} \text{Produkt} + A$$

Das Interesse an diesem System beruht zu einem großen Teil auf der möglichen Anwendung zur photochemischen Spaltung von Wasser. Beispielsweise wurde ein oxidatives System verwendet[50] und im Detail studiert[51], in dem A = $Rh(bpy)_3^{3+}$, Triethanolamin das Reduktionsmittel, H_2O das Substrat, Pt^0 der Katalysator und H_2 das Produkt ist. Ein reduktives Verfahren[52] verwendet A = Ascorbat und $Co^{II}(bpy)_n$ als Oxidationsmittel, das zu $Co^I(bpy)_n$ reagiert. Es wird vermutet, daß letzteres mit H^+ unter Bildung eines Hydridkomplexes reagiert, der unter H_2-Abspaltung zerfällt. Ein Hauptproblem dieser Anwendungen ist die Zerstörung des $Ru(bpy)_3^{2+}$ durch Photoaquotisierung. Balzani und Mitarbeiter[53] stellten vor kurzem Ru(II)-Polypyridin-Käfigkomplexe her, die viel stabiler sind und elektronische Eigenschaften aufweisen, die denen des $Ru(bpy)_3^{2+}$ vergleichbar sind.

7.7   METALLORGANISCHE PHOTOCHEMIE

Photochemische Bedingungen werden in der metallorganichen Synthese häufig verwendet, und die Zahl der Studien, die sich mit den Quantenausbeuten und der Aufklärung der photochemischen Mechanismen quantitativ befassen, steigt stetig an. Die Mehrzahl der systematischen Arbeiten beschäftigt sich mit den Metallcarbonylen und deren Derivaten, und auch die folgende Diskussion wird sich auf diese Verbindungsklassen beschränken. Ein wesentliches Hindernis für mechanistische Studien bildet die Unsicherheit über die Zuordnung der Banden in den Elektronenspektren selbst der binären Carbonyle. Dieses Problem wurde vor kurzem von Vanquickenborne und Mitarbeitern[54] diskutiert. Die Elektronenspektren werden von intensiven Metall-Ligand-Charge-Transfer (MLCT)-Banden dominiert, die im wesentlichen Übergängen aus den Rückbindungs-$(d \rightarrow \pi^*CO)$-π-Orbitalen in die korrespondierenden π^*-Orbitale entsprechen. Daneben gibt es schwächere Übergänge des d-d-Typs. Diese Banden neigen zur Überlappung, wobei die letzteren etwas langwelliger sind. Die neuere Diskussion deutet an, daß bei neutralen und anionischen $M(CO)_6$-Verbindungen auch d-s-Übergänge im nahen Ultraviolettbereich beobachtet werden können.

7.7.a Metallhexacarbonyle

Nasielski und Colas[55] studierten die folgende Reaktion in Benzol und Cyclohexan:

$$W(CO)_6 + L \xrightarrow{\text{h}\nu} W(CO)_5L + CO \tag{7.8}$$

Sie stellten fest, daß die Quantenausbeute ($\Phi \approx 0{,}7$) zwischen 254 und 366 nm unabhängig von der Wellenlänge und von der Konzentration an L (= py oder CH_3CN) ist. Die Reaktion wird durch $Ph_2C{=}O$ ($\Delta E^* = 289$ kJ mol^{-1} = 414 nm), nicht aber durch Triphenylen ($\Delta E^* = 280$ kJ mol^{-1} = 427 nm) sensibilisiert. Unterdrückt wird die Reaktion weder durch Biphenyl ($\Delta E^* = 272$ kJ mol^{-1}) noch durch Naphthalin ($\Delta E^* = 255$ kJ mol^{-1}), und es tritt keine Phosphoreszenz auf. Dies deutet auf einen sehr kurzlebigen photoaktiven Zustand hin. Die fehlende Konzentrationsabhängigkeit steht in Einklang mit einer dissoziativen Aktivierungsform. Dem photoaktiven Zustand wurde ein Triplettzustand mit Metall-d-Orbital-Beteiligung zugeordnet [vgl. die Zustände von Co(III) in Abbildung 7.2], der eine schwache Absorption bei ca. 353 nm zeigt. Wenn die Bestrahlung bei höherer Energie erfolgt, wird dieser Zustand vermutlich durch Intersystem Crossing erreicht.

Bei der Blitzlicht-Photolyse von $Cr(CO)_6$ in Cyclohexan[56] entsteht intermediär der Solvenskomplex $Cr(CO)_5 \cdot C_6H_{12}$, der über die Infrarotspektroskopie identifiziert wurde. Diese Spezies reagiert mit CO und mit H_2O mit Geschwindigkeitskonstanten von $3{,}6 \times 10^6$ bzw. $4{,}5 \times 10^7$ M^{-1}s^{-1} bei 25°C, wobei in beiden Fällen $\Delta H^* \approx 22$ kJ mol^{-1} ist. Die Reaktion von $Cr(CO)_5(OH_2)$ mit C_6H_{12} zeigt ein k = 670 s^{-1} und $\Delta H^* \approx 22$ kJ mol^{-1}. Die Identifizierung des H_2O-Komplexes ist von allgemeinem Interesse, da Wasser in vielen Untersuchungen eine potentielle Verunreinigung darstellt. Ähnliche Studien[57] in aliphatischen Alkoholen deuten auf die anfängliche Bildung einer CH-koordinierten Spezies hin, die sich mit k $\approx 2 \times 10^{10}$ s^{-1} in das OH-koordinierte Isomer umlagert.

In anderen Arbeiten[58,59] konnte mit Hilfe der Picosekunden-Laserspektroskopie gezeigt werden, daß diese Reaktionen über eine Solvens-Zwischenstufe, $M(CO)_5(Solvens)$, verlaufen, die in wenigen Picosekunden nach dem Laserpuls gebildet wird und anschließend zu den Produkten zerfällt. Lee und Harris[60] beobachteten die Bildung der solvatisierten Spezies $Cr(CO)_5$(Cyclohexan) mit einer Lebensdauer $\tau = 17$ ps und den Zerfall des schwingungsangeregten Teilchens $Cr(CO)_5$ mit $\tau \approx 21$ ps (scheinbar bei Raumtemperatur). Diese Beobachtungen stehen im Widerspruch zu denjenigen von Spears und Mitarbeitern,[61] die behaupten, die Zeitskala der Lebensdauer des nackten $Cr(CO)_5$ liege bei 22°C bei etwa 100 ps. Hopkins und Mitarbeiter[62] wiesen mit Hilfe der Resonanz-Raman-Technik nach, daß der 100 ps-Prozeß auf der thermischen Relaxation eines angeregten Schwingungszustandes beruht, der möglicherweise der Spezies $Cr(CO)_5$(Cyclohexan) zuzuordnen ist.

7.7.b Substituierte Metallcarbonyle $M(CO)_5L$

$M(CO)_5L$-Komplexe wurden zuerst von Wrighton et al[63] und von Dahlgren und Zinck[64] untersucht. Die Quantenausbeuten liegen im Bereich von 0,2 bis 0,6. Die photochemische Reaktion verläuft über zwei Wege: die L-Eliminierung (Weg **A**) und die CO-Eliminierung (Weg **B**), wie in Schema 7.5 dargestellt.

Schema 7.5

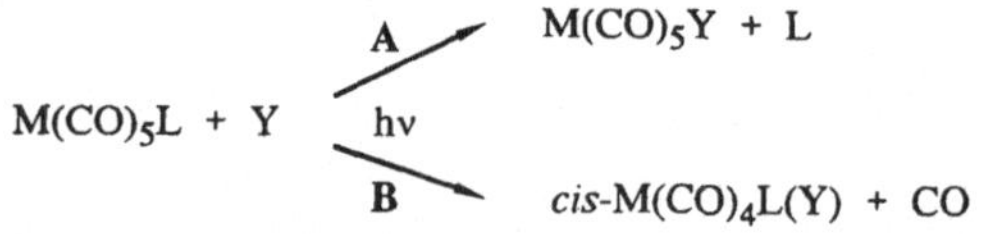

$$M(CO)_5L + Y \quad \underset{h\nu}{\overset{\displaystyle \mathbf{A} \;\nearrow\; M(CO)_5Y + L}{\underset{\displaystyle \mathbf{B} \;\searrow\; cis\text{-}M(CO)_4L(Y) + CO}{}}}$$

Wrighton et al. studierten das System mit M = Mo und L = Y = n-PrNH$_2$, so daß nur Weg **B** zu beobachten ist, und stellten eine Abnahme der Quantenausbeute mit steigender Wellenlänge fest ($\Phi_{366} = 0,24$; $\Phi_{405} = 0,20$; $\Phi_{436} = 0,057$). Ist L = n-PrNH$_2$ und Y = 1-Penten, so dominiert Weg **A**, und die Quantenausbeute ist gegenüber der Wellenlänge weniger empfindlich; sie steigt sogar mit wachsender Wellenlänge leicht an ($\Phi_{366} = 0,60$; $\Phi_{405} = 0,65$; $\Phi_{436} = 0,73$). Die Ergebnisse wurden über ein Ligandenfeld-Modell mit photoaktivem Triplettzustand interpretiert, wie in Abbildung 7.4 gezeigt. Die längerwellige Strahlung begünstigt die Besetzung des $d_{x^2-y^2}$-Orbitals und labilisiert somit die *cis*-CO-Liganden.

Dahlgren und Zinck stellten fest, daß das Gewicht der beiden Wege von der Art des Liganden L abhängt. Ist L ein N-Donorligand (Pyridin, Piperidin, Ammoniak, Acetonitril), so dominiert

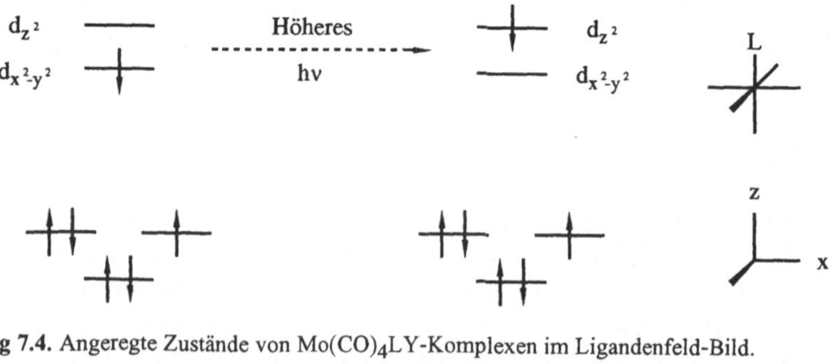

Abbildung 7.4. Angeregte Zustände von $Mo(CO)_4LY$-Komplexen im Ligandenfeld-Bild.

Weg A. Ist L ein Phosphan, so sind die Quantenausbeuten der beiden Wege nahezu gleich, wie die Gln. (7.9) und (7.10) zeigen.

$$W(CO)_5N-R \quad \xrightarrow[Y]{h\nu} \quad W(CO)_5Y \quad + \quad W(CO)_4(N-R)(Y) \tag{7.9}$$
$$+ \; N-R \qquad\qquad + \; CO$$
$$\Phi \sim 0,5 \qquad\qquad \Phi < 0,01$$

$$W(CO)_5P-R \quad \xrightarrow[Y]{h\nu} \quad W(CO)_5Y \quad + \quad W(CO)_4(P-R)(Y) \tag{7.10}$$
$$+ \; P-R \qquad\qquad + \; CO$$
$$\Phi \sim 0,3 \qquad\qquad \Phi \sim 0,3$$

Diese Beobachtungen wurden unter Berücksichtigung der M–C-Bindungsstärken erklärt, die von den CO-Streckfrequenzen widergespiegelt werden. Da bei den N-Donor-Liganden keine π-Rückbindung auftritt, sind die M–C-Bindungen stärker, und der CO-Verlust ist weniger stark begünstigt als bei den Phosphanen, die mit den CO-Liganden um die Metall-π-Elektronen konkurrieren können und somit die M–C-Bindungen schwächen.

Darensbourg und Murphy[65] studierten die Photosubstitution von $Mo(CO)_5PPh_3$ mit $Y = PPh_3$ oder ^{13}CO (in THF bei 313 und 366 nm). Die Ergebnisse sind Ausdruck einer fünffach koordinierten Zwischenstufe (Schema 7.6), wobei L für PPh_3 steht.

Schema 7.6

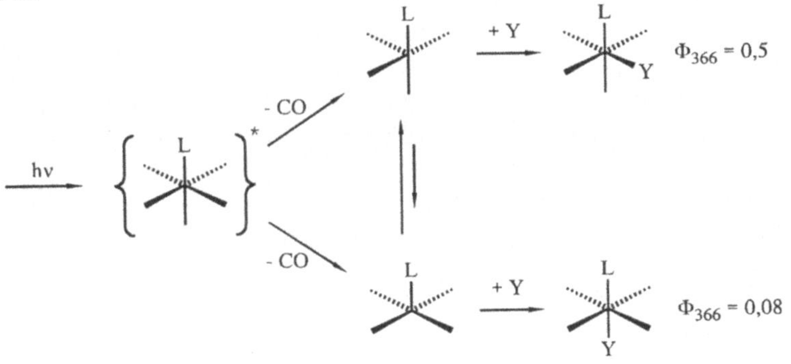

Die Gleichgewichtseinstellung der Zwischenstufen wird durch die Tatsache angezeigt, daß *trans*-$Mo(CO)_4(PPh_3)_2$ mit $\Phi_{366} = 0,3$ zum cis-Isomer photoisomerisiert. Weitergehende Untersuchungen zur Ermittlung der photoaktiven Zustände von Cr- und Mo-Systemen wurden von Lees und Mitarbeitern[66] durchgeführt. Für $Mo(CO)_5L$ (wobei L für verschiedene substituierte Pyridine steht) wurde geschlossen, daß der energetisch tiefste angeregte Zustand in Abhängigkeit des L-Typs entweder Metall-Ligand-Charge-Transfer- oder Ligandenfeld-Charakter aufweist. Der Charge-Transfer-Zustand wird schnell desaktiviert und ist daher weniger photoaktiv als der Ligandenfeld-Zustand. Liegt der letztere energetisch tiefer, kann er durch Intersystem Crossing besetzt werden und somit zu höheren und weniger stark wellenlängenabhängigen Quantenausbeuten für den L- oder PPh_3-Ersatz führen.

Neuere gepulste Laser-Studien[67] an $W(CO)_5L$ (L = Pyridin oder Piperdin) konnten im wesentlichen die Beobachtungen früherer Untersuchungen bestätigen. In dieser Arbeit wurde auch gezeigt, daß innerhalb von 10 ps nach dem Laserblitz ein Solvenskomplex gebildet wird, und daß diese "Zwischenstufe" letztlich die Quelle für die Substitutionsprodukte bildet. Diese Autoren berichten außerdem, daß im Falle von 1-Hexen als eintretendem Liganden zunächst ein Produkt entsteht, in dem das $W(CO)_5$-Fragment an den "Alkylteil" des Hexens koordiniert ist, und daß sich dieses innerhalb von etwa 10 ps in das η^2-Hexen-Produkt umlagert. Diese Beobachtungen können bedeutsam für die Ergebnisse von Stoutland und Bergman zur Ethen-Addition an $IrCp^*(PMe_3)$ sein, die in Abschnitt 5.4 vorgestellt wurden.

Die Aktivierungsvolumina der Photosubstitution von $W(CO)_5(py)$ und Derivaten mit 4-substituiertem Pyridin wurden mit $P(OEt)_3$ als Eintrittsgruppe bestimmt.[68] Diese Arbeit beinhaltet auch eine Studie zum Einfluß des Drucks auf die Emissionslebensdauern, deren Ergebnis besagt, daß dieser Effekt im Vergleich zum Druckeinfluß auf die Quantenausbeute gering ist. Die ΔV^*-Werte sind positiv und hängen etwas von der Art des Pyridinliganden ab (py, 5,7 cm^3 mol^{-1}; 4-Cyanopy, 6,3 cm^3 mol^{-1}; 4-Acetylpy, 9,9 cm^3 mol^{-1}). Diese Ergebnisse sind mit einem dissoziativen Photoaktivierungsmodus zu vereinbaren.

7.7.c Pentacarbonylmanganat-Derivate

Faltynek und Wrighton[69] untersuchten die Photosubstitution an $Mn(CO)_5^-$ und $Mn(CO)_4(PPh_3)^-$ in Gegenwart von PPh_3 oder $P(OMe)_3$ und erhielten Quantenausbeuten von ca. 0,3. Bei $Mn(CO)_4(PPh_3)^-$ ist ausschließlich eine Substitution von PPh_3 zu beobachten. Diese Untersuchungen werden durch die Luftempfindlichkeit der Edukte und durch sekundäre Photolyseprozesse erschwert.

Die oxidative Addition an $Mn(CO)_5^-$ kann ebenfalls photoaktiviert werden. Eine Studie über die Konkurrenz zwischen Substitution und oxidativer Addition erbrachte die in Schema 7.7 gezeigten Ergebnisse.

Schema 7.7

$$(Ph)_4P^+ \; + \; Mn(CO)_5^- \; + \; PPh_3 \; \xrightarrow[\text{THF}]{h\nu} \; (Ph)Mn(CO)_4(PPh_3) \; + \; Mn(CO)_4PPh_3^-$$

M	M	M	Prozent	Prozent
0,01	0,01	0,01	35	38
0,01	0,01	0,06	31	32
0,01	0,01	0,22	28	82

Die Konstanz der Ausbeute für die oxidative Addition deutet an, daß dieser Weg über ein Ionenpaar verlaufen könnte. Leider wurde die PPh_4^+-Konzentration nicht variiert, um diese Hypothese zu überprüfen.

Ford und Mitarbeiter[70] studierten die Blitzlichtphotolyse von $Mn(CO_5)CH_3$ bei 308 nm in Kohlenwasserstoffen und THF. Sie schlossen, daß das zwischenzeitlich entstehende $\{Mn(CO)_4CH_3\}$ unter Bildung von *cis*-(Solvens)$Mn(CO)_4CH_3$, und 5×10^3 mal schneller mit CO unter Rückbildung des Eduktes reagiert. Die Komplexe der Solventien C_6H_{12} und THF weisen Geschwindigkeitskonstanten der Reaktion mit CO von 2×10^6 bzw. $1,4 \times 10^2\,M^{-1}s^{-1}$ auf.

7.7d $Mn_2(CO)_{10}$ und homologe Komplexe

Die Verbindung $Mn_2(CO)_{10}$ gewinnt ihre Bedeutung daraus, daß sie einen Prototyp für Metall-Metall-gebundene Komplexe darstellt, und aus der Vorstellung, daß $^\bullet Mn(CO)_5$-Radikale an thermischen Substitutionsreaktionen teilnehmen können. Die Photochemie Metall-Metall-gebundener Systeme wurde kürzlich von Meyer und Caspar[71] zusammengefaßt. Die Theorie der Bindungsverhältnisse in $Mn_2(CO)_{10}$ deutet an, daß durch Bestrahlung eine Besetzung des σ^*-Orbitals der Mn-Mn-Bindung bewirkt werden könnte, die zu einem Bruch dieser Bindung unter Bildung von $^\bullet Mn(CO)_5$-Radikalen führt. Der $\sigma \to \sigma^*$-Übergang wird bei ~ 340 nm beobachtet, und in verschiedenen Studien[72,73] fanden sich unter Einstrahlung bei 366 nm Hinweise auf radikalische Reaktionswege der Zersetzung und Substitution, die mit einer anfänglichen Bildung von $^\bullet Mn(CO)_5$ in Einklang stehen. In Anwesenheit von N-Donorliganden sind die Endprodukte $Mn(CO)_5^-$ und $M(N)_6^{2+}$. Für die Zersetzung wurde ein Radikalkettenprozeß angenommen. Das Radikal $^\bullet Mn(CO)_5$ reagiert mit CCl_4 über eine Halogenabstraktion ($k \approx 10^6\,M^{-1}s^{-1}$); dieser Reaktionstyp dient oft als Probe auf die Anwesenheit von Radikalen.

Untersuchungen durch Church et al.[74] haben gezeigt, daß die Rekombination der $^\bullet Mn(CO)_5$-Radikale mit einer Geschwindigkeit nahe der Diffusionskontrolle ($k = 1 \times 10^9\,M^{-1}s^{-1}$ in Heptan) verläuft. Infrarot-Studien deuten auf eine quadratisch-pyramidale Struktur des Radikals hin. Über ihre Infrarot-Absorption bei 1760 cm^{-1} wurde eine Spezies mit verbrückendem CO der folgenden angenommenen Struktur identifiziert:

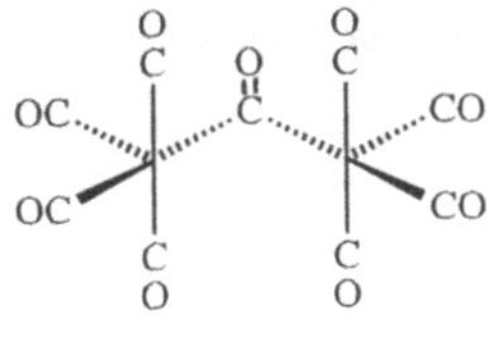

Mit CO in Heptan entsteht hieraus $Mn_2(CO)_{10}$ mit einer Geschwindigkeitskonstanten von $2,7 \times 10^6\,M^{-1}s^{-1}$. Diese Beobachtungen wurden durch die Untersuchungen in der Gasphase von Seder et al.[75] bestätigt, die bei 232 K für die analoge Geschwindigkeitskonstante den erstaunlich ähnlichen Wert von $2,4 \times 10^6\,M^{-1}s^{-1}$, und eine Geschwindigkeitskonstante der Radikalrekombination von $4,5 \times 10^{10}\,M^{-1}s^{-1}$ ergaben. Diese Ergebnisse sind auch von potentieller Bedeutung für die thermische Homolyse der Mn–Mn-Bindung.

Wrighton und Mitarbeiter[76] berichteten zunächst darüber, daß die Photolyse von $Mn_2(CO)_{10}$ bei 355 nm zu einer Substitution durch PPh_3 führt, modifizierten dieses Ergebnis jedoch später[77] im Sinne eines 30-prozentigen Anteiles einer CO-Dissoziation mit nachfolgender Substitution. Eine neuere Arbeit[78] über die Wellenlängenabhängigkeit der Quantenausbeute deutet an, daß die Bedeutung der CO-Dissoziation ansteigt, wenn die Wellenlänge von 355 auf 255 nm absinkt, und diese Tendenz wurde von Seder et al. bis herab auf 193 nm durch Messungen in der Gasphase bestätigt. In Schema 7.8 sind die Ergebnisse zusammengefasst. Der bei kürzeren Wellenlängen höhere Anteil der CO-Dissoziation ist über eine durch die Bestrahlung bewirkte Besetzung des π^*-Orbitals der M–CO-Bindung erklärbar.

Schema 7.8

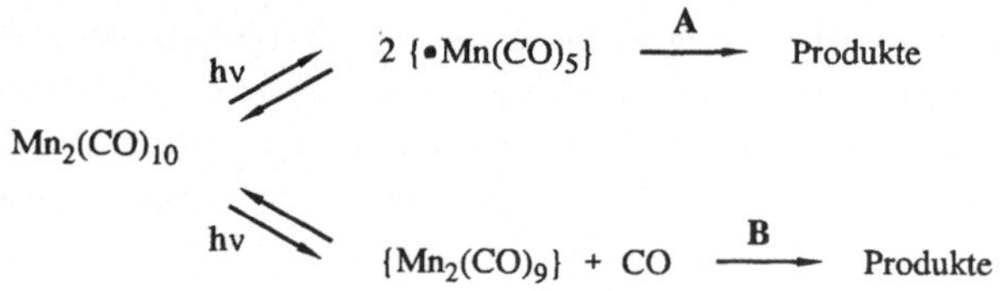

$$
Mn_2(CO)_{10} \; \underset{h\nu}{\overset{h\nu}{\rightleftharpoons}}
\begin{cases}
2\,\{\bullet Mn(CO)_5\} \xrightarrow{\;A\;} \text{Produkte} \\[1ex]
\{Mn_2(CO)_9\} + CO \xrightarrow{\;B\;} \text{Produkte}
\end{cases}
$$

λ(nm)	Φ_A/Φ_B
355	0,74
266	0,21

Turner und Mitarbeiter[79] verglichen die Photochemie von $Mn_2(CO)_{10}$, $MnRe(CO)_{10}$ und $Re_2(CO)_{10}$ in einer Ar-Matrix und in flüssigem Xe. Während sich die beiden ersteren Verbindungen sehr ähnlich verhalten, unterscheidet sich $Re_2(CO)_{10}$ von diesen dadurch, daß es scheinbar keine verbrückten Spezies bildet. Ebenso ist über $Re_2(CO)_{10}$ bekannt,[80] daß der Anteil an CO-Dissoziation bei einer gegebenen Wellenlänge wesentlich größer ist. Die Anwendung der Infrarotspektroskopie offenbarte in den Tieftemperaturstudien in Inertgas-Solventien die in Schema 7.9 gezeigten Zwischenstufen. Das erste Zwischenprodukt (**E**) mit einer äquatorialen Leerstelle ist in flüssigem Xenon recht beständig und bildet innerhalb mehrerer Stunden das Edukt zurück. Das zweite Zwischenprodukt (**A**) mit axialer Leerstelle wird durch Bestrahlung von **E** mit sichtbarem Licht gebildet und kehrt bei Einstrahlung von ultraviolettem Licht zu **E** zurück. Beide Zwischenprodukte reagieren mit N_2 unter Bildung des entsprechenden Distickstoff-Komplexes.

Schema 7.9

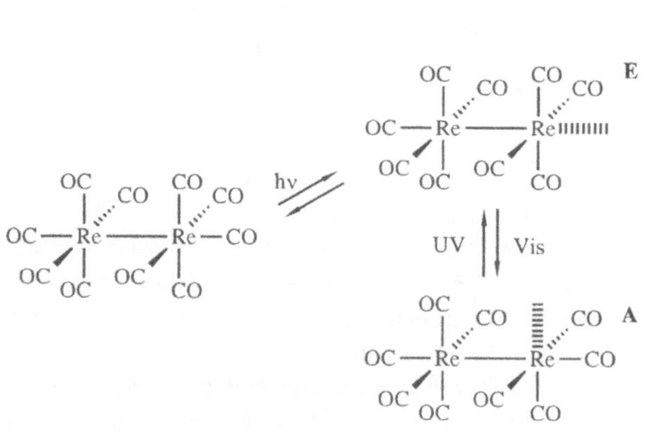

7.7.e $M_3(CO)_{12}$ (M = Fe, Ru, Os)

Diese Clusterverbindungen waren Gegenstand neuerer Studien von Bentsen und Wrighton[81] sowie von Ford und Mitarbeitern[82], die einige allgemeingültige Muster offenbarten. Bei Wellenlängen unterhalb von etwa 350 nm ist der dominierende photoaktivierte Prozeß der Verlust von CO und die anschließende Substitution durch das Solvens oder ein zugefügtes Nucleophil. Bei Wellenlängen über 400 nm herrscht dagegen die Photofragmentierung vor, durch die die dreikernige Spezies in $M(CO)_5$, $M(CO)_4L$, $M_2(CO)_3L$ usw. zerfällt. Diese Reaktionen werden von chlorierten organischen Solventien nicht beeinflußt, was gegen radikalische Reaktionswege spricht.

Bentsen und Wrighton vermuteten, daß die kurzwellige Bestrahlung der Fe- und Ru-Systeme ein äquatoriales CO unter Bildung einer Zwischenstufe freisetzt, die entweder ein Solvensmolekül einfängt, ein Nucleophil addiert oder sehr schnell zu einer stabileren Form mit einer axialen Leerstelle umlagert. Letztere lagert sich zu einer CO-verbrückten Spezies um, die durch Infrarot-Banden im Bereich von 1830 cm^{-1} identifiziert werden kann. $Os_3(CO)_{12}$ verhält sich ähnlich, mit der Ausnahme, daß keine verbrückte Spezies nachzuweisen ist. Die Strukturen dieser Zwischenstufen sind in Schema 7.10 dargestellt.

Schema 7.10

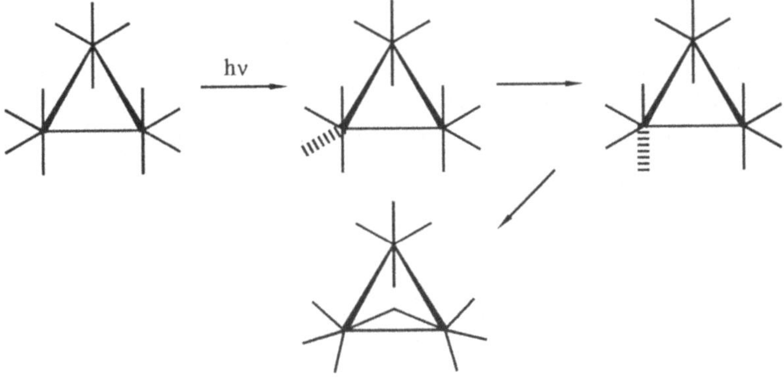

Die Studie von Ford und Mitarbeitern über $Ru_3(CO)_{12}$ ergab, daß die durch Bestrahlung bei 308 nm in Isooctan erzeugte Zwischenstufe $Ru_3(CO)_{11}$ mit CO bei Raumtemperatur mit einer Geschwindigkeitskonstanten von 2×10^9 $M^{-1}s^{-1}$ reagiert. Wird der Lösung THF zugefügt, so bildet sich ein THF-Addukt, und die Kinetik der Rückbildung von $Ru_3(CO)_{12}$ steht in Einklang mit Schema 7.11. Aus der Abhängigkeit der Geschwindigkeit von den Konzentrationen [CO] und [THF] und dem bekannten Wert von k_{CO} erhielten die Autoren $k_{-S} = 2{,}1 \times 10^6$ s^{-1} und $k_S = 6 \times 10^9$ $M^{-1}s^{-1}$. Die Werte von k_{CO} und k_S liegen nahe der diffusionskontrollierten Grenze und lassen somit darauf schließen, daß die Zwischenstufe $Ru_3(CO)_{11}$ durch Isooctan nur schwach solvatisiert wird. Der k_{CO}-Wert dieser Reaktion ist wesentlich größer als jener von $Mn_2(CO)_9$, was durch die Annahme begründet wird, daß bei letzterem ein verbrückendes CO die Reaktion behindert.

Schema 7.11

$$Ru_3(CO)_{12} \xrightarrow{h\nu} Ru_3(CO)_{11} + CO$$

$$Ru_3(CO)_{11} + THF \underset{k_{-S}}{\overset{k_S}{\rightleftharpoons}} Ru_3(CO)_{11}(THF)$$

$$Ru_3(CO)_{11} + CO \xrightarrow{k_{CO}} Ru_3(CO)_{12}$$

Der langwellige Prozeß wurde von Bentsen und Wrighton,[81] Poë und Sekhar[83] sowie von Ford und Mitarbeitern[84] untersucht. Die Quantenausbeuten sind niedrig (< 0,02) und hängen von der Art des zugesetzten Nucleophils und des Lösungsmittels ab. Die Untersuchung der Produkte offenbart, daß PPh_3 und $P(OEt)_3$ eine assoziative Substitution unter Bildung von $M_3(CO)_{11}(PR_3)$ begünstigen, während Octen und Ethen eine Fragmentierung zu $M(CO)_4L$ bewirken. Die Ergebnisse wurden als Hinweis auf eine gemeinsame Zwischenstufe interpretiert, die aus einem instabilen $M_3(CO)_{12}$-Isomer, möglicherweise dem in Schema 7.12 gezeigten verbrückten Isomer, bestehen soll. Am Beispiel des Ru-Systems analysierte Ford dieses Reaktionsschema detailliert in Form der Konzentrationsabhängigkeit der Quantenausbeuten.

Schema 7.12

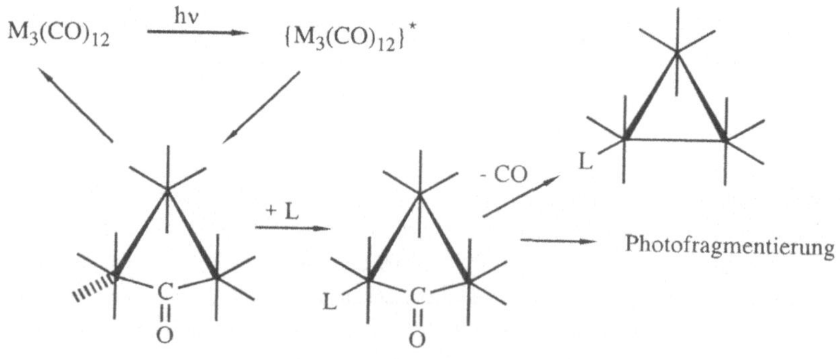

$$M_3(CO)_{12} \xrightarrow{h\nu} \{M_3(CO)_{12}\}^*$$

7.8 PHOTOCHEMISCHE ERZEUGUNG VON REAKTIONSZWISCHENSTUFEN

Eine zunehmend wichtige Anwendung der Photochemie stellt die gezielte Erzeugung vermuteter Zwischenstufen von thermischen Reaktionen dar. Blitzlicht-Photolysen und Laserpuls-Techniken können diese Spezies bei niedrigen Temperaturen generieren und ermöglichen deren spektroskopische Charakterisierung sowie Reaktivitätsstudien. Beispiele hierfür finden sich auf den Gebieten der C–H-Aktivierung und der Addition von Alkenen an Metallzentren. Als einzige Einschränkung gilt, daß sich die Spezies im elektronischen und thermischen Grundzustand befinden muß, um für thermische Mechanismen relevant zu sein.

Ein Beispiel für diesen Anwendungstyp ist die Photochemie der Derivate eines Wilkinson-Katalysators, $RhCl(CO)(PPh_3)_2$, die von Wink und Ford[85] untersucht wurde. Bei Wellenlängen über 315 nm wurde eine Blitzlicht-Photolyse in Benzol durchgeführt, und es wurde eine intermediäre Spezies mit einer im Vergleich zum Edukt wesentlich höheren Extinktion im Bereich von 390 bis 550 nm beobachtet. Dieser Zwischenstufe, die mit CO unter Rückbildung des Eduktes reagiert, wurde das Fragment $RhCl(PPh_3)_2$ zugeordnet. In Abbildung 7.5 sind die Ergebnisse der Studien zur Reaktivität dieser Zwischenstufen bezüglich verschiedener Spezies zusammengefaßt.

Ebenso war es möglich, die Geschwindigkeitskonstante der folgenden Dimerisierungsreaktion zu bestimmen:

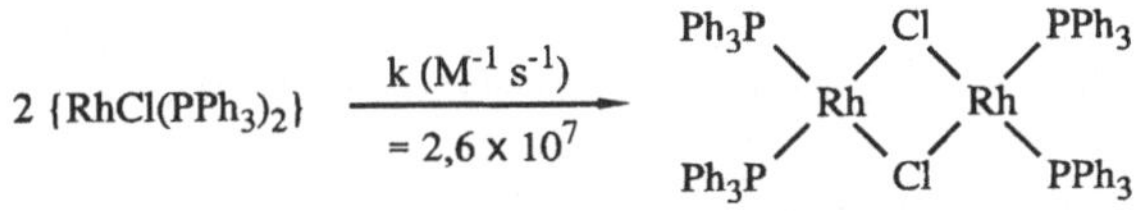

$$2\ \{RhCl(PPh_3)_2\} \xrightarrow[= 2{,}6 \times 10^7]{k\ (M^{-1}\,s^{-1})} \quad (7.11)$$

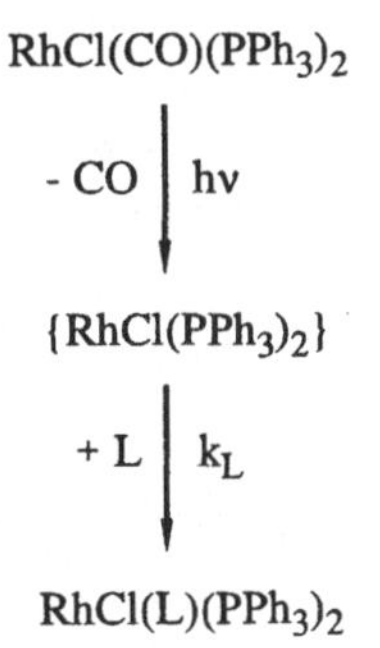

L	k_L $(M^{-1}\,s^{-1})$
CO	$6{,}9 \times 10^7$
C_2H_4	$> 4 \times 10^7$
PPh_3	$3{,}0 \times 10^6$
H_2	$1{,}0 \times 10^5$
D_2	$6{,}8 \times 10^4$

Abbildung 7.5. Geschwindigkeitskonstanten der Substitution am photochemisch aus einem Derivat des Wilkinson-Katalysators erzeugten Zwischenprodukt.

Diese Ergebnisse stimmen generell mit den Werten oder Grenzen überein, die in konventionellen kinetischen Studien von Halpern und Wong[86] sowie von Tolman et al.[87] ermittelt wurden. Es wurde festgestellt, daß das Dimer und das Diwasserstoff-Addukt mit CO nur relativ langsam ($k \approx 2\ s^{-1}$) und über einen unimolekularen Prozeß reagieren. Ein bemerkenswerter Aspekt dieser Ergebnisse ist die große Geschwindigkeitskonstante des Ersatzes von Ethen durch CO, wie ihn die folgende Reaktion zeigt:

$$RhCl(H_2C{=}CH_2)(PPh_3)_2 + CO \xrightarrow[\ =\ 1 \times 10^8\ ]{k\ (M^{-1}\ s^{-1})} RhCl(CO)(PPh_3)_2 + H_2C{=}CH_2 \qquad (7.12)$$

Damit besitzt man nun ein recht vollständiges Bild der Reaktivität einer Spezies, die als bedeutsam für die Wirkung des Wilkinson-Katalysators anzusehen ist.

Literatur

1. Balzani, V.; Carassiti, V. *Photochemistry of Coordination Compounds;* Academic Press: New York, 1970.

2. *Concepts of Inorganic Photochemistry;* Adamson, A.W.; Fleischauer, P., Hrgb.; Wiley: New York, 1975.

3. Geoffrey, G.L.; Wrighton, M.S. *Organometallic Photochemistry*; Academic Press: New York, 1979.

4. *Homogeneous and Heterogeneous Photocatalysis*; Pelizetti, E.; Serpone, N., Hrgb.; Reidel: Dordrecht, Niederlande, 1986.

5. *Photochemistry and Photopyhsics of Coordination Compounds*; Yersin, H.; Vogler, A., Hrgb.; Springer-Verlag: Berlin, 1987.

6. Hennig, H.; Rehorek, D. *Photochemische und photokatalytische Reaktionen von Koordinationsverbindungen*; Teubner: Stuttgart, 1988.

7. Kutal, C.; Adamson, A.W. *Photochemical Processes* In *Comprehensive Coordination Chemistry*; Kapitel 7.3; Wilkinson, G.; Gillard, R.G.; McCleverty, J.A., Hrgb.; Pergamon: Oxford, 1987.

8. Adamson, A.W.; Waltz, W.L.; Zinato, E.; Watts, D.W.; Fleischauer, P.D.; Lindholm, R.D. *Chem. Rev.* **1968**, *68*, 541.

9. Wrighton, M.S. *Top. Curr. Chem.* **1976**, *65*, 37.

10. Koerner von Gustorf, E.A.; Linders, L.H.G.; Fischler, I.; Perutz, R.N. *Adv. Inorg. Chem. Radiochem.* **1976**, *19*, 65.

11. Crosby, G.A. *Acc. Chem. Res.* **1975**, *8*, 231.

12. Hollebone, B.R.; Langford, C.H.; Serpone, N. *Coord. Chem. Rev.* **1981**, *39*, 181.

13. Kirk, A.D. *Coord. Chem. Rev.* **1981**, *39*, 225.

14. Ford, P.C.; Wink, D.; DiBenedetto, J. *Prog. Inorg. Chem.* **1983** *30*, 213.

15. Wegner, E.E.; Adamson, A.W. *J. Am. Chem. Soc.* **1966**, *88*, 394.

16. Wilson, R.B.; Solomon, E.I. *J. Am. Chem. Soc.* **1980**, *102*, 4085.

17. Scandola, F.; Scandola, M.A.; Bartocci, C. *J. Am. Chem. Soc.* **1975**, *97*, 4757.

18. Nishazawa, M.; Ford, P.C. *Inorg. Chem.* **1981**, *20*, 294.

19. Wong, C.F.C.; Kirk, A.D. *Can. J. Chem.* **1976**, *54*, 3794.

20. Kirk, A.D.; Kneeland, D.M. *Inorg. Chem.* **1989**, *28*, 4274.

21. Endicott, J.F.; Ferraudi, G.J.; Barber, J.R. *J. Phys. Chem.* **1975**, *79*, 630; Endicott, J.F.; Ferraudi, G.J.; Barber, J.R. *J. Am. Chem. Soc.* **1975**, *97*, 219; Ferraudi, G.J.; Endicott, J.F.; Barber, J.R. *J. Am. Chem. Soc.* **1975**, *97*, 6406.

22. Weit, S.K.; Kutal, C. *Inorg. Chem.* **1990**, *29*, 1455.

23. Ford, P.C. *Inorg. Chem.* **1975**, *14*, 1440.

24. Bergkamp, M.A.; Watts, R.J.; Ford, P.C. *J. Am. Chem. Soc.* **1980**, *102*, 2627.

25. Weber, W.; van Eldik, R.; Kelm, H.; DiBenedetto, J. Ducommun, Y.; Offen, H.; Ford, P.C. *Inorg. Chem.* **1983**, *22*, 623.

26. Wieland, S.; DiBenedetto, J.; van Eldik, R.; Ford, P.C. *Inorg. Chem.* **1986**, *25*, 4893.

27. Kelly, T.L.; Endicott, J.F. *J. Am. Chem. Soc.* **1972**, *94*, 1797; *J. Phys. Chem.* **1972** *76*, 1937.

28. Zinato, E.; Lindholm, R.D.; Adamson, A.W. *J. Am. Chem. Soc.* **1969**, *91*, 1076.

29. Waltz, W.L.; Lillie, J.; Lee, S.H. *Inorg. Chem.* **1983**, *23*, 1768.

30. Wasgestian, H.F. *Z. Phys. Chem. N.F.* **1969**, *67*, 39.

31. Angermann, K.; van Eldik, R.; Kelm, H.; Wasgestian, F. *Inorg. Chim. Acta* **1981**, *49*, 247.

32. Riccieri, P.; Zinato, E. *Inorg. Chem.* **1990**, *29*, 5035.

33. Adamson, A.W. *J. Phys. Chem.* **1967**, *71*, 798.

34. Zinck, J.I. *J. Am. Chem. Soc.* **1974**, *96*, 4464; Ibid. **1972**, *94*, 8039.

35. Vanquickenborne, L.G.; Cuelemans, A. *Coord. Chem. Rev.* **1983**, *48*, 157.

36. Kirk, A.D.; Namasivayam, C.; Ward, T. *Inorg. Chem.* **1986**, *25*, 2225.

37. Mønsted, L.; Mønsted, O. *Coord. Chem. Rev.* **1989**, *94*, 109.

38. Mønsted, L.; Mønsted, O. *Acta Chem. Scand. A* **1986**, *40*, 637.

39. Kutal, C.; Adamson, A.W. *Inorg. Chem.* **1973**, *12*, 1990.

40. Kane-Maguire, N.A.P.; Wallace, K.C.; Miller, D.B. *Inorg. Chem.* **1985**, *24*, 597.

41. Angermann, K.; van Eldik, R.; Kelm, H.; Wasgestian, F. *Inorg. Chem.* **1981**, *20*, 955.

42. Durham, B.; Caspar, J.V.; Nagle, J.K.; Meyer, T.J. *J. Am. Chem. Soc.* **1982**, *104*, 4803.

43. Durham, B.; Walsh, J.L.; Carter, C.L.; Meyer, T.J. *Inorg. Chem.* **1980**, *19*, 860.

44. Durham, B.; Wilson, S.R.; Hodgson, D.J.; Meyer, T.J. *J. Am. Chem. Soc.* **1980**, *102*, 600.

45. Kalyanasundaram, K. *Coord. Chem. Rev.* **1982**, *46*, 159.

46. Meyer, T.J. *Pure Appl. Chem.* **1986**, *58*, 1193.

47. Juris, A.; Balzani, V.; Barigelleti, F.; Campagna, S.; Belser, P.; von Zelewsky, A. *Coord. Chem. Rev.* **1988**, *84*, 85.

48. Krausz, E.; Ferguson, J. *Prog. Inorg. Chem.* **1989**, *37*, 293.

49. Parris, T.P.; Brandt, W.W. *J. Am. Chem. Soc.* **1959**, *81*, 5001.

50. Kirch, M.; Lehn, J.-M.; Sauvage, J.-P. *Helv. Chim. Acta* **1979**, *62*, 1345; Lehn, J.-M.; Sauvage, J.-P. *Nouv. J. Chim.* **1981**, *5*, 291.

51. Chan, S.-F.; Chou, M.; Creutz, C.; Matsubara, T.; Sutin, N. *J. Am. Chem. Soc.* **1981**, *103*, 369.

52. Krishnan, C.K.; Sutin, N. *J. Am. Chem. Soc.* **1981**,*103*, 2140.

53. Barigelletti, F.; De Cola, L.; Balzani, V.; Belser, P.; von Zelewsky, A.; Vögtle, F.; Ebmeyer, F.; Grammenudi, S. *J. Am. Chem. Soc.* **1989**, *111*, 4662.

54. Pierloot, K.; Verhulst, J.; Verbeke, P.; Vanquickenborne, L.G. *Inorg. Chem.* **1989**, *28*, 3059.

55. Nasielski, J.; Colas, A. *Inorg. Chem.* **1978**, *17*, 237.

56. Church, S.P.; Grevels, F.-H.; Hermann, H.; Schaffner, K. *Inorg. Chem.* **1985**, *24*, 418; Ibid. **1984**, *23*, 3830.

57. Xie, X.; Simon, J.D. *J. Am. Chem. Soc.* **1990**, *112*, 1130.

58. Langford, C.H.; Moralejo, C.; Sharma, D.K. *Inorg. Chim. Acta* **1987**, *126*, L 11.

59. Simon, J.D.; Xie, X. *J. Phys. Chem.* **1987**, *91*, 5538; Ibid. **1989**, *93*, 291.

60. Lee, M.; Harris, C.B. *J. Am. Chem. Soc.* **1989**, *111*, 8963.

61. Wang, L.; Zhu, X.; Spears, K.G. *J. Phys. Chem.* **1989**, *93*, 2; *J. Am. Chem. Soc.* **1988**, *110*, 8695.

62. Yu, S.-C.; Xu, X.; Lingle, R., Jr.; Hopkins, J.B. *J. Am. Chem. Soc.* **1990**, *112*, 3668.

63. Wrighton, M.S.; Morse, D.L.; Gray, H.B.; Ottesen, D.K. *J. Am. Chem. Soc.* **1976**, *98*, 1111.

64. Dahlgren, R.M.; Zinck, J.I. *Inorg. Chem.* **1977**, *16*, 3154.

65. Darensbourg, D.J.; Murphy, M.A. *J. Am. Chem. Soc.* **1978**, *100*, 463.

66. Lees, A.J. *J. Am. Chem. Soc.* **1982**, *104*, 2038; Kolodziej, R.M.; Lees, A.J. *Organometallics* **1986**, *5*, 450.

67. Moralejo, C.; Langford, C.H.; Sharma, D.K. *Inorg. Chem.* **1989**, *28*, 2205.

68. Wieland, S.; van Eldik, R.; Crane, D.R.; Ford, P.C.; *Inorg. Chem.* **1989**, *28*, 3663.

69. Faltynek, R.A.; Wrighton, M.S. *J. Am. Chem. Soc.* **1978**, *100*, 2701.

70. Belt, S.T.; Ryba, D.W.; Ford, P.C. *Inorg. Chem.* **1990**, *29*, 3633.

71. Meyer, T.J.; Caspar, J.V. *Chem. Rev.* **1985**, *85*, 187.

72. Stiegman, A.E.; Tyler, D.R. *Inorg. Chem.* **1984**, *23*, 527.

73. McCullen, S.B.; Brown, T.L. *Inorg. Chem.* **1981**, *20*, 3528.

74. Church, S.P.; Hermann, H.; Grevels, F.-W.; Schaffner, K.J. *J. Chem. Soc., Chem. Commun.* **1984**, 785; Church, S.P.; Poliakoff, M.; Timmey, J.A.; Turner, J.J. *J. Am. Chem. Soc.* **1981**, *103*, 7515.

75. Seder, T.A.; Church, S.P.; Weitz, E. *J. Am. Chem. Soc.* **1986**, *108*, 7518.

76. Wrighton, M.S. Ginley, D.S. *J. Am. Chem. Soc.* **1975**, *97*, 2065.

77. Hepp, A.F.; Wrighton, M.S. *J. Am. Chem. Soc.* **1983**, *105*, 5934.

78. Kobayashi, T.; Yasufuku, K.; Iwai, J.; Yesaka, H.; Noda, H.; Ohtani, H. *Coord. Chem. Rev.* **1985**, *64*, 1.

79. Firth, S.; Klotzbücher, W.E.; Poliakoff, M.; Turner, J.J. *Inorg. Chem.* **1987**, *26*, 3370.

80. Kobayashi, T.; Ohtani, H.; Noda, H.; Teratani, S.; Yamazaki, H.; Yasufuku, K. *Organometallics* **1986**, *5*, 110.

81. Bentsen, J.G.; Wrighton, M.S. *J. Am. Chem. Soc.* **1987**, *109*, 4518, 4530.

82. DiBenedetto, J.A.; Ryba, D.W.; Ford, P.C. *Inorg. Chem.* **1989**, *28*, 3503.

83. Poë, A.J.; Sekhar, C.V. *J. Am. Chem. Soc.* **1986**, *108*, 3673.

84. Desrosiers, M.F.; Wink, D.A.; Trautman, R.; Friedman, A.E.; Ford, P.C. *J. Am. Chem. Soc.* **1986**, *108*, 1917.

85. Wink, D.A.; Ford, P.C. *J. Am. Chem. Soc.* **1987**, *109*, 436.

86. Halpern, J.; Wong, S.W. *J. Chem. Soc., Chem. Commun.* **1973**, 629.

87. Tolman, C.A.; Meakin, P.Z.; Lindner, D.L.; Jesson, J.P. *J. Am. Chem. Soc.* **1974**, *96*, 2762.

Über photoinduzierte Elektronenübertragungen informiert ausführlich:

Photoinduced Electron Transfer; Parts A-D; Fox, M.A.; Chanon, M., Hrgb.; Elsevier: Amsterdam, 1988.

8

Bioanorganische Systeme

Das Gebiet der bioanorganischen Chemie ist in den vergangenen 20 Jahren gewaltig angewachsen. Viele der Arbeiten beschäftigen sich mit der Ermittlung der Koordinationsstelle, der Ligandengeometrie und der Oxidationsstufe des Metalls in biologisch aktiven Systemen. Das Gebiet schließt auch die Darstellung und Charakterisierung einfacher Modellkomplexe ein, welche die spektroskopischen Eigenschaften und möglicherweise einen Teil der Reaktivität der biologischen Systeme nachahmen. Ein großer Teil dieser Charakterisierungsarbeit muß aussagekräftigen mechanistischen Studien vorausgehen. Williams[1] erstellte einen interessanten Überblick über Metallionen in der Biologie aus der Perspektive des Anorganikers. Ferner gibt es diverse Übersichtsreihen[2] und spezielle Zeitschriften[3], die diesem Thema gewidmet sind.

Das Gebiet ist so umfangreich, und die Systeme sind individuell so verschieden, daß es im Rahmen dieses Textes notwendig ist, einige wenige Systeme auszuwählen, die zur Veranschaulichung der mechanistischen Ergebnisse und Probleme geeignet sind.

8.1   VITAMIN B_{12}

In biologischen Systemen setzt sich das Vitamin B_{12} aus einem Enzym-Coenzym-Komplex zusammen, der als *Holoenzym* bezeichnet wird. Das Enzym ist ein Peptid, dessen Zusammensetzung von der biologischen Herkunft abhängt und typischerweise eine molare Masse von 150.000 bis 200.000 Dalton aufweist. Das Coenzym ist ein Kobaltkomplex, der nach Denaturierung des Peptids isoliert werden kann.

Das Coenzym B_{12}, oft als Adenosylcobalamin oder $AdoB_{12}$ bezeichnet, ist ein Kobalt(III)-Komplex, dessen Struktur in Abbildung 8.1 gezeigt ist. In dem zuerst charakterisierten Derivat war das 5'-Desoxyadenosyl als Folge des Isolierungsverfahrens durch Cyanid ersetzt. Diese Co(III)-Verbindung wird allgemein als Vitamin B_{12} oder Cyanocobalamin bezeichnet. Wird der 5'-Desoxyadenosyl-Ligand durch Wasser ersetzt, spricht man von Aquocobalamin oder B_{12a}. Methylcobalamin besitzt anstelle des 5'-Desoxyadenosylrestes eine Methylgruppe. Das Kobalt(III) in $AdoB_{12}$ kann zum Co(II)-Derivat, genant Cob(II)alamin oder B_{12r}, und weiter zur Kobalt(I)-Spezies, B_{12s}, reduziert werden. Diese Formen sind allesamt low-spin-konfiguriert und können durch ihre Elektronenspektren unterschieden werden; B_{12r} ist zudem EPR-aktiv. Der Benzimidazol-Ligand in Coenzym B_{12} kann durch Solvensmoleküle ersetzt und unter Bildung der "base off"-Form protoniert werden (pK_a 5 - 6). Die Benzimidazol-Funktion lässt sich zudem durch eine Hydrolyse der Phosphat–$CH(CH_3)$-Verbindungsstelle unter Bildung einer Reihe von

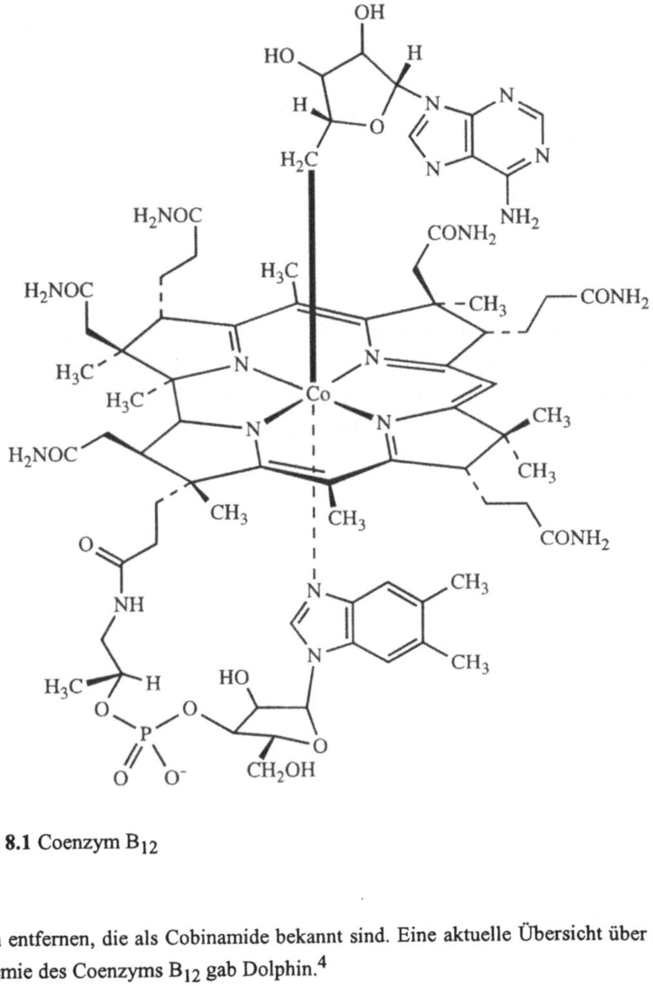

Abbildung 8.1 Coenzym B_{12}

Komplexen entfernen, die als Cobinamide bekannt sind. Eine aktuelle Übersicht über die Chemie und Biochemie des Coenzyms B_{12} gab Dolphin.[4]

Die Struktur[5] und die Koordination des Coenzyms B_{12} sind unter verschiedenen Gesichtspunkten ungewöhnlich. Es handelt sich um einen metallorganischen Kobalt(III)-Komplex mit einer Co—C-Bindung zum 5'-Kohlenstoff des 5'-Desoxyadenosins. Vier Koordinationsstellen in einer Ebene werden von den N-Atomen eines Corrinringes besetzt. Dieser Ring unterscheidet sich vom bekannteren Porphyrin dadurch, daß zwei der Pyrrolringe direkt, ohne dazwischenliegende CH-Gruppe, miteinander verknüpft sind. Der Corrinring ist etwas flexibel und in unterschiedlichem Ausmaß gefaltet, wie von Pett et al.[6] im Detail diskutiert wurde. Wird das 5'-Desoxyadenosyl durch eine Methylgruppe ersetzt,[7] so verkürzt sich die Co–C-Bindung von 2,05 auf 1,99 Å und die Co–N-(Benzimidazol)-Bindung von 2,24 auf 2,19 Å. Die Kristallstruktur[8] des Co(II)-Derivates deutet auf eine Fünffachkoordination hin, wobei das Kobalt 0,12 Å unterhalb der Ebene der Corrin-Stickstoffe in Richtung des Benzimindazols plaziert ist. Die Bindung zum Benzimidazol-Stickstoff ist im Co(II)-Derivat kürzer (2,13 Å) als im Coenzym B_{12} (2,24 Å). Eine EXAFS-Studie[9] deutet auf eine in sogar noch stärkerem Maße verkürzte Benzimidazol-N–Co(II)-Bindung (1,99 Å).

In einer Reihe von einfachen Modellkomplexen des Kobalts werden verschiedene Aspekte der Chemie von Coenzym B_{12} nachgeahmt. Beispiele hierfür sind die in Abbildung 8.2 gezeigten Komplexe $Co(DH)_2$[10], $Co(C_2(DO)(DOH))_{pn}$[11] und Co(salen).[12] Analog zu Coenzym B_{12} existieren Derivate dieser Komplexe, in denen das Kobalt die Oxidationsstufen (III), (II) und (I) einnimmt. Auf diesen Grundkörpern basiert eine Vielzahl metallorganischer Kobalt(III)-Spezies, in denen sowohl die organische Gruppe als auch der sechste Ligand variieren können. Diese Modelle erwiesen sich als recht nützlich für die Charakterisierung der elektronischen und EPR-spektroskopischen Eigenschaften des Coenzyms B_{12} und seiner Derivate.

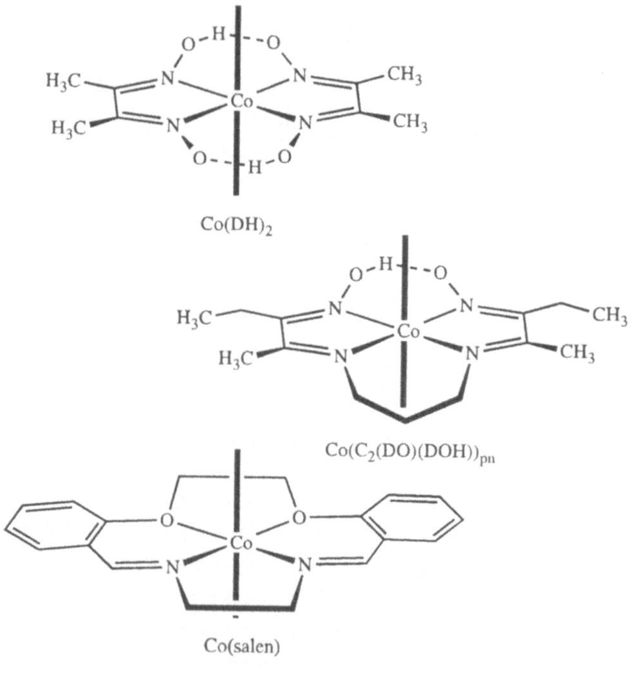

$Co(DH)_2$

$Co(C_2(DO)(DOH))_{pn}$

Co(salen)

Abbildung 8.2. Einige Modellsysteme für das Coenzym B_{12}.

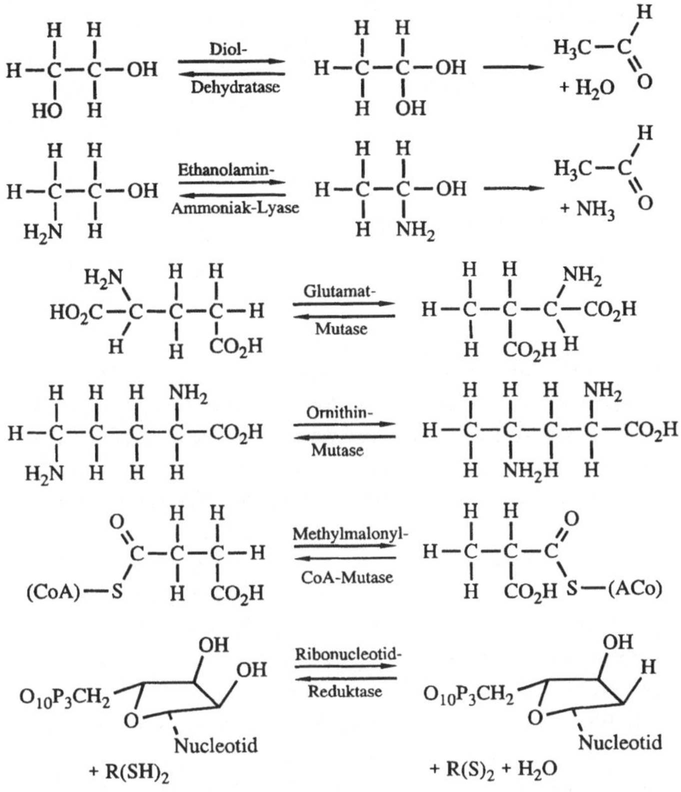

Abbildung 8.3. Einige Coenzym B_{12}-Reaktionen

Einige der über das Coenzym B_{12} verlaufenden enzymatischen Reaktionen sind in Abbildung 8.3 wiedergegeben. Das gemeinsame Charakteristikum der ersten fünf Beispiele ist der Austausch von H und einem anderen Substituenten Y an zwei benachbarten C-Atomen (X = OH, NH_2, $CH(NH_2)CO_2H$; (CoA)–S repräsentiert Coenzym A). Markierungsexperimente mit Tritium und Deuterium ergaben, daß ein H-Atom des Substrats im Verlauf der Reaktionen der Diol-Dehydratase auf den 5'-Kohlenstoff des 5'-Desoxyadenosins übertragen wird.[13] In diesem System erfolgt eine Inversion am C-2-Kohlenstoffatom, wenn das Substrat aus 1,2-Propandiol besteht. Die Glutamat-Mutase führt ebenfalls zur Inversion, während die Reaktionen der Methylmalonyl-CoA-Mutase und Ribonucleotid-Reduktase unter Retention verlaufen. Die Markierungsexperimente deuten an, daß die anfängliche Reaktion mit einem Substrat RH über einen radikalischen Mechanismus, wie in Gl. (8.1), oder über einen ionischen Mechanismus, wie in Gl. (8.2), verläuft.

$$Co^{III}-CH_2Ado \rightleftharpoons \begin{array}{c} Co^{II} \\ + \ \bullet CH_2Ado \end{array} \overset{RH}{\rightleftharpoons} \begin{array}{c} Co^{II} + \bullet R \\ + \ CH_3Ado \end{array} \qquad (8.1)$$

$$Co^{III}-CH_2Ado \rightleftharpoons \begin{array}{c} Co^{I} \\ + \ ^-CH_2Ado \end{array} \overset{RH}{\rightleftharpoons} \begin{array}{c} Co^{I} + R^- \\ + \ CH_3Ado \end{array} \qquad (8.2)$$

Der radikalische Mechanismus beinhaltet eine Homolyse der Co—C-Bindung, der ionische Mechanismus dagegen eine Heterolyse dieser Bindung. Da sowohl Co^{II}- als auch Co^{I}-Derivate des Coenzyms B_{12} existieren, sind beide Mechanismen aus chemischer Sicht plausibel. Außerdem kann sowohl in (8.1) als auch in (8.2) das Substratradikal oder -anion in einem zweiten Schritt mit Kobalt unter Komplexbildung reagieren. Verschiedene Experimentalbefunde begünstigen den radikalischen Mechanismus. Die Gegenwart organischer Radikale und von Kobalt(II) in Form von B_{12r} wurde EPR-spektroskopisch nachgewiesen, wenn das Substrat zu den Ethanol-Ammoniak-Lyase-[14], Diol-Dehydratase-[15] und Ribonculeotid-Reduktase-Systemen[16] zugefügt wird, und es wurde gezeigt, daß die Bildungsgeschwindigkeit dieser Radikale in Einklang mit einem radikalischen Reaktionspfad steht. Im Methylmalonyl-Coenzym-A-Mutase-System konnten jedoch keine Radikale nachgewiesen werden.[17]

Obwohl diese Reaktionen möglicherweise nicht über einen gemeinsamen Mechanismus verlaufen, konzentrierte sich die Mehrzahl der neueren Arbeiten auf den radikalischen Reaktionspfad, da sich, wie bereits erwähnt, in einigen Systemen stichhaltige Argumente für einen solchen finden. Der radikalische Mechanismus ist jedoch mit zwei chemischen Problemen behaftet. Zum ersten steht die thermische Stabilität der Co—C-Bindung im Widerspruch zu der hohen Reaktivität der enzymatischen Prozesse. Zum zweiten ist die Zahl der Präzedenzfälle für den hier benötigten Typ der radikalischen Umlagerung sehr begrenzt. Die verschiedenen Ansätze zur Lösung dieses Problems werden in neueren Übersichtsartikeln[18,19] beschrieben.

Eine Reihe von Studien befasst sich mit der Geschwindigkeit der Co—C-Homolyse und der Bindungsenergie an Modellverbindungen, neuerdings auch am Coenzym B_{12} selbst. Halpern et al.[20] studierten die Temperaturabhängigkeit der Gleichgewichtskonstanten von Reaktion (8.3) und bestimmten einen ΔH°-Wert von 22,1 kcal mol^{-1}.

$$(py)(DH)_2Co-CH(CH_3)(C_6H_5) \overset{Toluol}{\rightleftharpoons} \begin{array}{c} (py)(DH)_2Co^{II} \\ + \ C_6H_5CH=CH_2 + 1/2\,H_2 \end{array} \qquad (8.3)$$

Durch die Kombination dieses Werte mit dem ΔH^0 von -2,2 kcal mol^{-1} für Reaktion (8.4) erhielten sie für Reaktion (8.5) einen ΔH^0-Wert von 19,9 kcal mol^{-1}. Dieser Wert ist definiert als die Co—C-Bindungsenergie des Eduktes in Gl. (8.3)

$$C_6H_5\,CH{=}CH_2 \;+\; 1/2\,H_2 \;\rightleftharpoons\; C_6H_5\overset{\bullet}{C}H(CH_3) \tag{8.4}$$

In Abwesenheit von H_2 ist die Geschwindigkeit der Reaktion (8.3) bezüglich des Eduktes von erster Ordnung, und als geschwindigkeitsbestimmender Schritt wurde Reaktion (8.5) angenommen:

$$(py)(DH)_2Co{-}CH(CH_3)(C_6H_5) \;\rightleftharpoons\; (py)(DH)_2Co^{II} \tag{8.5}$$
$$+ \; C_6H_5\overset{\bullet}{C}H(CH_3)$$

mit einer Geschwindigkeitskonstanten für die Hinreaktion von $k_h = 7,8 \times 10^{-4}$ s^{-1} (25 °C), $\Delta H_f^{*} = 21,2$ kcal mol^{-1} und $\Delta S_f^{*} = -1,4$ cal mol^{-1} K^{-1}. Eine andere Arbeit[21] deutet darauf hin, daß die Geschwindigkeit der Rückreaktion von (8.5) nahe der diffusionskontrollierten Grenze liegt, woraus sich für ΔH_r^{*} ein sehr niedriger Wert von ca. 2 kcal mol^{-1} ergibt. Aus diesen Ergebnissen folgt für das ΔH^0 der Reaktion (8.5) ein Wert von 21,2 - 2 = 19,2 kcal mol^{-1}, der mit dem Wert aus der Gleichgewichts-Messung übereinstimmt. Damit ist die Grundlage für die Bestimmung einer Reihe von Co—C-Bindungsenergien über die Messung der Homolysekinetik gegeben, insbesondere, wenn ein Radikalfänger zugegeben werden kann, der einen vollständigen Reaktionsablauf gewährleistet.

Die Variation der ΔH^0-Werte von Reaktionen wie (8.5) mit unterschiedlichen axialen Basen und Alkylgruppen könnte auch auf andere Bindungsenergiedifferenzen der Edukte und Produkte, und nicht einfach auf die Änderung der Co—C-Bindungsenergie, zurückzuführen sein. Messungen[22] der Co—C-Streckschwingungsfrequenzen (ca. 500 cm^{-1}) in L(DH)$_2$Co—CH$_3$-Systemen wurden als Hinweis darauf gewertet, daß die scheinbare Variation der Bindungsenergie mit L die Stabilitätsänderung der Co(II)-Produkte stärker wiederspiegelt als die der Co(III)-Edukte. Komplikationen, die mit der Anwendung der kinetischen Methode zur Bestimmung dieser Bindungsenergien einhergehen, waren der Gegenstand aktueller Diskussionen.[23,24] In Abwesenheit eines Radikalfängers kann das durch Thermolyse oder Photolyse gebildete Radikal mit dem planaren N$_4$-Ligandsystem unter Bildung eines stabilen Produktes reagieren, wie es beispielsweise am Benzyl-Derivat des Co(C$_2$(DO)(DOH))$_{pn}$-Modells beobachtet wurde.[25]

Die Temperaturabhängigkeit der thermischen Zersetzung von Coenzym B$_{12}$ wurde zuerst von Finke und Hay[26] in Ethylenglykol, danach von Halpern et al.[27] in Wasser, und vor kurzem wiederum von Finke und Hay[28] in Wasser studiert. Letztere Autoren kritisierten die erste Studie in Wasser wegen des Versäumnisses, alle Reaktionspfade getrennt zu betrachten, insbesondere die Heterolysereaktion, die für die basenfreie Form des Coenzyms bedeutsam ist, und die in der früheren Untersuchung bei pH 4,3 einen Produktanteil zwischen 77 Prozent (85 °C) und 45 Prozent

(110°C) ausmacht. Nach einer Korrektur bezüglich der Heterolyse und der "base off"-Form leiten Finke und Hay aus den Ergebnissen zwischen 85°C und 110°C bei pH 7 die kinetischen Parameter der Homolyse $\Delta H_h^* = 33 \pm 2$ kcal mol^{-1} und $\Delta S_h^* = 11 \pm 3$ cal mol^{-1}K^{-1} ab, die ein k_h von 1×10^{-9} s^{-1} (25°C) ergeben. Nach der Korrektur um die Aktivierungsenergie der Rückreaktion wird die Dissoziationsenergie der Co–C-Bindung zu ~ 30 kcal mol^{-1} abgeschätzt. Nach einer ähnlichen Methode bestimmten Martin und Finke[29] für Methylcobalamin eine Dissoziationsenergie der Co–C-Bindung von 37 kcal mol^{-1}.

Der kleine k_h-Wert des Coenzyms ist im Vergleich zu den Werten um 2×10^{-2} s^{-1} bemerkenswert, die für den geschwindigkeitsbestimmenden Schritt der Diol-Dehydratase- und Ethanol-Ammoniak-Lyase-Systeme abgeschätzt wurden. Dies verdeutlicht eines der Probleme bei der Verwendung des Radikalmechanismus´. Diese Unstimmigkeit wird gewöhnlich mit der Annahme erklärt, daß das Enzym auf irgendeine Weise das Coenzym beeinflußt, so daß die Homolyse im Vergleich zum Holoenzym um etwa 15 kcal mol^{-1} stärker begünstigt ist. Diese Beeinflussung könnte aus einer Destabilisierung des Eduktes und/oder einer Stabilisierung des Übergangszustandes bestehen, wodurch die Homolyse des Holoenzyms beschleunigt werden soll.
Wollowitz und Halpern[30] nahmen sich des Problems der fehlenden Präzedenzfälle für die im radikalischen Mechanismus notwendigen organischen Umlagerungen an. Zur Erzeugung der Radikale setzten sie (n-Bu)$_3$SnH mit verschiedenen organischen Bromiden um und erhielten tatsächlich Umlagerungsprodukte, wie im Schema 8.1 unter Angabe der typischen Bedingungen dargestellt. Die Produktverhältnisse in Abhängigkeit von der (n-Bu)$_3$SnH-Konzentration bestimmt, um die relativen Geschwindigkeiten der Umlagerung und der H-Abstraktion von (n-Bu)$_3$-SnH durch das Ausgangsradikal zu ermitteln.

Schema 8.1

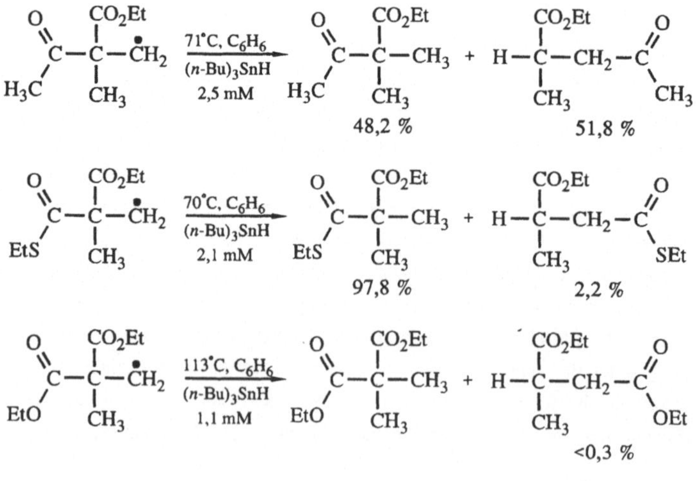

Aus der Produktverteilung in Schema 8.1 wird ersichtlich, daß die Wanderungstendenz der Gruppen in der Reihe O=CCH$_3$ > O=CSEt > O=COEt abnimmt. Man stellt sich einen Verlauf der Umlagerung über folgende(n) Cyclopropyloxy-Zwischenstufe (oder -Übergangszustand) vor:

$$
\begin{array}{c}
\text{CH}_2 \\
\diagup \quad \diagdown \\
\text{R---C} \text{----} \text{C---CH}_3 \\
\mid \quad\quad \mid \\
\text{O} \quad\quad \text{CO}_2\text{Et}
\end{array}
$$

Das Beispiel der O=CSEt-Gruppe scheint für das Methylmalonyl-CoA-Reduktase-System relevant zu sein, es gibt aber immer noch keine Präzedenzfälle für die OH- und NH$_2$-Wanderung. Wollowitz und Halpern beobachteten außerdem auch Umlagerungen der korrespondierenden Anionen, die aus einer Heterolyse hervorgehen würden [Gl. (8.2)].

Choi und Dowd[31] berichteten über deutliche Anteile an Umlagerungsprodukten in den Reaktionen (8.6) bis (8.8):

$$
\text{EtO}_2\text{C---C(=O)---C(CH}_3\text{)(CO}_2\text{Et)---CH}_2\text{Br} \xrightarrow[\text{(}n\text{-Bu)}_3\text{SnH}]{\text{B}_{12s}\ \text{oder}} \text{H---C(CH}_3\text{)(CO}_2\text{Et)---CH}_2\text{---C(=O)---CO}_2\text{Et} \tag{8.6}
$$

$$
\text{C}_6\text{H}_5\text{CH}_2\text{---N=C(EtO}_2\text{C)---C(CH}_3\text{)(CO}_2\text{Et)---CH}_2\text{Br}
$$

$$
\xrightarrow{\text{B}_{12s}} \text{keine Reaktion}
$$

$$
\xrightarrow{(n\text{-Bu}_3)\text{SnH}} \text{H---C(CH}_3\text{)(CO}_2\text{Et)---CH}_2\text{---C(CO}_2\text{Et)=N---CH}_2\text{C}_6\text{H}_5 \tag{8.7}
$$

$$
\text{C}_6\text{H}_5\text{---N=C(EtO}_2\text{C)---C(CH}_3\text{)(CO}_2\text{Et)---CH}_2\text{Br} \xrightarrow[\text{EtOD}]{\text{B}_{12s}} \text{D---C(CH}_3\text{)(CO}_2\text{Et)---CH}_2\text{---C(CO}_2\text{Et)=N---C}_6\text{H}_5 \tag{8.8}
$$

Man erwartet für diese Reaktionen einen Verlauf über einen nucleophilen Angriff von B$_{12s}$ am Halogenid unter Bildung des Organo-B$_{12}$-Derivates, das unter Homolyse zu den Produkten reagiert. Das Reaktivitätsmuster mit B$_{12s}$ und die Bildung des deuterierten Produktes in EtOD sind jedoch einfacher zu erklären, wenn die Reaktionen über eine anionische organische Zwischenstufe verlaufen, welche über eine Reduktion des organischen Radikals durch überschüssiges B$_{12s}$ oder durch andere Reduktionsmittel, die zur Darstellung des B$_{12s}$ verwendet werden, entstanden sein könnte. Murakami et al.[32] verweisen darauf, daß anionische Umlagerungen leichter als radikalische Umlagerungen verlaufen. Sie beobachteten, daß die Zugabe von Cyanid zum Organo-B_{12}-Derivat unter Photolysebedingungen zur Bildung des organischen Anions führt, da das Produkt der $NC–Co^{II}$-Homolyse das Radikal zum Anion reduziert, welches anschließend umlagert.

Dowd et al.[33] fanden bei der thermischen oder photochemischen Zersetzung des B_{12}-Derivates $Co–CH_2CH(CO_2H)CH(CO_2^-)((NH_3^+)$ kein umgelagertes Produkt. Murakami et al.[34] beobachteten jedoch bei der gleichen und einigen verwandten Spezies deutliche Umlagerungsanteile bei den organischen Produkten, wenn der Komplex während der Photolyse an ein anionisches Tensid wie Oktopus-Azaparacyclophan gebunden ist. Sie vermuteten eine dem Enzym im biologischen System analoge Funktionsweise des Tensidmoleküls. Diese Ergebnisse deuten an, daß Studien am Coenzym allein möglicherweise keine geeigneten Modelle für das Enzym sind.

An der Modellverbindung $Co(C_2(DO)DOH))_{pn}$ in Abbildung 8.2 stellten Finke et al.[35] fest, daß der $Co–CH_2CH(=O)$-Komplex zu stabil ist, um in ihrem System ein Zwischenprodukt der Reaktion von Diol zum Acetaldehyd zu sein. Die Stabilität des Aldehyd-Komplexes steht in Einklang mit einer früheren Arbeit von Silverman und Dolphin,[36] die feststellten, daß sich der analoge B_{12}-Komplex über einen säurekatalysierten Pfad mit $k_{beob} = 2{,}1 \times 10^3\,[H^+]\,s^{-1}$ bei 25°C zersetzt. Finke und Mitarbeiter scheinen ein Reaktionsschema gefunden zu haben, das zumindest anteilsweise über einen metallorganischen Diolkomplex verläuft, wie in Schema 8.2 dargestellt.

Schema 8.2

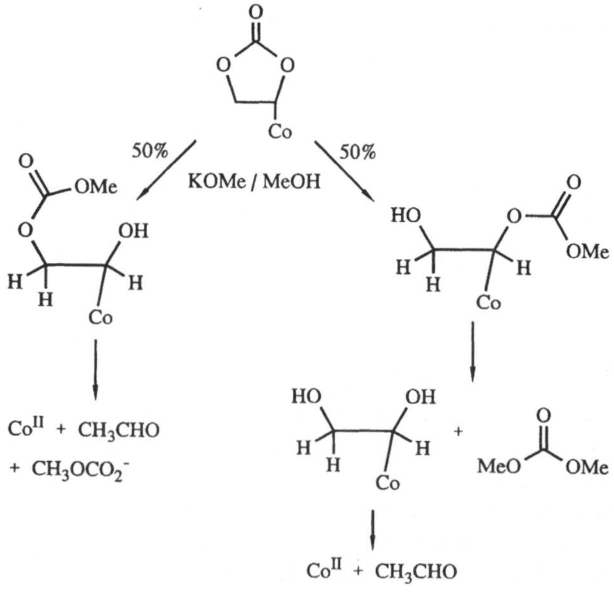

Die Zwischenstufen in Schema 8.2 sind offensichtlich zu instabil, um isoliert werden zu können; sie wurden daher über die Natur und das Verhältnis ihrer Zersetzungsprodukte (Co(II) : CH_3CHO : $CH_3OCO_2^-$ = 2 : 2 : 1) und über Radikalabfang-Experimente identifiziert. Die Zersetzung erfolgt zu schnell, um mit der Bildung des relativ stabilen Aldehyd-Komplexes als Zwischenstufe vereinbar zu sein. Die Beobachtungen wurden durch die Annahme gedeutet, daß das durch die Homolyse gebildete Radikal aus dem Solvenskäfig entkommt und, wie in Reaktion (8.9) gezeigt, einer normalen radikalischen Zersetzung unterliegt, ohne daß ein Kobaltkomplex beteiligt ist:

$$\underset{\substack{| \quad\quad | \\ H_2\overset{\bullet}{C}-CH}}{HO\quad OH} \xrightarrow{-H_2O} H_2\overset{\bullet}{C}-\overset{\overset{\displaystyle O}{\|}}{C}\diagdown H \xrightarrow{\bullet H} H_3C-\overset{\overset{\displaystyle O}{\|}}{C}\diagdown H \tag{8.9}$$

Diese Form der Zersetzung schließt jedoch nicht das 1,1-Diol-Zwischenprodukt ein, dessen Berücksichtigung aufgrund der eleganten Stereochemie- und Markierungsstudie an der Diol-Dehydratase von Arigoni und Mitarbeitern[37] erforderlich ist. Finke et al.[19] schlugen für das Enzym einen Radikalbindungs(engl. bond radical)-Mechanismus vor, in dem die Bildung des 1,1-Diols die Bindung des Radikals an das Enzym durch Wasserstoffbrücken unterstützt. Der Radikalbindungs-Mechanismus schließt die Rehydratisierung der Radikalzwischenstufe in Reaktion (8.9) unter Bildung des 1,1-Diols ein.

Eine mögliche Funktion des Enzyms zeigt sich in Blitzlichtphotolyse-Studien. Bei einer Verfolgung auf der Nanosekunden-Zeitskala stellten Chen und Chance[38] fest, daß Coenzym B_{12} einer Homolyse unter Bildung eines Paares von Kobalt(II)- und Adenosylradikalen mit einer Quantenausbeute von 0,23 für die "base on"-Form unterliegt. Das Radikalpaar rekombiniert sehr rasch mit einer Geschwindigkeitskonstanten größer als 10^8 s^{-1}. Um dieser Rekombination im natürlichen System entgegenzuwirken, könnte das Enzym dazu dienen, das Adenosylradikal vom Kobalt(II) wegzubewegen.

8.2   EIN ZINK(II)-ENZYM: CARBOANHYDRASE

Nach dem Eisen das Zink das im menschlichen Körper zweithäufigste Metall. Es gibt eine Reihe von Enzymsystemen, in denen Zink an ein Peptid (Apoenzym) gebunden ist und sich im aktiven Zentrum des Enzyms befindet. Beispiele hierfür sind die Carboanhydrase, die Carboxypetidase A und B, die alkalische Phosphatase, die Alkohol-Dehydrogenase und die RNA-Polymerase. In den meisten Fällen bewirken diese Systeme die Bildung oder den Bruch von kovalenten Bindungen des Substrats, sie können jedoch auch mit Hilfe eines reduzierenden oder oxidierenden Coenzyms einen Redoxwechsel des Substrates hervorrufen. Diesem Gebiet widmet sich ein neuerer

Übersichtsartikel.[39] Die Studien an der Carboanhydrase sind repräsentativ für die Methoden, die zur Aufklärung einer beträchtlichen Reihe enzymatischer Mechanismen herangezogen wurden.

Kinetische Studien bilden nahezu zwangsläufig einen wichtigen Teil der zur Charakterisierung dieser Systeme verwendeten Informationen. Ein Großteil der kinetischen Arbeiten wurde von Biochemikern ausgeführt, und diese entwickelten eine eigenständige Terminologie zur Beschreibung der Ergebnisse. Der folgende Abschnitt bietet einen Überblick über einige dieser Fachbegriffe und die allgemeine Methodologie.

8.2.a Einführung in die Fachbegriffe und Methoden der Enzymkinetik

Das einfachste Bild einer enzymatischen Reaktion ist in Gl. (8.10) gegeben:

$$E + S \underset{k_2}{\overset{k_1}{\rightleftharpoons}} ES \underset{k_4}{\overset{k_3}{\rightleftharpoons}} E + P \tag{8.10}$$

wobei E für das Enzym, S für das Substrat, ES für den Enzym-Substrat-Komplex und P für das Produkt steht. Diese Systeme werden oft unter den Bedingungen des stationären Zustandes studiert, indem das Enzym (gewöhnlich $< 10^{-6}$ M) und das Substrat (gewöhnlich $> 10^{-4}$ M) in einer gepufferten Lösung gemischt werden und die anfängliche Geschwindigkeit des Verbrauches von S oder der Bildung von P bestimmt wird. Die Bildung von ES wird als schnelles Vorgleichgewicht betrachtet, und nur die anfängliche Geschwindigkeit wird studiert, so daß P sich nicht anreichern und der k_4-Schritt vernachlässigt werden kann. Dieses System wurde in Abschnitt 2.2 analysiert, und die Geschwindigkeit ist durch die *Michaelis-Menten-Gleichung* gegeben:

$$\frac{d[P]}{dt} = v_i = \frac{k_3[E]_T[S]}{[S] + \dfrac{k_2}{k_1}} = \frac{k_3[E]_T[S]}{[S] + K_m} \tag{8.11}$$

wobei v_i die anfängliche Geschwindigkeit, $[E]_T = [E] + [ES]$ die Enzym-Gesamtkonzentration und K_m die *Michaelis-Konstante* ist. Da $K_m = [E][S]/[ES]$ ist, würde ein anorganischer Chemiker sie als Dissoziationskonstante bezeichnen; kleinere K_m-Werte stehen für eine stärkere Enzym-Substrat-Bindung. Aus diesem Geschwindigkeitsgesetz folgt jenes Verhalten, das von anorganischen Kinetikern als Sättigung bezeichnet wird, und die Geschwindigkeit erreicht ein Maximum, wenn $[S] \gg K_m$, so daß $V_{max} = k_3[E]_T$. Das Verhältnis $V_{max}/[E]_T = k_3$ wird als *Wechselzahl* bezeichnet. Da die Gesamtkonzentration des Enzyms möglicherweise nicht genau bekannt ist, ist es nützlich, das V_{max} in Gl. (8.11) einzusetzen, wodurch man die konventionellere Form der Michaelis-Menten-Gleichung erhält. Diese Gleichung kann umgeformt werden, indem man auf beiden Seiten den Kehrwert bildet, und man erhält:

$$\frac{1}{v_i} = \frac{K_m}{V_{max}[S]} + \frac{1}{V_{max}} \tag{8.12}$$

Diese Gleichung besagt, daß eine Auftragung von v_i^{-1} gegen $[S]^{-1}$, eine sogenannte *Lineweaver-Burke-Auftragung*, linear mit einem Achsenabschnitt von $-K_m^{-1}$ sein wird, wenn $v_i^{-1} = 0$ ist.

Wird anstelle der Annahme eines schnellen Vorgleichgewichtes für ES die Näherung eines stationären Zustandes (siehe Abschnitt 2.1) verwendet, so erhält man Gl. (8.13), bekannt als die *Briggs-Haldane-Gleichung*:

$$\frac{d[P]}{dt} = v_i = \frac{k_3[E]_T[S]}{[S] + \dfrac{k_2 + k_3}{k_1}} \tag{8.13}$$

Diese Gleichung besitzt die gleiche mathematische Form wie Gl. (8.11), mit der Ausnahme, daß $K_m = (k_2 + k_3)/k_1$. Das K_m entspricht dem zuvor definierten nur dann, wenn $k_2 \gg k_3$; andernfalls ist K_m immer größer als k_2/k_1.
Die Variation der Geschwindigkeit der enzymkatalysierten Reaktion mit dem pH-Wert kann Informationen über die Ionisierung von funktionellen Gruppen liefern, die für den Reaktionsverlauf wichtig sind. Beispielsweise könnte das System durch Schema 8.3 beschrieben werden, welches eine Vereinfachung des allgemeinen Schemas darstellt, um zu einem anschaulicheren Ergebnis zu gelangen.

Schema 8.3

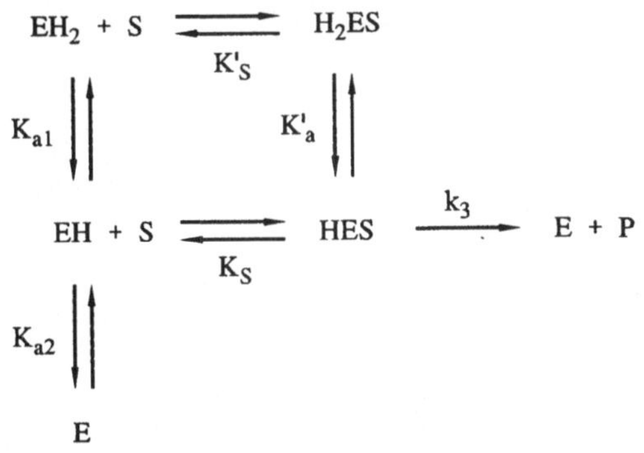

$$
\begin{array}{ccccc}
EH_2 + S & \underset{K'_S}{\rightleftharpoons} & H_2ES & & \\
\Big\updownarrow K_{a1} & & \Big\updownarrow K'_a & & \\
EH + S & \underset{K_S}{\rightleftharpoons} & HES & \xrightarrow{k_3} & E + P \\
\Big\updownarrow K_{a2} & & & & \\
E & & & &
\end{array}
$$

Unter der Annahme, daß sich die Substratbindungs- und Protonierungs-Gleichgewichte schnell einstellen, kann die anfängliche Geschwindigkeit in der Michaelis-Menten-Standardform ausgedrückt werden:

$$\frac{v_i}{[E]_T} = \frac{k_{kat}[S]}{[S] + K_m} \tag{8.14}$$

mit

$$k_{kat} = \frac{k_3}{\left(1 + \dfrac{[H^+]}{K_a'}\right)} \quad \text{und} \quad K_m = K_s \frac{\left(1 + \dfrac{[H^+]}{K_{a1}} + \dfrac{K_{a2}}{[H^+]}\right)}{\left(1 + \dfrac{[H^+]}{K_a'}\right)}$$

Sind die Bedingungen dergestalt, daß $[S] \gg K_m$ (sogenannte swamping-Bedingungen, von engl. swamp = Sumpf), kann die Variation von k_{kat} mit dem pH-Wert zur Bestimmung von K_a' verwendet werden. Ist $K_m \gg [S]$, so ist k_{kat}/K_m unabhängig von K_a', und k_{a1} wie K_{a2} können bestimmt werden.

Viele Enzymsysteme werden durch Inhibitoren gehemmt. Die Struktur des Inhibitors kann zur Definition der Struktur und der Bindungsverhältnisse des aktiven Zentrums hilfreich sein, dieser kann jedoch auch an anderer Stelle binden und die Gestalt des Peptids verändern, wodurch das aktive Zentrum indirekt beeinflußt wird. Zur Beschreibung des kinetischen Effektes des Inhibitors bestehen drei Möglichkeiten, und auch Kombinationen dieser Möglichkeiten können vorkommen.

Ein System mit einem *kompetitiven Inhibitor* (I) wird durch Gl. (8.15) beschrieben:

$$
\begin{array}{c}
E + S \underset{k_2}{\overset{k_1}{\rightleftharpoons}} ES \xrightarrow{k_3} E + P \\[2ex]
+I \updownarrow \\[1ex]
EI
\end{array}
\tag{8.15}
$$

Wird für ES ein stationärer Zustand angenommen, und ist $K_I = [E][I]/[EI]$ ein sich schnell einstellendes Gleichgewicht, so gilt

$$v_i = \frac{k_3[E]_T[S]}{[S] + \dfrac{(k_2 + k_3)}{k_1}\left(\dfrac{K_I + [I]}{K_I}\right)} = \frac{k_3[E]_T[S]}{[S] + K_m\left(\dfrac{K_I + [I]}{K_I}\right)} \tag{8.16}$$

Ein *unkompetitiver Inhibitor* wird durch Gl. (8.17) beschrieben:

$$E + S \;\underset{k_2}{\overset{k_1}{\rightleftharpoons}}\; ES \;\xrightarrow{\;k_3\;}\; E + P \qquad +I \Big\Updownarrow \qquad ESI \tag{8.17}$$

Unter den gleichen kinetischen Annahmen ist

$$v_i = \frac{k_3\,[E]_T\,[S]\left(\dfrac{K_I}{K_I + [I]}\right)}{[S] + \dfrac{(k_2 + k_3)}{k_1}\left(\dfrac{K_I}{K_I + 1}\right)} = \frac{k_3\,[E]_T\,[S]\left(\dfrac{K_I}{K_I + [I]}\right)}{[S] + K_m\left(\dfrac{K_I}{K_I + 1}\right)} \tag{8.18}$$

Ein *nichtkompetitiver Inhibitor* bindet sowohl an E als auch an ES. Nimmt man an, daß K_I für beide Spezies gleich ist, so gilt

$$v_i = \frac{k_3\,[E]_T\,[S]\left(\dfrac{K_I}{K_I + [I]}\right)}{[S] + \dfrac{(k_2 + k_3)}{k_1}} \tag{8.19}$$

Die verschiedenen Inhibitionsarten können durch Messungen von v_i bei unterschiedlichen S- und I-Konzentrationen unterschieden werden. Ferner können zur Bestimmung des K_I- und des Inhibitionstyps entweder Lineweaver-Burke-Auftragungen von v_i^{-1} gegen $[S]^{-1}$ bei konstantem [I] oder *Dixon-Auftragungen* von v_i gegen [I] bei konstantem [S] verwendet werden.

8.2.b Die Wirkungsweise der Carboanhydrase

Die Carboanhydrase-Enzyme katalysieren die Hydratation von CO_2, beschrieben durch

$$CO_2 + H_2O \;\rightleftharpoons\; HCO_3^- + H^+ \tag{8.20}$$

Ebenso katalysieren sie die Hydrolyse von organischen Estern und die Hydratation von Aldehyden, allerdings mit einer so geringen Effizienz, daß diese Funktionen nicht von großer biologischer Bedeutung sein können. Verschiedene Aspekte wurden kürzlich in der Übersicht von Silverman und Lindskog[40] besprochen.

In Säugetieren kommen drei verschiedene Isozyme der Carboanhydrase vor, die als CA I, CA II und CA III bezeichnet werden. Ihre maximalen Wechselzahlen betragen bei 25°C 2 $\times$ 10^5, 1 $\times$ 10^6 bzw. 3 $\times$ 10^3 s^{-1}; CA II ist eines der effizientesten aller bekannten Enzyme. Obwohl sie unterschiedliche Reaktivitäten und Aminosäuresequenzen aufweisen, sind die Strukturen von CA I und II homolog. Das aktive Zentrum besteht typischerweise aus einer konischen Einbuchtung, die an der Basis etwa 15 Å breit und 12 Å tief ist, mit einem an drei Imidazol-Stickstoffe von Histidinen koordinierten Zinkatom an ihrem Ende, dessen vierte Koordinationsstelle möglicherweise von einem Wassermolekül, unter Ausbildung einer verzerrt-oktaedrischen Koordination um das Zink, besetzt ist. Das Zink kann durch Chelatbildner entfernt werden, und das resultierende Apoenzym reagiert mit verschiedenen Metallionen wie Kobalt(II), Kupfer(II), Cadmium(II) und Nickel(II). Das Kobalt(II)-Derivat zeigt etwa 50 Prozent der katalytischen Aktivität des Zink-Enzyms, und verschiedene spektroskopische Messungen am Kobalt-Analogon trugen zur Aufklärung der Koordinationschemie bei.

Das pH-Profil der CO_2-Hydratation ist mit den Reaktionen in Schema 8.3 in Einklang, wobei pK_{a1} $\approx$ 7 und pK_{a2} $\approx$ 9 beträgt (die Werte variieren etwas mit den Isozym und dem ionischen Medium). Die Zuordnung dieser Dissoziationsstufen zu bestimmten Untereinheiten ist umstritten. Einfache Modellsysteme lassen erwarten, daß pK_{a1} auf den Imidazol-Stickstoff eines Histidins und pK_{a2} auf die Deprotonierung von $(Im)_3Zn-OH_2^{2+}$ zurückzuführen ist. Heute wird der Vorzug jedoch allgemein der umgekehrten Zuordnung gegeben. Das Problem ist hierbei, daß viele Zink(II)-Komplexe pK_a-Werte über 8 zeigen, bei diesen Modellen handelt es sich aber um fünf- und sechsfach koordinierte Spezies,[41,42] und es besteht Grund zu der Annahme, daß das vierfach koordinierte Zink(II) im Enzym saurer als die Modellverbindungen reagiert. Brown et al.[43] stellten fest, daß ein Trisimidazol-Chelatkomplex von Kobalt(II) einen pK_a-Wert von 7,6 zeigt, fanden aber aufgrund von Veränderungen in den Elektronenspektren, daß die Dissoziation mit einem Wechsel der Koordinationszahl von Sechs nach Fünf oder Vier einhergeht. Das bisher beste Modell scheint der Trinitrogen-Chelatkomplex des Liganden [12]anN_3 mit Zink(II) zu sein, der nach Kimura et al.[44] einen pK_a-Wert von 7,3 zeigt und die Aldehydhydratations- und Esterhydrolyse-Aktivität der Carboanhydrase nachahmt. Die spektrophotometrische Titration[45] des Kobalt(II)-Derivates des menschlichen CA I ergibt zwei pK_a-Werte von 6,9 und 8,7, und beide Dissoziationsstufen weisen einen ähnlichen Effekt auf das Elektronenspektrum auf. Der pK_{a1}-Wert der Cadmiumderivate liegt im Bereich von 9,5 bis 10.[46] Offensichtlich ist das Metallion an der Erstdissoziation unter Bildung der aktiven Spezies beteiligt, die nach allgemeiner Übereinkunft das $(Im)_3Zn-OH^+$ sein soll. Somit kann die Bildung von $(Im)_3Zn-OH^+$ als erster Schritt im Katalysezyklus gelten.

Der nächste Schritt ist die Hydratation des CO_2, die als ein Angriff des zinkgebundenen OH^- am CO_2 angesehen wird, für den es in der Chemie der Carbonatkomplexe inerter Metallionen eine beträchtliche Zahl von Präzedenzfällen[47] gibt. Der einzige Unterschied könnte darin liegen, daß das Zink durch eine Komplexierung des CO_2 seine Koordinationssphäre von vier auf fünf erweitern könnte, was als Innensphären-Mechanismus[48] bezeichnet wird. Der alternative Außensphären-Mechanismus ohne jegliche Zn-CO_2-Wechselwirkung wurde von Lipscomb[49] diskutiert. Die theoretische Arbeit von Merz et al.[50] sagt den folgenden Übergangszustand voraus:

$$(Im)_3Zn-O\overset{H}{\cdots}\quad\rightleftharpoons\quad\left\{\begin{array}{c}H\\(Im)_3Zn\cdots O\\ \vdots\quad\vdots\\O\!=\!\!=\!C\\\quad\diagdown O\end{array}\right\}\quad\rightleftharpoons\quad(Im)_3Zn\diagdown\underset{O-C\diagdown\!\!O}{O-H} \tag{8.21}$$

Der dritte Schritt ist der Ersatz des Hydrogencarbonats in der Koordinationssphäre des Zinks durch Wasser. Dieser Prozeß sollte infolge der Substitutionslabilität von Zink(II) sehr leicht ablaufen. Abschließend muß $(Im)_3Zn-OH_2^{2+}$ durch den Transfer eines Protons auf eine Base in $(Im)_3Zn-OH^+$ umgewandelt werden. Dieser Schritt wird unter swamping-Bedingungen im stationären Zustand als geschwindigkeitsbestimmend angesehen, da die Geschwindigkeit einen deutlichen Deuterium-Isotopeneffekt[51] zeigt und durch stärker basische Puffer[52] gesteigert wird. Man vermutet, daß im Enzym eine Peptid-Base als Protonenakzeptor und -transferreagenz wirkt. Die Base, die am häufigsten hierfür in Betracht gezogen wird, ist ein Imidazol von Histidin(64), das über ein Wasserstoffbrückenbindungsgerüst mit $Zn-OH_2$ verbunden ist.

Pocker und Janji´c[53] schlugen den Mechanismus in Abbildung 8.4 vor, in dem B--- für die Pufferspezies steht, die an das Peptid komplexiert sein kann. Die Notwendigkeit für eine 180°-Drehung des Imidazols könnte man in Frage stellen, da sich die Aciditäten der tautomeren Formen des Histamins nicht sehr stark unterscheiden.[54] Andere Protonenübertragungsnetzwerke, unter Beteiligung von anderen Peptidgruppen[55] oder einfach von Wassermolekülen in der Einbuchtung des aktiven Zentrums,[56] wurden ebenfalls in Betracht gezogen. Es wurde festgestellt, daß der Ersatz von Histidin(64) gegen andere Aminosäuren in mutierten Enzymen die Aktivität nur auf ein bis zwei Drittel des ursprünglichen Wertes reduziert. Dies wurde von Pocker und Janji´c damit begründet, daß in diesen Mutanten andere Seitenkettenaminosäuren aktiv sein könnten, und daß die Einbuchtung vergrößert worden sein könnte, was anderen basischen Pufferkomponenten den Zutritt ermöglichen würde. Diese Vermutungen scheinen durch den Bericht von Tu et al.[57] bestätigt zu werden, daß die Alanin-Mutante in Abwesenheit eines Puffers eine zwanzigfach geringere Aktivität zeigt, und daß die Aktivität durch die Verwendung von Imidazol- oder 1-Methylimidazol-Puffern wiederhergestellt werden kann. Ebenso wurde über Puffereffekte auf die Geschwindigkeit des H_2O^{18}-CO_2-Austausches durch das weniger reaktive menschliche CA III berichtet.[58]

Die Carboanhydrase wird durch eine Vielzahl von Anionen gehemmt. Pocker und Diets[59] stellten fest, daß die Hemmung bei pH 6,6 vom kompetitiven Typ, bei pH 9,9 jedoch unkompetitiv ist. Die umkompetitive Hemmung bedeutet, daß $Zn-OH$ durch den Inhibitor nicht komplexiert wird, daß aber das Zink(II) im Enzym-Substrat-Komplex seine Koordinationszahl auf Fünf erhöhen kann, wobei die Liganden aus drei Imidazolen, dem Substrat und entweder Wasser oder dem Inhibitor bestehen. Alkyl- und Arylsulfonamide stellen starke Inhibitoren für die Carboanhydrase dar und binden in Form des Anions, RSO_2NH^- bzw. $ArSO_2NH^-$. Dugard et al.[60] stellten fest, daß *p*-Fluorphenylsulfonamid einen Bis-Komplex bildet, was auf eine recht ausgeprägte Befähigung des Zinks zur Fünffachkoordination hindeutet. Liang und Lipscomb[61] erstellten ein Modell für die Bildung und die Bindungsverhältnisse des Acetamid- und Sulfonamid-Inhibitors.

Bertini et al.[62] zeigten, daß Nitrat sowohl an die EH_2- als auch an die EH-Form des Kobalt(II)-substituierten Enzyms bindet, was im Widerspruch zur gängigen Vorstellung steht, daß Anionen nicht mit dem OH^- der Zn(OH)-Spezies konkurrieren können. Sie führen dies darauf zurück, daß die EH-Form zwei Tautomere, E(Histidin–H)(Zn–OH) und E(Histidin)(Zn–OH_2), besitzt, von denen das letztere durch die Verdrängung von Wasser die Bindung des Nitrats an EH ermöglicht.

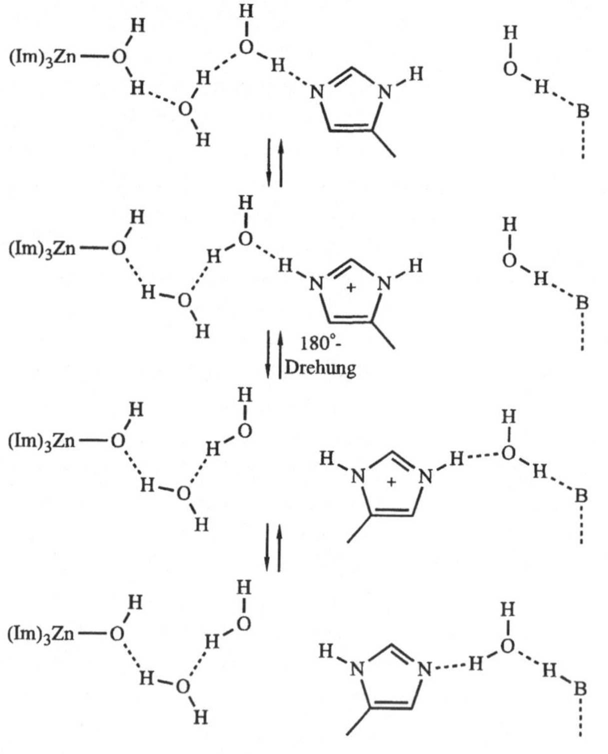

Abbildung 8.4 Mögliche Protonentransferschritte bei der Carboanhydrase unter Beteiligung von Histidin(64) und einem Puffer.

8.3   ENZYMATISCHE REAKTIONEN DES DISAUERSTOFFS

Eine Reihe von Metalloenzymen (EM) kann Reaktionen mit dem Sauerstoffmolekül und seinen Derivaten, dem Wasserstoffperoxid und dem Superoxidion, eingehen. Sie können als reversible Sauerstoffträger wirken, wie beispielsweise das Hämoglobin und das Myoglobin in folgender Gleichung:

$$EM + O_2 \rightleftharpoons EM(O_2) \tag{8.22}$$

Die Enzyme können entweder ein oder zwei Sauerstoffatome in das Substrat einführen, wie in den folgenden Reaktionen gezeigt:

$$O_2 + SH + AH_2 \xrightarrow{\text{Mono-oxygenasen}} SOH + H_2O + A \tag{8.23}$$

$$O_2 + SH \xrightarrow{\text{Dioxygenasen}} SHO_2 \tag{8.24}$$

Andere Enzyme katalysieren die Disproportionierung des Superoxidions und die Zersetzung des Wasserstoffperoxids, wie in Gln. (8.25) und (8.26), um das System vor Reaktionen mit dem Superoxid- oder mit Hydroxylradikalen zu schützen.[63]

$$2\,O_2^- + 2\,H^+ \xrightarrow{\text{Superoxid-dismutase}} O_2 + H_2O_2 \tag{8.25}$$

$$H_2O_2 + AH_2 \xrightarrow{\text{Peroxidasen}} H_2O + A \tag{8.26}$$

Die Oxidasen und Peroxidasen sind das Thema einer neuen, knappen und klaren Übersicht.[64] In den folgenden Abschnitten werden zwei spezifische Beispiele dieser Metallenzyme diskutiert.

8.3.a Sauerstoffträger: Myoglobin

Myoglobin besteht aus einem einzelnen Peptidstrang und einem Eisen-Protoporphyrin-Komplex (Häm-prostethische Gruppe), bei dem ein Imidazol-Stickstoff eines Histidins ebenfalls an das Eisen koordiniert ist. Da dieses System einfacher als das Hämoglobin ist, welches vier Häm-Einheiten enthält, wurde ein großer Teil der mechanistischen Studien an Myoglobin durchgeführt. Es gibt verschiedene Myoglobinquellen, die sich in der Peptidzusammenstellung unterscheiden, aber sofern nicht anders angezeigt, beziehen sich alle in diesem Abschnitt diskutierten Ergebnisse auf die geläufigste Quelle, Pottwalmyoglobin. Die thermodynamischen und strukturellen Effekte der Bindung von Sauerstoff an Myoglobin wurden kürzlich zusammengefaßt.[65]

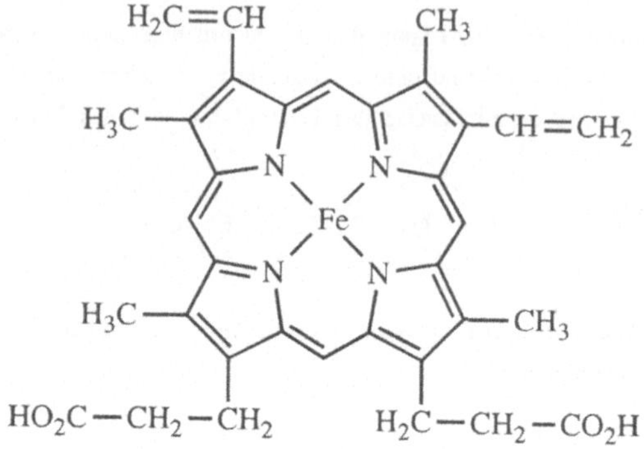

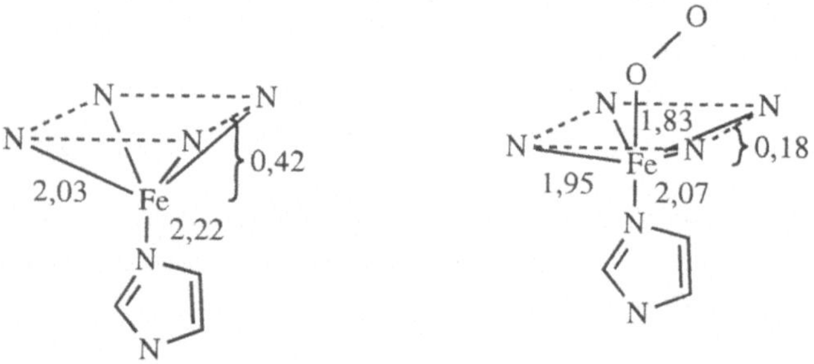

Abbildung 8.5. Eisen-Protoporphyrin IX, die prostethischen Gruppe in Myoglobin, und die Koordinationsgeometrie des Eisens in Myoglobin und Oxymyoglobin

Die strukturellen Besonderheiten der Koordination des Eisens in der Eisen(II)-Desoxy-Form und dem Disauerstoff-Komplex wurden von Takano[66] und Phillips[67] ermittelt und sind in Abbildung 8.5 gezeigt. Das Eisen(II) ist im Desoxymyoglobin um 0,42 Å aus der Ebene der vier Porphyrin-Stickstoffe in Richtung des Imidazol-Stickstoffs verschoben. Im Disauerstoffkomplex wird diese Verschiebung auf 0,18 Å reduziert. Das O_2-Molekül ist endständig mit einem Fe–O–O-Winkel von 115° gebunden. Takano[68] beschrieb die Struktur des Eisen(III)-Komplexes (Metmyoglobin) mit dem axialen Wasser- und Imidazol-Liganden. Diese strukturellen Besonderheiten finden sich auch in dem von Collman und Mitarbeitern[69] beschriebenen Modellsystem, bei dem die Verschiebung des Eisens vom sterischen Anspruch des Imidazol-Liganden abhängt, mit einer Variationsbreite im Bereich zwischen 0,086 Å bei 2-Methylimidazol und 0,03 Å bei 1-Methylimidazol.

Ein größeres Problem für die Entwicklung von Modellsystemen war der Umstand, daß einfache Eisen(II)-Porphyrine Dieisen-µ-peroxo-Komplexe bilden, wie in Gl. (8.27) dargestellt:

$$2 \ L\!-\!|\!\cdot\!Fe^{II}| + O_2 \longrightarrow L\!-\!|\!\cdot\!Fe^{III}|\!-\!O^{O}\!-\!|\!\cdot\!Fe^{III}|\!-\!L \qquad (8.27)$$

Diese Dimerisierung kann durch das Einführen einer geeigneten sterischen Blockierung verhindert werden. Bei der Synthese eines Sauerstoffträger-Modells erreichten Collman et al.[70] dieses durch die Ausnutzung des sterischen Anspruchs der o-Pivalamidophenyl-Substituenten an *meso*-Tetraphenylporphyrin. Im biologischen System könnte das Peptid einem ähnlichen Zweck dienen.

Im Oxymyoglobin (MbO_2) ist der terminale Sauerstoff über eine Wasserstoffbrücke an das Imidazol eines distalen Histidins(64) gebunden. Mutanten, in denen dieses Histidin durch andere Aminosäuren ersetzt ist, zeigen eine geringere Unterscheidungsfähigkeit zwischen O_2 und CO.[71] Die Dissoziationsgeschwindigkeit von O_2 wird um das 50- bis 1500-fache erhöht, während die Assoziationsgeschwindigkeit von O_2 und CO um den Faktor 5 bis 15 steigt. Resonanz-Raman-Studien[72] am MbCO zeigen an, daß dieses Histidin auch die Fe–C-Streckfrequenz beeinflußt, und der pH-Effekt deutet auf eine Protonierung des Histidins bei einem pH-Wert von ~ 4,5 hin. Diese Studien enthüllten auch, daß die Entfernung von Histidin(64) die Autooxidationsgeschwindigkeit von MbO_2 erhöht, so daß dieses Histidin ebenfalls eine gewisse Schutzfunktion erfüllt.

Die Komplexierung von Myoglobin durch O_2 erscheint als ein einfacher Prozeß, der von einigen strukturellen Veränderungen begleitet wird. Das Eisen(II) befindet sich jedoch anfänglich in high-spin-Zustand und reagiert mit den paramagnetischen O_2-Molekül unter Bildung eines diamagnetische Produktes, so daß die Elektronenstruktur eine gravierende Änderung erfährt. Der Disauerstoff-Komplex kann als $Fe^{II}(O_2)$, $Fe^{III}(O_2^-)$ oder $Fe^{IV}(O_2^{2-})$ betrachtet werden. Dem $Fe^{III}(O_2^-)$-Formalismus wird heute der Vorzug gegeben, da er die spektroskopischen Eigenschaften des Systems am besten beschreibt. Somit wird die Substitution von einem Elektronentransfer begleitet.

Die kinetischen Parameter der Bindung und Dissoziation einiger kleiner Moleküle an Myoglobin sind in Tabelle 8.1 aufgeführt. Die relativ kleinen Geschwindigkeitskonstanten der Isocyanide wurden auf durch das Peptid verursachte sterische Effekte zurückgeführt, die diese größeren Moleküle auf dem Weg durch die Peptideinbuchtung zum Eisen erfahren. Der kinetische Unterschied zwischen O_2 und CO ist jedoch bemerkenswerter. Das ΔV^* für die Bindung an CO ist recht negativ, während der Wert für O_2 positiv ist, und hauptsächlich wegen des ungünstigeren ΔS^*-Wertes ist die Geschwindigkeitskonstante von CO kleiner. Die Bindung an CO führt zu einem low-spin-Eisen(II)-Komplex, in dem das Eisen 0,1 Å unterhalb der Porphyrinebene[73] liegt, verglichen mit 0,18 Å im O_2-Komplex. Das O_2-Molekül ist abgewinkelt und über eine Wasserstoffbrücke an ein distales Histidin gebunden, während das CO linear gebunden, aber gemäß ^{17}O-NMR-Studien[74] dennoch eher unbeweglich ist. Die Bindung an O_2 ist pH-unabhängig, während die Bindung an CO bei niedrigen pH-Werten schneller erfolgt.[75]

Tabelle 8.1. Kinetische Parameter der Bindung kleiner Moleküle an Myoglobin (Mb)

Reaktion	k $(M^{-1}s^{-1})$	ΔH^* $(kJ\ mol^{-1})$	ΔS^* $(J\ mol^{-1}K^{-1})$	ΔV^* $(cm^3\ mol^{-1})$
Mb + O_2 [a]	$2,5 \times 10^7$	26 [b]	-15	5,2
Mb + O_2 [c]	$1,3 \times 10^7$	23,0	-30	7,8
Mb + O_2 [d]	$2,4 \times 10^7$			4,6
Mb + CO [c]	$3,8 \times 10^5$	17,1	-81,1	-8,9
Mb + CO [d]	$6,7 \times 10^5$			-9,2
Mb + CO [e]	$5,2 \times 10^5$			-10,0
Mb + MeNC	$1,2 \times 10^5$ [f]			8,8 [e]
Mb + n-BuNC [f]	$3,0 \times 10^4$			

[a] Projahn, H.-D.; Dreher, C.; van Eldik, R. *J. Am. Chem. Soc.* **1990**, *112*, 17; in 5 × 10^{-3} M Tris-Puffer, 0,1 M NaCl, pH 8,5, 25°C.

[b] Berechnet über die Dissoziationsgeschwindigkeit und die Geschwindigkeitskonstante.

[c] Hasinoff, B.B. *Biochemistry*, **1974**, *13*, 3111; in 0,1 M Phosphat-Puffer, pH 7,0, 25°C.

[d] Adachi, S.; Morishima, I. *J. Biol. Chem.*, **1989**, *264*, 18896, in 0,1 M Tris-Puffer, pH 7,8, 20°C.

[e] Taube, D.J.; Projahn, H.-D.; van Eldik, R.; Magde, D.; Traylor, T.G. *J. Am. Chem. Soc.* **1990**, *112*, 6880; in 0,95 M bis-Tris-Puffer, 0,1 M NaCl, pH 7,0, 25°C.

[f] Rohlfs, R.J.; Olson, J.S.; Gibson, Q.H. *J. Biol. Chem.* **1988**, 263, 1803; in 0,1 M Phosphat-Puffer, pH 7, 20°C.

Durch den Einsatz der Laser-Blitzlichtphotolyse war es möglich, eine Dissoziation des gebundenen Liganden zu erreichen, die nachfolgende Rekombination oder seine Bewegung aus der Tasche des aktiven Zentrums zu verfolgen, und so ein detailliertes Bild des Komplexierungsprozesses zu gewinnen. Martin et al.[76] studierten die CO-Dissoziation verschiedener Häm-Systeme unter Verwendung eines 250 fs-Laserpulses bei 307 nm und folgerten, daß der high-spin-Eisen(II)-Zustand innerhalb von 0,35 ps ausgebildet wird, Finsden et al.[77] beobachteten das Raman-Spektrum der Fe–N(Imidazol)-Streckschwingung nach der Dissoziation von CO oder O_2 vom Hämoglobin und stellten die Bildung der Desoxy-Form innerhalb der Pulslänge von 10 ns fest. Dies ist kaum überraschend, da low-spin $\rightarrow$ high-spin-Übergänge von oktaedrischen Eisen(II)-Komplexen[78,79] Geschwindigkeitskonstanten von $\sim 10^7$ s^{-1} aufweisen. Traylor und Mitarbeiter[80] verfolgten die zeitliche Entwicklung von Differenzspektren im 400 - 500 nm-Bereich nach der Blitzlichtphotolyse und fanden einen Prozeß auf der Nanosekunden- und einen weiteren auf der Picosekunden-Zeitskala. Olson et al.[81] führten ähnliche Experimente durch, verwandten aber ausschließlich eine Detektion auf der Nanosekunden-Zeitskala. Beide Gruppen interpretieren die Ergebnisse über ein in Schema 8.4 beschriebenes vierstufiges Modell, wobei B als "geminate pair" bezeichnet wird und sich die Abgangsgruppe in C weiter entfernt und eventuell etwas gedreht hat.

Schema 8.4

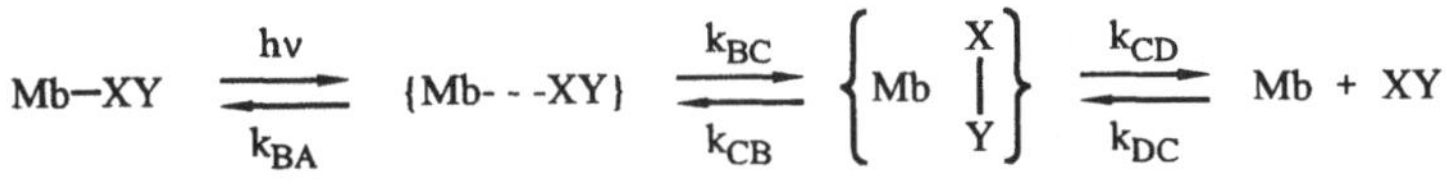

$$Mb-XY \underset{k_{BA}}{\overset{hv}{\rightleftharpoons}} \{Mb\text{-}\text{-}\text{-}XY\} \underset{k_{CB}}{\overset{k_{BC}}{\rightleftharpoons}} \left\{ Mb \overset{X}{\underset{Y}{|}} \right\} \underset{k_{DC}}{\overset{k_{CD}}{\rightleftharpoons}} Mb + XY$$

$$\quad\quad A \quad\quad\quad\quad\quad\quad B \quad\quad\quad\quad\quad\quad C \quad\quad\quad\quad\quad\quad D$$

Die kinetischen Beobachtungen wurden unter Berücksichtigung der Quantenausbeuten zur Bestimmung der Geschwindigkeitskonstanten für die einzelnen Schritte verwendet. Einige Daten aus beiden Studien sind in Tabelle 8.2 aufgeführt. Die Ergebnisse sind etwas widersprüchlich, besonders in Hinblick auf k_{BA} und k_{BC}. Es sollte angemerkt werden, daß bei der CO-Dissoziation keine transienten zeitabhängigen Signale beobachtet wurden, obwohl die CO-Dissoziation eine hohe Quantenausbeute[82] besitzt. Dies könnte durch ein größeres k_{BC} für CO erklärt werden; da aber gemäß den Daten von Traylor et al. der k_{BC}-Wert für O_2 schon an der diffusionskontrollierten Grenze liegt, muß zur Erklärung der Beobachtungen der k_{BA}-Wert kleiner sein. Da k_{BA} und k_{CB} keine Korrelation mit dem sterischen Anspruch von XY zeigen, vermuteten Traylor und Mitarbeiter, daß die insgesamt langsamere Komplexierung der Isocyanide auf Veränderungen von k_{CD} zurückgeht, die durch sterische Effekte während des Eintritts des Liganden in die Proteintasche verursacht werden. Dies ist mit einer Kristallstruktur des Ethylisocyanid-Komplexes[83] zu vereinbaren.

Kürzlich haben Magde und Mitarbeiter[84] k_{CD} und dessen Arrhenius-Aktivierungsenergie an verschiedenen Komplexen des Pferdeherzmyoglobins und des O_2/Pottwalmyoglobin-Systems gemessen. Für letzteres bestimmten sie einen k_{CD}-Wert von $7{,}7 \times 10^6$ s^{-1} (25°C, 0,1 M Tris-Puffer, 0,1 M NaCl, pH 7,0) und ein E_a von 7,4 kcal mol^{-1}. Die E_a-Werte liegen bei allen Systemen zwischen 6 und 9 kcal mol^{-1}. Die Autoren vermuteten auch, daß ein Fünf-Stufen-Modell notwendig sein könnte, das entweder zwei Fluchtwege aus der Peptid-Tasche oder eine zweite Bindungsstelle innerhalb der Tasche einschließt.

Die experimentelle Geschwindigkeitskonstante im stationären Zustand für Schema 8.4 ist gegeben durch

$$k_{beob} = \frac{k_{BA}\,k_{CB}\,k_{DC}}{k_{BA}\,k_{CB} + k_{BA}\,k_{CD} + k_{BC}\,k_{CD}} \tag{8.28}$$

Tabelle 8.2. Geschwindigkeitskonstanten der Prozesse, die gemäß Schema 8.2 der Blitzlicht-photolyse von Myoglobin-XY-Komplexen folgen.

XY	$k_{BA}(s^{-1})$	$k_{BC}(s^{-1})$	$k_{CB}(s^{-1})$	$k_{CD}(s^{-1})$
O_2 [a]	$1,4 \times 10^{10}$	$1,5 \times 10^{10}$	$4,6 \times 10^6$	$8,8 \times 10^6$
O_2 [b]	$4,9 \times 10^8$	$1,2 \times 10^8$	$8,5 \times 10^6$	$1,4 \times 10^7$
CNMe [a]	$1,3 \times 10^{10}$	$4,0 \times 10^{10}$	$7,8 \times 10^7$	$5,9 \times 10^6$
CNMe [b]	$2,4 \times 10^7$	$4,9 \times 10^6$		
CN(n-Bu)[b]	$1,6 \times 10^7$	$1,4 \times 10^7$	8×10^5	$1,2 \times 10^6$
CN(t-Bu)[a]	$2,6 \times 10^{10}$	$8,0 \times 10^9$	$5,2 \times 10^6$	$3,6 \times 10^6$

[a] Jongeward, K.A.; Madge, D.; Taube, D.J.; Marsters, J.C.; Traylor, T.G.; Sharma, V.S. *J. Am. Chem. Soc.* **1988**, *110*, 380; in 0,1 M Tris-Puffer, 0,1 M NaCl, pH 7, ohne Temperaturangabe.

[b] Rohlfs, J.R.; Olson, J.S.; Gibson, Q.H. *J. Biol. Chem.* **1988**, *263*, 1803, in 0,1 M Phosphat-Puffer, pH 7, 20°C.

Falls der k_{BA}-Wert für CO ungewöhnlich klein ist, sind die ersten beiden Terme im Nenner von Gl. (8.28) klein gegenüber dem dritten Term, und die Gleichung vereinfacht sich zu $k_{beob} = k_{BA}(k_{CB}/k_{BC})(k_{DC}/k_{CD}) = k_{BA}K_{CB}K_{DC}$. Dies korrespondiert mit einem geschwindig-keitsbestimmenden Schritt von B nach A, dem schnelle Gleichgewichte von D nach C und von C nach B vorangehen. Bei O_2 sind die ersten beiden Terme im Nenner etwas größer als der dritte, so daß k_{BA} näherungsweise aus Zähler und Nenner gekürzt werden kann. Somit ist $k_{beob} = k_{CB}$ $(k_{DC}/k_{CD}) = k_{CB}K_{DC}$, da k_{CD} größer als k_{CB} ist, und geschwindigkeitsbestimmend ist der Schritt von C nach B. Dies würde die kinetischen Unterschiede zwischen der O_2- und CO-Koordination erklären.

Adachi und Morishima[85] ermittelten die Druckabhängigkeit einiger der Schritte in Schema 8.4 an verschiedenen Myoglobinen. Diese Ergebnisse, die in Tabelle 8.3 aufgeführt sind, zeigen, daß Veränderungen im Peptid nur kleine Änderungen der Geschwindigkeitskonstanten, aber deutliche Differenzen in den Aktivierungsvolumina bewirken.

Alle Systeme in Tabelle 8.3 besitzen die Histidin(64)-Einheit, die für die Wasserstoff-brückenbindung zum koordinierten O_2 verantwortlich ist, unterscheiden sich jedoch in jenen Bausteinen, die Größe und Struktur der zum aktiven Zentrum führenden Tasche beeinflussen können. Adachi und Morishima erklärten die Effekte der variierenden Aminosäurereste eingehend. Traylor und Mitarbeiter[86] berichteten später über Werte des Aktivierungsvolumens für den k_{CD}-Schritt der CO-, O_2- und MeNC-Koordination an Pottwalmyoglobin von 11,7, 12,6 bzw. 9,1 cm^3/mol^{-1}. Die negativeren $\Delta V^*_{beob}(CO)$-Werte für die gesamte Bildungsreaktion können den während des Schrittes von B nach A stattfindenden Kontraktionen zugeschrieben werden, die nach dem geschwindigkeitsbestimmenden Schritt der O_2-Bindung erfolgen und daher das $\Delta V^*_{beob}(O_2)$ nicht beeinflussen.

Tabelle 8.3. Geschwindigkeitskonstanten (20°C) und Aktivierungsvolumina der Reaktionen von O_2 und CO mit verschiedenen Myoglobinen[a]

	Pottwal	Pferd	Hund
k_{CA} (s^{-1})[b]	$3,9 \times 10^6$	$3,5 \times 10^6$	$3,6 \times 10^6$
ΔV^*_{CA} $(cm^3\ mol^{-1})$	3,5	-8,4	-17,8
k_{CD} (s^{-1})	$5,6 \times 10^6$	$6,2 \times 10^6$	$7,4 \times 10^6$
ΔV^*_{CD} $(cm^3\ mol^{-1})$	16,7	11,2	-2,1
k_{DC} $(M^{-1}s^{-1})$	$5,7 \times 10^7$	$7,9 \times 10^7$	$9,1 \times 10^7$
ΔV^*_{DC} $(cm^3\ mol^{-1})$	10,4	12,3	8,6
k_{beob}[c] $(M^{-1}s^{-1})$	$2,4 \times 10^7$	$2,9 \times 10^7$	$3,0 \times 10^7$
ΔV^*_{beob} $(cm^3\ mol^{-1})$	4,6	3,8	0
k_{beob} (CO)[c] $(M^{-1}s^{-1})$	$6,7 \times 10^6$	$6,8 \times 10^6$	$8,5 \times 10^6$
ΔV^*_{beob} (CO)[c] $(M^{-1}s^{-1})$	-9,2	-12,7	-18,8

[a]   In 0,1 M Tris-Puffer, pH 7,8; Werte gelten für O_2, sofern nicht anders gekennzeichnet.

[b] $k_{CA} = k_{BA}k_{CB}/(k_{BA} + k_{BC})$ aus Schema 8.4.

[c]   Werte unter Bedingungen des stationären Zustandes.

8.3.b Cytochrom P-450

Es gibt eine umfangreiche Reihe von Monooxygenase-Enzymen, die zu den Cytochromen P-450 zusammengefaßt werden. Die Chemie und Biochemie dieser Enzyme wird in einem neueren Buch[87] vorgestellt. Der Name bezieht sich auf eine charakteristische Absorption bei 450 nm. Sie enthalten alle eine prosthetische Häm-Gruppe und katalysieren die Reaktionen zwischen O_2 und einem Reduktionsmittel unter Herbeiführung von Umwandlungen, wie sie in Gln. (8.29) bis (8.32) beschrieben sind. Der Sauerstoff im Substrat entstammt dem O_2-Molekül.

Diese Enzyme sind in ihrer Reaktivität eher unspezifisch, und die Beispiele stehen nur für einige wenige der vielen durch P-450-Enzyme katalysierten Reaktionen.

$$R{-}CH_3 + O_2 + 2\,H^+ + 2\,e^- \xrightarrow{\text{P-450}} R{-}CH_2OH + H_2O \tag{8.29}$$

$$R{-}CH{=}CH_2 + O_2 + 2\,H^+ + 2\,e^- \xrightarrow{\text{P-450}} \underset{RHC{-\!\!-\!\!-}CH_2}{\overset{O}{\triangle}} + H_2O \tag{8.30}$$

$$\text{C}_6\text{H}_6 + O_2 + 2\,H^+ + 2\,e^- \xrightarrow{\text{P-450}} \text{C}_6\text{H}_5-OH + H_2O \qquad (8.31)$$

$$\text{Campher} + O_2 + 2\,H^+ + 2\,e^- \xrightarrow{\text{P-450}} \text{Campher-OH} + H_2O \qquad (8.32)$$

Reaktion (8.32) repräsentiert die Umwandlung von Campher in den exo-Alkohol durch P-450-CAM, eines der bestcharakterisierten dieser Enzyme. Die Kristallstrukturen von P-450-CAM und dessen Campheradduktes wurden von Poulos und Mitarbeitern[88,89] bestimmt. Die Koordination des Eisens im gelösten Zustand wurde von Dawson und Mitarbeitern[90,91] mit Hilfe der Extended X-Ray Absorption Fine Structure (EXAFS) charakterisiert. Die prostethische Gruppe besitzt im Ruhezustand ein low-spin-Eisen(III)-Häm mit axialen S- und O-Liganden. Das S-Atom stammt vom Cystein, und Poulos begründete über die Bindungslänge (Fe–S = 2,2 Å), daß es sich hierbei um eine Cys-S$^-$–Fe-Thiolatverknüpfung handelt. Das O-Atom gehört entweder zu einem OH$^-$ oder einem OH$_2$. Das Eisen(III) ist um 0,29 Å aus der Ebene der Porphyrin-Stickstoffe in Richtung des S$^-$ verschoben. Die zum aktiven Zentrum führende Tasche enthält fünf über Wasserstoffbrücken gebunden Wassermoleküle und ist mit hydrophoben Aminosäureresten ohne saure oder basische Gruppen ausgekleidet. Wird dem P-450-CAM unter anaeroben Bedingungen Campher zugegeben, ersetzt dieser die Wassermoleküle und wandert in die Tasche des aktiven Zentrums. Dieser Komplex enthält fünffach koordiniertes high-spin-Eisen(III), das bei nahezu unverändertem Fe–S-Abstand um 0,43 Å aus der Porphyrinebene verschoben ist. Das Camphermolekül ist über dem Häm positioniert, wobei der zu hydroxylierende Kohlenstoff in direkter Nachbarschaft zum Eisen steht und die Carbonylgruppe des Camphers über eine Wasserstoffbrücke an ein Tyrosin-OH gebunden ist. Die EXAFS-Studie von Dawson und Mitarbeitern an einem low-spin-Eisen(II)-Campher-O$_2$-Addukt, das bei -40°C in Wasser-Ethylenglycol hergestellt wurde, ergab eine Bindungslänge, die derjenigen eines Thiolat-Fe^{II}(porphyrin)-O$_2$-Modellkomplexes sehr ähnlich ist.[92]

Da zur Wirksamkeit von Cytochrom P-450 neben dem Enzym selbst drei weitere Reagenzien (Substrat, O$_2$ und Reduktionsmittel) erforderlich sind, ist es möglich, die Reaktionsbedingungen so zu kontrollieren, daß eine Identifizierung von Zwischenstufen und die Aufklärung des Reaktionspfades ermöglicht wird.[93] Der heutige Wissensstand wird von der Sequenz in Abbildung 8.6 wiedergegeben. Als Folge kleiner Veränderungen der Peptidkonformation oder des Verlustes der Wasserliganden wird, während das Substrat (R–C–H) in die Mulde des aktiven Zentrum eintritt, ein high-spin-Eisen(III)-Komplex gebildet. Diese Form ist um 0,12 V[94] leichter zu reduzieren als das Enzym im Ruhezustand und begünstigt so die Reduktion zum high-spin-Eisen(II), welches anschließend, ähnlich dem Myoglobin, einen O$_2$-Komplex bildet.

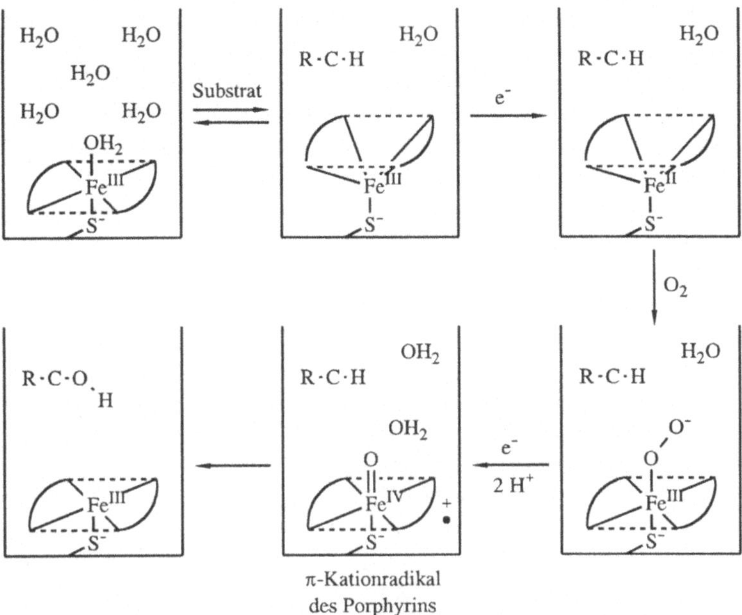

Abbildung 8.6. Ein Katalysecyclus für die Hydroxylierung von Alkanen durch Cytochrom P-450, dessen vier erste Zwischenstufen identifiziert wurden, während die Stufe des π-Kationradikals spekulativ ist.

Als Vorbild für die π-Kationradikal-Fe=O-Spezies ist die stabilere und wohlcharakterisierte Zwischenstufe HRP I[95,96] der Meerrettichperoxydase zu nennen. Desweiteren konnte gezeigt werden, daß der Eisen(III)-Ruhezustand des P-450 mit Iodosylbenzol unter Bildung einer Spezies reagiert, die Alkane hydroxyliert. Dies kann durch eine Sauerstoffübertragung vom Idosylbenzol unter Bildung der π-Kationradikal-Fe=O-Spezies erklärt werden, wie in Gl. (8.33) gezeigt:

$$\text{PhIO} + \text{(porphyrin)Fe}^{III} \longrightarrow \text{PhI} + \text{(porphyrin}^{\bullet+})\text{Fe}^{IV}=\text{O} \qquad (8.33)$$

Diese synthetische Variante bewirkt die gleichen Hydroxylierungsreaktionen wie das natürliche System. Am Iodosylbenzol-Produkt wird ein ^{18}O-Austausch mit ^{18}OH$_2$ beobachtet, während das natürliche System keinen Austausch zeigt.[97] Groves et al.[98] stellten fest, daß Cyctochrom P-450$_{LM2}$, kombiniert mit seiner Reduktase, einen Austausch des trans-1-H von Propen mit dem Solvens D$_2$O bewirkt, während das Enzym in Kombination mit Iodosylbenzol keinen Austausch verursacht. Die Reaktionen mit Iodosylbenzol verlaufen möglicherweise deshalb unterschiedlich, weil das Substrat erst nach dem Eintreten des Iodosylbenzols und Austreten des Iodbenzols in das aktive Zentrum eintritt. Der Reaktionsverlauf könnte sich sogar noch stärker unterscheiden, da eine neuere Arbeit[99] gezeigt hat, daß die Epoxidierung von Cyclohexan mit Iodosylbenzol durch Aluminium(III) beschleunigt wird, welches selbst nicht oxidierbar ist, und man stellte fest, daß Iod(III) als Oxidationsmittel wirkt. Es verbleibt die Möglichkeit, daß, falls das Metall selbst oxidierbar ist, die über diesen Weg verlaufende Route immer noch die günstigere ist.

Porphyrin-Modellsysteme zeigen die gleichen Reaktionen; sie katalysieren die Hydroxylierung von Alkanen[100] und die Epoxidierung von Alkenen[101] mit Iodosylbenzol. Es gibt viele Beispiele für die Wirkung von M=O-(Oxen-)Spezies[102] in hohen Oxidationsstufen als Sauerstofftransfer-reagenzien. Die Details des Sauerstoffinsertionsschrittes sind noch Gegenstand von Spekulationen. Champion[103] vermutete, daß die (Porphyrin$^{•+}$)Fe^{IV}=O-Spezies in P-450 deshalb reaktiver als diejenige von Meerrettichperoxidase ist, weil die π-Rückbindung vom $-S^-$-Liganden in P-450, verglichen mit der des Imidazol-Stickstoffs in Meerrettich-Peroxidase, effektiver ist. Damit ist die reaktive Resonanzform (Porphyrin)Fe^{IV}(O$^•$) in den P-450-Systemen stärker begünstigt. Die Reaktion mit Alkanen könnte somit wie in Abbildung 8.7 dargestellt verlaufen.

Die Epoxidierung von Olefinen [Gl. (8.30)] bietet einige neue mechanistische Möglichkeiten und Probleme. Ortiz de Montellano und Mitarbeiter[104] konnten zeigen, daß das Enzym sowohl Epoxidierungen als auch die Alkylierung eines Pyrrol-Stickstoffes des Porphyrins bewirken kann, wobei letzteres bei Alkenen beobachtet wird, die eine terminale =CH$_2$-Gruppe besitzen. Alkene und Alkine alkylieren verschiedene Pyrrol-Stickstoffe. Die Epoxidierung scheint stereospezifisch zu erfolgen, da die Reaktion mit *trans*-1-[1-^{2}H]Octen unter Retention verläuft. Die einfachste

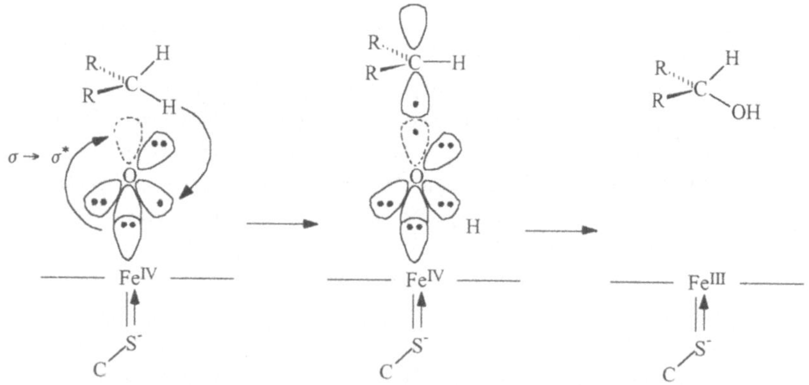

Abbildung 8.7. Mögliche Schritte der Produktbildung bei der Hydroxylierung durch Cytochrom P-450, ausgehend von der durch die stärkere π-Rückbindung von S$^-$ begünstigten Resonanzform (Porphyrin)Fe^{IV}(O$^•$).

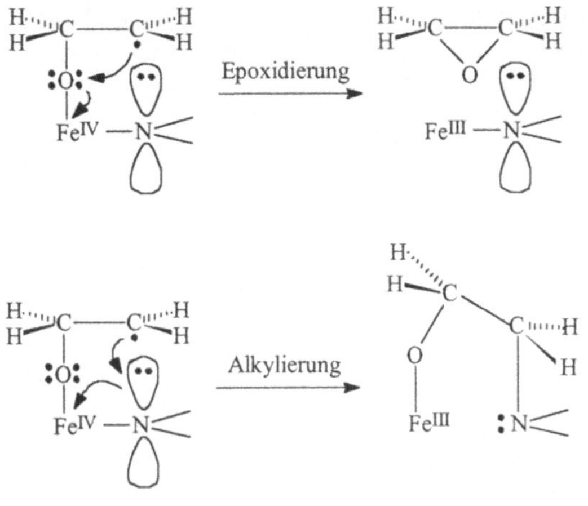

Abbildung 8.8. Mögliche Wege zu den Produkten der Epoxidierung und N-Alkylierung bei der Reaktion von Alkenen mit P-450-Systemen.

Erklärung für diese Beobachtungen scheint ein Einfluß des Peptids auf die Orientierung des Substrats über dem Eisen und ein Reaktionsverlauf wie in Abbildung 8.8 zu sein.

Da ein konzertierter Mechanismus, wie derjenige in Abbildung 8.8, die Ergebnisse des Deuteriumaustausches von Groves und Mitarbeitern nicht erklären kann, wurden auf der Basis der Chemie bekannter Modellverbindungen daher auch Modelle mit Organoeisenspezies in Betracht gezogen.[105,106] Ursprünglich wurde ein Verlauf des Deuteriumaustausches über den in Schema 8.5 gezeigten Metallocyclus angenommen.

Schema 8.5

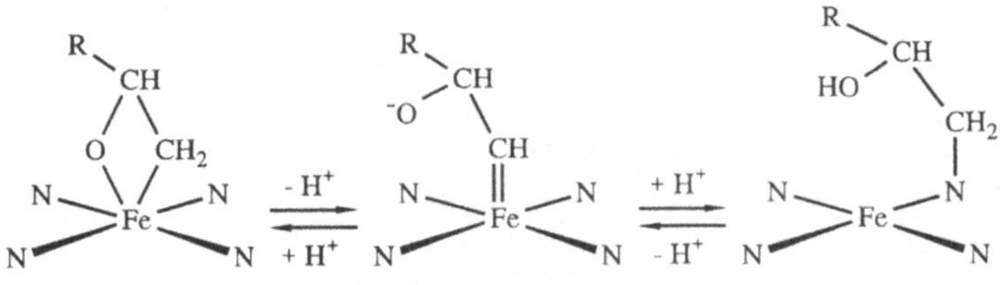

Auf der Basis von Modellstudien an Tetra-(2,6-dichlorphenyl)porphyrin vermuteten Dolphin et al.,[107] daß unter reduktiven Bedingungen aus dem N-Alkylderivat eine β-Hydroxyalkylspezies gebildet werden könnte, wie in Schema 8.6 gezeigt. Diese führt zu einem Alkylderivat, das durch

Deprotonierung zum Carben einen Protonenaustausch bewirkt. Mansuy und Mitarbeiter[108] beschrieben die effiziente Darstellung von Eisen-*meso*-(tetraphenyl)porphyrin-Carbenen, wie beispielsweise $(N)_4Fe^{IV}(=C(CH_3)COPh)$. Sterisch anspruchsvolle Alkene reagieren sowohl mit P-450 als auch mit Modellsystemen, zeigen jedoch keine N-Alkylierung oder Carbenbildung. Somit scheinen die letzteren Prozesse Nebenreaktionen des Hauptprozesses der Epoxidierung zu sein.

Schema 8.6

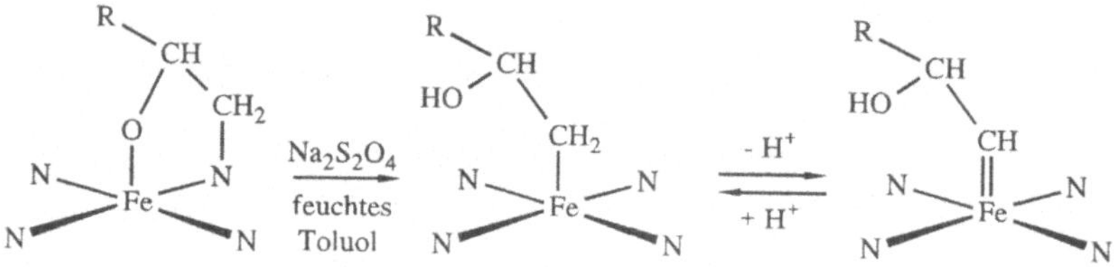

$$\text{(Epoxid-Fe-Komplex)} \xrightarrow[\text{feuchtes Toluol}]{Na_2S_2O_4} \text{(HO-CH–CH}_2\text{-Fe-Komplex)} \underset{+ H^+}{\overset{- H^+}{\rightleftharpoons}} \text{(HO-CH=CH-Fe-Komplex)}$$

Collman et al.[109] haben die Konkurrenz zwischen der Epoxidbildung und der N-Alkylierung und die zahlreichen mechanistischen Probleme zusammengefaßt und diskutiert. Sie kommen zu dem Schluß, daß "in Abhängigkeit von der Art des Systems alle Mechanismen, von der vollständig konzertierten Reaktion bis hin zur schrittweisen Reaktion, die durch einen Elektronentransfer eingeleitet wird, vorstellbar sind." Solch ein Schluß ist ermutigend für jene, die auf der Suche nach anspruchsvollen mechanistischen Problemen sind, jedoch entmutigend für diejenigen, die auf einen einheitlichen Mechanismus hoffen, der alle Beobachtungen erklärt.

Literatur

1. Williams, R.J.P. *Coord. Chem. Rev.* **1987**, *79*, 175.

2. Cowan, J.A. *Inorganic Biochemistry*; VCH: Weinheim, 1993; Kaim, W.; Schwederski, B. *Bioanorganische Chemie*; Teubner: Stuttgart, 1991; *Metal Ions in Biological Systems*; Sigel, H., Hrgb.; Marcel Dekker: New York; *Advances in Inorganic Biochemistry*; Eichorn, G.L.; Marzilli, L.G., Hrgb.; Elsevier: New York; *Acvances in Inorganic Chemistry and Bioinorganic Mechanisms*; Sykes, A.G., Hrgb.; Academic Press: New York; *Metal Ions in Biology*; Spiro, T.G., Hrgb.; Wiley-Interscience: New York.

3. *J. Inorg. Biochem.; Bioinorg. Chem.; Inorg. Chim. Acta; Bioinorg. Chem. Art. Lett.*

4. B_{12}; Dolphin, D., Hrgb.; Wiley: New York, 1982.

5. Lenhert, P.G.; Hodgkin, D.C. *Nature (London)* **1961**, *192*, 937; Lenhert, P.G.; *Proc. R. Soc. London* **1968**, *A303*, 45; Savage, H.F.; Lindley, P.F.; Finney, J.L.; Timmins, P.A. *Acta Crystallogr.* **1987**, *B43*, 296.

6. Pett, V.B.; Liebman, M.N.; Murray-Rust, P.; Prasad, K.; Glusker, J.P. *J. Am. Chem. Soc.* **1987**, *109*, 3207.

7. Rossi, M.; Glusker, J.P.; Randaccio, L.; Summers, M.F.; Toscano, P.J.; Marzilli, L.G. *J. Am. Chem. Soc.* **1985**, *107*, 1729.

8. Kräuter, B.; Keller, W.; Kratky, C. *J. Am. Chem. Soc.* **1989**, *111*, 8936.

9. Sagi, I.; Wirt, M.D.; Chen, E.; Frisbie, S.; Chance, M.R. *J. Am. Chem. Soc.* **1990**, *112*, 8639.

10. Schrauzer, G.N. *Acc. Chem. Res.* **1968**, *1*, 97.

11. Finke, R.G.; Smith, B.L.; McKenna, W.; Christian, P.A. *Inorg. Chem.* **1981**, *20*, 687.

12. Costa, G. *Coord. Chem. Rev.* **1972**, *8*, 63.

13. Rétey, J.; Umani-Ronchi, A.; Seibl, J.; Arigoni, D. *Experientia* **1966**, *22*, 502.

14. Babior, B.M.; Moss, T.A.; Orme-Johnson, W.H.; Beinert, H. *J. Biol. Chem.* **1974**, *249*, 4537.

15. Valinsky, J.E.; Abeles, J.E.; Fee, J.A. *J. Am. Chem. Soc.* **1974**, *96*, 4709.

16. Babior, B.M. *Acc. Chem. Res.* **1975**, *8*, 376, und dort zitierte Literatur.

17. Pratt, J.M. In B_{12}; Dolphin, D., Hrgb.; Wiley: New York, 1982; Vol. 1.

18. Halpern, J. *Science* **1985**, *227*, 869.

19. Finke, R.G. ; Schiraldi, D.A.; Mayer, B.J. *Coord. Chem. Rev.* **1984**, *54*, 1.

20. Halpern, J.; Ng, F.T.T.; Rempel, G.L. *J. Am. Chem. Soc.* **1979**, *101*, 7124.

21. Endicott, J.F.; Ferraudi, G.J. *J. Am. Chem. Soc.* **1977**, *99*, 243.

22. Nie, S.; Marzilli, P.A.; Marzilli, L.G.; Yu, N.-T. *J. Am. Chem. Soc.* **1990**, *112*, 6084.

23. Halpern, J. *Polyhedron* **1988**, *7*, 1483.

24. Koenig, T.W.; Hay, B.P.; Finke, R.G. *Polyhedron* **1988**, *7*, 1499.

25. Daikh, B.E.; Hutchinson, J.E.; Gray, N.E.; Smith, B.L.; Weakley, J.R.; Finke, R.G. *J. Am. Chem. Soc.* **1990**, *112*, 7830.

26. Finke, R.G.; Hay, B.P. *Inorg. Chem.* **1984**, *23*, 3043; Ibid. **1985**, *24*, 1278.

27. Halpern, J.; Kim, S.H.; Leung, T.W. *J. Am. Chem. Soc.* **1984**, *106*, 8317; Ibid. **1985**, *107*, 2199.

28. Hay, B.P.; Finke, R.G. *J. Am. Chem. Soc.* **1986**, *108*, 4820.

29. Martin, B.D.; Finke, R.G. *J. Am. Chem. Soc.* **1990**, *112*, 2419.

30. Wollowitz, S.; Halpern, J. *J. Am. Chem. Soc.* **1988**, *110*, 3112.

31. Choi, S.-C.; Dowd, P. *J. Am. Chem. Soc.* **1989**, *111*, 2313, und dort zitierte Literatur.

32. Murakami, Y.; Hisaeda, Y.; Ozaki, T.; Ohno, T.; Fan, S.-D.; Matsuda, Y. *Chem. Lett.* **1988**, 839.

33. Dowd, P.; Choi, S.-C.; Duak, F.; Kaufman, C. *Tetrahedron* **1988**, *44*, 2137.

34. Murakami, Y.; Hisaeda, Y.; Kikuchi, J.; Ohno, T.; Suzuki, M.; Matsuda, Y.; Matsura, T. *J. Chem. Soc., Perkin Trans. 2* **1988**, 1237.

35. Finke, R.G.; McKenna, W.P.; Schiraldi, D.A.; Smith, B.L.; Pierpont, C. *J. Am. Chem. Soc.* **1983**, *105*, 7592; Finke, R.G.; Schiraldi, D.A. *J. Am. Chem. Soc.* **1983**, *105*, 7605.

36. Silverman, R.B.; Dolphin, D. *J. Am. Chem. Soc.* **1976**, *98*, 4633.

37. Arigoni, D. In *Vitamin B$_{12}$, Proceedings of the Third European Symposium on Vitamin B$_{12}$ and Intrinsic Cofactor*; Zagalak, B.; Friedrich, W., Hrgb.; Walter de Gruyter: Berlin, 1979; Seite 389.

38. Chen, E.; Chance, M.R. *J. Biol. Chem.* **1990**, *265*, 12987.

39. *Zinc Enzymes, Prog. Inorg. Biochem. Biophys.*; Bertini, I.; Luchinat, C.; Maret, W.; Zeppezauer, M., Hrgb;. Birkhauser: Boston, 1986, Vol. 1.

40. Silverman, D.A.; Lindskog, S. *Acc. Chem. Res.* **1988**, *21*, 30.

41. Woolley, P. *Nature* (London) **1975**, *258*, 677.

42. Chaberek, S.; Courtney, R.C.; Martell, A.E. *J. Am. Chem. Soc.* **1952**, *74*, 5057.

43. Brown, R.S.; Salmon, D.; Curtis, N.J.; Kusuma, S. *J. Am. Chem. Soc.* **1982**, *104*, 3188.

44. Kimura, E.; Shiota, T.; Koike, T.; Shiro, M.; Kodama, M. *J. Am. Chem. Soc.* **1990**, *112*, 5805.

45. Bertini, I.; Dei, A.; Luchinat, C.; Monnanni, R. *Inorg. Chem.* **1985**, *24*, 301.

46. Bauer, R.; Limkilde, P.; Johansen, J.T. *Biochemistry* **1976**, *15*, 334; Tibell, L.; Lindskog, S. *Biochim. Biophys. Acta* **1984**, *778*, 110.

47. Palmer, D.A.; van Eldik, R. *Chem. Rev.* **1983**, *83*, 651.

48. Pullman, A. *Ann. N.Y. Acad. Sci.* **1981**, *367*, 340, und dort zitierte Literatur.

49. Lipscomb, W.N. *Ann. Rev. Biochem.* **1983**, *52*, 17.

50. Merz, K.M., Jr.; Hoffmann, R.; Dewar, M.J.S. *J. Am. Chem. Soc.* **1989**, *111*, 5636.

51. Pocker, Y.; Bjorkquist, D.W. *Biochemistry*, **1977**, *16*, 5698.

52. Pocker, Y.; Janji'c, N.; Miao, C.H. *Prog. Inorg. Biochem. Biophys.* **1986**, *1*, 341.

53. Pocker, Y.; Janji'c, N. *J. Am. Chem. Soc.* **1989**, *111*, 731.

54. Roberts; J.D.; Yu, C.; Flanagan, C.; Birdseye, T. *J. Am. Chem. Soc.* **1982**, *104*, 3945.

55. Kannan, K.K.; Ramanadham, M.; Jones, T.A. *Ann. N.Y. Acad. Sci.* **1984**, *429*, 49.

56. Vedani, A.; Huhta, D.W.; Jacober, S.P. *J. Am. Chem. Soc.* **1989**, *111*, 4075.

57. Tu, C.; Silverman, D.N.; Forsman, C.; Jonsson, B.-H.; Lindskog, S. *Biochemistry* **1989**, *28*, 7913.

58. Tu, C.; Paranawithana, S.R.; Jewell, D.A.; Tanhauser, S.M.; LoGrasso, P.V.; Wynns, G.C.; Laipis, P.J.; Silverman, D.A. *Biochemistry* **1990**, *29*, 6400.

59. Pocker, Y.; Diets, T.L. *J. Am. Chem. Soc.* **1982**, *104*, 2424.

60. Dugad, I.B.; Cooley, C.R.; Gerig, J.J. *Biochemistry* **1989**, *28*, 3955.

61. Liang, J.-Y.; Lipscomb, W.N. *Biochemistry*, **1989**, *28*, 9724.

62. Bertini, I.; Dei, A.; Luchinat, C.; Monnanni, R. *Prog. Inorg. Biochem. Biophys.* **1986**, *1*, 371.

63. Imlay, J.A.; Linn, S. *Science* **1988**, *240*, 1302.

64. Dawson, J.H. *Science* **1988**, *240*, 433.

65. Perutz, M.F.; Fermi, G.; Luisi, B.; Shaanan, B.; Liddington, R.C. *Acc. Chem. Res.* **1987**, *20*, 309.

66. Takano, T. *J. Mol. Biol.* **1977**, *110*, 569.

67. Phillips, S.E.V. *J. Mol. Biol.* **1980**, *142*, 531.

68. Takano, T. *J. Mol. Biol.* **1977**, *110*, 537.

69. Jameson, G.B.; Molinaro, F.S.; Ibers, J.A.; Collman, J.P.; Brauman, J.I.; Rose, E.; Suslick, K.S. *J. Am. Chem. Soc.* **1980**, *102*, 3224.

70. Collman, J.P.; Gagne, R.R.; Halbert, T.R.; Marchon, J.-C.; Reed, C.A. *J. Am. Chem. Soc.* **1973**, *95*, 7868.

71. Springer, B.A.; Egeberg, K.D.; Sligar, S.G.; Rohlfs, R.J.; Mathews, A.J.; Olson, J.S. *J. Biol. Chem.* **1989**, *264*, 3057.

72. Morikis, D.; Champion, P.M.; Springer, B.A.; Sligar, S.G. *Biochemistry* **1989**, *28*, 4791; Ramsden, J.; Spiro, T.G. *Biochemistry* **1989**, *28*, 3125.

73. Norvell, J.C.; Nunes, A.C.; Schoenborn, B.P. *Science* **1975**, *190*, 569.

74. Lee, C.L.; Oldfield, E. *J. Am. Chem. Soc.* **1989**, *111*, 1584.

75. Coletta, M.; Ascenzi, P.; Traylor, T.G.; Brunori, M. *J. Biol. Chem.* **1985**, *260*, 4151.

76. Martin, J.L.; Migus, A.; Poyart, C.; Lecarpentier, Y.; Astier, R.; Antonetti, A. *Proc. Natl. Acad. Sci. U.S.A.* **1983**, *80*, 173.

77. Findsen, E.W.; Friedman, J.M.; Ondrias, M.R.; Simon, S.R. *Science*, **1985**, *229*, 661.

78. Beatie, J.K.; Binstead, R.A.; West, R.J. *J. Am. Chem. Soc.* **1978**, *100*, 3046; McGarvey, J.J.; Lawthers, I.; Heremans, K.; Toftlund, H. *Inorg. Chem.* **1990**, *29*, 252.

79. Beattie, J.K. *Adv. Inorg. Chem.* **1988**, *32*, 2.

80. Jongeward, K.A.; Magde, D.; Taube, D.J.; Marsters, J.C.; Traylor, T.G.; Sharma, V.S. *J. Am. Chem. Soc.* **1988**, *110*, 380.

81. Olson, J.S.; Rohlfs, R.J.; Gibson, Q.H. *J. Biol. Chem.* **1987**, *262*, 12930.

82. Gibson, Q.H.; Olson, J.S.; McKinnie, R.E.; Rohlfs, R.J. *J. Biol. Chem.* **1986**, *261*, 10228.

83. Johnson, K.A.; Olson, J.S.; Phillips, G.N., Jr. *J. Mol. Biol.* **1989**, *207*, 459.

84. Chatfield, M.D.; Walda, K.N.; Magde, D. *J. Am. Chem. Soc.* **1990**, *112*, 4680.

85. Adachi, S.; Morishima, I. *J. Biol. Chem.* **1989**, *264*, 18896.

86. Taube, D.J.; Projahn, H.-D.; van Eldik, R.; Magde, D.; Traylor, T.G. *J. Am. Chem. Soc.* **1990**, *112*, 6880.

87. *Cytochrome P-450: Structure, Mechanism and Biochemistry*; Ortiz de Montellano, P.R., Hrgb.; Plenum Press: New York, 1986.

88. Poulos, T.L.; Howard, A.; *J. Biochemistry*, **1987**, *26*, 8165; Poulos, T.L.; Finzel, A.J.; Howard, J. *J. Mol. Biol.* **1987**, *195*, 687.

89. Poulos, T.L. *Adv. Inorg. Biochem.* **1987**, *7*, 1.

90. Dawson, J.H.; Kau, L.-S.; Penner-Hahn, J.E.; Sono, M.; Eble, K.S.; Bruce, G.S.; Hager, L.P.; Hodgson, K.O. *J. Am. Chem. Soc.* **1986**, *108*, 8114.

91. Dawson, J.H.; Sono, M. *Chem. Rev.* **1987**, *87*, 1255.

92. Ricard, L.; Schappacher, M.; Weiss, R.; Montiel-Montoya, R.; Bill, E.; Gonser, U.; Trautwein, A. *Nouv. J. Chim.* **1983**, *7*, 405.

93. Gunsalus, I.C.; Meeks, J.R.; Lipscomb, J.D.; Debner, P.; Munck, E. In *Molecular Mechanisms of Oxygen Activation*; Hayaishi, E., Hrgb.; Academic Press: New York, 1974, Seite 559.

94. Sligar, S.G.; Gunsalus, I.C. *Proc. Nat. Acad. Sci. U.S.A.* **1976**, *73*, 1078.

95. Dunford, H.B. *Adv. Inorg. Biochem.* **1982**, *4*, 41.

96. Penner-Hahn, J.E.; Eble, K.S.; McMurry, T.J.; Renner, M.; Balch, A.L.; Groves, J.T.; Dawson, J.H.; Hodgson, K.O. *J. Am. Chem. Soc.* **1986**, *108*, 7819.

97. McDonald, T.L.; Burka, L.T.; Wright, S.T.; Guengerich, F.P. *Biochem. Biophys. Res. Commun.* **1982**, *104*, 620.

98. Groves, J.T.; Avaria-Neisser, G.E.; Fish, K.M.; Imachi, M.; Kuczkowsli, R.L. *J. Am. Chem. Soc.* **1986**, *108*, 3837.

99. Yang, Y.; Diedrich, F.; Valentine, J.S. *J. Am. Chem. Soc.* **1990**, *112*, 7826.

100. Groves, J.T.; Nemo, T.E.; Myers, R.S. *J. Am. Chem. Soc.* **1979**, *101*, 1032; Chang, C.K.; Kuo, M.-S. *J. Am. Chem. Soc.* **1979**, *101*, 3413.

101. Ostovi`c, D.; Bruice, T.C. *J. Am. Chem. Soc.* **1989**, *111*, 6511.

102. Holm, R.H. *Chem. Rev.* **1987**, *87*, 1401.

103. Champion, P.M. *J. Am. Chem. Soc.* **1989**, *111*, 3433.

104. Ortiz de Montellano, P.R.; Mangold, B.L.K.; Wheeler, C.; Kunze, K.L.; Reich, N.O. *J. Biol. Chem.* **1983**, *258*, 4208; Kunze, K.L.; Mangold, B.L.K.; Wheeler, C.; Beilan, H.S.; Ortiz de Montellano, P.R. *J. Biol. Chem.* **1983**, *258*, 4202.

105. Mansuy, D. *Pure Appl. Chem.* **1987**, *59*, 759.

106. Brothers, P.J.; Collman, J.P. *Acc. Chem. Res.* **1986**, *19*, 209.

107. Dolphin, D.; Matsumoto, A.; Shortman, C. *J. Am. Chem. Soc.* **1989**, *111*, 411.

108. Artaud, I.; Gregoire, N.; Battioni, J.-P.; Dupre, D.; Mansuy, D. *J. Am. Chem. Soc.* **1988**, *110*, 8714.

109. Collman, J.P.; Hampton, P.D.; Brauman, J.I. *J. Am. Chem. Soc.* **1990**, *112*, 2986.

Aufgaben

KAPITEL 1

1. Die folgende, in t-Butanol durchgeführte Reaktion wird über die integrierte Signalintensität (I) des Produktes im ^{1}H-NMR-Spektrum verfolgt.

$$cis\text{-}(H_3N)_2M(Cl)_2 + Br^- \longrightarrow cis\text{-}(H_3N)_2M(Cl)(Br) + Cl^-$$

In nachfolgender Tabelle sind die experimentellen Bedingungen der einzelnen kinetischen Durchläufe und die I-Werte zu verschiedenen Zeiten aufgeführt.

(a) Bestimme die experimentelle Geschwindigkeitskonstante für jeden Durchlauf.

(b) Trage die experimentellen Geschwindigkeitskonstanten gegen die Bromidionenkonzentration auf und berechne die spezifische Geschwindigkeitskonstante der Reaktion, sofern dies möglich ist.

$(H_3N)_2M(Cl)_2$, (M)	$3{,}0 \times 10^{-3}$		$5{,}0 \times 10^{-3}$		$8{,}0 \times 10^{-3}$	
Br^-, (M)	0,060		0,085		0,110	
Zeit (s)	I	Zeit (s)	I	Zeit (s)	I
50	0,30	50	0,68	50	1,4
100	0,58	100	1,30	100	2,56
150	0,80	150	1,80	150	3,50
200	1,02	200	2,24	200	4,30
300	1,40	300	2,94	250	4,94
400	1,70	400	3,48	300	5,48
600	2,16	500	3,88	350	5,92
800	2,44	600	4,16	400	6,28
1000	2,64	800	4,54	450	6,60
1300	2,80	1000	4,74	500	6,82
1600	2,90	1300	4,90	600	7,21
2000	2,96	1600	4,96	800	7,64
3500	3,00	2500	5,00	2000	8,00

2. (a) Leite für das folgende System eine Gleichung zur Bestimmung der experimentellen Geschwindigkeitskonstanten aus Messungen der Extinktion gegen die Zeit her.

$$A \underset{k_r}{\overset{k_h}{\rightleftharpoons}} B$$

Gehe von der Annahme aus, daß sowohl A als auch B bei der beobachteten Wellenlänge absorbieren, daß beide Spezies dem Beerschen Gesetz gehorchen, und daß die jeweiligen molaren Extinktionskoeffizienten ε_A und ε_B sind.

(b) Zeige, wie die Endextinktion zur Bestimmung der Gleichgewichtskonstanten verwendet werden kann, wenn ε_A und ε_B bekannt sind.

3. Leite einen Ausdruck her, der zur Bestimmung der Geschwindigkeitskonstanten zweiter Ordnung des folgenden Systems verwendet werden kann (Siehe Abschnitt 1.2.d)

$$A + B \underset{k_{-2}}{\overset{k_2}{\rightleftharpoons}} 2\,C$$

4. (a) Es wurden zwei Studien der folgenden Isomerisierungsreaktion durchgeführt.

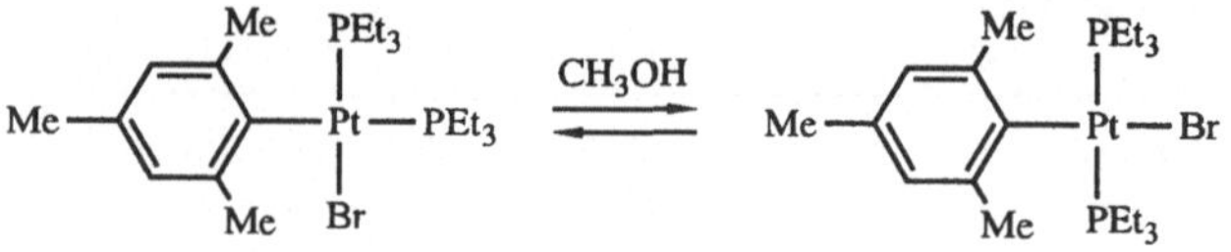

Die Ergebnisse der Untersuchungen zur Variation der Geschwindigkeitskonstanten mit der Temperatur sind in der folgenden Tabelle aufgeführt. Verwende beide Datensätze zur Berechnung der Aktivierungsenthalpie und -entropie der Reaktion.

$t\,(^\circ C)$	$10^4 \times K_{exp}(s^{-1})^a$	$t\,(^\circ C)$	$10^4 \times K_{exp}(s^{-1})^b$
25	1,0	17,0	0,45
30	1,7	23,5	0,95
35	2,7	30,0	1,9
40	4,0	36,2	3,9
45	6,0	44,6	9,4

[a] Romeo, R.; Minniti, D.; Trozzi, M. *Inorg. Chem.* **1976**, *15*, 1134, unter Verwendung von 5×10^{-5} M Pt(II) in 0,01 M $LiClO_4$.
[b] van Eldik, R.; Palmer, D.A.; Kelm, H. *Inorg. Chem.* **1979**, *18*, 572, unter Verwendung von 5×10^{-4} M Pt(II) ohne Inertsalzzusatz.

(b) Romeo et al. stellten eine Beeinflussung der Reaktionsgeschwindigkeit durch die Bromid-ionenkonzentration fest. Die folgende Tabelle zeigt die Ergebnisse bei 30°C. Entwickle einen empirischen Ausdruck zur Beschreibung der k_{exp}-Abhängigkeit von [Br⁻].

$10^4 \times$ [Br⁻] (M)	0,0	2,0	4,0	6,0	8,0
$10^4 \times k_{exp}$ (s⁻¹)	2,13	1,05	0,69	0,53	0,43

(c) van Eldik et al. studierten auch die Druckabhängigkeit der folgenden Substitutions-reaktion.

$$R\!-\!\underset{\underset{Br}{|}}{\overset{\overset{PEt_3}{|}}{Pt}}\!-\!PEt_3 \;+\; S{=}C(NH_2)_2 \;\xrightleftharpoons{CH_3OH}\; \left(R\!-\!\underset{\underset{S=C(NH_2)_2}{|}}{\overset{\overset{PEt_3}{|}}{Pt}}\!-\!PEt_3\right)^{+} \;+\; Br^-$$

R = 2,4,6-Trimethylphenyl

Unter Bedingungen pseudo-erster Ordnung ($1,0 \times 10^{-4}$ M Pt(II); 0,01 bis 0,1 M S=C(NH$_2$)$_2$) fanden sie den folgenden zweigliedrigen Ausdruck für die Geschwindigkeits-konstante:

$$k_{exp} = k_1 + k_2 \, [S{=}C(NH_2)_2]$$

Verwende die Druckabhängigkeiten von k_1 und k_2 aus der folgenden Tabelle zur Berechnung der Aktivierungsvolumina beider Geschwindigkeitskonstanten.

Druck (bar)	$10^4 \times k_1$ (s⁻¹)	$10^3 \times k_2$ (s⁻¹)
1	2,25	3,25
250	2,53	4,27
500	3,08	4,82
750	3,72	5,54
1000	4,36	5,56

KAPITEL 2

1. Leite für den folgenden Mechanismus einen Ausdruck für die Geschwindigkeitskonstante pseudo-erster Ordnung her. Gehe von der Annahme aus, daß K_i ein schnell eingestelltes Gleichgewicht beschreibt, und daß $[SO_4^{2-}] \gg [Co(III)]_{gesamt}$.

$$(NH_3)_5CoOH_2^{3+} + SO_4^{2-} \;\underset{}{\overset{K_i}{\rightleftharpoons}}\; [(NH_3)_5CoOH_2 \bullet SO_4]^+ \quad \text{Ionen-}\atop\text{paar}$$

$$\downarrow k_1$$

$$(NH_3)_5CoOSO_3^+ + H_2O$$

2. Leite für den folgenden Mechanismus einen Ausdruck für die Geschwindigkeitskonstante pseudo-erster Ordnung her. Gehe davon aus, daß $[Y]$ und $[X] \gg [M]_{gesamt}$, daß der erste Schritt ein schnell eingestelltes Gleichgewicht ist, und daß das Zwischenprodukt $\{(M) \bullet Y\}$ in einem stationären Zustand vorliegt.

$$M\!-\!X + Y \;\overset{K}{\rightleftharpoons}\; [(M\!-\!X) \bullet Y] \;\underset{k_2}{\overset{k_1}{\rightleftharpoons}}\; \{(M) \bullet Y\} + X$$

$$\downarrow k_3$$

$$M\!-\!Y$$

3. Der unten gezeigte Mechanismus könnte als Erklärung für den Bromidioneneinfluß auf die Isomerisierungsreaktion in Aufgabe 4(b) von Kapitel 1 dienen.

$$\underset{R}{\overset{L}{L\!-\!Pt\!-\!Br}} \;\overset{CH_3OH}{\rightleftharpoons}\; \left[\underset{R}{\overset{L}{L\!-\!Pt\!-\!OHCH_3}}\right]^+ \;\overset{+\,Br^-}{\rightleftharpoons}\; \underset{L}{\overset{L}{R\!-\!Pt\!-\!Br}}$$

$$+\,Br^- \qquad\qquad\qquad +\,CH_3OH$$

a) Leite das Geschwindigkeitsgesetz für diese Mechanismus unter der Annahme eines stationären Zustandes für den intermediären Methanolkomplex her.

b) Zeigt die vorausgesagte Geschwindigkeitskonstante pseudo-erster Ordnung eine mit den Daten in Aufgabe 4(b) von Kapitel 1 konsistente Abhängigkeit von $[Br^-]$?

c) Erfüllt der gezeigte Mechanismus das Prinzip der mikroskopischen Reversibilität?

KAPITEL 3

1. Die Substitutionsreaktionen von (Tetraphenylporphinato)chrom(III)chlorid wurden mit verschiedenen Eintritts- und Abgangsgruppen studiert. Die kinetischen Ergebnisse wurden über einen **D**-Grenzmechanismus interpretiert, wie ihn die folgende Sequenz beschreibt.

$$\text{Cr(Porph)(L)Cl} \underset{k_2(L)}{\overset{k_1,\ -L}{\rightleftharpoons}} \{\text{[Cr(Porph)Cl]}\} \underset{k_4}{\overset{k_3(X),\ +X}{\rightleftharpoons}} \text{Cr(Porph)(X)Cl}$$

Einige kinetische Ergebnisse (25°C in Toluol) sind in der folgenden Tabelle zusammengefaßt.

L	X	$k_1(s^{-1})$[a]	k_3/k_2[a]	$\log K$[a]
PPh_3	$MeIm$[b]	4,6	$1,03 \times 10^3$	4,8
$P(OPr)_3$	$MeIm$[b]	95	24	4,1
$P(C_2H_4CN)_3$	$MeIm$[b]	80	$\sim 2 \times 10^2$	$(5,3)$[c]
py	$MeIm$[b]	5,0	1,7	2,5
PPh_3	py	3,6		2,6

[a] O'Brien, P.; Sweigart, D.A. *Inorg. Chem.* **1982**, *21*, 2094
[b] MeIm = N-Methylimidazol
[c] Berechnet aus den Daten in der Tabelle

(a) Benutze andere Daten der Tabelle zur Voraussage von k_3/k_2 für das zuletzt aufgeführte System.

(b) Bestimme über die k_3/k_2-Werte die Reihenfolge der Nucleophilie der L- und X-Liganden. Analysiere diese Reihenfolge auf der Grundlage der Theorie der harten und weichen Säuren und Basen und anderer Faktoren, die die Nucleophilie beeinflussen sollen.

(c) Berechne k_4 über die Gesamtgleichgewichtskonstante und die kinetischen Daten der drei Systeme mit X = MeIm und L = PPh_3, $P(OPr)_3$ und py. Stimmen diese k_4-Werte mit dem mechanistischen Vorschlag überein? Wie ist wohl der berechnete Wert von log K erhalten worden?

(d) Berechne k_4 für das System mit L = PPh_3 und X = py. Ist das Resultat mit den anderen Ergebnissen in der Tabelle in Einklang?

2. Sind die folgenden Komplexe gemäß der Definition von Taube als labil oder als inert einzustufen?

$Cr^{II}(L)_6$, oktaedrisch, low-spin; $V^{III}(L)_6$, oktaedrisch; $Rh^{II}(L)_6$, oktaedrisch.

3. Verschiedene Indizien weisen für $Co(OH_2)_6^{2+}$ auf einen **D**-Mechanismus der Substitutionsreaktion in Wasser hin. Begründe, sofern dieses korrekt ist, warum die beobachteten Geschwindigkeitskonstanten bezüglich des eintretenden Liganden von erster Ordnung sind.

4. (a) Verwende die d-Orbitalenergien aus Tabelle 3.14 zur Berechnung der Ligandenfeldaktivierungsenergien für ein d^3-System, das eine Substitutionsreaktion über einen trigonal-bipyramidalen bzw. einen pentagonal-bipyramidalen Übergangszustand eingeht. Benutze diese Ergebnisse und die Daten aus Tabelle 3.15 zur Vorhersage des günstigsten Übergangszustandes regulärer Geometrie und des Mechanismus′ der Substitution für ein solches System.

    (b) Berechne die Ligandenfeldaktivierungsenergie eines quadratisch-planaren d^8-Systems, das eine assoziative Substitution über trigonal-bipyramidale bzw. quadratisch-planare Übergangszustände eingeht.

5. Die Reaktion von Vanadium(III) in wässriger Lösung mit Salicylsäure weist das folgende Geschwindigkeitsgesetz auf.

$$\text{Geschwindigkeit} = \left(6{,}0 + \frac{2{,}6}{[H^+]} \right) [V(III)]_{\text{gesamt}} [\text{Salicylsäure}]_{\text{gesamt}}$$

Die für dieses System relevanten Dissoziationen sind:

$$V(OH_2)_6^{3+} \underset{1{,}4 \times 10^{-3} \text{ M}}{\overset{K_m =}{\rightleftharpoons}} V(OH_2)_5(OH)^{2+} + H^+$$

$$C_6H_4(OH)(CO_2H) \underset{1{,}6 \times 10^{-3} \text{ M}}{\overset{K_{a1} =}{\rightleftharpoons}} C_6H_4(OH)(CO_2)^- + H^+$$

$$C_6H_4(OH)(CO_2)^- \underset{1 \times 10^{-12} \text{ M}}{\overset{K_{a2} =}{\rightleftharpoons}} C_6H_4(O)(CO_2)^{2-} + H^+$$

(a) Entwerfe zwei Reaktionsschemata, die mit dem Geschwindigkeitsgesetz in Einklang sind.

(b) Berechne die spezifischen Geschwindigkeitskonstanten für jedes Schema aus (a) und entscheide auf der Grundlage der anderen Daten in Tabelle 3.23, welches das wahrscheinlichere ist, sofern eines überhaupt in Frage kommt.

KAPITEL 4

1. Zeichne für den folgenden Komplex Diagramme, die einen Prozeß beschreiben, der

   a) eine Racemisierung ohne gleichzeitige Isomerisierung verursacht.

   b) eine cis-trans-Isomerisierung verursacht.

2. Sage für jedes der Isomere des folgenden asymmetrischen Chelatkomplexes die Produkte voraus für den Fall, daß die Reaktion über die Dissoziation eines A'-Endes unter Bildung eines trigonal-bipyramidalen Zwischenproduktes mit dem einzähnigen Liganden in der trigonalen Ebene verläuft. Gehe von der Annahme aus, daß der Ringschluß entlang der trigonalen Kanten mit gleicher Wahrscheinlichkeit stattfindet. Kennzeichne jeden Fall, in dem ein neues Strukturisomeres oder Stereoisomeres des Eduktes gebildet wurde.

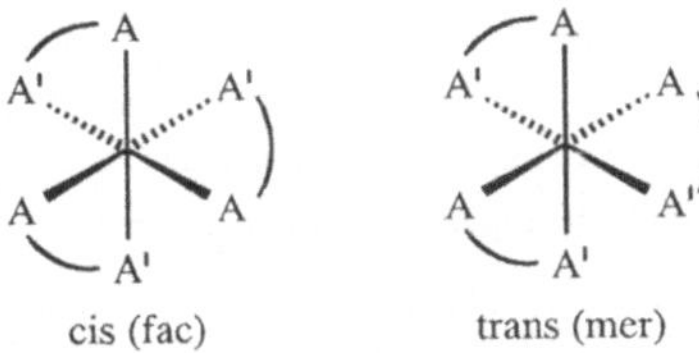

cis (fac)   trans (mer)

3. Die stereochemische Mobilität in einem quadratisch-pyramidalen Molekül kann auf eine "Anti-Berry"-Pseudorotation zurückgeführt werden, bei der das Zwischenprodukt der normalen Pseudorotation tatsächlich den Reaktanden darstellt. Skizziere einen Anti-Berry-Prozeß für ein quadratisch-pyramidales Molekül.

4. Veranschauliche anhand eines Diagrammes, warum ein η^2-C_6H_6-System bereitwilliger fluktuiert als ein η^4-C_6H_6-System.

KAPITEL 5

1. Erkläre die Abstufung der Geschwindigkeitskonstanten für die folgende Reaktion

$$Cr(CO)_5L + {}^*CO \longrightarrow Cr({}^*CO)(CO)_4L + CO$$

Verbindung	$k\ (\text{s}^{-1},\ 30°\text{C})^{a}$
$Cr(CO)_6$	$1{,}0 \times 10^{-12}$
$Cr(CO)_5(PMe_2Ph)$	$1{,}5 \times 10^{-10}$
$Cr(CO)_5(PPh_3)$	$3{,}0 \times 10^{-10}$
$Cr(CO)_5Br^-$	$2{,}0 \times 10^{-5}$
$Cr(CO)_5Cl^-$	$1{,}5 \times 10^{-4}$

[a] Atwood, J.D.; Brown, T.L. *J. Am. Chem. Soc.* **1976**, *98*, 3160 und darin zitierte Literatur.

2. Die Geschwindigkeitskonstanten der folgenden Reaktion in Toluol erwiesen sich als unabhängig von der Art und Konzentration von L.

$$
\begin{array}{c}
\text{CO} \\
\text{OC}\cdots\!\!\underset{\underset{\text{CO}}{\big|}}{\overset{\big|}{\underset{R_3P}{}Ru}}\!\cdots\text{SiCl}_3 \\
\text{R}_3\text{P}\qquad\text{SiCl}_3
\end{array}
\ +\ L \ \longrightarrow\
\begin{array}{c}
\text{CO} \\
\text{L}\cdots\!\!\underset{\underset{\text{CO}}{\big|}}{\overset{\big|}{\underset{R_3P}{}Ru}}\!\cdots\text{SiCl}_3 \\
\text{R}_3\text{P}\qquad\text{SiCl}_3
\end{array}
\ +\ CO
$$

Die Kinetik wurde mit verschiedenen PR_3-Liganden studiert, und die erhaltenen Geschwindigkeitskonstanten sind in der folgenden Tabelle aufgeführt.

Phosphan	pK_a	Kegelwinkel (°)	$-\log k^{\ a}$
$P(OCH_2)_3\,CEt$	1,74	101	5,96
$P(OMe)_3$	2,6	107	5,14
$PPh(OMe)_2$	2,64	120	4,95
$PPhMe_2$	6,5	122	4,72
$P(OPh)_3$	-2,0	128	4,70
$PPh_2(OMe)$	2,69	132	4,64
PPh_2Me	4,57	136	4,15
$P(p\text{-}ClC_6H_4)_3$	1,03	145	3,17
$P(p\text{-}FC_6H_4)_3$	1,97	145	3,12
PPh_3	2,73	145	3,05
$P(p\text{-}MeC_6H_4)_3$	3,84	145	3,08
$P(m\text{-}MeC_6H_4)_3$	3,3	165	2,89
$P(m\text{-}ClC_6H_4)_3$	1,03	165	3,02

[a] Chalk, K.L.; Pomeroy, R.K. *Inorg. Chem.* **1984**, *23*, 444, bei 40°C in Toluol, k in s⁻¹.

(a) Schlage auf der Grundlage der kinetischen Beobachtungen bei wechselndem L einen Reaktionsmechanismus vor.

(b) Die relative Konstanz der Geschwindigkeitskonstante für eine Reihe von PR_3-Liganden mit dem Kegelwinkel von 145°, aber unterschiedlichen pK_a-Werten, deutet darauf hin, daß die Reaktion relativ unempfindlich gegenüber σ-Bindungseffekten ist. Die Geschwindigkeitskonstante scheint sich jedoch in Abhängigkeit vom Kegelwinkel zu verändern. Trage log K gegen den Kegelwinkel auf, und analysiere die sterischen Effekte über ihren Einfluß auf den Grundzustand und den Übergangszustand der Reaktion. (Hinweis: Vergl. Goering et al.; *Organometallics* **1987**, *6*, 650.)

3. 19 VE-Komplexe sind in der Organometallchemie selten und im allgemeinen sehr reaktiv. Kürzlich wurde die Kinetik der Ligandensubstitution an folgendem System untersucht.

$Co(CO)_3(P\text{-}P)$ + PR_3 $\longrightarrow$ Produkt + CO

Obwohl es sich formal um 19 VE-Systeme handelt, kann man sich diese Komplexe auch als aus Co(I) und einem reduzierten Ligandradikal (P_2^-) zusammengesetzt vorstellen. Der Substitutionsmechanismus ist aber in jedem Fall von Interesse. Die folgenden kinetischen Daten wurden für $1,4 \times 10^{-3}$ M $Co(CO)_3(P\text{-}P)$ bestimmt.

Tabelle A. Geschwindigkeitskonstanten (25°C) für $Co(CO)_3(P\text{-}P)$ + PPh_3 in CH_2Cl_2

$[PPh_3]$ (M)	0,148	0,296	0,371	0,445	0,556	0,704
$10^3 \times k\ (s^{-1})$	5,48	5,45	5,47	5,52	5,42	5,50

Tabelle B. Geschwindigkeitskonstanten für $Co(CO)_3(P\text{-}P)$ + PPh_3 in CH_2Cl_2

$t\ (°C)$	10,0	15,0	20,0	25,0	30,0
$10^3 \times k\ (s^{-1})$	0,598	1,26	2,67	5,47	10,2

Tabelle C. Geschwindigkeitskonstanten (25°C) für $Co(CO)_3(P\text{-}P)$ + PR_3 in CH_2Cl_2

PR_3	PPh_3	$P(OPh)_3$	$PMePh_2$	PBu_3	$P(OMe)_3$
$10^3 \times k\ (s^{-1})$	5,47	5,18	5,20	5,58	5,03

(a) Stehen die kinetischen Ergebnisse in Einklang mit einem I_a-Mechanismus?

(b) Stimmen die kinetischen Ergebnisse mit einem A-Mechanismus überein?

(c) Lassen sich die kinetischen Ergebnisse mit einem geschwindigkeitsbestimmenden Schritt der Chelatringöffnung mit nachfolgender Substitution vereinbaren? (Siehe Schema 5.2.)

(d) Zeigen die kinetischen Ergebnisse und Aktivierungsparameter für PPh_3 einen I_d-Mechanismus an?

4. Es ist bekannt, daß die Reaktion von *cis*-$(Et_3P)_2Pt(H)(Solv)^+$ (Solv = Methanol oder Aceton) mit 1-Hexen nur zur Isomerisierung des 1-Hexens zu 2-Hexen und 3-Hexen führt. Schlage einen Mechanismus für diesen Prozeß vor.

5. Nimm an, daß bei der Reaktion von $Cp^*Rh(CO)(Kr)$ mit Cyclohexan die Dissoziation von Kr den geschwindigkeitsbestimmenden Schritt darstellt. Zeige, daß k_{exp} die Form von Gl. (5.39) besitzt, und begründe den Schluß von Bergman et al., daß α unabhängig von der Art des Alkans sein sollte.

6. Die folgende Reaktion ist möglicherweise im Mechanismus der Hydroformylierungsreaktion von Bedeutung.

$$2 \; (OC)_4Co\text{-}CH_2\text{-}C(=O)\text{-}OEt \; + \; H_2 \;\longrightarrow\; 2 \; H_3C\text{-}C(=O)\text{-}OEt \; + \; Co_2(CO)_8$$

Die Abhängigkeit der Reaktionsgeschwindigkeit von der H_2- und CO-Konzentration wurde bei 35°C in *n*-Heptan bestimmt, und die Ergebnisse sind in der folgenden Tabelle aufgeführt.

$10^3 \times [H_2]$ (M)	3,68	3,68	9,94	3,30	2,59	2,13
$10^3 \times [CO]$ (M)	1,31	1,31	3,56	2,30	4,16	5,35
$10^5 \times k_{exp}$ (s^{-1})	1,89	1,93	1,60	1,03	0,43	0,25

(a) Leite das Geschwindigkeitsgesetz her, das die Ergebnisse am besten beschreibt.

(b) Schlage einen Mechanismus vor, der mit dem Geschwindigkeitsgesetz aus (a) konsistent ist.

(c) Schlage ein weiteres Experiment oder eine kinetische Studie vor, die zur Bestätigung des in (b) gegebenen Vorschlages hilfreich wäre.

KAPITEL 6

1. Die Oxidation von Eisen(II) durch Blei(IV) könnte nach einem der folgenden Mechanismen verlaufen.

Mechanismus A   Mechanismus B

$$Fe^{II} + Pb^{IV} \rightleftharpoons Fe^{III} + Pb^{III} \qquad Fe^{II} + Pb^{IV} \rightleftharpoons Fe^{IV} + Pb^{II}$$

$$Fe^{II} + Pb^{III} \longrightarrow Fe^{III} + Pb^{II} \qquad Fe^{II} + Fe^{IV} \longrightarrow 2\,Fe^{III}$$

(a) Gehe von einem stationären Zustand für Pb^{III} und Fe^{IV} aus und leite das Geschwindigkeitsgesetz für jeden Mechanismus her.

(b) Könnten diese Alternativen experimentell unterschieden werden?

2. Benutze die Daten aus Tabelle 6.2 und die Marcus-Kreuzbeziehung, Gl. (6.33), um die Geschwindigkeitskonstanten der folgenden Reaktionen vorherzusagen.

(a) $Co(sep)^{3+} + Cr(OH_2)_6^{2+} \longrightarrow Co(sep)^{2+} + Cr(OH_2)_6^{3+}$

(b) $Fe(OH_2)_6^{3+} + Ru(NH_3)_6^{2+} \longrightarrow Fe(OH_2)_6^{2+} + Ru(NH_3)_6^{3+}$

3. Für die folgende Reaktion ist $k = 4,2 \times 10^2\ M^{-1}s^{-1}$ und $K = 1,3$ (25 $^\circ$C).

$$V(OH_2)_6^{3+} + Cr(bpy)_3^{2+} \longrightarrow V(OH_2)_6^{2+} + Cr(bpy)_3^{3+}$$

Verwende zusätzliche Daten aus Tabelle 6.2 zur Abschätzung der Geschwindigkeitskonstanten des Selbstaustausches von $Cr(bpy)_3^{2/3+}$.

4. Sage die Produkte der folgenden Reaktionen voraus.

(a) $Cr(OH_2)_6^{2+} + (NH_3)_5Co(CN)^{2+} \longrightarrow$

(b) $Ru(OH_2)_6^{2+} + (NH_3)_5CoCl^{2+} \longrightarrow$

KAPITEL 7

1. Gehe von der Annahme aus, daß der photoaktive Zustand A in Abbildung 7.1 über zwei Reaktionspfade mit den Geschwindigkeitskonstanten k_1 und k_2 zu den Produkten P_1 bzw. P_2 reagieren kann. Entwickle einen Ausdruck für die Quantenausbeuten der beiden Produkte.

2. Abbildung 7.3 zeigt die Energieniveaus der d-d-Übergänge in einem oktaedrischen Chrom(III)-Komplex. Schlage zwei Erklärungen für die Beobachtung vor, daß die Quantenausbeuten der Photosubstitution an solchen Komplexen innerhalb des Bereiches von 350 bis 700 nm unabhängig von der eingestrahlten Wellenlänge sind.

3. Verwende die Adamson-Regeln, um

   (a) das Produkt der Photolyse von cis-$Cr(NH_3)_4(Cl)_2^+$ vorauszusagen

   (b) die sehr niedrige Quantenausbeute der Photoaquotisierung von $trans$-$Cr(en)_2(OH_2)_2^{3+}$ zu erklären.

4. Entwickle einen kinetischen Ausdruck zur Bestimmung der verschiedenen Geschwindigkeitskonstanten in Schema 7.11 aus der Abhängigkeit der Geschwindigkeit von den Konzentrationen [CO] und [THF].

5. Die folgende Tabelle zeigt die Aktivierungsvolumina ΔV^* (cm^3 M^{-1}) der Photolyse eines Chrom(III)- und eines Rhodium(III)-Komplexes. Schlage Erklärungen für die Ähnlichkeiten und Unterschiede vor.

	$\Delta V^*(\Phi_{Cl})$	$\Delta V^*(\Phi_{NH_3})$
$Cr(NH_3)_5Cl^{2+}$	-13	-9,4
$Rh(NH_3)_5Cl^{2+}$	-8,6	+9,3

KAPITEL 8

1. Beschreibe detailliert die vollständige mechanistische Sequenz, die von Finke und Mitarbeitern für die Reaktion der Diol-Dehydratase mit Ethylenglycol vorgeschlagen wurde.

2. (a) Leite für ein System, das eine kompetitive Hemmung zeigt, durch Umformen von Gl. (8.16) Ausdrücke für die Steigung, den Achsenabschnitt für $[S]^{-1} = 0$ und den Achsenabschnitt für $v_i^{-1} = 0$ in Lineweaver-Burke-Auftragungen her.

   (b) Bilde für ein System, das eine unkompetitive Hemmung zeigt, durch Umformen von Gl. (8.18) Ausdrücke für die Steigung, den Achsenabschnitt für $[S]^{-1} = 0$ und den Achsenabschnitt für $v_i^{-1} = 0$ in Lineweaver-Burke-Auftragungen.

   (c) Zeige anhand einer Skizze, wie die Lineweaver-Burke-Auftragungen für den Fall der kompetitiven und der unkompetitiven Inhibition mit [I] variieren würden.

3. Gehe davon aus, daß die Hydrolyse von Phenylacetat durch Carboanhydrase über einen der CO_2-Hydratation analogen Mechanismus verläuft. Beschreibe die für die Esterhydrolyse verantwortliche Reaktionsfolge.

4. Zeige, daß die Lösung für den stationären Zustand des Schemas 8.5 die Gl. (8.28) liefert.

5. Schlage unter Berücksichtigung der elektronischen Strukturen der Reaktanden eine Erklärung dafür vor, daß für die Koordination von CO an Myoglobin die Fe–CO-Bindungsbildung der geschwindigkeitsbestimmende Schritt sein könnte, während dieser Schritt bei der Koordination von O_2 nicht geschwindigkeitsbestimmend ist.

Abkürzungen

acac	Acetylacetonat; 2,4-Pentandionat
azacaphen	1-Methyl-3,13,16-trithia-6,8,10,19-tetraazabicyclo-[6.6.6]eicosan
bpy	2,2'-Bipyridin
Bu	Butyl
Cp	Cyclopentadienyl
Cp*	Pentamethylcyclopentadienyl
Cy	Cyclohexyl
cyclam	1,4,8,11-Tetraazacyclotetradecan
dien	Diethylentriamin
DMF	N,N-Dimethylformamid
DMSO	Dimethylsulfoxid
EDTA	Ethylendiamintetraacetat
en	Ethylendiamin; 1,2-Diaminoethan
Et	Ethyl
hfac	Hexafluoracetylacetonat
isn	Isonicotinamid
Me	Methyl
nic	Nicotinamid
ox	Oxalat
Pf$_3$	Trifluormethylpyrazolyl
Ph	Phenyl
phen	1,10-Phenanthrolin
Pr	Propyl
py	Pyridin
tacn	1,4,7-Triazacyclononan
THF	Tetrahydrofuran
tn	Trimethylendiamin; 1,3-Diaminopropan
TPP	Tetraphenylporphinat
t-tacn	1,4,7-Trithiacyclononan
sar	Sarcophagin; 3,6,10,13,16,19-Hexaazabicyclo[6.6.6]eisocan
sep	Sepulchrat; 1,3,6,8,10,13,16,19-Octaazabicyclo[6.6.6]eicosan
VE	Valenzelektronen

Teubner Studienbücher

Chemie

Aurich/Rinze: **Chemisches Praktikum für Mediziner**
2. Aufl. 240 Seiten. DM 28,80 / ÖS 225,– / SFr 28,80

Breitmaier: **Vom NMR-Spektrum zur Strukturformel organischer Verbindungen**
Ein kurzes Praktikum der NMR-Spektroskopie
2. Aufl. 261 Seiten. DM 39,80 / ÖS 311,– / SFr 39,80

Ebert: **Biopolymere**
543 Seiten. DM 59,80 / ÖS 467,– / SFr 59,80

Elschenbroich/Salzer: **Organometallchemie**
Eine kurze Einführung.
3. Aufl. 562 Seiten. DM 46,– / ÖS 359,– / SFr 46,–

Engelke: **Aufbau der Moleküle**
Eine Einführung.
2. Aufl. 339 Seiten. DM 44,– / ÖS 343,– / SFr 44,–

Fellenberg: **Chemie der Umweltbelastung**
2. Aufl. 265 Seiten. DM 32,– / ÖS 250,– / SFr 32,–

Fuhrmann: **Allgemeine Toxikologie**
201 Seiten. DM 26,80 / ÖS 209,– / SFr 26,80

Hauptmann: **Reaktion und Mechanismus in der organischen Chemie**
227 Seiten. DM 28,80 / ÖS 225,– / SFr 28,80

Hennig/Rehorek: **Photochemische und photokatalytische Reaktionen von Koordinationsverbindungen**
164 Seiten. DM 24,80 / ÖS 194,– / SFr 24,80

Jordan: **Mechanismen anorganischer und metallorganischer Reaktionen**
X, 299 Seiten. DM 36,80 / ÖS 287,– / SFr 36,80

Kaim/Schwederski: **Bioanorganische Chemie**
Zur Funktion chemischer Elemente in Lebensprozessen
462 Seiten. DM 44,80 / ÖS 350,– / SFr 44,80

Preisänderungen vorbehalten.

B. G. Teubner Stuttgart

Teubner Studienbücher

Chemie

Kettle: **Symmetrie und Struktur**
393 Seiten. DM 44,80 / ÖS 350,– / SFr 44,80

Krohn/Wolf: **Kurze Einführung in die Chemie der Heterocyclen**
132 Seiten. DM 24.80 / ÖS 194,– / SFr 24.80

Kunz: **Molecular Modelling für Anwender**
Anwendung von Kraftfeld- und MO-Methoden in der organischen Chemie
243 Seiten. DM 29,80 / ÖS 233,– / SFr 29,80

Laue/Plagens: **Namen- und Schlagwort-Reaktionen der Organischen Chemie**
338 Seiten. DM 36,80 / ÖS 287,– / SFr 36,80

Levine/Bernstein: **Molekulare Reaktionsdynamik**
607 Seiten. DM 59,80 / ÖS 467,– / SFr 59,80

Massa: **Kristallstrukturbestimmung**
261 Seiten. DM 32,80 / ÖS 256,– / SFr 32.80

Müller: **Anorganische Strukturchemie**
2. Aufl. 318 Seiten. DM 36,– / ÖS 281,– / SFr 36,–

Primas/Müller-Herold: **Elementare Quantenchemie**
2. Aufl. 398 Seiten. DM 39,– / ÖS 304,– / SFr 39,–

Reinhold: **Quantentheorie der Moleküle.** Eine Einführung
384 Seiten. DM 39,80 / ÖS 311,– / SFr 39,80,–

Vögtle: **Cyclophan-Chemie.** Synthesen, Strukturen, Reaktionen
Einführung und Überblick
595 Seiten. DM 48,– / ÖS 375,– / SFr 48,–

Vögtle: **Reizvolle Moleküle der Organischen Chemie**
402 Seiten. DM 39,80 / ÖS 311,– / SFr 39,80

Vögtle: **Supramolekulare Chemie.** Eine Einführung
2. Aufl. 580 Seiten. DM 49,80 / ÖS 389,– / SFr 49,80

Preisänderungen vorbehalten.

B. G. Teubner Stuttgart

Elschenbroich/ Salzer
Organometallchemie

Eine kurze Einführung

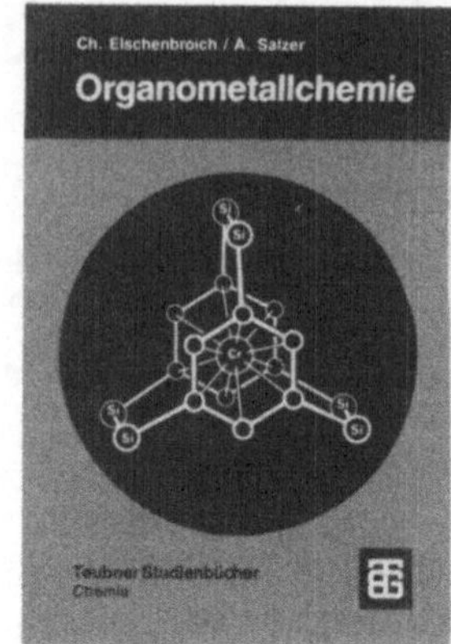

Das Buch bietet in durch den Umfang des Bandes begrenzter Auswahl die wichtigsten Darstellungsmethoden, Strukturen und Reaktionstypen der Organometallchemie. Um die Dynamik des Gebietes zu vermitteln, werden jedoch an diversen Stellen Forschungsergebnisse aus jüngster Zeit vorgestellt. Statt der Präsentation einer Vielzahl von Einzelfakten wird das Verständnis der Triebkraft metallorganischer Reaktionen und des Zusammenhanges zwischen Elektronenstruktur und Molekülbau angestrebt.

Aus dem Inhalt:
Historische Entwicklung und aktuelle Tendenzen der Organometallchemie – Eingrenzung und Einteilung elementorganischer Verbindungen – Energie, Polarität und Reaktivität der M-C Bindung (Hauptgruppenelemente) – Darstellungsmethoden, Strukturen und Eigenschaften ausgewählter Hauptgruppenmetallorganyle – Übergangsmetallorganyle – Die 18-Valenzelektronenregel und ihre Begründung – Sonderstellung der $M(d^8)$- und $M(d^{10})$-Komplexe – Übergangsmetall-σ-Organyle: Labilität versus Stabilität – σ-Donor-π-Akzeptor-Liganden in binären, ternären und quaternären Organometallkomplexen – π-Donor-π-Akzeptor-Liganden: Mono- und Oligoolefinkomplexe – Allyl-, Dienyl- und Trienyl-Übergangsmetallkomplexe – Sandwichkomplexe, Halbsandwichkomplexe, Mehrfachdeckersandwichkomplexe – Metall-Metall-Bindungen und Übergangsmetallcluster – Organometallkatalyse. Exkurse: ^{7}Li-NMR – ESR aromatischer Radikalionen – ^{13}C-NMR – Mössbauer-Spektroskopie – Organometall-Photochemie ^{57}Fe-NMR – Wechselwirkung Übergangsmetall-Cyclopropan – Ist das VSEPR-Modell auf Übergangsmetallkomplexe anwendbar? – Isolobal-Analogie

Ausgezeichnet mit dem Literaturpreis 1988 des Fonds der Chemischen Industrie

Von Prof. Dr.
Christoph Elschenbroich
Universität Marburg
und Prof. Dr.
Albrecht Salzer
Rheinisch-Westfälische
Technische Hochschule
Aalen

3., durchgesehene Auflage.
1., korrigierter Nachdruck.
1993. II, 562 Seiten.
13,7 x 20,5 cm.
Kart. DM 46,–
ÖS 359,– / SFr 46,–
ISBN 3-519-33501-8

(Teubner Studienbücher)

Preisänderungen vorbehalten.

B. G. Teubner Stuttgart